Grassnick · Holzapfel
Klindt · Niemer · Wahl

Der schadenfreie Hochbau
Bd. 2
Allgemeiner Ausbau und
Fassadenbekleidungen

DER SCHADENFREIE HOCHBAU

Grundlagen zur Vermeidung von Bauschäden

Bd. 2
Allgemeiner Ausbau und Fassadenbekleidungen

mit 242 Abbildungen und 20 Tabellen
3., überarbeitete Auflage

von
Professor Dipl.-Ing. Arno Grassnick
Dipl.-Ing. Walter Holzapfel
Professor Dipl.-Ing. Ludwig Klindt
Dipl.-Ing. Ernst Ulrich Niemer
Studiendirektor Gerhard P. Wahl

Die Deutsche Bibliothek – CIP-Einheitsaufnahme

Der schadenfreie Hochbau:
Grundlagen zur Vermeidung von Bauschäden. –
Köln : R. Müller
Bd. 2 Allgemeiner Ausbau und Fassadenbekleidungen /
von Arno Grassnick... –
3., überarb. Aufl. – 1994
ISBN 3-481-00676-4

NE: Grassnick, Arno

ISBN 3-481-00676-4

Umschlaggestaltung: Rainer Geyer, Köln
Satz: Satzstudio Widdig, Köln
Druck- und Bindearbeiten: Druckhaus Beltz, Hemsbach
Printed in Germany

Die vorliegende Broschur wurde auf umweltfreundlichem Papier
aus chlorfrei gebleichtem Zellstoff gedruckt.

Vorwort zur 3. Auflage

Da die 2. Auflage wegen erfreulicher Resonanz aus der Fachwelt bereits 1993 vergriffen war, wurde eine 3. Auflage erforderlich. Für diese wurden alle Kapitel überarbeitet und den neuen Normen sowie den veränderten Bedingungen der Praxis angepaßt.
Im Kapitel 1 wurden bei den Fassadenbekleidungen die Neufassungen der Normen aus den Jahren 1990 und 1993 berücksichtigt. Bei den vorgehängten Bekleidungen auf Unterkonstruktion wurden die Vorschriften, insbesondere die Zulassungen für Verankerungen, auf den neuesten Stand gebracht.
In Kapitel 2 »Leichte Trennwände« mußten die Neufassungen der Normen für zulässige Gewichte und Abmessungen eingearbeitet werden. Im Kapitel 3 »Fenster und Türen« wurden die Erläuterungen zum Thema Glas neu formuliert und aktuelle Erkenntnisse eingearbeitet.
Das Kapitel 6 »Fliesen und Platten« mußte vollständig auf den aktuellen Stand der Normen und der Baupraxis gebracht werden. Hierfür konnte vom Verlag Herr Ernst Ulrich Niemer als Verfasser gewonnen werden. Herr Niemer verfügt über die Kenntnis der fachlichen Grundlagen hinaus über langjährige Erfahrungen auf diesem Sektor des Ausbaus.
Durch die generelle Überarbeitung hat sich nach Ansicht der Autoren und des Herausgebers der Informationswert des Bandes deutlich verbessert.

Sommer 1994

Arno Grassnick
(Herausgeber)

Vorwort zur 2. Auflage

Bei der 2. Auflage des vorliegenden Werkes ergab sich die Notwendigkeit, alle Kapitel gründlich zu überarbeiten, weil sich seit dem Erscheinen des Bandes 1977 einige Normen geändert haben und andere neu herausgekommen sind, so z. B. beim Außenputz die Kunststoffputze und im Treppenkapitel die Tragbolzentreppen.
Da bei den heutigen Fensterkonstruktionen der Verglasung im Hinblick auf Wärme- und Schallschutz verstärkte Bedeutung zukommt, wird das Thema »Glas als Konstruktionselement« ausführlich behandelt, wobei auch auf die statischen Anforderungen eingegangen wird. Für die Bearbeitung dieses aktuellen Gebietes wurde mit Prof. Klindt ein Fachmann gewonnen, der die Kenntnis der theoretischen Grundlagen mit der praktischen Erfahrung des Sachverständigen verbindet. Dies gilt ebenso für Herrn G. P. Wahl, der die Bearbeitung des Kapitels »Anstriche« übernommen hat.
Die für die Schadensverhütung am Bau bedeutungsvollen Gebiete Wärme-, Tauwasser- und Schallschutz werden im 3. Band ausführlich behandelt; dieser ist inzwischen erschienen, ebenso der 4. Band, der wichtige Gebiete des Bautenschutzes unter dem Titel »Schutzmaßnahmen am Bau« zusammenfaßt.

Sommer 1987

Arno Grassnick
Walter Holzapfel
Ludwig Klindt
Gerhard P. Wahl

Aus dem Vorwort zur 1. Auflage

Der 2. Band behandelt die wichtigsten Gebiete des Ausbaus. Wie im 1. Band, der den Rohbau zum Thema hat, haben sich die Verfasser auf diejenigen Arbeiten des allgemeinen Ausbaus beschränkt, welche erfahrungsgemäß eine erhöhte Schadensanfälligkeit aufweisen:
Außenwandbekleidungen, Trennwände, Fenster und Türen, Treppen, Fußböden und Anstricharbeiten.
Bei der Behandlung möglicher Schwachstellen wird insbesondere auf solche Detailpunkte hingewiesen, an denen unterschiedliche Materialien zusammentreffen oder mehrere Gewerke zu koordinieren sind (z. B. Fensteranschlüsse).
Dabei wird die bauphysikalische und bauchemische Problematik angesprochen, soweit sie der Architekt oder Bauleiter kennen muß, um Bauschäden durch technisch richtige Maßnahmen von vornherein zu vermeiden.
Bei den Wandbekleidungen werden die vorgehängten Verkleidungen auf Unterkonstruktionen besonders ausführlich behandelt, weil dieses System zur Verbesserung des Wärmeschutzes im Rahmen der Energieeinsparung häufig angewendet wird. Die beabsichtigte Wirkung wird jedoch nur dann erreicht, wenn die DIN-Vorschriften, die Richtlinien und die handwerklichen Regeln genau beachtet werden.

Inhalt

1 Wandoberflächen und Wandbekleidungen ... 11

1.1 Sichtmauerwerk ... 12

1.1.1 Einschalige Außenwände ... 12
1.1.2 Die vorgesetzte Verblendwand ... 13

1.2 Wandbekleidungen ... 15

1.2.1 Angemörtelte und hinterlüftete Fassadenbekleidungen ... 15
1.2.2 Hinterlüftete Naturwerksteinbekleidungen ... 19
1.2.3 Betonwerksteinbekleidungen ... 21
1.2.4 Die keramische Außenwandbekleidung ... 22
1.2.5 Vorgehängte Bekleidungen auf Unterkonstruktion ... 25
1.2.5.1 Unterkonstruktion ... 25
1.2.5.2 Verankerungen ... 27
1.2.5.3 Hinterlüftung ... 31
1.2.5.4 Wärmedämmung ... 31
1.2.5.5 Brandschutz ... 33
1.2.5.6 Bekleidungen ... 33
1.2.5.7 Befestigungen ... 41
1.2.5.8 Überdeckungen und Fugen ... 42
1.2.5.9 Metall-Fassaden ... 45
1.2.5.10 Eckausbildungen ... 51
1.2.5.11 Wandöffnungen ... 51
1.2.5.12 Oberflächen vorgehängter Bekleidungen ... 53

1.3 Außen- und Innenputz ... 55

1.3.1 Außenputz ... 59
1.3.1.1 Außenputzschäden ... 60
1.3.1.2 Putzweise (Putzstrukturen) ... 66
1.3.1.3 Allgemeine Hinweise ... 68
1.3.1.4 Putzprofile ... 70
1.3.2 Innenputz ... 70
1.3.2.1 Innenputzschäden ... 71
1.3.2.2 Deckenputz ... 75
1.3.2.3 Abgehängte Decken ... 76
1.3.3 Kunstharzputze ... 77
1.3.3.1 Begriff, Bezeichnung, Zusammensetzung ... 77
1.3.3.2 Untergrund und Grundanstrich ... 78
1.3.3.3 Anforderungen an Beschichtungsstoffe und Kunstharzputze ... 78
1.3.4 Putze für Sonderzwecke ... 79
1.3.5 Sanierung von Putzrissen ... 80

2 Leichte Trennwände . . . 81
2.1 Zulässige Gewichte und Abmessungen . . . 81
2.2 Konstruktive Ausbildung . . . 83
2.3 Montagewände . . . 86
2.4 Elementwände . . . 89
2.4.1 Rasterprinzip . . . 90
2.4.2 Konstruktion . . . 90
2.4.3 Brandschutz . . . 92
2.4.4 Schallschutz . . . 92

3 Fenster und Türen . . . 93
3.1 Öffnungen und Toleranzen . . . 93
3.2 Glas . . . 95
3.2.1 Glasarten . . . 95
3.2.2 Statische Dimensionierung der Gläser . . . 100
3.2.3 Scheibeneinbau . . . 102
3.2.4 Scheibenabdichtung . . . 105
3.2.5 Verglasung . . . 105
3.2.5.1 Trockenverglasung . . . 105
3.2.5.2 Verglasung mit Dichtstoffen . . . 106
3.3 Rahmenmaterial . . . 113
3.3.1 Holz . . . 113
3.3.2 Kunststoff . . . 115
3.3.3 Aluminium . . . 117
3.4 Stabilität der Flügelrahmen . . . 119
3.5 Beschläge . . . 121
3.6 Fenstereinbau . . . 123
3.7 Fugendichtigkeit . . . 126
3.8 Fenstertüren . . . 127
3.9 Fensterwände . . . 128
3.10 Rolläden und Klappläden . . . 132
3.10.1 Rolläden . . . 132
3.10.2 Klappläden . . . 133
3.11 Glasbausteine (DIN 18 175) . . . 135
3.12 Schadensfälle . . . 138
3.13 Türen . . . 140
3.13.1 Innentüren . . . 140
3.13.2 Türblattkonstruktionen . . . 143
3.13.3 Türumrahmungen . . . 147
3.13.4 Schalldämmende Türen . . . 149
3.13.5 Stahltüren . . . 149
3.14 Außentüren . . . 151

4 Treppen ... 155

4.1 Treppenarten ... 155

4.2 Anforderungen an Gebäudetreppen ... 159

4.2.1 Maßliche Anforderungen ... 159
4.2.2 Steigungsverhältnis und Lauflinie ... 160
4.2.3 Verziehen der Stufen ... 162
4.2.4 Treppenauge ... 163

4.3 Treppengeländer ... 166

4.4 Bauaufsichtliche Vorschriften ... 170

4.4.1 Allgemeine Anforderungen (§ 32 BauO NW) ... 170
4.4.2 Treppenräume (§ 33 BauO NW) ... 171

4.5 Treppenkonstruktionen ... 172

4.5.1 Stahlbetontreppen ... 172
4.5.2 Holztreppen ... 175
4.5.3 Vorgefertigte Treppen ... 178
4.5.4 Tragbolzentreppen ... 180

4.6 Schadensbeseitigung ... 182

4.7 Außentreppen ... 184

5 Estriche und Bodenbeläge ... 187

5.1 Estriche ... 187

5.1.1 Schwimmender Estrich ... 188
5.1.1.1 Estriche als Träger von Bodenheizungen ... 193
5.1.2 Verbund-Estrich ... 196
5.1.3 Estrich auf Trennschicht ... 197
5.1.4 Estrich-Arten ... 197
5.1.4.1 Zement-Estrich ... 197
5.1.4.2 Anhydrit-Estrich ... 198
5.1.4.3 Gips-Estrich ... 198
5.1.4.4 Magnesia-Estrich ... 199
5.1.4.5 Gußasphalt-Estrich ... 199

5.2 Bodenbeläge ... 200

5.2.1 Bodenbeläge aus Fliesen und Platten ... 200
5.2.1.1 Beläge innerhalb von Gebäuden ... 200
5.2.1.2 Beläge außerhalb von Gebäuden ... 201
5.2.2 Parkett ... 206
5.2.3 Textilbeläge ... 209
5.2.4 Kunststoffbeläge ... 210

6 Fliesen und Platten ... 211

6.1 Keramische Fliesen und Platten, keramisches Mosaik ... 211

6.2 Platten, Fliesen, Riemchen und Mosaik aus Naturstein ... 214

6.3 Verfahren und Werkstoffe zum Ansetzen, Verlegen und Verfugen 215
6.4 Bewegungsfugen in Wandbekleidungen und Bodenbelägen 217
6.5 Mechanisch hochbelastbare Bodenbeläge 219
6.6 Bodenbeläge für Arbeitsräume mit erhöhter Rutschgefahr 221
6.7 Wasserabweisende Beläge und Bekleidungen 222
6.8 Abdichtungen im Verbund mit keramischen Fliesen und Platten ... 225
6.9 Beispiele für Mängelerscheinungen und -ursachen 226
6.9.1 Mängel durch Frosteinwirkung 227
6.9.2 Risse in Fliesen und Platten 228
6.9.3 Trennung der Verbundschichten 229
6.9.4 Oberflächen- und Tiefenverschleiß 231

7 Beschichtungen 234
7.1 Grundbegriffe 234
7.1.1 Anforderungen an Beschichtungsstoffe 235
7.2 Beschichtungsstoffe 236
7.2.1 Mineralische Farben 236
7.2.2 Organische Beschichtungsstoffe 237
7.2.3 Beschichtungstechniken 239
7.3 Beschichtungen auf Beton 241
7.4 Beschichtungen auf Mauerwerk 243
7.5 Beschichtungen auf Holz 244
7.6 Beschichtungsschäden, Schadensvorsorge, Schadensbeseitigung 247
7.6.1 Risse 247
7.6.2 Salzauskristallisation 250
7.6.3 Algen, Flechten, Moos und Schimmelpilzbefall 250
7.6.4 Lackschäden an Außenholzflächen 251

Literaturverzeichnis 253

Verzeichnis der Fachverbände 258

Stichwortverzeichnis 260

1 Wandoberflächen und Wandbekleidungen

von Prof. Dipl.-Ing. Arno Grassnick und Dipl.-Ing. Walter Holzapfel

Witterungseinflüsse sind komplexe Angriffe auf Wandoberflächen und treten meist in kombinierter Form auf. Dabei wirken gewöhnlich nicht die Einzeleinflüsse schädigend, sondern mehrere Witterungskomponenten zusammen.
Dies hat zur Folge, daß der Planer in aller Regel das Witterungsverhalten der Baustoffe gegen Einzeleinflüsse richtig einschätzt, das Verhalten bei kombiniertem Witterungsangriff jedoch außer acht läßt.
Wesentliches Ziel der Vorplanung muß folglich bereits die Ermittlung und Bewertung aller möglichen Witterungsbedingungen während des gleichen Zeitraumes sein. Nur die Wandoberfläche, die diese Forderung erfüllt, bleibt schadenfrei.
Als mögliche Witterungsangriffe sind zu beachten:

- Erosion, d. h. Verwitterung und mechanische Abnutzung der Oberfläche,
- Korrosion, chemischer Abbau des Materialgefüges,
- Wärmebelastung, vor allem schlagartige Temperaturänderungen,
- Frosteinflüsse, auch nach Schlagregenbeanspruchung,
- Eluierung, d. h. Auswaschung des Materialgefüges, evtl. auch Ausblühung,
- Dampfdiffusion,
- statische Belastung durch Bauteilbewegungen und Wärmespannungen,
- biologischer Abbau des Materialgefüges.

Abb. 1.1 Erosion und Ausblühung an altem Sichtmauerwerk

Abb. 1.2 Kalksinterauswaschung aus einer durchfeuchteten Schalenfuge

1.1 Sichtmauerwerk

1.1.1 Einschalige Außenwände

Dem Sichtmauerwerk in der einschaligen Außenwand fällt die Aufgabe zu, Witterungsschutz und Witterungsbeständigkeit einerseits sowie Wasser- und Dampfdurchgängigkeit aus Raumfeuchten andererseits sicherzustellen (s. auch Band 1). Während die erste Aufgabenstellung ein dichtes, wasserabweisendes Mauerwerksgefüge verlangt, ist für die zweite eher das Gegenteil erforderlich. Der naheliegende Kompromiß liegt in der Auswahl von Baumaterialien, die auf der Außenseite der Wand wenig wassersaugend, jedoch dampfdiffusionsoffen, dafür aber speicherfähig für eingedrungene Niederschlagsfeuchte sein müssen.
Häufig auftretende Schäden an einschaligem Sichtmauerwerk sind Auswaschungen, Frostsprengungen, Diffussions- und Witterungsdurchfeuchtung sowie statisch bedingte Rißbildungen.
Sichtmauerwerk der Jahrhundertwende wies nur geringe Feuchteschäden auf, was seine Ursache in besonders ausgesuchtem Steinmaterial und in sehr sorgfältiger Vermörtelung und Verfugung hatte. Die bewußt eingesetzten weichen Mauer- und Fugmörtel waren ein ausgezeichneter Puffer gegen Bauwerksbewegungen und Niederschläge, hatten jedoch den Nachteil der Erosionsfähigkeit; sie bröckelten mit der Zeit aus. Mauerwerke der Nachkriegszeit kranken vor allem an:

- ungeeignetem Steinmaterial: zu dichte, glasige Wandoberflächen bilden Dampfsperren auf der falschen (Außen-)Seite und verhindern das rasche Auswandern einmal eingedrungener Niederschlagsfeuchte; zu saugfähige Mauersteine nehmen über Gebühr viel Niederschlagswasser auf;
- ungenügendem Sieblinienverlauf beim Mauersand: durch fehlendes Feinstkorn wird der Mörtel zu grobporig und setzt dem Eindringen des Wassers zu wenig Widerstand entgegen;
- zu harten Verfugungen: die mechanische Diskrepanz zwischen Kalk-Mauermörtel und einer Zementmörtelfuge ist oft zu groß; geringste Wandbewegungen führen zum Abreißen der Fuge;
- fehlerhaftem Mörtelbett: Hohlstellen sind bevorzugte Wassersammler und Frostkerne;
- stärkeren Bewegungen im Mauerwerk: erhöhte statische Belastung der Wände und Nichtbeachten notwendiger Dehnungs- und Bewegungsmöglichkeiten des Baukörpers führen zu Wandrissen;
- zu geringer Wanddicke: dadurch herabgesetzter Wärme-, Witterungs- und Speicherschutz der Wände sowie größere Anfälligkeit für Rißbildungen;
- Winddurchlässigkeit bei Trockenbauweisen oder fehlstellenhaftem Mörtelbett und damit verbundenen Wärmeverlusten und Tauwasserschäden.

Konstruktion und Aufbau des Sichtmauerwerks setzen feinporiges Stein- und Mörtelgefüge voraus. Die Feinporigkeit garantiert einerseits die Frostbeständigkeit und setzt andererseits dem Eindringen von Niederschlägen erhöhten Widerstand entgegen. Außerdem sind feinporige Baustoffe Speicher für eingedrungene Feuchtigkeit, während grobporige Stoffe und Hohlstellen (Lochsteine) eingedrungene Feuchtigkeit rasch nach innen durch den Wandquerschnitt hindurchtransportieren. Geeignete Materialien für das einschalige Sichtmauerwerk sind hartgebrannte

Mauerziegel (Vormauersteine) ohne Klinkerhaut aus magerem bis leicht sandigem Ziegelgut. Das Mauerwerk darf nicht aus Lochsteinen bestehen.
Kalksandsteine besitzen ein ausgeprägtes Saugvermögen für Wasser, weswegen sie sich für einschaliges Sichtmauerwerk weniger eignen.
Natursteine werden im normalen Hausbau ausschließlich als Vormauersteine benutzt, weil die kraftschlüssige Vermauerung in der einschaligen Wand Probleme in Form von Bauteilspannungen und auch in handwerklicher Sicht bietet.
Die Vermörtelung des Sichtmauerwerks verlangt erhöhte Sorgfalt und hohlraumfreie Fugen über den gesamten Mauerwerksquerschnitt.
Grundsätzlich muß die verwendete Mörtelsorte auf das jeweilige Steinmaterial abgestimmt sein. Günstigstenfalls arbeitet man mit hydraulischem Kalkmörtel aus Feinst- bis Feinsanden (scharfkörnig), wobei besonders wichtig ist, daß der Sand die komplette Sieblinie vom mehlfeinen Korn bis zum Feinsand enthält, damit Grobporigkeit auf jeden Fall vermieden wird.
Die Verfugung muß so bündig wie möglich mit der Wandoberfläche erfolgen, die Fugen müssen gründlich eingebügelt werden. Hierzu benutzt man den gleichen Mörtel wie zum Mauern, kann ihn aber durch Traßzusatz verbessern.
Reine Zementmörtel sind zum Verfugen nur in Ausnahmefällen geeignet, weil sie zu hart werden und in den Flanken leicht abreißen.
Die hohlraumfreie Vermörtelung und die fehlstellenfreie Verfugung ist von außerordentlicher Bedeutung. Die Erfahrung hat gezeigt, daß eine einzige vergessene Stoßfuge zur Durchfeuchtung eines ganzen Quadratmeters Außenwand führen kann.

Nachträgliche Fehler – insbesondere bei saugfähigem Steinmaterial – sind hautbildende Farbbeschichtungen auf den äußeren Wandflächen. Vor allem die stark saugenden Kalksandsteinwände hat man vielerorts mittels Dispersionsanstrichen nachträglich dichten wollen. Dieses Bemühen war jedoch selten von Erfolg gekrönt, weil damit der gespeicherten Feuchtigkeit und der Dampfdiffusion der Weg nach außen versperrt war. Die Folge war, daß der Anstrichfilm sich blasig abhob und abblätterte; in Extremfällen hat die eingeschlossene Feuchtigkeit zu Frostsprengungen in der Wandoberfläche geführt. Nachträglicher Witterungsschutz läßt sich also nicht durch hautbildende Anstriche (auch nicht durch sogenannte »diffusionsoffene«) erreichen. Möglich sind dagegen diffusionsoffene ***Imprägnierungen,*** beispielsweise mit Siloxanen; oder hinterlüftete, vorgehängte ***Fassadenbekleidungen,*** die immer die sicherste Methode des Fassadenschutzes darstellen.

1.1.2 Die vorgesetzte Verblendwand

Für die ½steinige Verblendwand gilt im vollen Umfang das bisher Gesagte. Die zweischalige Wand mit 2 cm dicker Schalenfuge aus gießfähigem Mörtel ***ohne Luftschicht*** ist in der DIN 1053 nicht mehr enthalten und somit auch nicht mehr zulässig (s. auch Band 1).
Die vorgesetzte ***Verblendwand mit Luftschicht*** bietet gegenüber den vorgenannten Wandtypen große zusätzliche Sicherheit und die Möglichkeit, Kernmauerwerk und Verblendwand aus grundsätzlich verschiedenartigem Material herstellen zu können. Durch die Luftschicht wird eine Funktionstrennung der beiden Wandschalen erreicht, so daß für die innere Schale nur die Forderungen an die Statik und den Wärmeschutz gestellt werden müssen.

Abb. 1.3 Ausblühungen an einer Verblendwand infolge hoher Wasserbelastung an der Wetterseite

Abb. 1.4 Auswaschung des Fugenmörtels, hervorgerufen durch Fehlstellen in Mörtelbett und Verfugung

Voraussetzungen sind jedoch die konsequente Anlage der Luftschicht (mindestens 6 cm breit) mit den erforderlichen Zu- und Abluftöffnungen sowie die waagerechten Sperrschichten über dem Gebäudesockel, den Wandöffnungen sowie über anschließenden Dachabdichtungen. Von großer Wichtigkeit ist, daß diese Sperrschichten in jedem Fall höher liegen als anbindende Wandanschlüsse von Dächern und Dachterrassen.

In der Verblendschale sind auch Steine verwendbar, die sich für die einschalige Wand weniger eignen: Ziegelsteine mit Klinkerhaut und Kalksandsteine. Die verminderte Wetterschutzleistung wird durch die Luftschicht und die waagerechten Sperrschichten ausgeglichen. Jedoch sollten auch in der Verblendwand keine Lochsteine verwendet werden, da sich in den Lochungen stehendes Wasser ansammeln kann, das zum Auswaschen der Mörtelfugen führt.

Die Hauptmängel in der vorgesetzten Verblendschale bestehen in Auswaschungen des Fugenmörtels – hervorgerufen durch Lochsteine, Hohlstellen in der Vermörtelung, Mörtelbrücken zum Kernmauerwerk oder nicht funktionierende Entwässerung – sowie Rißbildungen infolge ungenügender statischer Aufstandfläche oder fehlender Dehnmöglichkeiten der Wände. Die Verblendwand muß in voller Schichtdicke auf dem Fundament oder auf dem Verblendwandträger aufstehen. Auf die erforderliche Feldteilung und Fugenausbildung ist – entsprechend der statischen Belastung und der vorherzusehenden Wärmebewegung – zu achten.

1.2 Wandbekleidungen

Wandbekleidungen dienen dem Witterungsschutz sowie der optischen Verschönerung. Die Überlegung, daß die dichtesten Materialien auch den besten Witterungsschutz bieten müßten, hat in den letzten Jahrzehnten zu der Erkenntnis geführt, daß dichte Baustoffe nur dann optimalen Witterungsschutz bieten, wenn sie ihre Dichtigkeit nicht gegen die Wand einsetzen: Die Außenwand verlangt – je nach Aufbau – eine Mindestporigkeit zum Ausdiffundieren. Wird ihr dieses nach außen verwehrt, treten Verschlechterungen der Wand im Wärmeschutzverhalten und sogar Bauschädigung ein. Man ist aus dieser Erkenntnis heraus weitgehend zur hinterlüfteten Wandbekleidung gekommen, die alle Voraussetzungen für einen wirksamen Witterungsschutz mitbringt.

1.2.1 Angemörtelte und hinterlüftete Fassadenbekleidungen

Grundlage für die Ausführung von Fassadenbekleidungen aus keramischen Fliesen oder Platten und aus Natursteinplatten sind:

a) DIN 18 515 Teil 1 (Ausgabe 04.93) Angemörtelte Fliesen oder Platten, Grundsätze für Planung und Ausführung. Diese Norm gilt im wesentlichen für keramische Platten, ist aber auch für Natursteinplatten bei Anmörtelung anzuwenden.
b) DIN 18 515 Teil 2 (Ausgabe 04.93) Außenwandbekleidungen, Anmauerung auf Aufstandsflächen, Grundsätze für Planung und Ausführung. Diese Norm ist anzuwenden, falls geschoßweise Abfangungen durch Fundamentvorsprünge, thermisch getrennte Deckenstreifen oder nichtrostende Stahlkonsolen erforderlich sind.
c) DIN 18 516 Teil 1 (Ausgabe 01.90) Außenwandbekleidungen, hinterlüftet. Diese Norm enthält alle allgemeinen bauphysikalischen und konstruktiven Anforderungen sowie Prüfgrundsätze für hinterlüftete Außenwandbekleidungen.
d) DIN 18 516 Teil 3 (Ausgabe 01.90) Außenwandbekleidungen, hinterlüftet – Naturwerkstein –, enthält alle speziellen Anforderungen an hinterlüftete Naturwerksteinplatten hinsichtlich Bemessung, Befestigung, Verankerung und Fugenausbildung.
e) VOB Verdingungsordnung für Bauleistungen, Teil C: Allgemeine Technische Vorschriften für Naturwerksteinarbeiten.

Zum Bauen mit Naturstein werden außerdem bautechnische Informationen herausgegeben von der Informationsstelle Naturwerkstein, Ludwigstraße 1, 97070 Würzburg.
Wegen der Temperatur- und Feuchtigkeitsschwankungen und der dadurch bedingten unterschiedlichen Verformungen von Bekleidung und Unterkonstruktion sollten Naturwerkstein-Fassadenbekleidungen vorzugsweise als hinterlüftete Fassade ausgebildet werden. Hinterlüftete Bekleidungen gleichen Materialspannungen aus und erleichtern das Abführen von in der Wand enthaltener oder in diese eindiffundierender Feuchtigkeit. Auch der bei angemörtelten Bekleidungen auftretende Wärmestau in der äußeren Wandzone, der ebenfalls schädliche Spannungen verursachen kann, wird bei Hinterlüftung vermieden.
Nachstehend wird die Ausführung von Fassadenbekleidungen aus angemörtelten und angemauerten Platten nach den Richtlinien der DIN 18 515 (Ausgabe 04.93) zusammenfassend dargestellt.

Angemörtelte und angemauerte Fassadenbekleidungen

Bekleidungen aus Platten mit einer Fläche unter 0,1 m² werden in der Regel am Untergrund ***angemörtelt.*** Dabei wird die Verbindung durch die Haftung des Ansetzmörtels am Bekleidungsmaterial und am Untergrund hergestellt. Dies erfordert ein geschlossenes Mörtelbett, wobei die Mörtelzusammensetzungen nach Tabelle 1 der DIN 18 515 zu beachten sind.
Bei ***angemauerten*** Riemchenschalen dienen Drahtanker sowie Konsolen oder Aufstandsflächen zur zusätzlichen Sicherung. Die Aufsetzmöglichkeiten (z. B. Fundament, Mauervorsprung oder Winkel aus rostfreiem Stahl) sind mindestens in jedem zweiten Geschoß vorzusehen.

Spritzbewurf: Der Untergrund ist vor dem Anmörteln bzw. Anmauern der Bekleidung mit einem vollflächig deckenden Spritzbewurf mit grobkörnigem Sand als Zuschlag zu versehen. Dieser muß vor dem Ansetzen der Bekleidung ausreichend fest sein.

Unterputz: Zur Erhöhung der wasserabweisenden Wirkung der Bekleidung und zum Ausgleichen von Unebenheiten am Untergrund ist vor der ***Abmörtelung*** ein Unterputz aus Kalkzementmörtel mindestens 15 mm und bei Schlagregenbeanspruchung (Beanspruchungsgruppe III nach DIN 4108) mindestens 20 mm dick vorzusehen. Bei einem Untergrund aus unterschiedlichen Baustoffen oder äußeren Wärmedämmschichten soll der Unterputz eine am tragenden Teil des Bauwerks verankerte Bewehrung erhalten. Diese muß bei äußerer Wärmedämmung aus nichtrostendem Baustahlgitter 50 mm x 50 mm mit mindestens 2 mm Stabdurchmesser bestehen.
Solche Plattenverkleidungen sind jedoch relativ teuer und können bei unsorgfältiger Ausführung leicht zu Bauschäden führen, weil schon geringfügige Rißbildungen, besonders an der Wetterseite, zum Eindringen von Schlagregen und damit zur Durchfeuchtung der Dämmplatten führen. Falls eine derartige Ausführung dennoch gefordert wird, sollten druckfeste und hydrophobierte Dämmplatten verwendet werden.

Anmörtelung: An die Außenwand unmittelbar angesetzte Außenwandbekleidungen können nach DIN 15 515 Teil 1 (Ausgabe 04.93) sowohl im Dickbett als auch im Dünnbett angesetzt werden. Vorzuziehen ist das Dickbettverfahren, weil das im Mittel 15 mm dicke Mörtelbett einen besseren Spannungsausgleich gegen mechanische und thermische Bewegungen in der Plattenverkleidung bietet.
Bei ***Anmauerung auf Aufstandsflächen*** ist der Spalt zwischen Unterputz und Bekleidungsmaterial (15 bis 25 mm) schichtweise mit plastischem Mörtel so zu verfüllen, daß eine geschlossene Mörtelschicht entsteht.

Verankerung: Eine Verankerung ist sowohl bei nur angemörtelten Außenwandbekleidungen als auch beim Vorhandensein von Aufstandsflächen erforderlich. Bei Anmörtelung werden die Lasten aus der Bekleidung in die Konstruktion des Untergrundes eingeleitet, weshalb Bewehrung und Verankerung konstruktiv verbunden sein müssen (DIN 18 515 Teil 1). Bei Anmauerung auf Aufstandsflächen nach Teil 2 ist beim Einbau von Drahtankern das als Abbildung 1.5 wiedergegebene Bild 1 maßgebend.

Danach soll das Einbindemaß der Drahtanker zwei Drittel der Außenwandbekleidung betragen. Es sind mindestens fünf Drahtanker aus nichtrostendem Stahl nach

DIN 17 440 mit einem Durchmesser von ≧ 3 mm erforderlich. Die Eignung anderer Verankerungsarten muß durch Prüfzeugnis nachgewiesen werden. An allen freien Rändern (Gebäudeecken, Öffnungen, entlang den Dehnungsfugen und an den oberen Enden der Außenwandbekleidung) sind zusätzlich mindestens drei Drahtanker je Meter Randlänge anzuordnen.
Fenster, Türen, Beleuchtungs- und Reklamekonstruktionen sowie Gerüste u. ä. dürfen nicht an der Bekleidung verankert werden, sondern sind im Untergrund zu befestigen und von der Bekleidung durch Anschlußfugen zu trennen. Werkstücke für Sohlbänke, Fenstergewände, Gesimse o. ä. müssen unabhängig von der Fassadenbekleidung auf tragfähigen Auflagern versetzt und gegen Schub, Stoß, Druck und Drehung verankert werden.

Fugenausbildung: Bei angemörtelten Fliesen oder Platten können die Mörtelfugen nach Entfernung der Mörtelreste des Ansetzmörtels durch Einschlemmen mit Zementmörtel oder mittels Fugeisen hergestellt werden. Richtwerte für Fugenbreiten sind:
keramische Fliesen 3 bis 8 mm,
keramische Spaltplatten 4 bis 10 mm,
Spaltziegelplatten 10 bis 12 mm,
Naturwerksteinplatten 4 bis 6 mm.

Bewegungsfugen sollen schädliche Spannungen in der Außenwandbekleidung verhindern. Sie müssen mit Fugenprofilen, durch Überkleben mit Fugenbändern oder mit elastischen Fugendichtstoffen nach DIN 18 540 geschlossen werden.

Gebäudetrennfugen müssen bereits im Rohbau wind- und regendicht hergestellt sein und an gleicher Stelle in die Bekleidung übernommen werden.

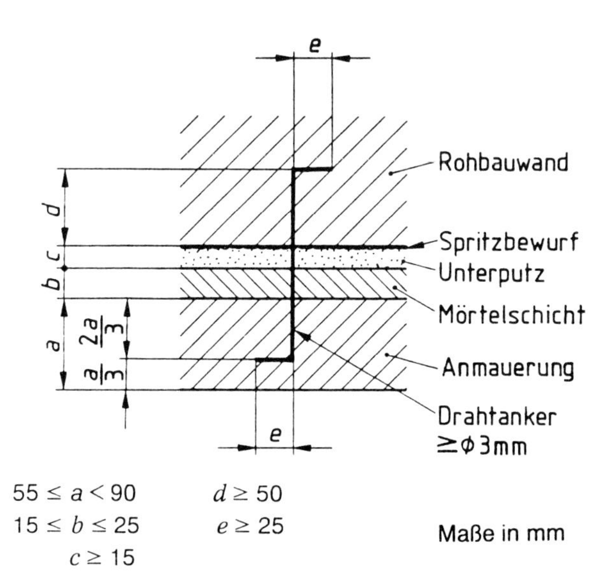

Abb. 1.5 Befestigung der Drahtanker in der Rohbauwand. Der vertikale Abstand der Drahtanker soll 250 mm, der horizontale Abstand 750 mm nicht überschreiten
Quelle: DIN 18 515 Teil 1 (Bild 1)

Feldbegrenzungsfugen: Mit diesen ist die Plattenfläche in Felder von 3 bis 6 m horizontal und vertikal aufzuteilen. Eine horizontale Feldbegrenzungsfuge ist in jedem Geschoß, möglichst an der Unterkante Decke, anzuordnen. Vertikale Feldbegrenzungsfugen sind auch im Bereich von Außen- und Innenecken vorzusehen. Die Fugenbreite richtet sich nach den vorhandenen Abständen und den zu erwartenden Dehnungen.

Anschlußfugen sind dort erforderlich, wo die Bekleidungen an andere Baustoffe und Bauteile anschließen und wo die Bekleidung zwischen tragenden Bauteilen eingespannt oder belastet werden könnte. Sie sind mindestens 10 mm breit vorzusehen und mit Dichtmassen zu verfüllen.

Frostgefahr: Bei Temperaturen unter 5 °C dürfen Versetz- und Bekleidungsarbeiten mit Mörtel nicht ausgeführt werden. Gefrorene Bekleidungsstoffe dürfen nicht verarbeitet werden; auf gefrorenen Untergrund darf nicht versetzt werden. Frisch angesetzte Bekleidungen sind bei Frostgefahr abzudecken.
Frostschutzmittel dürfen nicht verwendet werden, weil sie Ausblühungen verursachen können.

Hinterlüftete Fassadenbekleidungen

Luftschicht

Die Luftschicht hinter den Platten muß mindestens 20 mm dick sein. Sie dient zur Ableitung der durch die Plattenfugen eingedrungenen Niederschlagsfeuchtigkeit und der aus dem Gebäude herausdiffundierenden Bau- und Nutzungsfeuchte. Dies geschieht durch den thermischen Auftrieb in der Luftschicht aufgrund der Erwärmung der Platten durch Sonneneinstrahlung. Hierzu muß die Luftschicht über Be- und Entlüftungsschlitze am unteren und oberen Abschluß der Fassadenbekleidung mit der Außenluft in Verbindung stehen.
Für die Be- und Entlüftungsöffnungen sind Querschnitte von mindestens 50 cm^2 je 1 m Wandlänge vorzusehen.
Die Anforderungen an hinterlüftete Außenwandbekleidungen werden im einzelnen in DIN 18516 Teil 1 (Ausgabe 01.90) dargestellt. Hier sind alle bauphysikalischen, konstruktiven und montagebedingten Anforderungen sowie Lastannahmen und Formänderungen ausführlich beschrieben.

Bauphysikalisch ist insbesondere das Zusammenwirken der tragenden Bauteile mit der Bekleidung beim Wärme-, Feuchte-, Schall- und Brandschutz zu berücksichtigen (s. Band 3 und 4). Die ***konstruktiven*** Anforderungen beziehen sich im wesentlichen auf mögliche Gleitvorgänge, Lastannahmen, Formänderungen und den Standsicherheitsnachweis. Wichtig ist ebenfalls die Auswahl und der Schutz der Baustoffe, die nach Fertigstellung der Außenwandbekleidung nicht mehr zugänglich sind, was insbesondere für alle Verbindungen, Befestigungen sowie Trage- und Halteanker gilt. Für diese enthält der Teil 1 der DIN 18516 alle zulässigen Baustoffe. Ferner wird darin festgelegt, welche ***Prüfgrundsätze*** für Verbindungen und Befestigungen verbindlich sind.

Wärmedämmung

Die Wärmedämmung muß der Verordnung über einen energiesparenden Wärmeschutz bei Gebäuden (Wärmeschutzverordnung v. 24. 2. 82) und DIN 4108 Wärmeschutz im Hochbau (s. Band 3) entsprechen.

Grundsätzlich sollen die Dämmplatten an der Außenseite der Tragkonstruktion angebracht werden. Normalerweise bestreitet die Dämmschicht den überwiegenden Wärmehaushalt der Außenwand, insbesondere vor Bauteilen aus Stahlbeton. Die Bekleidung ist bei der hinterlüfteten Naturwerksteinfassade für den Wärmedurchgangswiderstand der Außenwand nicht zu berücksichtigen.
Als Dämmaterial sind anorganische Mineralfaser-Dämmplatten nach DIN 18165 besonders geeignet; sie dürfen nicht quellen und nicht verrotten und müssen einen niedrigeren Diffusionswiderstand aufweisen.
Besteht der Untergrund aus luftdurchlässigen Wärmedämmstoffen, deren Dämmwirkung durch Luftströmungen unzulässig beeinträchtigt werden kann, so müssen diese mit einem wasserdampfdurchlässigen Porenverschluß versehen werden (s. z. B. DIN 1102 Holzwolle-Leichtbauplatten nach DIN 1101; Verarbeitung).

Fassadenschutz
Fassadenbekleidungen können durch Witterungseinflüsse sowie durch Ausblühungen, Algen- und Moosbewuchs undicht bzw. unansehnlich werden. Dies kann weitgehend verhindert werden, und zwar durch eine vorbeugende, aber auch noch nachträglich mögliche Imprägnierung. Hierfür gibt es sowohl lösemittelfreie als auch lösemittelhaltige Werkstoffe, die sich für Sichtmauerwerk, keramische Bekleidungen, Natur- und Betonwerksteinplatten einschließlich Waschbeton eignen. Das Material (z. B. auf Siloxan-Acrylharzbasis) kann je nach den Vorschriften der Hersteller gestrichen, geflutet oder gespritzt werden. Eine derartige Imprägnierung darf nicht filmbildend sein, sondern muß den Untergrund diffusionsoffen halten und abweisend gegen Schlagregen (hydrophobierend) sein. (Über Materialien und Methoden s. Band 4, »Imprägnierungen und Versiegelungen«.)

1.2.2 Hinterlüftete Naturwerksteinbekleidungen

Die besonderen Anforderungen an Außenwandbekleidungen aus Naturwerkstein sind in DIN 18 516 Teil 3 (Ausgabe 01.90) enthalten, und zwar in Verbindung mit Teil 1 dieser Norm. Über die beabsichtigte Plattenart sind Prüfzeugnisse einer amtlichen Materialprüfanstalt hinsichtlich Durchbiegung, Ausbruchlast am Ankerdornloch sowie ein Eignungsnachweis über die Widerstandsfähigkeit gegen Witterungseinflüsse vorzulegen. Die Prüfzeugnisse dürfen nicht älter als drei Jahre sein.

Bemessung der Platten
Biegefestigkeit und Ausbruchlast am Ankerdornloch sind statisch nachzuweisen (z. B. nach dem Bemessungsverfahren des Deutschen Naturwerkstein-Verbandes e.V.). Die Mindestdicke der Platten richtet sich nach der Neigung der Platte gegen die Horizontale von

$$a > 60°: 30 \text{ mm}$$
$$a \leq 60°: 40 \text{ mm.}$$

Bei horizontalen und bis 85° gegen die Horizontale geneigten Platten ist ein Erhöhungsfaktor zu berücksichtigen (für Eigenlast der Platten 2,5 bzw. 3,5).

Verankerung
Die technisch wichtigste Voraussetzung für eine funktionsfähige Plattenverkleidung aus Naturstein ist die Verankerung. Diese erfolgt durch Trage- und Halteanker mit Ankerdornen, die in die Dornlöcher der Platten eingreifen.

Jede Platte soll an mindestens vier Punkten befestigt sein. Sie muß auf zwei Trageankern aufliegen und von diesen sowie von zwei Halteankern gegen die auftretenden Beanspruchungen gesichert sein.
Die Anker müssen aus geeignetem, nichtrostendem Stahl bestehen. Sind im Ankerloch Druckverteilungsplatten erforderlich, so müssen diese mit den Ankern unlösbar (z. B. verschweißt) verbunden sein.
Die ***Dorne der Anker*** greifen in mittig gebohrte oder bei der Herstellung vorgesehene Ankerdornlöcher der Platten ein, die mindestens 5 mm tiefer als die Ankerdornlänge sein müssen. Der Durchmesser eines Ankerloches soll mindestens 3 bis 4 mm größer sein als der des Ankerdorns. Ankerdornlöcher mit abgeplatzten und stark porösen Stellen dürfen nicht benutzt, sondern müssen an geeigneter Stelle neu gebohrt werden.
In jeweils einer Plattenkante werden die Ankerdornlöcher vor dem Einbringen der Ankerdorne mit feinkörnigem Mörtel ausgefüllt. In das Dornloch der anschließenden Platte wird der Ankerdorn in ein Kunststoff-Gleitröhrchen eingeschoben; dadurch werden thermische Horizontalbewegungen der Fassadenbekleidung ausgeglichen.
Die ***Befestigung der Anker*** muß an tragfähigem Untergrund ausreichend tief und sicher erfolgen, wobei die Querschnitte tragender Bauteile nicht unzulässig geschwächt werden dürfen. Korrosionsfördernde, insbesondere chloridhaltige Zusätze dürfen nicht verwendet werden.
Schäden an älteren Natursteinfassaden sind überwiegend dadurch entstanden, daß die lediglich verzinkten Stahlanker durchgerostet waren; die beim Rosten sich vergrößernden Dorne sprengten die Platten im Bereich der Ankerlöcher, wodurch sich die Platten ablösten. Deshalb sei die Forderung der DIN 18 515, daß Verankerungen zwingend aus ***nichtrostendem Stahl nach DIN 17 440*** bestehen müssen, hier noch einmal besonders betont.
Die Befestigung der Platten am Ankersteg kann auch mit Schrauben als Trag- und Halteanker erfolgen, wobei der Schraubenkopf bis zur halben Plattendicke versenkt

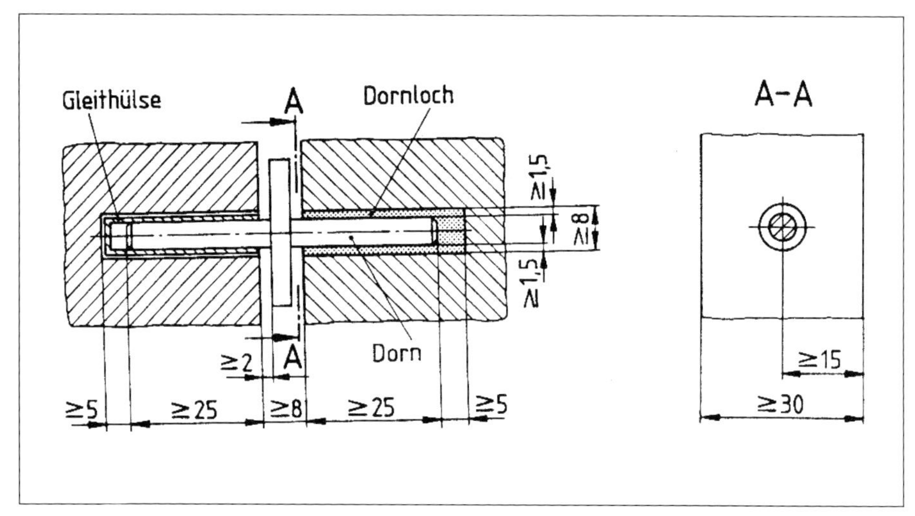

Abb. 1.6 Eingreifen der Dorne in die Ankerdornlöcher. Zum Ausgleich thermisch bedingter Bewegungen der Platten werden Gleithülsen aus Kunststoff (Polyacetal) in die Ankerdornlöcher mit Klebestoff oder Zementleim eingesetzt Quelle: DIN 18 516 Teil 3

werden darf. Hierzu schreibt DIN 18 516 Teil 3 mehrere Bedingungen vor. Weitere Möglichkeiten und Vorschriften zur Verankerung von Natursteinplatten (Profilstege, Ankerbemessung, Ankerformen, Verankerungsgrund) sind in dieser Norm ebenfalls enthalten. Besonders wichtig für die Stabilität einer Natursteinfassade sind bei eingemörtelten Verankerungen die Beschaffenheit des Verankerungsgrundes (Beton, Mauerwerk), die Einbindetiefe, das Einsetzen der Anker und die Bemessung der Ankerstege.

Plattenfugen
Da die Fugen der Fassadenbekleidung die Funktion haben, die durch Verformung der Platten bedingten Bewegungen auszugleichen, dürfen sie nicht starr vermörtelt werden. Die Normalfugenbreite soll etwa 8 mm betragen. Besonders sorgfältig sind die Anschlußfugen an andere Baustoffe wie Holz, Metall oder Glas herzustellen; sie dürfen nur als elastische Fugen mit mindestens 10 mm Breite ausgebildet werden. An Bauwerksöffnungen sind gegebenenfalls Dichtungsfolien zu verwenden.
Vor der Abdichtung mit Dichtungsmassen müssen die Fugenflanken gesäubert und mit einem Haftprimer grundiert werden. Zur Begrenzung der Fugentiefe ist ein elastischer Hinterfüllstreifen einzubringen. Die Dichtungsmassen sind vor Ausführung der Verfugung auf Fleckenbildung zu prüfen. Bei weißem Marmor ist auch die Reaktion des Primers vorher zu kontrollieren.

1.2.3 Betonwerksteinbekleidungen

Die Fassadenbekleidung mit Betonwerksteinplatten entspricht weitgehend derjenigen mit Natursteinplatten. Daher ist die DIN 18 515 bei Fassaden aus Sichtbetonplatten ebenfalls anzuwenden.
Betonwerksteinplatten können bewehrt oder unbewehrt sein. Unbewehrte Platten sollen nicht größer als 0,5 bis 0,75 m² und etwa 40 bis 60 mm dick sein; sie müssen bei über 0,5 m² Fläche statisch berechnet werden.
Es werden aber auch Betonwerksteinplatten für Außenbekleidungen in Größen über 0,75 m² bis etwa 2 m² Fläche bei mindestens 50 bis 80 mm Dicke hergestellt. Sie sind bewehrt und von entsprechend hohem Gewicht, weswegen eine besonders tragfähige Verankerung erforderlich ist. Bei Brüstungsplatten in Stahlbeton-Skelettbauten werden dann die Trageanker in Verbindung mit der Bewehrung in die Stützen fest einbetoniert; die Befestigung der Platten muß dann mit justierbaren Schrauben erfolgen. Alle Verankerungsmittel einschließlich der als Halteanker eventuell bereits in die Platten einbetonierten Bandbleche müssen aus geeignetem, nichtrostendem Stahl bestehen.
Bei derartig großen Platten ist außer auf eine statisch sichere Verankerung auch darauf zu achten, daß keine Schäden durch materialbedingtes Schwinden entstehen. Voraussetzung dafür sind eine hohe Betonfestigkeit und beste Betonverdichtung sowie eine gründliche Oberflächenbehandlung.
Diese muß eine wasserabweisende Wirkung haben, damit die Bewehrung vor Korrosion geschützt wird. Es ist also eine dauerhafte Hydrophobierung herzustellen, und zwar möglichst auf Silicon-Basis. Falls im Sanierungsfall eine Beschichtung erforderlich wird, sollten für Fassadenelemente keine Epoxidharze verwendet werden, weil sie vergilben; Acrylate sind dafür besser geeignet.
Falls die Betonwerksteinplatten eine zusätzliche Transportbewehrung erhalten, so soll diese möglichst dünn sein; am besten geeignet ist leichtes Baustahlgewebe.

Zu achten ist auf ausreichende Überdeckung, damit das Maschengewebe nicht ankorrodiert und sich dann unschön an der Oberfläche abzeichnet.
Die Verfugung kann bei kleineren Platten und ganzer oder teilweiser Anmörtelung mit einem Zementmörtel 1 : 3 erfolgen; die Fugenbreite soll dabei nicht weniger als 5 bis 6 mm betragen. Bei größeren Formaten oder Brüstungsplatten sind die Fugen nach DIN 18540, Abdichtung von Außenwandfugen im Hochbau mit Fugendichtungsmassen, auszuführen.
Im einzelnen müssen die Herstellung der Platten, die Verankerung und die Verfugung der DIN 18333, Betonwerksteinarbeiten, entsprechen.

1.2.4 Die keramische Außenwandbekleidung

Die keramische Wandbekleidung ist ein Musterbeispiel für den Lehrsatz, daß Außenwände keine sperrenden Beläge haben sollten.
Überwiegende Mängelerscheinungen sind Wanddurchfeuchtungen, Frostschäden (Absprengungen der Verkleidungsplatten), Auswaschungen, Rißbildungen infolge Wärmespannungen und statischen Gebäudebewegungen.
Zur Vermeidung solcher Mängel an Außenwandbekleidungen sind die nachfolgend aufgeführten Ursachen und Maßnahmen zu berücksichtigen:

Abb. 1.7 Die Bekleidung aus keramischem Kleinmosaik löst sich an diesem Gebäude ab, so daß ein Auffanggitter zum Schutz der Passanten notwendig wurde

Abb. 1.8 Detail eines Pfeilers aus der nebenstehend gezeigten Verkleidung: die Mosaikplättchen lösen sich vom Mörtelbett aufgrund thermisch bedingter Spannungen in der starren Verblendschale

Abb. 1.9 Völlig verfehlte Verblendung mit allen denkbaren Fehlern: falsche Materialkombination Kalksandsteinmauerwerk/Ziegelspaltplatten, Verblendschale ohne Fugenteilung, dampfdichtes Verblendmaterial ...

Abb. 1.10 ... Spritzbewurf als Haftgrund fehlt

Abb. 1.11 Keramische Spaltplatten auf Kunststoffmörtel als vorgefertigte Verblendtafeln mit Abstand auf Halteankern montiert. Durch thermisch bedingte Bombierung der Elemente Ablösen der Fassade

Abb. 1.12 Detail aus der nebenstehend gezeigten Verkleidung: Beschleunigung des Schadensvorganges durch Wärmestau infolge hinterlegter Wärmedämmung; die beabsichtigte Hinterlüftung wurde nicht wirksam

a) Die keramischen Platten, Sparverblender und Spaltklinker, müssen in hartem Zement-Ansetzmörtel verlegt werden; aus ebensolchem Mörtel wird die Verfugung hergestellt. Die harte, unbewegliche Bekleidungsscheibe unterliegt statischen Gebäudebewegungen, Bewegungen aus wärmeursächlichen Zwängungsspannungen und aus Windlasten. Der geringe, zu harte Querschnitt der Bekleidung kann diese Bewegungen in aller Regel nicht aufnehmen; es ent-

stehen Fugenrisse und sogar Plattenrisse, die das Niederschlagswasser ungehindert eindringen lassen. Hierbei kann bei Schlagregen das Wasser bereits in Feinstrisse eindringen (Abb. 1.7 und 1.8).
Derartige Schäden lassen sich vermeiden, wenn die Außenwandbekleidung in Einzelfelder aufgeteilt wird, deren Fugen elastisch versiegelt werden müssen. Elastische Fugen sind ebenso an allen Gebäude-Ecken, an Wandöffnungen und an Festpunkten anzulegen.

b) Eine keramische Außenwandbekleidung ist praktisch eine Dampfsperre auf der falschen (Außen-)Seite. Das ist bei der Planung des Wandquerschnitts zu berücksichtigen, z.B. durch Wahl eines Ziegelmaterials, das Feuchtigkeit aus dem Gebäude (Diffusions- bzw. Nutzungsfeuchte) längere Zeit schadenfrei speichern kann.
Der Wärmedurchlaßwiderstand soll mindestens 1,3 m^2 K/W betragen.

c) Der Ansetzmörtel muß absolut hohlraumfrei eingebracht werden und aus MG III (Zementmörtel) bestehen. Bei dünnen Bekleidungen wird ein mehrlagiger Unterputz aus MG II empfohlen.

d) Plattenbekleidungen von mehr als 3 cm Dicke sind alle zwei Geschosse auf mit dem Kernmauerwerk verbundene Aufstandsflächen (Edelstahl-Winkel) zu stellen; die Bekleidungen müssen mit mindestens fünf rostfreien Stahlankern (Durchmesser mindestens 3 mm) je m^2 Wandfläche am tragenden Querschnitt verankert werden.

e) Der Untergrund für die Bekleidung muß ausreichend haftfähig sein und eventuell eine Vorbehandlung (Spritzbewurf) erfahren (Abb. 1.9 und 1.10).
Gestrichene oder imprägnierte Wandflächen sind für den Ansatz von Platten ungeeignet.

f) Wärmedämmschichten zwischen Kernmauerwerk und Außenwandbekleidung sollten möglichst ***nicht*** eingebaut werden. Solch ein Wandaufbau würde eine bewehrte Tragschale aus einem Edelstahl-Flächenträger in Zementmörtel verlangen, was einen unverhältnismäßig hohen Aufwand darstellt und infolge der Vielzahl von Verankerungen (Wärmebrücken) die Wärmedämmschicht fast unwirksam macht. Die Bekleidung erfährt vor der Wärmedämmschicht bei Sonnenbestrahlung einen Wärmestau und wird unnötig hohen Wärmespannungen unterworfen. Wenn die Dämmschicht jedoch gefordert wird, müssen Maßnahmen nach Abbildung 1.13 sorgfältig ausgeführt werden.

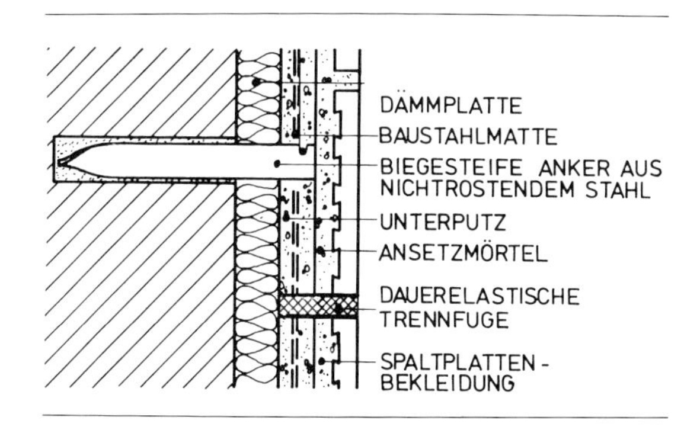

Abb. 1.13 Keramische Plattenverkleidung auf Dämmschicht mit biegesteifer Verankerung. Wasserabweisender Unterputz als Schlagregenbremse, Unterteilung der Plattenfläche mit elastischen Fugen (max. 3,0 x 3,0 m)

1.2.5 Vorgehängte Bekleidungen auf Unterkonstruktion

Mit der Absicht, größere Sicherheiten bei Bekleidungen insbesondere im Hochhausbau zu erreichen, wurden im März 1975 die »Richtlinien für Fassadenbekleidungen mit und ohne Unterkonstruktion« vom Institut für Bautechnik, Berlin, herausgegeben und diese anschließend von den Innenministerien der Bundesländer bauaufsichtlich eingeführt. Die sogenannten »Fassaden-Richtlinien« (FasR) gelten für alle Arten von Außenwandbekleidungen, mit Ausnahme derjenigen nach DIN 18 515 (Fassadenbekleidungen aus Naturwerkstein, Betonwerkstein und keramischen Baustoffen).
Aus den verschiedenen Einzelforderungen der Fassaden-Richtlinien wurden Bausysteme mit allgemeinen bauaufsichtlichen Zulassungen für Bekleidungssysteme entwickelt, die den Forderungen der FasR entsprechen.
Im Grundsatz schreiben die Richtlinien vor, daß die Bekleidungen auf der Grundlage der DIN 1055, Lastannahmen für Bauten, statisch nachzuweisen sind, was vor allem für Windlasten von Bedeutung ist; Ausnahmen bilden Gebäude bis zu 8 m Gesamthöhe.
Von besonderer Bedeutung ist auch, daß ausschließlich ***korrosionsbeständige Befestigungsmaterialien*** verwendet werden müssen.
(Ausnahmen bilden handwerkliche Verschieferungen oder Bekleidungen mit kleinformatigen Elementen bis 30 x 30 cm bei überdeckter Befestigung.)
Die Verwendung korrosionsgeschützter Befestigungen ist auf einige gesondert bauaufsichtlich zugelassene Befestigungen beschränkt.

1.2.5.1 Unterkonstruktion

Für die Unterkonstruktionen werden Mindest-Abmessungen und Mindest-Querschnitte sowie verbesserter Korrosions- und Fäulnisschutz verlangt:

Abb. 1.14 Vorgehängte Wandbekleidung mit farbigen Fassadentafeln auf Holzunterkonstruktion

Holzlattung

Konterlattung: Latten nach DIN 1052
Mindestquerschnitt: 14 cm^2 (24/60, 30/50)
Mindestdicke: 24 mm

Decklattung: Latten nach DIN 1052
Mindestdicke: 24 mm
Befestigung mit jeweils zwei rostfreien Schraubnägeln oder Schrauben

Die Holzlatten müssen nach DIN 68 800 imprägniert sein; Fluorit- und Silico-fluorit-Imprägnierungen sind nicht erlaubt.

Holzspan-Platten

Spanplatten als Unterlage für Außenwandbekleidungen müssen der Qualität V 100 G nach DIN 68 763 entsprechen, sie müssen mindestens 24 mm dick sein.
Die maximal zulässige Größe der Platten beträgt 205 x 92,5 cm, bei Einhaltung dieser Größen sind Federn zwischen den Plattenstößen nicht erforderlich, jedoch sind je Meter Plattenlänge und -breite mindestens 2 mm Fuge anzuordnen.
Die Spanplatten müssen trocken gelagert und eingebaut und bis zur Fertigstellung der Bekleidung vor Feuchtigkeit geschützt werden.
Spanplatten werden auf Hölzern mindestens 60 x 40 mm oder direkt auf Mauerwerk/Beton mit unterlegten Abstandhölzern befestigt. Der Mindestabstand zur Hinterlüftung muß 20 mm betragen.
Alle Befestigungen, auch die für die Bekleidung, müssen aus nichtrostendem Stahl, mindestens Werkstoff-Nr. 14301, bestehen.

Metall-Unterkonstruktion

Nach DIN 18 516 Teil 1, 3 und 4 Außenwandbekleidungen, hinterlüftet; Naturwerkstein; Anforderungen, Bemessung, Prüfung (Ausgabe 01.90), dürfen folgende Baustoffe ohne besonderen Nachweis als tragende Unterkonstruktion verwendet werden:

a) Nichtrostende Stähle nach DIN 17 440 Werkstoff-Nr. 1.4301, 1.4541, 1.4401, 1.4571;
b) Aluminium nach DIN 4113 Teil 1 Dicke $\leqq$ 1,6 mm, Aluminium nach DIN 1745 Teil 1 für Dicken $<$ 1,6 mm mit einem Korrosionsschutz auf Basis PVC-Acrylat nach DIN 4113 Teil 1, Abschnitt 10.2 (Ausgabe 05.80),
c) Kupfer nach DIN 1787, Werkstoff SF-Cu und Kupfer-Zink-Legierungen nach DIN 17 660,
d) Stahlsorten nach DIN 18 800 Teil 1 (11.90) in Dicken $\leqq$ 4 mm mit einem Korrosionsschutz nach DIN 55 928 Teil 5 (05.91), Tabelle 3 (Feuerverzinkung), Zeile 4.1.1 oder Tabelle 4 (Kunststoff-Überzüge).

Verbindungen, Befestigungen und Verankerungen dürfen ohne besonderen Nachweis bestehen aus:

a) nichtrostenden Stählen,
b) Aluminium nach DIN 4113 Teil 1.

1.2.5.2 Verankerungen

Unterkonstruktionen müssen mit Schrauben oder Ankern an den Wänden befestigt sein, sie dürfen ***nicht*** angeschossen werden.

Verankerungen an der Außenwand
Die Befestigungsstellen und ihre Anzahl müssen statisch nachgewiesen werden (Ausnahme: Gebäudehöhe bis 8 m).
Für bauaufsichtlich zugelassene Befestigungsmittel mit festgelegten zulässigen Belastungen für Zug, Abscheren und Querkraft können die Höchstlasten aus entsprechenden Tabellen der Hersteller entnommen werden.
Bauaufsichtlich zugelassen sind Dübel-Schrauben-Kombinationen verschiedener Hersteller (fischerwerke, Hilti, Liebig, Upat u. a.), in der Regel als Polyamid-Rahmendübel mit verzinkter oder Edelstahl-Holzschraube.
Die Verankerung in definiertem Verankerungsgrund kann mit zugelassenen Dübeln nach Belastungstabelle ausgeführt werden. Möglich sind Dübel ab 8 mm Durchmesser, übliche Dübeldurchmesser sind 10, 12 oder 14 mm.
Es wird unterschieden in Verankerungsgrund aus Normalbeton und Vollstein, Loch- und Leichtbetonstein sowie Gasbeton oder Gasbetonmauerwerk.
Für Untergründe aus Normalbeton mindestens B15, Mauerwerk aus Vollziegeln mindestens M12 oder Kalksand-Vollsteinen mindestens KS12 bei Mörtelgruppe mindestens II (DIN 1053) werden Dübel ab 8 mm Durchmesser verwendet.
Untergründe aus Hohlblocksteinen aus Leichtbeton mindestens Hbl 2 oder aus Vollsteinen aus Leichtbeton mindestens V 2 mit Mörtelgruppe mindestens II erfordern Rahmendübel ab 10 mm Durchmesser.

Bei Mauerwerk aus Hochlochziegeln mindestens Hlz 12 mit einer Ziegelrohdichte über 1,0 kg/dm^3, Kalksand-Lochsteinen mindestens KSL 6, Mörtelgruppe mindestens II müssen Hohlkammerdübel verwendet werden.
Für Gasbeton oder Gasbeton-Mauerwerk mindestens G 2 oder GB 3.3 werden Gasbeton-Dübel verwendet, bei denen beispielsweise beim System »Fischer« die Bohrlöcher nicht gedreht, sondern gestoßen werden, wobei sich das Gefüge verdichtet.

Wenn der Verankerungsgrund unbekannt oder unsicher ist, oder wenn von den vorgegebenen Tabellenwerten oder Dübelarten abgewichen werden soll, sind Einzelnachweise notwendig:

Versuche am Bauwerk
Die zulässige Dübellast ist durch mindestens 15 Auszieh-Versuche mit zentrischer Zugbelastung am Bauwerk zu ermitteln.
Die Prüfungen dürfen nur von amtlichen Prüfstellen durchgeführt werden, ebenso die Auswertung der Versuche, die Aufstellung des Prüfberichtes und die Festlegung der zulässigen Lasten.
Der mit der Bauüberwachung Beauftragte kann die Versuche unter seiner Aufsicht auch durch Dritte ausführen lassen.
In der Versuchsanordnung müssen auch die ungünstigsten Bedingungen erfaßt werden.

Montage der Verankerungen
Dübel und Schrauben dürfen jeweils nur als serienmäßig gelieferte Befestigungseinheit verwendet werden. Die Schraube muß jeweils mindestens 5 mm länger als der Dübel sein.

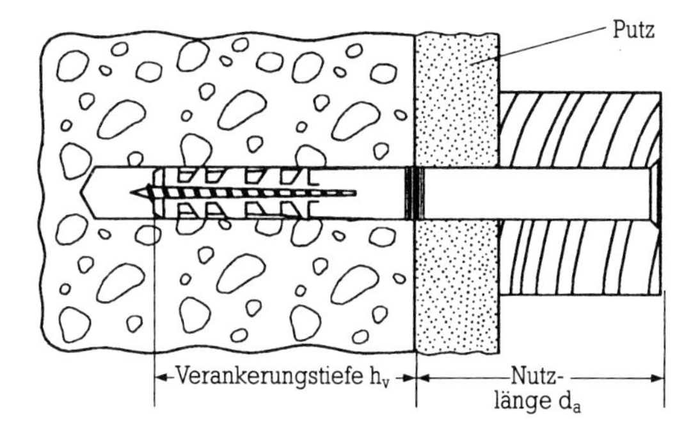

Abb. 1.15 Die Haltekraft des Dübels im feinporig-harten Verankerungsgrund hängt vom Maß der Lochleibungspressung ab. Bohrlochdurchmesser und -länge müssen deshalb genau auf den Dübeldurchmesser abgestimmt sein.
Quelle: Fischerwerke

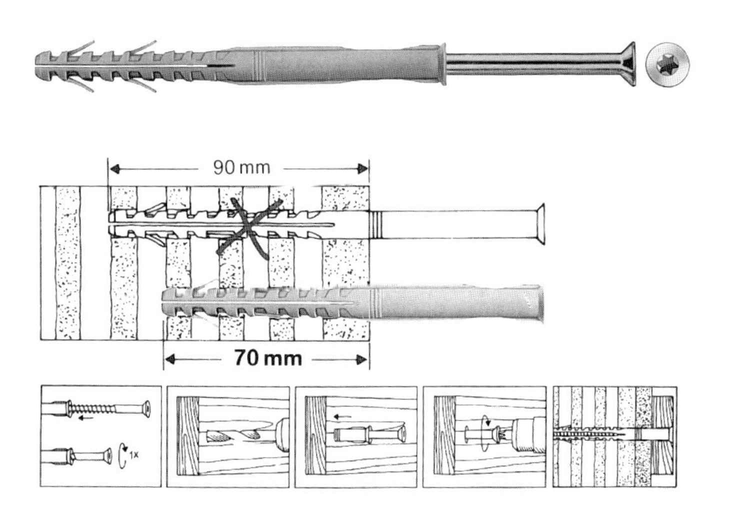

Abb. 1.16 Für Verankerungen in Lochsteinen haben die fischerwerke Dübel mit um 20 mm kürzerer Verankerungslänge entwickelt. Wegen seiner Verpressung in mindestens zwei Steinstegen ist die Haltekraft des kürzeren Dübels auch für Fassadenverankerungen ausreichend.

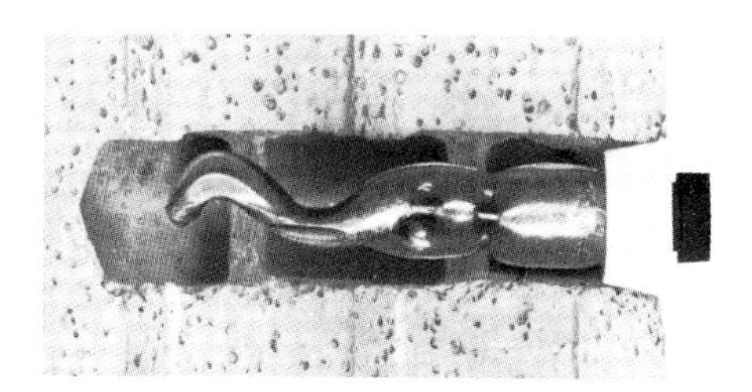

Abb. 1.17 Injektions-Anker, in Lochstein
Quelle: fischerwerke

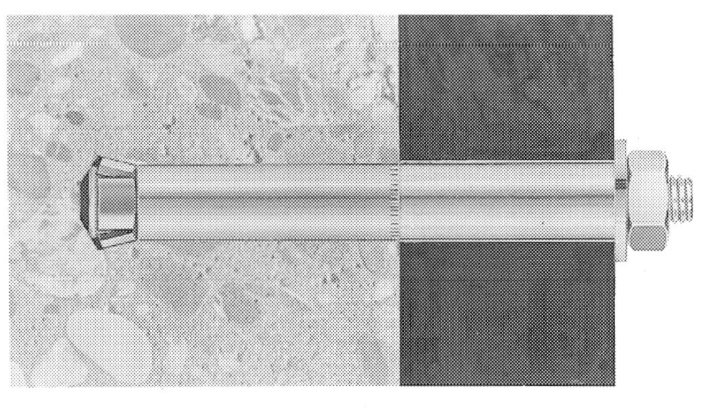

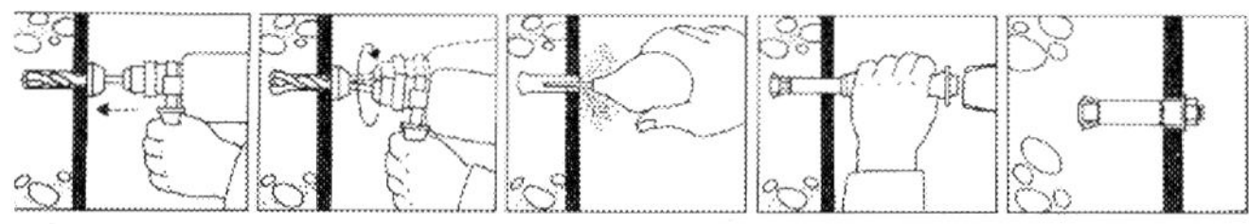

Abb. 1.18 Ansicht und Montage eines »Zykon«-Schwerlastankers
Quelle: fischerwerke

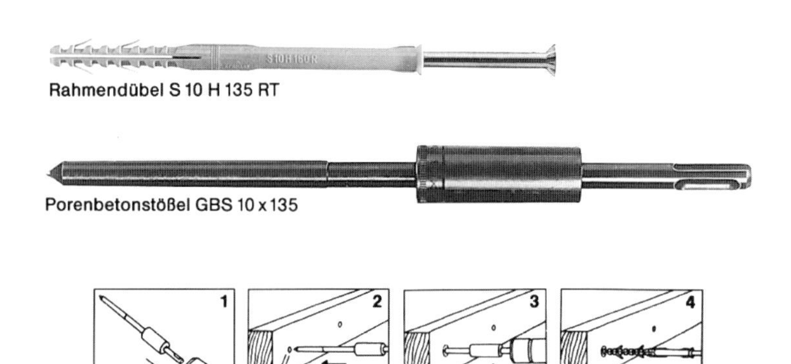

Abb. 1.19 Neuentwicklung für Gasbeton: Verpreßanker mit Porenbetonstößel
Quelle: fischerwerke

Die Verankerungen sind nach dem in der Lasttabelle vorgegebenen, oder durch besonderen Nachweis ermittelten Verankerungsplan zu setzen. Dübel dürfen auch in Lagerfugen sitzen.
Das Bohrloch ist rechtwinklig zur Oberfläche mit Hammer- oder Schlagbohrer zu bohren, in der Tiefe mindestens 10 mm länger als die Dübel-Ankerlänge, und im Nenndurchmesser der Dübelhülse.
Bohrlöcher in Hochlochziegeln dürfen nur im Drehgang ohne Schlag- oder Hammerwirkung hergestellt werden.
Bei Gasbetondübeln wird das Bohrloch stoßend (ohne Drehgang) hergestellt.
Bei einer Fehlbohrung muß ein neues Bohrloch im Abstand vom fünffachen Dübeldurchmesser gesetzt werden.
Die Dübelhülse muß sich von Hand oder unter leichtem Klopfen in das Bohrloch einsetzen lassen.
Die Schraube darf nur eingedreht, keinesfalls eingeschlagen werden. Schraube und Dübel müssen nach der Montage fest sitzen.
Beim Eindrehen der Schraube darf die Temperatur des Verankerungsgrundes nicht unter 0 °C liegen.
Schrauben aus nichtrostendem Stahl sind im Normalfall auch in Industrieatmosphäre oder in Meeresnähe korrosionsbeständig.
Galvanisch verzinkte Schrauben benötigen einen besonderen Korrosionsschutz des Schraubenkopfes, z. B. durch Aufsetzen von Kunststoffkappen oder geeignete Anstriche.

Überwachung
Bei der Herstellung von Dübelverankerungen muß der damit beauftragte Unternehmer sicherstellen, daß ein fachkundiger Bauleiter auf der Baustelle anwesend ist und die ordnungsgemäße Ausführung überwacht. Aufzeichnungen über die Verankerungen (Verankerungsgrund, Art und Abstand der Dübel) sind anzufertigen und nach Abschluß der Arbeiten mindestens fünf Jahre lang aufzubewahren.

Befestigung der Decklattung und der Holzschalung
Für die Befestigung sind je Befestigungsstelle zwei nichtrostende Schraubnägel (Werkstoff-Nr. 1.4301) aus Stahl vorgeschrieben. Die Nägel müssen mindestens die 2,5fache Länge der Latten-/Brett-Dicke haben (Abweichung nur bei statischem Nachweis).

Befestigung der Bekleidungs-Elemente
Sichtbare Befestigungen (Schrauben, Haken, Nägel) müssen aus rostfreiem Stahl (Werkstoff-Nr. 1.4301 [V2A]; 1.4571 [V4A]) oder Kupfer sein. Messingschrauben sind nicht genormt und dürfen für Fassadenbekleidungen nicht verwendet werden.
Handwerkliche Bekleidungen mit Dachschiefer, Faserzement-Platten u. ä. in Kleinformaten bis 0,4 m^2 Elementgröße oder 5,0 kg Gewicht dürfen im Überdeckungsbereich befestigt werden; hier genügen verzinkte Schieferstifte. Ab einer bestimmten Elementgröße (s. Abschnitt 1.2.5.6) muß jedoch eine zusätzliche Sturmsicherung aus rostfreiem Stahl montiert werden.
Auf nagelbaren Steinen dürfen zur Befestigung der Bekleidung konische, verzinkte Schiefernägel verwendet werden, die Nagelung muß im Überdeckungsbereich erfolgen. Die Länge der Nägel richtet sich nach der Art des nagelbaren Steinmaterials, sie soll 50 mm nicht unterschreiten.

1.2.5.3 Hinterlüftung

Auf die Hinterlüftung wird in den Fassaden-Richtlinien gesondert hingewiesen. Die Bemessung der Hinterlüftung ist in den Fachregeln des Dachdeckerhandwerks festgelegt; sie beträgt bei

- Bekleidungen mit Faserzement:
  mindestens 2,0 cm Luftschichtdicke
- Bekleidungen mit Dachschiefer:
  mindestens 1,0 cm ungestörte Luftschichtdicke
- Bekleidungen mit Metall und Kunststoff:
  mindestens 250 cm^2 Lüftungsquerschnitt je m Fassadenbreite.

Durch kleine Wandunebenheiten darf der Hinterlüftungsraum an einzelnen Stellen bis auf 5 mm reduziert werden.
Als Lüftungsraum gilt der zwischen lotrechten Traggliedern (z.B. Konterlatten) befindliche freie Raum; der Raum zwischen waagerechten Traggliedern (Decklatten) ist kein Lüftungsraum.
Hinterlüftung kann auch stattfinden hinter profilierten Bekleidungselementen (Trapez- oder Wellprofilen, offenen Kastenprofilen).
Für die Funktionsfähigkeit der Hinterlüftung müssen Be- und Entlüftungsöffnungen von mindestens 50 cm^2 je Meter Wandlänge vorhanden sein; Querschnittseinengungen durch Gitter oder Lochblenden sind zu berücksichtigen. Die Be- und Entlüftung muß auch an Wandöffnungen (Fenster) gewährleistet sein.
Ein Abführen von Bau- oder Innenraumfeuchte muß nur in Ausnahmefällen (nicht winddichte Wandkonstruktion) berücksichtigt werden.

Luftdichtigkeit der tragenden Außenwand
Auf die Luftdichtigkeit der tragenden Wand zur Vermeidung von Zuglufterscheinungen, Wärmeverlusten und Tauwasserschäden ist zu achten.

1.2.5.4 Wärmedämmung

Wärmedämmstoffe müssen diffusionsoffen sein, weshalb sich hier am besten Mineralfaserdämmstoffe eignen. Die möglichst steifen Mineralfaser-Dämmplatten sollen in geschlossener Lage auf die Außenwand aufgebracht werden. Die Befestigung kann mit Krallenplatten oder mit Bauklebern erfolgen. In jedem Fall muß sichergestellt sein, daß ein Abheben von der Wand und Verstopfen der Hinterlüftung unter allen Umständen ausgeschlossen wird.
Die Montage der Unterkonstruktion erfolgt dann als Abstandmontage auf der Wärmedämmung (Abstandhalter, Abstand-Verschraubungen), Abbildung 1.22 a.
Weniger günstig – wegen der Wärmebrücken – stellen sich Direktmontagen der Konterlattung auf der Außenwand und Verlegen der Dämmstoffe zwischen der Konterlattung (Abb. 1.20). Sie sind nur in zwei Fällen möglich:

a) bei waagerecht verlaufender Konterlattung und senkrecht verlaufender Decklattung (Hinterlüftung!).
b) wenn die senkrecht verlaufende Konterlattung um die Dicke des erforderlichen Hinterlüftungsraumes aus der Wärmedämmschicht hervorragt (Abb. 1.22 b).

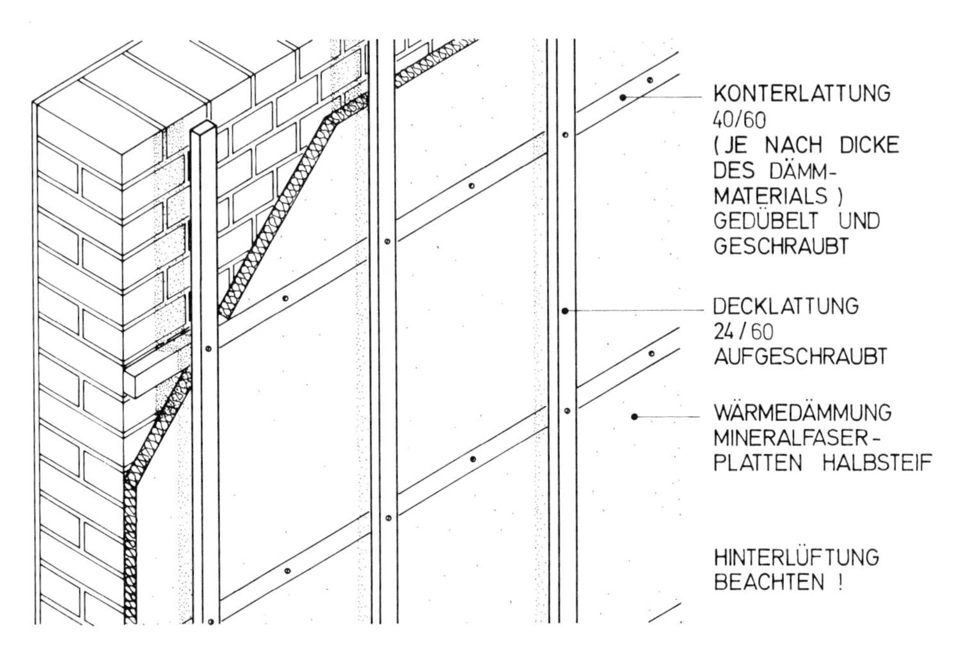

Abb. 1.20 Unterkonstruktion mit waagerechter Konterlattung in Dicke der Wärmedämmung bei senkrechter Decklattung

Abb. 1.21 a Unterkonstruktion und Wärmedämmung wie sie nicht sein sollen: zu weiche Dämmplatten mit Fehlstellen (Wärmebrücken), zudem schlecht befestigt, Unterkonstruktion ohne freien Lüftungsraum

Abb. 1.21 b Falscher Einbau der Wärmedämmung zwischen gleichdicker Konterlattung: Hinterlüftung ist nicht möglich

1.2.5.5 Brandschutz

Die Brandschutzbestimmungen sind nicht einheitlich geregelt, sondern obliegen den Länderbehörden. Die hierzu maßgebenden Landesbauordnungen (LBO) gleichen sich, den Brandschutz betreffend, jedoch im wesentlichen. Über die Landesbauordnungen hinaus können von den örtlichen Bauaufsichten erschwerende oder erleichternde Auflagen gemacht werden; die Handhabung ist unterschiedlich. In Zweifelsfällen sollen vor Bauplanung und -ausführung entsprechende Festlegungen vereinbart werden (s. Band 4).
Die ***Brandschutzbestimmungen*** von Nordrhein-Westfalen (Runderlaß des Innenministers über die Verwendung brennbarer Baustoffe im Hochbau vom 29. 4. 78, veröffentlicht im Ministerialblatt Nr. 57 vom 6. 6. 78) sagen, in weitgehender Übereinstimmung mit den anderen Bundesländern, folgendes aus:

a) Bei Gebäuden bis zu zwei Vollgeschossen (auch mit ausgebautem Dachgeschoß) dürfen Außenwandbekleidungen einschließlich ihrer Halterungen und Befestigungen aus Baustoffen der Klasse B 2 (normal entflammbar) hergestellt werden, wenn eine Brandausweitung auf andere Gebäude ausgeschlossen ist.
b) Bei Gebäuden mit mehr als zwei Vollgeschossen muß die Außenwandbekleidung aus mindestens schwerentflammbarem Material (B 1) bestehen; für die Unterkonstruktion kann Material der Klasse B 2 verwendet werden.
c) Hochhäuser müssen mit nichtbrennbarem Material (A 1 oder A 2) bekleidet werden; gleiches gilt für alle Befestigungen und für die Auskleidung der Wandöffnungen (Fenster, Türen, Loggien u. ä.).
   Die Unterkonstruktion kann aus normal entflammbarem Material (B 2) bestehen, wenn die Wandöffnungen mit nichtbrennbarem Material abgeschottet sind; der freie Hinterlüftungsraum darf hierbei höchstens 4 cm breit sein.
   Als Hinterlüftungsraum gilt hierbei der Abstand zwischen Außenfläche Wand oder Wärmedämmung und Innenkante der waagerechten Decklatte (Abb. 1.22 a und b).

1.2.5.6 Bekleidungen

Kleinformate
Urtyp der Wandbekleidung ist die kleinformatige Deckung aus Dachschiefer, später auch aus Faserzement-Dachplatten auf Holzschalung. Hierbei wird die imprägnierte Schalung auf die Holzunterkonstruktion (Konterlattung) genagelt: die kleinformatigen Bekleidungen werden mit Nägeln montiert. Deckart, Stein- oder Plattengröße, Art der Ausführung, Befestigung und Überdeckung sind durch Fachvorschriften des Dachdeckerhandwerks bestimmt.
Schiefergrößen über 33 x 23 cm sollen zusätzlich zur Nagelung mit einem Sturmhaken aus nichtrostendem Stahl Nr. 1.4571 oder aus Kupfer befestigt werden.
Die Befestigung der Faserzement-Platten richtet sich nach den Fachvorschriften des Dachdeckerhandwerks.
Die Holzschalung soll luftgetrocknet sein, um Schrumpfen und Verwerfen der Bretter sowie das spätere Lockern der Nägel zu vermeiden.
Von einer Vordeckung mit Bitumendachbahn oder Folie wird wegen der sperrenden Wirkung abgeraten.
Heute werden Kleinformate überwiegend auf waagerechter Decklattung montiert. Die Formate können genagelt, geschraubt oder geklammert werden (Dachschiefer, Faserzement-Dachplatten und Faserzement-Fassadenplatten, Aluminium-Fassadenplatten, Kunststoff-Elemente).

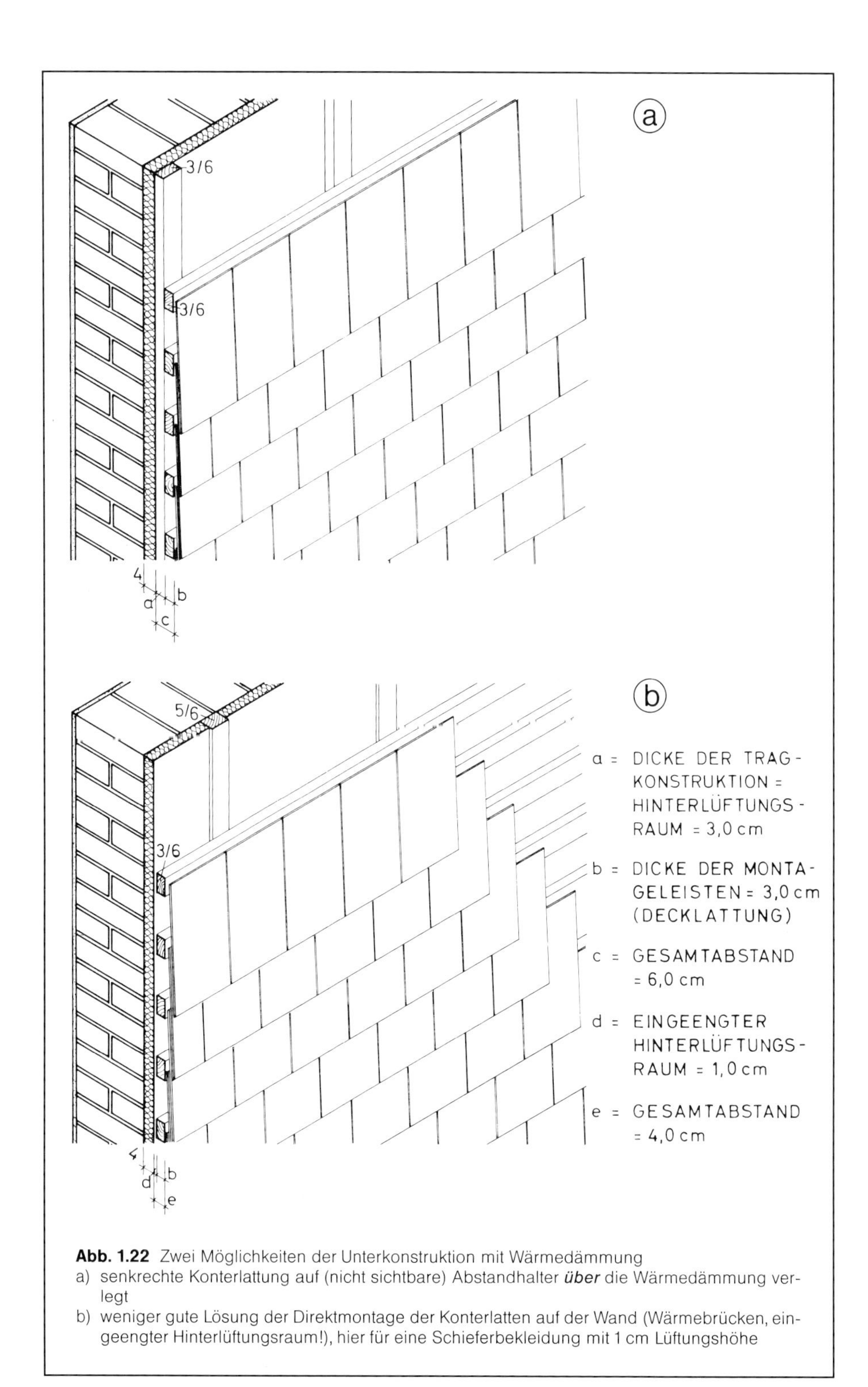

Abb. 1.22 Zwei Möglichkeiten der Unterkonstruktion mit Wärmedämmung

a) senkrechte Konterlattung auf (nicht sichtbare) Abstandhalter ***über*** die Wärmedämmung verlegt

b) weniger gute Lösung der Direktmontage der Konterlatten auf der Wand (Wärmebrücken, eingeengter Hinterlüftungsraum!), hier für eine Schieferbekleidung mit 1 cm Lüftungshöhe

Abb. 1.23 Wandbekleidung aus Dachschiefer in Altdeutscher Deckung auf Holzschalung an einem Kirchturm, gedeckt mit geschwungener Gebindelinie

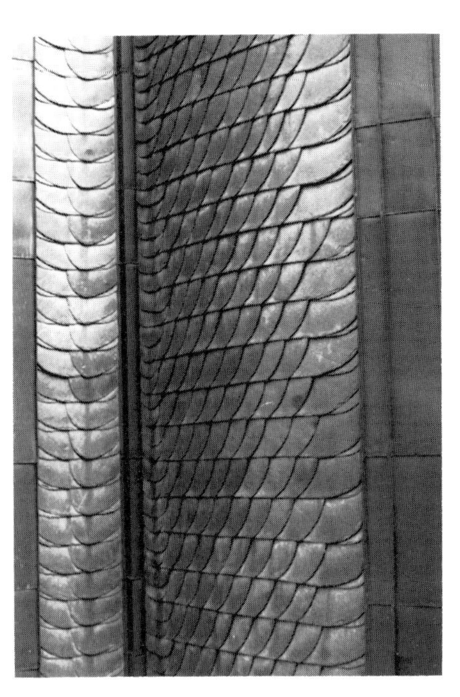

Abb. 1.24 Wandbekleidung aus Dachschiefer in Altdeutscher Deckung zwischen Kupfer-Lisenen

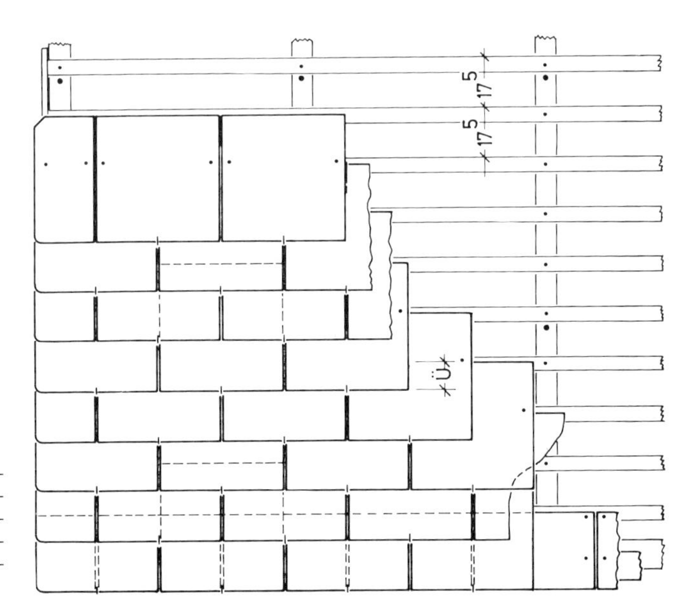

Abb. 1.25 Konstruktionsprinzip der Schieferbekleidung auf senkrechter Konterlattung und waagerechter Decklattung (Doppeldeckung)

Technisch vorteilhaft ist die Klammerung der Bekleidung mit rostfreien Hängehaken (Abb. 1.30), weil hierdurch eine starre Befestigung vermieden und Spannungen und Bewegungen der Unterkonstruktion schadloser ausgeglichen werden.
Außerdem entfällt die Möglichkeit eines Schadens durch Hammerschlag und zu festes Anziehen der Nägel.
Die Fachregeln des Dachdeckerhandwerks fordern allerdings auch bei geklammerten Deckungen grundsätzlich die Nagelung mit zwei Schieferstiften.
Diese Forderung ist aus Sicht des Verfassers überzogen, mit jeweils zwei Klammerhaken befestigte Schiefer- oder Faserzementplatten haben sich auch ohne zusätzliche Nagelbefestigung als ausreichend sicher erwiesen.
Nagelbefestigungen sind allerdings an Gebäudekanten und bei Doppeldeckungen mit nur einem Klammerhaken notwendig.
Dachschiefer kann man auch auf nagelbarem Mauerwerk verlegen. Hier ist aber besonders wichtig, daß konische Schiefernägel verwendet werden. Die Nagellänge ist auf das Steinmaterial der Außenwand abzustimmen; generell müssen die Schiefernägel etwa doppelt so lang sein wie bei Deckung auf Holzkonstruktion.
Sturmhaken können hierbei nicht montiert werden.

Abb. 1.26 Schieferbekleidung mit Rechtecken in Spardoppeldeckung, geklammert

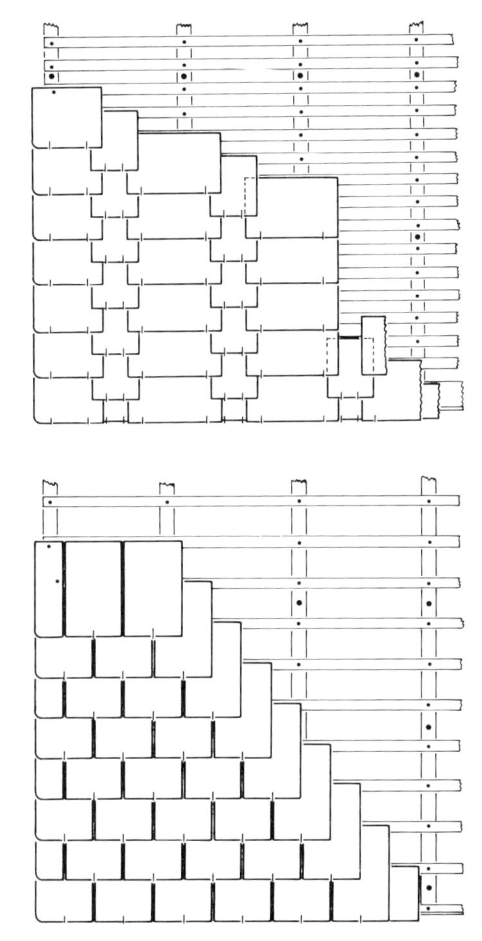

Abb. 1.27 Wandbekleidung mit Kleinformaten: Geklammerte Spardoppeldeckung mit Wechselformaten

Abb. 1.28 Geklammerte Doppeldeckung

Fassadentafeln (Abb. 1.32 und 1.34)
Die Befestigung der Fassadentafeln erfolgt ausschließlich mit Schrauben oder Nieten. Praktisch jede Art der Unterkonstruktion ist möglich (Nietenbefestigung nur bei Metallunterkonstruktionen).

Metall-Bekleidungen
Nach DIN 18 516 (Außenwandbekleidungen, Ausgabe 01.90) können folgende Baustoffe ohne besonderen Nachweis verwendet werden:
a) Nichtrostende Stähle nach DIN 17 440 Werkstoff-Nr. 1.4301, 1.4541, 1.4401, 1.4571,
b) Aluminium nach DIN 4113 Teil 1 und DIN 1745 Teil 1 von Zeile AlMn 1 bis Zeile AlMg 2,5,
c) Kupfer nach DIN 1787 (Ausgabe 1.73) Werkstoff SF-Cu und Kupfer-Zink-Legierungen nach DIN 17 660,

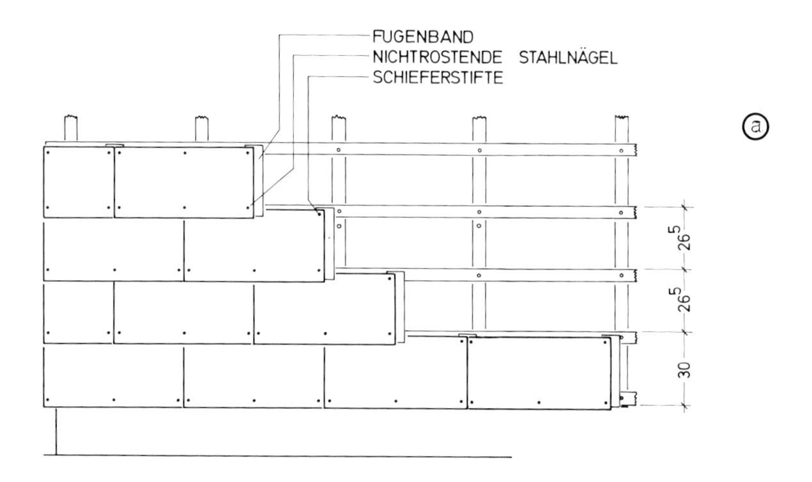

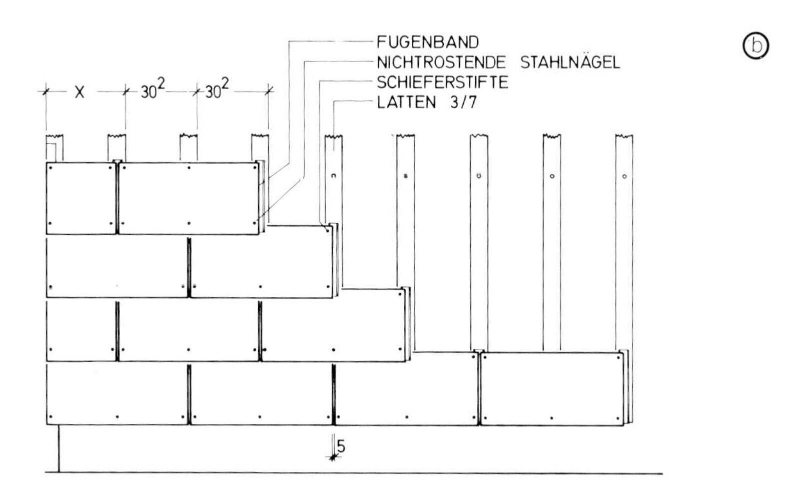

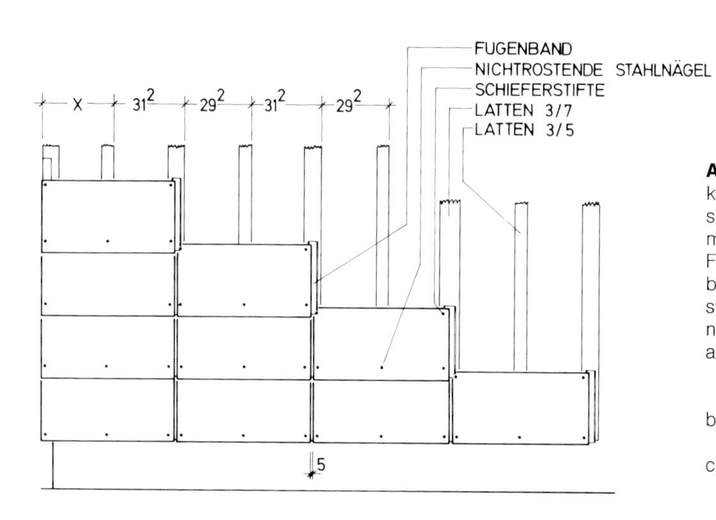

Abb. 1.29 Einfache Deckung mit Dach- oder Fassadenplatten im Kleinformat, die senkrechten Fugen werden mit Fugenbändern hinterlegt. Befestigung der Platten mit nichtrostenden Nägeln,

a) versetzte Deckung auf waagerechter Decklattung
b) wie vor, jedoch auf senkrechter Lattung
c) Deckung in Reihe auf senkrechter Lattung

Tabelle 1.1 **Unterstützungs- und Befestigungs-Abstände bei Fassadentafeln:**

Abstände »C«

Tafeldicke mm	Gebäudehöhe Mittelbereich bis 20 m	Gebäudehöhe Mittelbereich über 20 m	Gebäudehöhe Eckbereich bis 20 m	Gebäudehöhe Eckbereich über 20 m
3,2– 5	500	400	300	200
6 – 8	700	600	400	300
ab 10	800	800	600	600

Sofern nicht durch Baustatik geringere Abstände vorgeschrieben!

Befestigungsabstände „A", „B" und „D"

Art	Tafeldicke mm	B mm	D mm	A_1 mm	A_2 mm
Nägel	3,5	300	300	≧ 15	≧ 50
	4				
	5; 6	400	400		
Schrauben	3,5; 4	300	300		
	5; 6	400	400	≧ 20	≧ 50
	8	600	600		
	10	800	800		

Die angegebenen Werte können je nach Tafelformat um 10% überschritten werden. Werte nur gültig, sofern nicht durch Baustatik geringere Abstände vorgeschrieben!

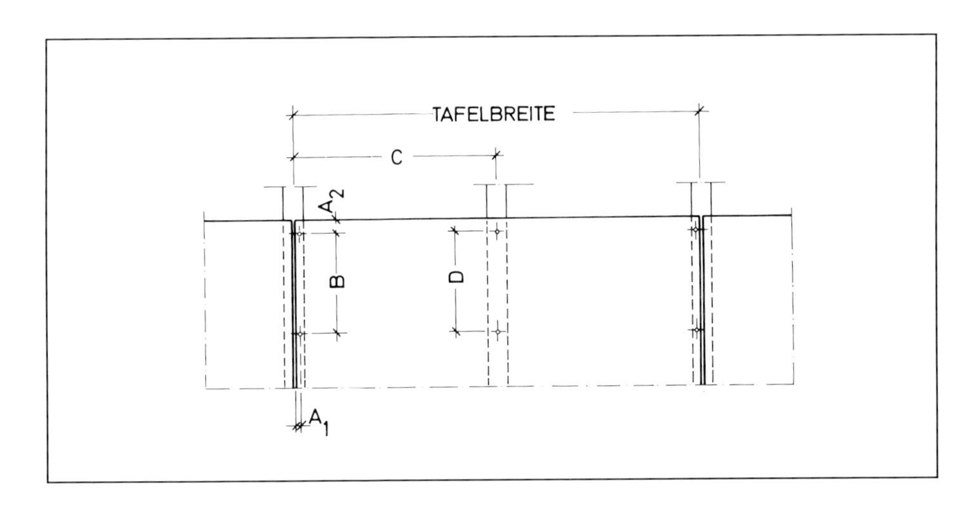

Abb. 1.30 Klammerhaken und sein Einbau (oben und rechts für geklammerte Deckungen); Sturm- oder Spitzhaken für genagelte Dekkungen mit zusätzlicher Sturmsicherung

d) Stahlsorten nach DIN 18800 Teil 1 (11.90) und DIN 17162 Teil 2, Werkstoff-Nr. 1.0244, 1.0246, 1.0250 mit einem Korrosionsschutz nach DIN 55928 Teil 8, Tabelle 3, mindestens auf der Rückseite Schutzsystemkennzahlen 3–57.1, 3–58.1 und 3.20.14, aber mindestens 100 µm Plastisol-Deckschichtdicke (PVC) oder gleichwertige
oder
Feuerverzinkung mindestens 350 g/m² zuzüglich einer mindestens einlagigen organischen Deckbeschichtung (PVC-Cop.; Epoxidharz, PUR) nach DIN 55928 Teil 5 (05.91), Tabelle 4.

Bohrlöcher müssen durch beidseitiges Unterlegen mit Kautschukscheiben vor Korrosion geschützt werden.

Abb. 1.31 Handwerklich saubere und formal ansprechende Bekleidung eines Dachaufbaues

Abb. 1.32 Zwei Großtafel-Bekleidungen mit beschichteten Fassadentafeln
a) im Wechsel mit kleinformatigen Fassadenplatten
b) mit Geschoßbändern und Fensterleibungsauskleidung in Kontrastfarbe

1.2.5.7 Befestigungen

Die Befestigungen und deren Abstände werden statisch berechnet oder nach gültigen Allgemeinen Technischen Vorschriften (ATV) bestimmt (Tabelle 1.1).
Die großformatigen Tafeln unterliegen Bewegungen infolge Quellung und Schrumpfung (Faserzement) sowie Wärmespannungen (vor allem Metall und Kunststoff). Zum Ausgleich dieser Bewegungen sind die Bohrlöcher für die Befestigungen etwa 2 mm im Durchmesser größer zu bohren, als die Durchmesser der Befestigungsmittel.
Selbstbohrende Schrauben besitzen einen verjüngten Schraubenschaft zum Ausgleich der Tafelbewegungen (Abb. 1.33).
Von besonderer Wichtigkeit ist die ausreichende Dimensionierung der Unterkonstruktion: die Tragstreifen müssen so breit sein, daß an den Tafelstößen die Befestigungen ausreichend weit von der Tafelkante entfernt erfolgen können.
Die Minimalabstände der Befestigung von der Tafelkante bis zur Bohrlochmitte sind im allgemeinen mit 20 mm ausreichend. Bei einer angenommenen Fugenbreite von 10 mm ist die Mindestbreite der Unterkonstruktion:

- bei Metall-Unterkonstruktion: mindestens 70 mm
- bei Holz-Unterkonstruktion: mindestens 70 mm

bei breiteren Fugen entsprechend mehr.

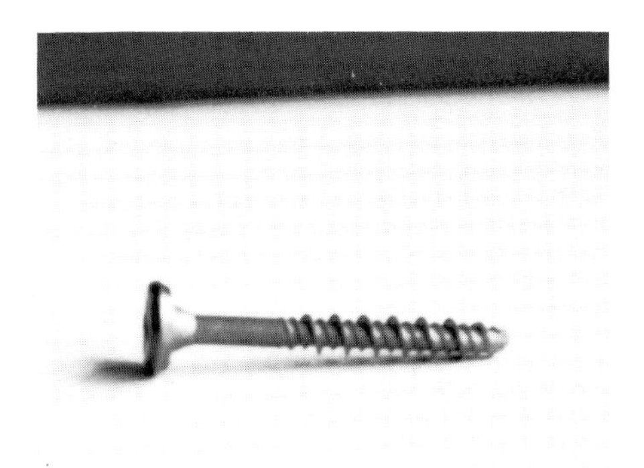

Abb. 1.33 Selbstbohrende Schraube aus nichtrostendem Stahl für die Befestigung der Fassadentafeln; die Schraubenköpfe können mit farbigen Kunststoffkappen abgedeckt werden

1.2.5.8 Überdeckungen und Fugen

Die Überdeckungen der Fassaden-Elemente untereinander erfolgen nach den Fachregeln des Dachdeckerhandwerks.
Die Überdeckungen großer Fassadentafeln sind nicht generell durch Fachvorschriften geregelt; hier gelten die Hersteller-Richtlinien.
Fassadentafeln ab 6 mm Dicke werden an den Plattenkanten nicht mehr überdeckt; die Stöße der Tafeln werden entweder mit Dichtungsprofilen hinterlegt, oder in Dichtungsprofile eingefaßt.
Hinterlegte Profile müssen unbedingt zwischen Unterkonstruktion und Bekleidung eingepreßt sein; sie eignen sich nur zur Abdichtung der lotrechten Fugen, da der

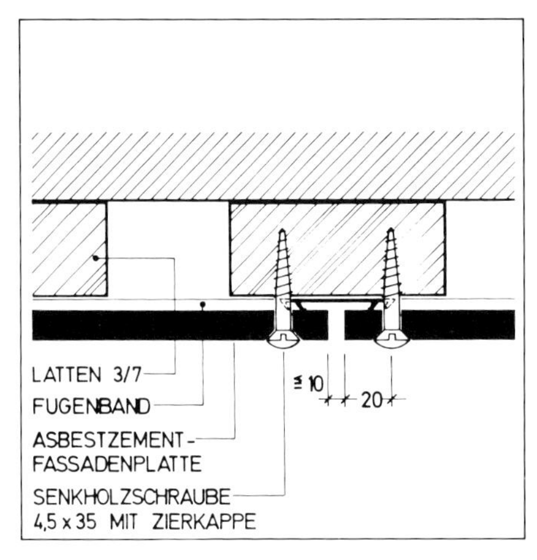

Abb. 1.34 a Befestigung von Fassadentafeln auf Unterkonstruktion: auf Holzlattung geschraubt

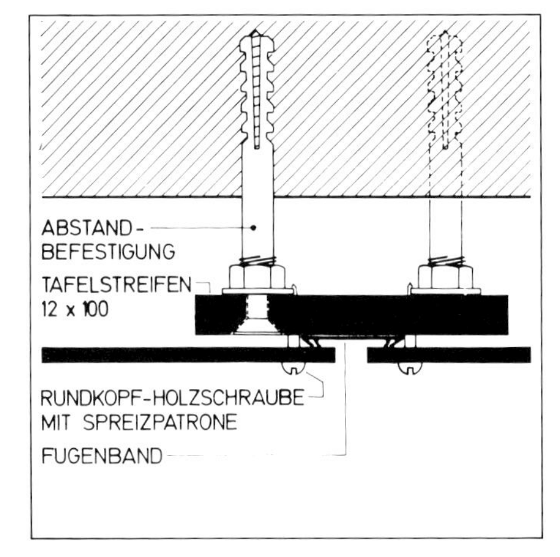

Abb. 1.34 b Befestigung von Fassadentafeln auf Unterkonstruktion: auf Faserzement-Tafelstreifen mit Spreizpatrone und Schraube

erforderliche Einpreßdruck für die Abdichtung einer waagerechten Fuge auf Dauer nicht gewährleistet ist (Abb. 1.34 a und b).

Waagerechte Fugen dichtet man besser mit Z- oder h-Profilen ab, von denen die h-Profile keiner Einpressung oder Hinterlegung bedürfen.

Abb. 1.34 c Befestigung von Fassadentafeln auf Unterkonstruktion: Metall-Unterkonstruktion mit Justierschraube und Direktbefestigung auf Beton oder Mauerwerk, Fassadentafeln unsichtbar befestigt

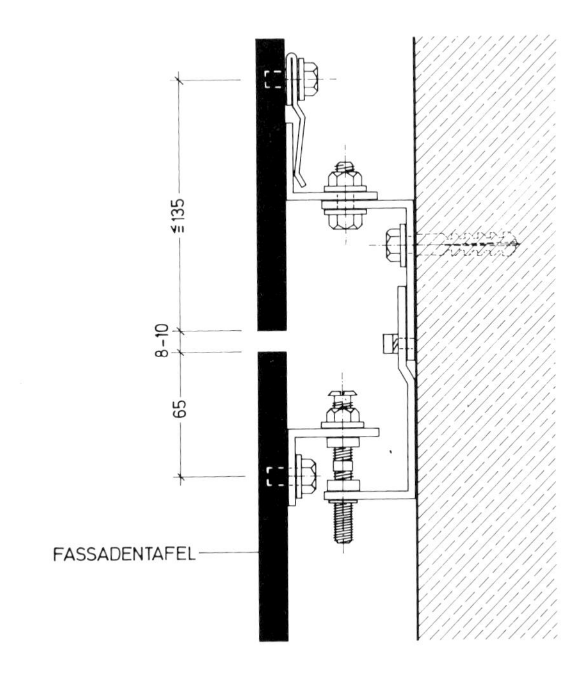

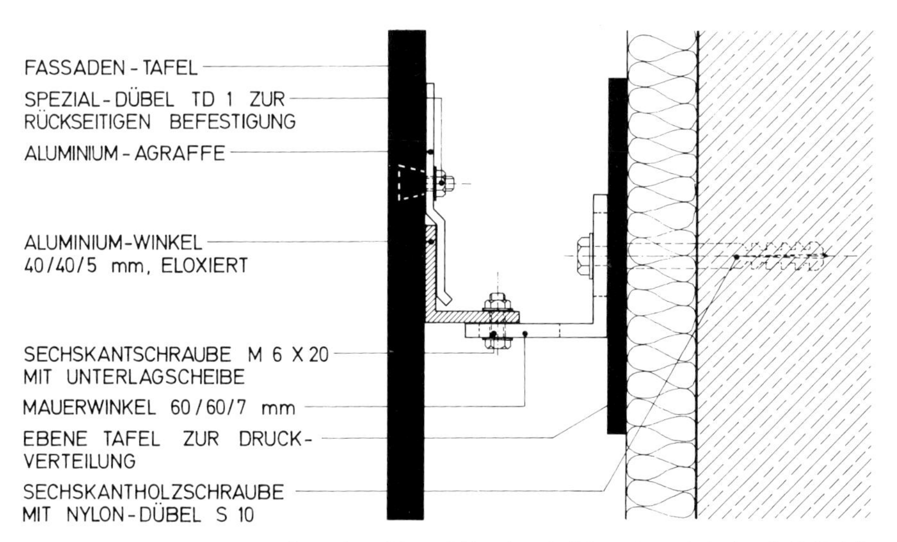

Abb. 1.34 d Befestigung von Fassadentafeln auf Unterkonstruktion wie c, jedoch mit Preßplatte auf druckfester Wärmedämmung

Auf Fugendichtung kann man auch verzichten, wenn eine Durchfeuchtung der tragenden Außenwand nicht befürchtet werden muß oder unschädlich ist und wenn die Unterkonstruktion aus korrosionsbeständigem Material (Aluminium, rostfreier Stahl) besteht.
Die Befestigungen erfolgen in diesem Fall aus optischen Gründen versetzt zur Fuge, um die Unterkonstruktion unsichtbar zu lassen (Abb. 1.34 c und d; 1.35).

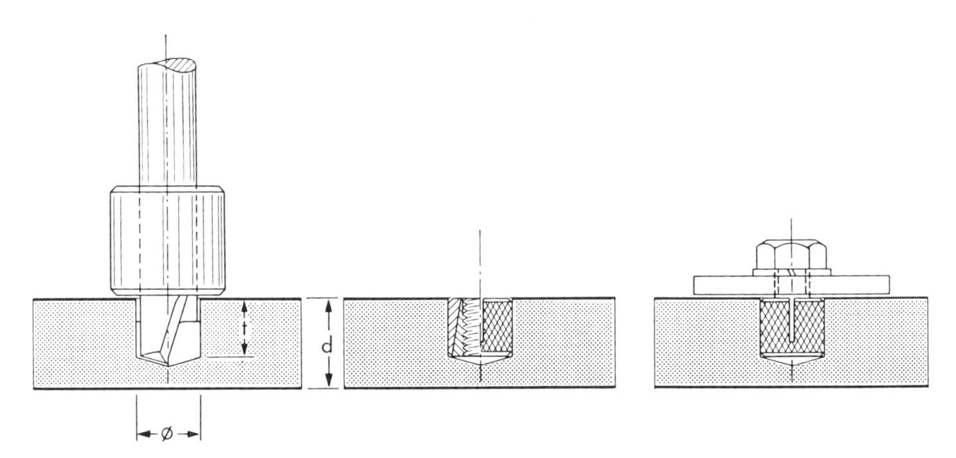

Abb. 1.35 Schema der unsichtbaren Befestigung von Fassadentafeln: Bohren – Spreizdübel einsetzen – Haltewinkel festschrauben

Abb. 1.36 Wandbekleidung mit Kunstharz/Holzspanpaneelen, senkrechte Montage auf waagerechter Decklattung und senkrechter Konterlattung

Abb. 1.37 Prinzip der waagerechten Montage auf senkrechter Decklattung bei Wandbekleidung mit Kunstharz/Holzspanpaneelen

1.2.5.9 Metall-Fassaden

Die Wandbekleidung aus Metall hat sich von der Industriehallen-Bekleidung aus Stahlprofilblechen zur wärme- und schalldämmenden Verbundelementfassade und als Verbundtafel mit Kunststoffkern zur optisch ansprechenden Bekleidung für Geschäfts- und Wohnbauten entwickelt.
Als lediglich wetterabweisender äußerer Raumabschluß, meist vor eine bestehende Außenwand gesetzt, wird das Stahl- oder Aluminium-***Flachtrapezprofil*** verwendet. In Längen, die lediglich durch Transportmöglichkeiten begrenzt sind, wird es in Profillangrichtung senkrecht vor die Außenwand gestellt und in Abständen von ca. 2 m in der Tiefsicke mittels Dichtschrauben auf der darunter befindlichen waagerechten Stahlprofilkonstruktion verschraubt. Die Seitenüberlappungen sind durch die Profilgeometrie vorgegeben, die auflappenden Blechkanten werden vernietet.

Abb. 1.38 Ansichten von Stahltrapezprofil-Wandbekleidungen Quelle: Hoesch Siegerland-Werke AG

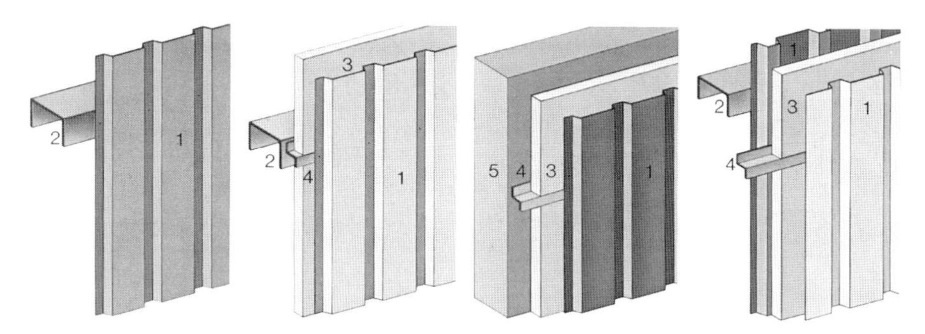

Abb. 1.39 Beispiele für Stahltrapezprofilbekleidungen Quelle: Hoesch Siegerland-Werke AG

Abb. 1.40 Bekleidung aus Aluminium-Walzprofilen auf Metallträger-Unterkonstruktion bei seitlicher Überdeckung der Sicken
a) Unterkonstruktion als freitragende Abstandmontage
b) Ansicht und waagerechter Stoß mittels Z-Profil

Wenn Querstöße erforderlich sind, werden diese meist nicht überlappt, sondern mittels eines Stuhlprofils eingefaßt, um Quietschgeräusche der sich in der Wärme dehnenden Profile zu vermeiden.
Die Stahltrapezprofile sind beidseits bandverzinkt und farbig fluoridbeschichtet. Aluminium-Profile können farbig beschichtet oder auch naturblank verwendet werden.
Der Großhallenbau hat zur Entwicklung der ***Verbundwandsysteme*** geführt. Diese bestehen aus zwei äußeren, flach profilierten Metallblechen mit Verbundkern aus geschäumtem Polyurethan. Solche Verbundelemente (z.B. Isowand) in unterschiedlichen Dicken und Profilierungen sind ausreichend steif, um über einer Unterkonstruktion montiert als komplette Außenwand eingesetzt zu werden. Die Elemente werden in der Regel wandhoch gefertigt; sie überlappen in stufenförmigen seitlichen Elementstößen, die sich mittels Dichtleisten winddicht schließen lassen.
Einfache Wandsysteme werden von außen offen verschraubt, optisch ansprechendere mit innenliegenden Falzklammern montiert (Abb. 1.43). Die Elemente sind beidseits farbig beschichtet.

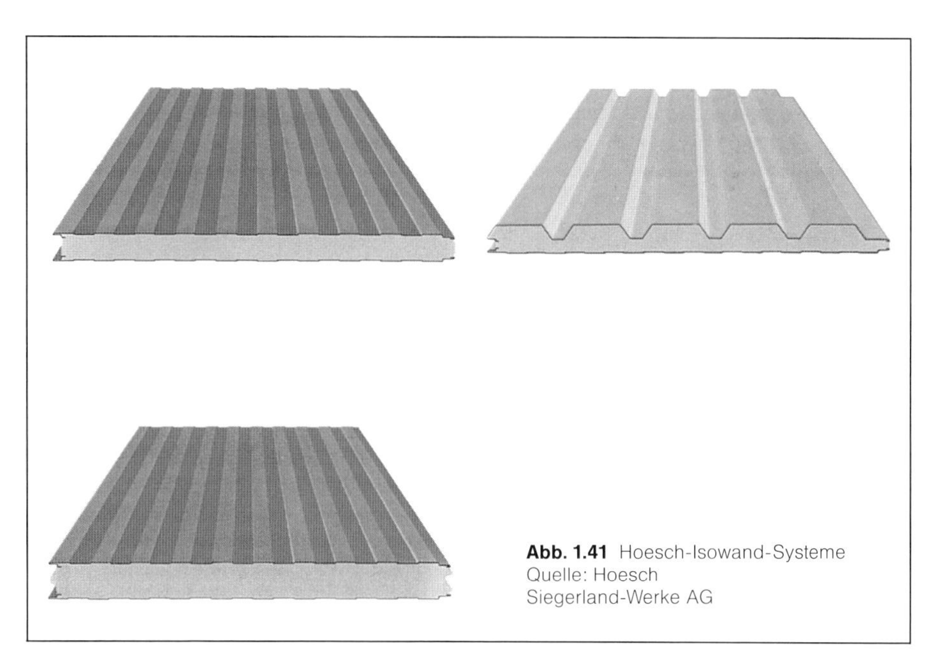

Abb. 1.41 Hoesch-Isowand-Systeme
Quelle: Hoesch
Siegerland-Werke AG

Die Elementdicken reichen von ca. 30 mm (für Trennwände) bis über 200 mm Dicke, die Riegelabstände je nach Wanddicke von 2,50 m bis über 6,50 m.
Die ***Verbund-Fassadentafel***, meist aus beidseitigem, farbig beschichtetem Aluminiumblech mit Kunststoffkern ermöglicht über die Fassadentafelbekleidung hinaus Fassadengestaltung sowohl durch geschlossene Fassadenkanten und auch Rundungen als auch durch bewußtes Hervorheben der Tragkonstruktion als optisches Raster (»Alucobond«).

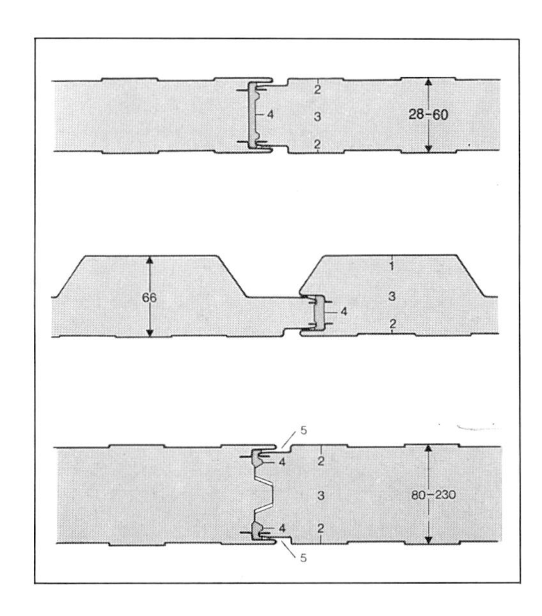

Abb. 1.42 Längsverbindung und Fugendichtung der Hoesch-Isowand-Elemente
Quelle: Hoesch
Siegerland-Werke AG

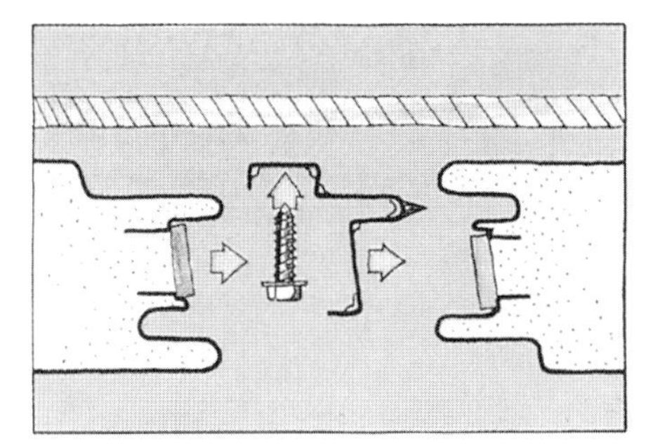
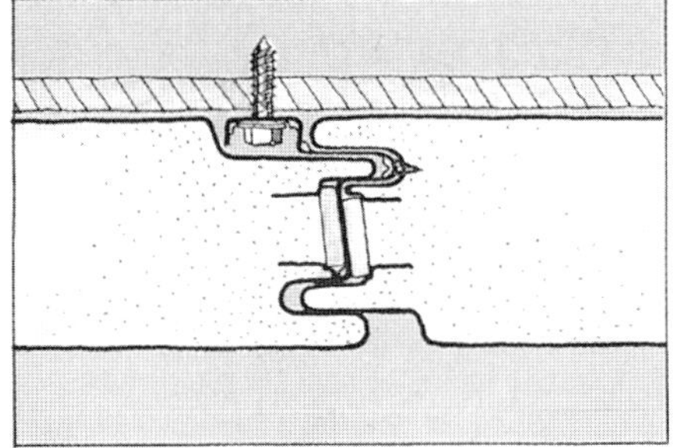

Abb. 1.43 Prinzip der unsichtbaren Befestigung der Isowand-Elemente
Quelle: Hoesch Siegerland-Werke AG

Unterkonstruktionen sind immer aus Metall, als punktweise verankerte Trägerprofile, oft geschoßhoch gespannt.
Die Regelmontage stützt sich auf lotrechte Hutprofile aus Aluminium, auf deren Randleisten die Verblendtafeln aufliegen. Der Profilboden sichert die offene Fuge gegen Wettereintrieb ab.
Die Verblendtafeln können an den Hutprofilen offen vernietet, mittels eines zweiten Hutprofils angepreßt oder in die Fuge eingekantet an Querbolzen eingehängt sein (Abb. 1.45 a bis d).
Eckausbildungen und auch Rundungen lassen sich durch Einfräsen des Kunststoffkerns von der Plattenrückseite herstellen, ohne daß die Tafeln gestoßen werden müßten.
Wie bei der Blechverarbeitung sind Herstellung von Gesimsabdeckungen, Fensterbänken, Kragplattenbekleidungen und Leibungseinfassungen möglich.

Abb. 1.44 Außenwandbekleidung aus Verbundtafeln (System »Alucobond«) Quelle: Alusingen

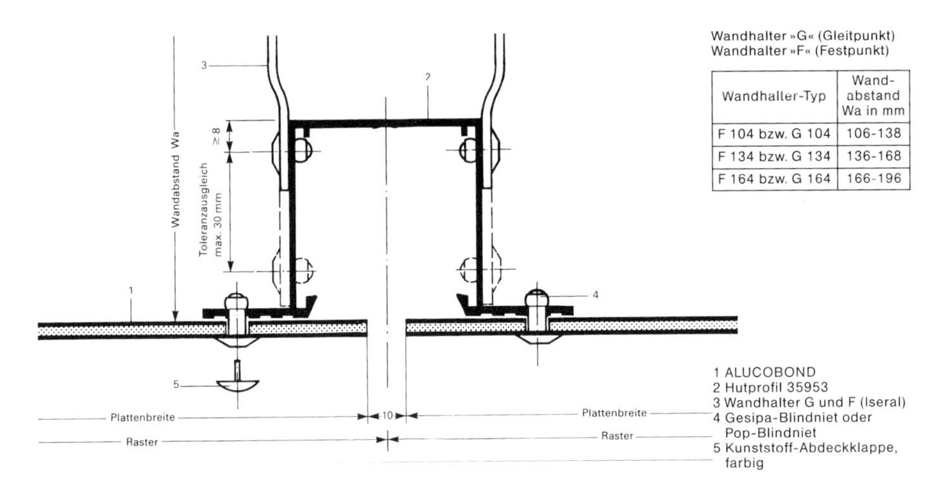

Wandhalter-Typ	Wand-abstand Wa in mm
F 104 bzw. G 104	106-138
F 134 bzw. G 134	136-168
F 164 bzw. G 164	166-196

Abb. 1.45 a Horizontalschnitt durch die Verbundtafel-Wandbekleidung; Tafeln: Hutprofil, vernietet
Quelle: Alusingen

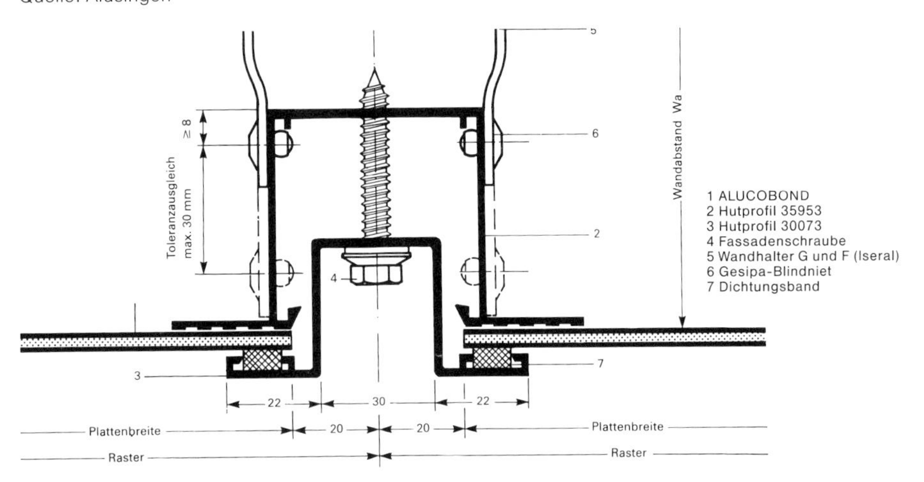

Abb. 1.45 b Tafel-Klemmsystem mit aufgesetztem Klemmprofil Quelle: Alusingen

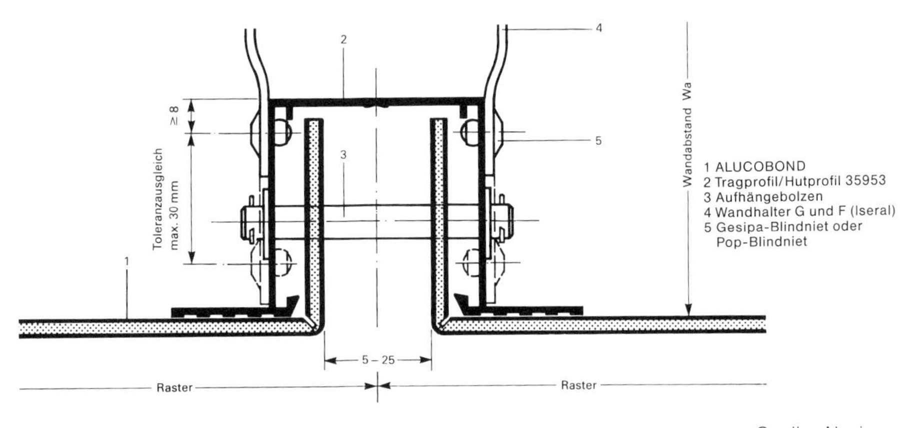

Abb. 1.45 c Verbundtafeln mit eingekanteter Aufhängung Quelle: Alusingen

Fensteranschluß seitlich

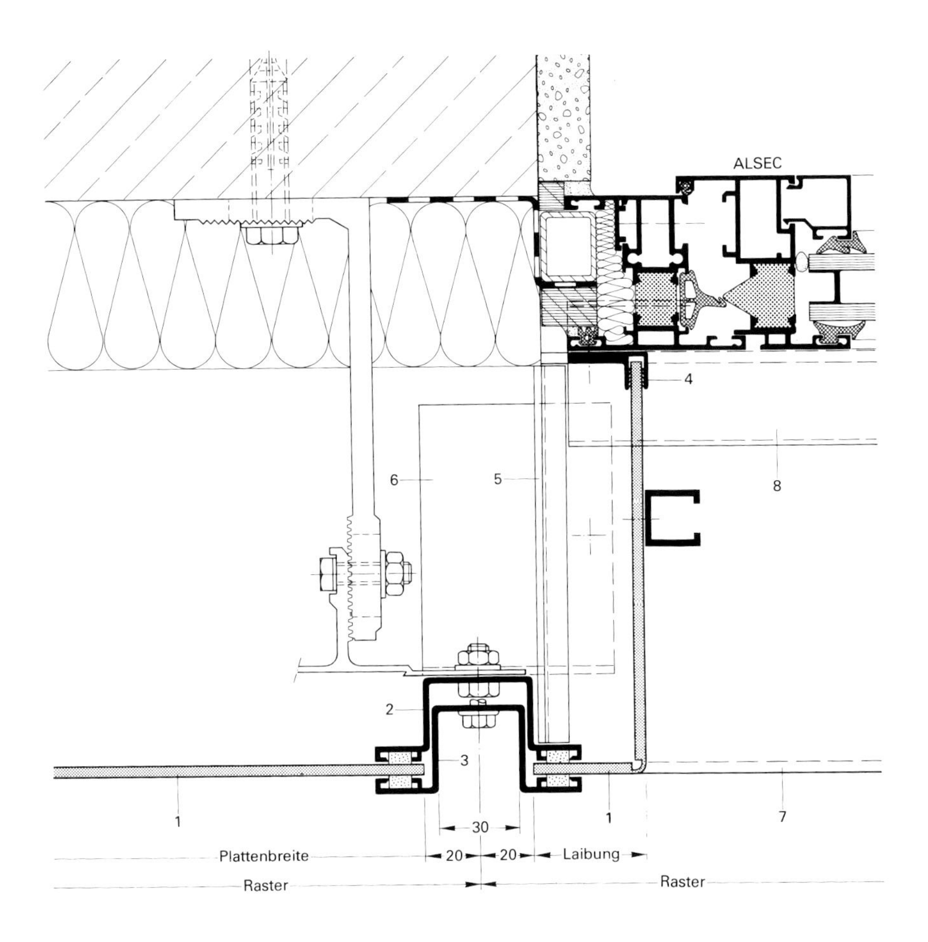

1 ALUCOBOND
2 Hutprofil 30074
3 Hutprofil 30073
4 Fensteranschluß – Einfaßprofil 24493
5 Fensterbankabschluß – Einfaßprofil 24493
6 Abstützung/Fensterbank
7 ALUCOBOND-Fensterbank
8 Wetterschenkel

Abb. 1.45 d Beispiel für die Fensterleibungsbekleidung mit Verbundtafeln Quelle: Alusingen

1.2.5.10 Eckausbildungen

Die Eckausbildungen sind bei nicht korrosionsbeständiger Unterkonstruktion immer schlagregendicht auszubilden.
Die handwerkliche Eckausbildung bei der kleinformatigen Deckung besteht in einseitigem Überstand der Deckung auf der Wetterseite (etwa 2 cm), wobei die Gegenseite handwerklich sauber untergearbeitet wird; die Ecke wird zusätzlich mit einem Pappstreifen oder mit einem verdeckten Aluminium-Winkel unterlegt. Bei der Altdeutschen Schieferdeckung ist diese Art der Eckausbildung die einzige fachgerechte Ausführung.
Die kleinformatigen Bekleidungen kann man jedoch auch mit PVC-Eckprofilen oder mit Metallprofilen absichern.
Bei Bekleidungen mit Fassadentafeln ist die Verwendung von Eckprofilen aus Kunststoff oder Metall die Regel (Abb. 1.46).

1.2.5.11 Wandöffnungen

Wandöffnungen müssen so eingefaßt sein, daß Niederschlagswasser nicht hinter die Bekleidungen gelangen kann. Unter der Fensterbank (Abb. 1.47) und über dem Fenster ist eine Entlüftung vorzusehen.
Fensterbänke müssen seitliche Aufkantungen haben oder mit seitlichen Wasserführungsrillen ausgestattet sein und in die Fensterleibung hineingreifen.

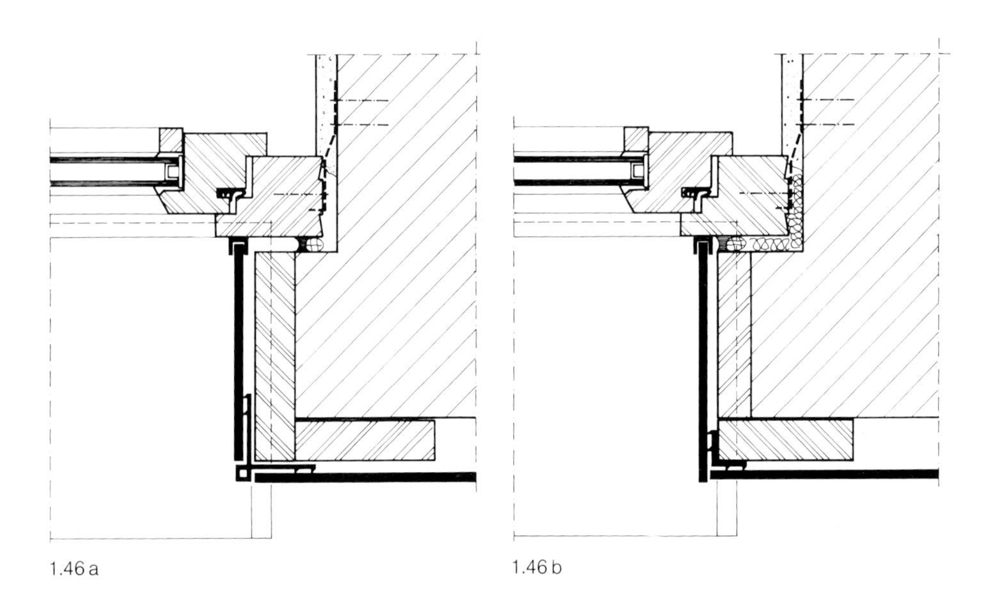

Abb. 1.46 Eckausbildungen und Anschlüsse der Leibungsbekleidungen:
a) mit sichtbarem PVC- oder Aluminium-Eckprofil, Leibungstafel am Fensterblendrahmen in aufgeschweißtes oder aufgeschraubtes U-Profil geführt
b) wie a, jedoch mit unsichtbar hinterlegter Ecke
In beiden Fällen muß die Winddichtigkeit durch eine elastische Dichtung zwischen Blendrahmen und Mauerwerk erfolgen!

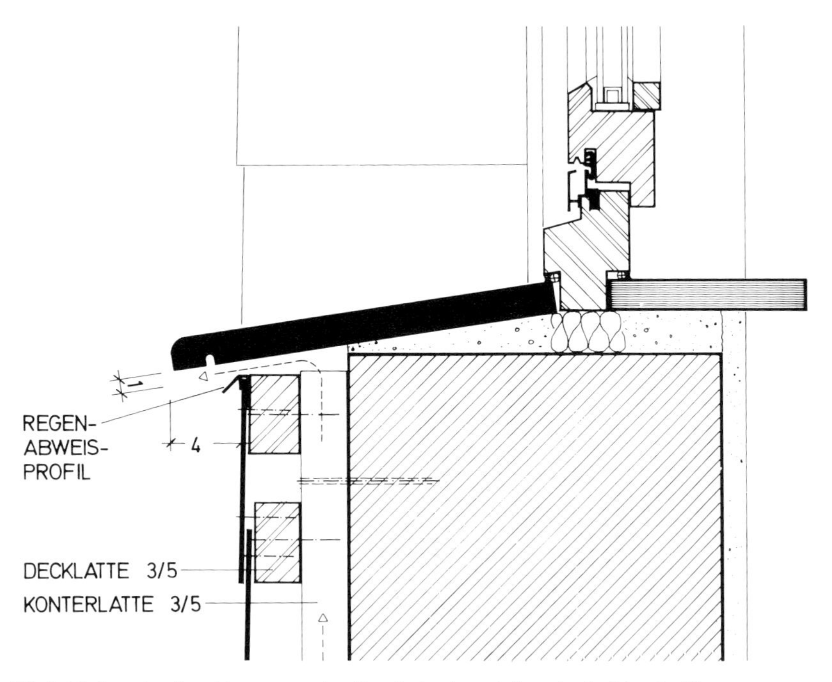

Abb. 1.47 Möglichkeiten des Anschlusses an eine Fensterbank und die erforderliche Entlüftung

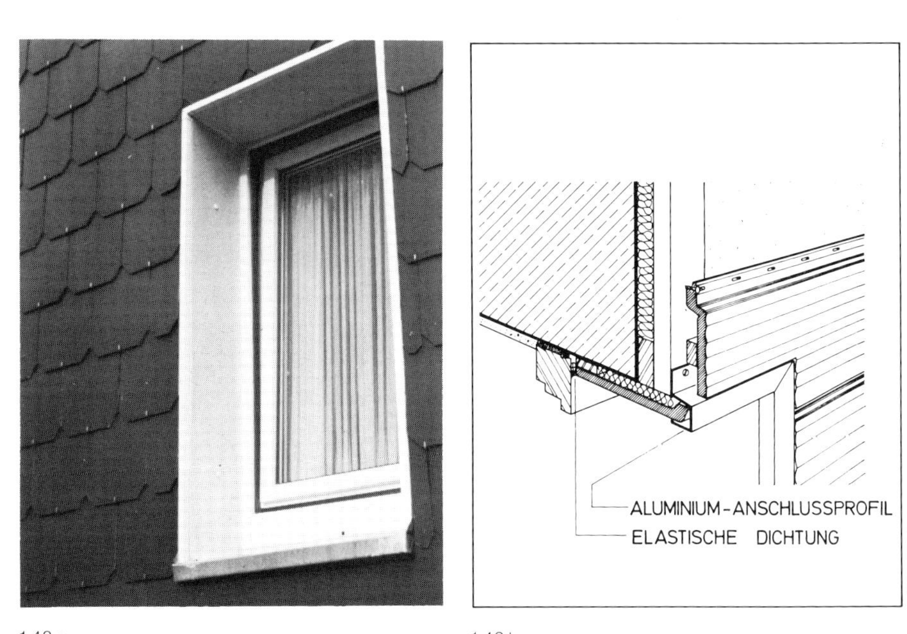

1.48 a 1.48 b

Abb. 1.48 Bekleidung der Fensterleibung
a) mit PVC-Eckprofilen und Fassaden-Tafelstreifen in einer kleinformatigen Wandbekleidung
b) mit Kunstharz/Preßspan-Paneelstreifen und Aluminium-Anschlußprofil

Abb. 1.49 Stahl-Fensterzarge in einer Schieferbekleidung. Wichtig: Ausreichender Anschlag für die Andeckung der Bekleidung (mind. 50 mm), und Breite der seitlich aufgekanteten Fensterbank bis Außenkante Anschlag

Die Leibungsausbildung kann mit maßgerecht zugeschnittenen Fassadentafeln oder mit Kleinformaten auf Holzkonstruktion erfolgen.
Schwachpunkte sind die Anschlüsse der Leibungsbekleidungen an die Blendrahmen der Fenster und Türen. Ein verkitteter Tafelstoß ist nicht die beste Lösung.
Technisch sicherer ist der Einbau eines U-Profils auf den Blendrahmen (bei PVC- oder Metallfenstern aufgeschweißt), oder einer eingeschnittenen Nut; in das Profil oder die Nut wird die Leibungsbekleidung eingeschoben (Abb. 1.46 a und b, 1.48 a und b).
Günstig ist auch der Anschluß an eine Metall-Zarge (Abb. 1.49).

1.2.5.12 Oberflächen vorgehängter Bekleidungen

Die technische und optische Qualität vorgehängter Bekleidungen hängt in hohem Maß von den Umweltbedingungen und der richtigen Auswahl des hierin beständigen Materials ab. Nur sehr wenige Stoffe eignen sich für den Einsatz bei allen Umwelteinflüssen.
Die Haltbarkeit von ***Dachschiefer*** hängt von seinem mineralogischen Aufbau sowie seinem Gehalt an schädigenden Beimengungen ab: Je höher Luftverschmutzung, Abgasbelastung und Feuchtigkeit sind, desto mehr muß bei der Auswahl des Dachschiefers folgende Qualitätslinie angestrebt werden:

- Dichte Glimmerlagerung und gute Spaltbarkeit
- Siliziumdioxid-Anteil mindestens 60 bis 65 %
- Kalzium-Verbindungen weniger als 0,5 %
- Kalium-Verbindungen weniger als 3 %
- Schwefelkies weniger als 0,5 %
- organische Verbindungen weniger als 2 %.

Die Haltbarkeit von ***Faserzement-Fassadenplatten*** und -tafeln stützt sich auf die chemische Beständigkeit des Zementes, die jedoch durch die Vermengung mit Fasern durch deren hygroskopische Wirkung herabgesetzt wird. Ungeschützte (unbeschichtete) Platten und Tafeln altern vor allem in säurehaltiger Luft verhältnismäßig schnell, was sich durch Auflockern, Aufweichen und Mooziehen bemerkbar

macht. Durch Pigment-Einstreuung und Dispersions-Überzüge sucht man die Erzeugnisse der unteren Preis- und Qualitätsklassen beständiger zu machen. Nicht selten treten bei Wandbekleidungen aus eingestreuten Dachplatten Verschmutzungen durch Kalkauswaschungen auf, die durch Auslösen der Stanzkanten hervorgerufen werden. Solche Fassadenverschmutzungen sind mit Ausblühungen an Klinkerfassaden vergleichbar und nicht vermeidbar (Abb. 1.50). Die Kalkläufer wittern jedoch nach einiger Zeit von selbst ab.
Die Farbbeständigkeit der eingestreuten Erzeugnisse ist nicht sehr hoch. Oberflächenbeschichtete Fassadentafeln halten der Bewitterung länger stand, solange eine Beschichtung mit ausreichender Affinität zum Zementkörper gewählt wurde. Verschiedene Versuche großer Hersteller haben in der Vergangenheit zu Schadensfällen geführt, weil sich unter Umwelteinflüssen chemische Gleichrichtungen einstellten: der Zementkörper zerfiel an der Grenzfläche zur Farbbeschichtung zu Gips, und dieser drückte die Farbschicht ab. Beschichtungen mit Siliconen und vor allem mit Epoxiden ergeben stabile, langfristig witterungsbeständige Oberflächen und alterungsbeständige Bekleidungen.
Bekleidungen mit ***Edelstählen, Aluminium-Legierungen*** und technisch eloxiertem Aluminium zeigen zwar große Haltbarkeit, aber einen verhältnismäßig hohen Verschmutzungsgrad vor allem in Großstadt- und Industriebereichen. Während Aluminium-Oberflächen schnell vergrauen, bilden nichtrostende Stähle unter Extrembedingungen unansehnliche Verfleckung durch Ruß- und Flugrostansatz.
Optisch befriedigendere Ergebnisse hat man mit farbig beschichteten bzw. farbig eloxierten Metalloberflächen gemacht, die bei richtiger Farb- und Materialauswahl auch nach vielen Jahren noch ansehnlich wirken. Sehr beständig sind hierbei Beschichtungen aus Polyvinylfluoriden (PVF).

Häßliche Schmutzläufer entstehen bei ungenügender Fugenausbildung und Wasserführung, vor allem der Querfugen. Sind solche Fugen nicht ausreichend abgedichtet (ungenügend eingepreßte Fugendichtungen), gelangt Niederschlagswasser hinter die Bekleidung und wäscht dort abgesetzten Schmutz an der nächsten Querfuge wieder heraus. Hierdurch wird der Wert der Bekleidung stark gemindert (s. 1.2.5.8 »Überdeckungen und Fugen«).

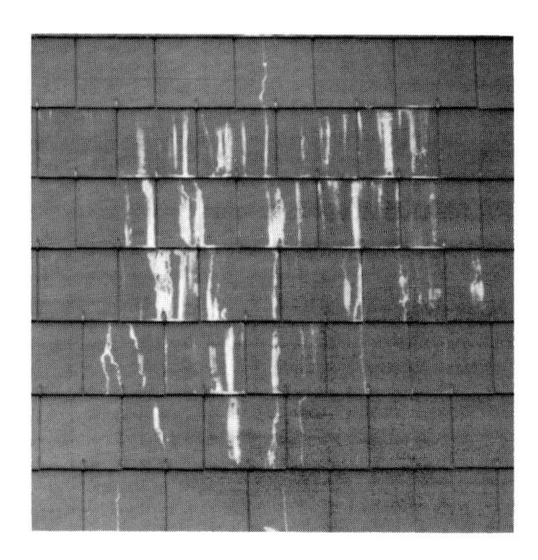

Abb. 1.50 Kalkschlieren bei Faserzement-Dachplatten an einer Wandbekleidung. Die Kalkteilchen werden aus den Stanzkanten der Platten ausgewaschen. Farbe und Oberflächenbeschaffenheit der unbeschichteten Dachplatten lassen diese Erscheinung besonders deutlich werden

1.3 Außen- und Innenputz

Die frühere Putznorm (DIN 18 550 und Beiblatt Juni 1967) wurde wegen zahlreicher Veränderungen auf dem Gebiet der Putztechnik vollständig überarbeitet. Dies war erforderlich, weil technische Neuerungen wie unterschiedliche Putzgründe, maschineller Putzauftrag, Verwendung wärmedämmender Baustoffe und nicht zuletzt neue Systeme mit organisch gebundenen Oberputzen eine Anpassung erforderten.
Die gültige DIN 18 550 ***Teil 1*** (Ausgabe 01.85), Putz, Begriffe und Anforderungen, behandelt als übergeordnete Norm die Anwendungsbereiche, den Zweck und die Klarstellung der Begriffe wie Putzmörtel, Putzarten und Putzsysteme. Auch wird auf den Putzgrund und seine Vorbereitung eingegangen.
In DIN 18 550 ***Teil 2*** (Ausgabe 01.85), Putze aus Mörtel mit ***mineralischen*** Bindemitteln, werden die Regeln für die Herstellung und Verarbeitung mineralischer Putzmörtel erläutert, und in ***DIN 18 558*** (Ausgabe 01.85), Regeln für die Herstellung, Verarbeitung und Überwachung von Beschichtungsstoffen für ***Kunstharzputze*** sowie zugehörige Begriffe und Anforderungen angegeben.
Sonstige Oberflächenbehandlungen von Bauteilen, wie z. B. gespachtelte Glätt- und Ausgleichschichten, Wischputz, Schlämmputz, Bestich, Rapputz sowie Imprägnierungen und Anstriche, sind im Sinne der DIN 18 550 keine Putze.

Putzarten
Putze werden je nach Anforderung ein- oder mehrlagig aufgetragen und dienen je nach der Zusammensetzung und der Dicke des verwendeten Mörtels nicht nur der Wandbekleidung, sondern haben auch bauphysikalische und baukonstruktive Funktionen zu erfüllen, wie z. B.

- als Schutz gegen Witterungseinflüsse und zum Feuchtigkeitsaustausch zwischen Raumluft und Außenluft,
- als Feuerschutz der Stahlbewehrung bei Stahlbetondecken und -treppen sowie bei Stahlstützen,
- im Innenausbau als planebener Untergrund für Tapeten und Anstrich,
- für die zeitweilige Feuchtigkeitsspeicherung bei Feuchträumen.

Nach DIN 18 550 Teil 1 (Abschnitt 3.4), werden je nach den zu erfüllenden Anforderungen folgende Putzarten unterschieden:

- Putze, die allgemeinen Anforderungen genügen,
- Putze, die zusätzlichen Anforderungen genügen, und
- Putze für Sonderzwecke.

Die ***allgemeinen Anforderungen*** an Innen- und Außenputze besagen, daß Putze gleichmäßig am Putzgrund und bei mehrlagiger Ausführung auch innerhalb der einzelnen Lagen gut haften sollen, wobei der Mörtel ein gleichmäßiges Gefüge besitzen muß. Die Putzlagen werden zusammen und in Wechselwirkung mit dem Putzgrund als ***Putzsystem*** bezeichnet. In bestimmten Fällen kann auch ein einlagiger Putz als Putzsystem bezeichnet werden.
Zu den Putzen, die ***zusätzlichen Anforderungen*** genügen, gehören die witterungsbeständigen Putzsysteme, d. h. diese müssen insbesondere der Einwirkung von Feuchtigkeit und wechselnden Temperaturen widerstehen (Aufbau nach DIN 18 550 Teil 1, Tabelle 3 und Tabelle 4 oder Nachweis). Hinsichtlich des Regenschutzes wird entsprechend den Beanspruchungsgruppen nach DIN 4108 Teil 3 zwischen
- wasserhemmendem Putz und
- wasserabweisendem Putz

unterschieden.

Wasserhemmende und wasserabweisende Putzsysteme müssen aus bestimmten Mörtelgruppen bzw. Beschichtungsstoff-Typen bestehen, deren Aufbau in Tabelle 3 der DIN 18 550 angegeben ist. Für einige Systeme sind Zusatzmittel bzw. Eignungsnachweise erforderlich.
Weitere zusätzliche Anforderungen betreffen Außenwandputz mit ***erhöhter Festigkeit*** und Innenwandputz mit ***erhöhter Abriebfestigkeit*** (z.B. in Treppenhäusern oder Fluren von öffentlichen Gebäuden und Schulen).
Die geforderten Eigenschaften der Putzsysteme sind weitgehend vom ***Putzgrund*** und von der ***Mörtelqualität*** abhängig. In Ziffer 3.2 der DIN 18 550 sind die geforderten Eigenschaften der Putzmörtel und der Beschichtungsstoffe festgelegt.

Putzmörtel
Die Putzmörtelgruppen werden aufgegliedert nach DIN 18 550 Teil 1 (Ausgabe 01.85, Tabelle 1). Nach Art der Bindemittel gehören die Luftkalke (ein begrenzter Zementzusatz ist zulässig), Wasserkalke und Hydraulische Kalke in die Putzmörtelgruppe P I. Zu P II gehören die Hochhydraulischen Kalke, die Putz- und Mauerbinder und die Kalk-Zement-Gemische. Die Zemente gehören zu P III, und zu P IV gehören die Baugipse ohne und mit Anteilen von Baukalk. Anhydritbinder ohne und mit Anteilen von Baukalk befinden sich in Gruppe P V.
Für den Beschichtungsstofftyp P Org 1 kann Kunstharzputz als Außen- und Innenputz und für P Org 2 als Innenputz verwendet werden (Tabelle 2). Beschichtungsstoffe für die Herstellung von Kunstharzputzen (Begriff s. DIN 55 945) bestehen aus

Tabelle 1.2 **Putzmörtelgruppen**

Putzmörtelgruppe[1]	Art der Bindemittel
P I	Luftkalke[2], Wasserkalke, Hydraulische Kalke
P II	Hochhydraulische Kalke, Putz- und Mauerbinder, Kalk-Zement-Gemische
P III	Zemente
P IV	Baugipse ohne und mit Anteilen an Baukalk
P V	Anhydritbinder ohne und mit Anteilen an Baukalk

[1] Weitergehende Aufgliederung der Putzmörtelgruppen siehe DIN 18 550 Teil 2, Ausgabe 01.85, Tabelle 3.
[2] Ein begrenzter Zementzusatz ist zulässig.

Quelle: DIN 18 550 Teil 1 (Abschnitt 3.2), Ausgabe 01.85

Tabelle 1.3 **Beschichtungsstofftypen für Kunstharzputze**

Beschichtungsstofftyp	für Kunstharzputz als
P Org 1 P Org 2	Außen- und Innenputz Innenputz

Quelle: DIN 18 550 Teil 1 (Abschnitt 3.2), Ausgabe 01.85

organischen Bindemitteln in Form von Dispersionen oder Lösungen und Füllstoffen/Zuschlägen mit überwiegendem Kornanteil > 0,25 mm. Sie werden im Werk gefertigt und verarbeitungsfähig geliefert (s. auch DIN 18 558).
Wenn eine andere Zusammensetzung des Mörtels vorgesehen ist, so ist durch Eignungsprüfung nachzuweisen, daß dieser den erforderlichen Eigenschaften nach DIN 18 550 entspricht oder der damit hergestellte Putz die in Abschnitt 4 festgelegten Anforderungen erfüllt, wobei die Art des Bindemittels dem der Putzmörtelgruppe entsprechen soll.
Nach dem jeweiligen Zustand des Mörtels werden unterschieden:
- Frischmörtel: der gebrauchsfähige, verarbeitbare Mörtel
- Festmörtel: der verfestigte Mörtel

und nach dem Ort der Herstellung:
- Baustellenmörtel: der auf der Baustelle gemischte Mörtel
- Werkmörtel: der in einem Werk aus den Ausgangsstoffen zusammengesetzte und gemischte Mörtel.

Der Nachweis der geforderten Eigenschaften von Baustellenmörtel und Werkmörtel (Anforderungen, Mischungsverhältnisse, Zuschläge, Überwachung) wird in DIN 18 550 Teil 2 (Abschnitt 3) ausführlich behandelt.

Putzgrund

Die Qualität des Putzgrundes ist maßgebend für gute Haftung des Putzmörtels. Der Putzgrund soll lot- und fluchtgerecht, möglichst eben und sauber sein, weil Schmutz- und Staubschichten die Haftung verschlechtern. Außerdem sind folgende Bedingungen zu berücksichtigen:

1. Der Putzgrund soll aus gleichartigem Material bestehen, da das unterschiedliche Quell- und Schwindverhalten z. B. bei Mischmauerwerk zu Spannungen und im Ergebnis zu Putzrissen führt (s. Band 1).
2. Der Putzgrund muß für die Mörtelhaftung ausreichend rauh und soll möglichst gleichmäßig saugfähig sein. Ist er zu stark saugend, so trocknet die Haftzone zu schnell aus, die Abbindezeit des Mörtels wird verkürzt, und die Festigkeit des Putzes wird beeinträchtigt. Zu schwach saugender Putzgrund führt wegen des nicht ausreichenden Wasserentzuges zu Mörtelversteifung und damit zu schlechter Haftung.
3. Zu schwaches, zu starkes oder unterschiedliches Saugen eines Putzgrundes kann durch eine Vorbehandlung, den ***Spritzbewurf***, ausgeglichen werden. Der Spritzbewurf stellt die Verklammerung des Putzkörpers mit dem Untergrund her.

Es ist zu unterscheiden zwischen einem nicht voll deckenden (warzenförmigen) Spritzbewurf und einem voll deckenden Spritzbewurf. Bei ***schwach saugendem Putzgrund*** reicht im allgemeinen ein nicht voll deckender Spritzbewurf zur Verbesserung der Haftung aus, d. h. ein Mörtel mit möglichst grobkörnigem Zuschlag wird in einer Menge angeworfen, die den Putzgrund noch durchscheinen läßt. Ein voll deckender Spritzbewurf (oder eine entsprechende Vorbehandlung) ist in der Regel bei ***stark saugendem*** Putzgrund erforderlich, d. h. der angeworfene Mörtel mit grobkörnigem Zuschlag deckt den Putzgrund völlig ab, wobei die Oberfläche des Spritzbewurfes nicht bearbeitet wird. Stark saugende Putzgründe weisen z. B. Außenwände auf, die aus den heute häufig verwendeten großformatigen und wärmedämmenden Steinen (z. T. mit offenen Stoßfugen) hergestellt werden. Bei mangelhafter Vorbereitung des Untergrundes kann es dabei, besonders bei Verwendung von Werktrockenmörtel, zur Bildung von Haarrissen kommen.
Sowohl der nicht voll deckende als auch der voll deckende Spritzbewurf sind Maßnahmen zur Vorbereitung des Putzgrundes und gelten ***nicht als Putzlage.***

Besteht der Untergrund aus ***Leichtbauplatten,*** so ist stets ein voll deckender Spritzbewurf erforderlich, der insbesondere bei Außenputz möglichst bald aufgebracht werden soll. (Ohne Spritzbewurf gibt es bei einigen Putzarten Schwierigkeiten mit der Untergrundverträglichkeit.) Nach DIN 1102 (Abschnitt 3.3) muß der Spritzbewurf für Innenputz über den Plattenfugen und über den Anschlußfugen zu anderen Baustoffen mit durch metallische Überzüge korrosionsgeschützten, mindestens 80 mm breiten Drahtnetzstreifen bewehrt werden. Für Außenputz ist ganzflächig ein korrosionsgeschütztes Drahtnetz mit nichtrostenden Befestigungsmitteln auf dem Spritzbewurf anzubringen. Bei großen Außenputzflächen, im allgemeinen über 10 m^2, sollen Dehnungsfugen angeordnet werden, um die thermisch bedingten Materialspannungen auszugleichen.
Wenn Bauteile als Putzgrund ungeeignet sind, wie z. B. Holzfachwerk oder Stahlprofile, so müssen sie mit einem geeigneten ***Putzträger*** so überspannt werden, daß ein Durchbiegen des Putzes nicht möglich ist. Als Putzträger wurden früher Rohrmatten (bei Holzbalkendecken) und Maschendrahtgewebe (zum Ummanteln einzelner Bauteile) verwendet. Besser ist das Ziegeldrahtgewebe, bei dem die an den Kreuzungspunkten der Drähte aufgepreßten Tonkörper den Mörtel ansaugen, wodurch eine gute Putzhaftung erzielt wird.
Heute wird weitgehend Rippenstreckmetall als Putzträger verwendet, weil es durch seine Profilierung (sickenversteift in den Grätenfeldern) eine verminderte Durchbiegung und Rückfederung beim Mörtelanwurf aufweist, wodurch die Arbeit erleichtert und Mörtel eingespart wird.

Putzlagen, Putzbewehrung, Putzdicke

Eine ***Putzlage*** ist eine in einem Arbeitsgang durch einen oder mehrere Anwürfe des gleichen Mörtels bzw. Auftragen des Beschichtungsstoffes (einschließlich des Grundanstrichs) ausgeführte Putzschicht. Es gibt ein- und mehrlagige Putze. Untere Lagen werden ***Unterputz,*** die oberste Lage wird ***Oberputz*** genannt. Wenn Rißbildungen zu erwarten sind, z. B. bei Untergründen aus verschiedenen Baustoffen oder bei Altbausanierungen, können gegebenenfalls ***Putzbewehrungen,*** d. h. Einlagen aus mineralischen Fasern oder aus Kunststoff-Fasern, seltener aus Metall, Abhilfe schaffen.
Bei mehrlagigen Putzen bildet der Unterputz die tragende Schale, die bindemittelreicher sein soll als der Oberputz, der die sichtbare Oberflächenstruktur bestimmt. Jedoch darf auch der Unterputz nicht zu »fett« sein, da sonst Schwindrisse auftreten, die sich beim Unterputz als eigentlichem Putzkörper negativ auswirken.
Der Oberputz darf erst nach vollständiger Erstarrung des Unterputzes aufgebracht werden; zur besseren Haftung soll dieser vorher aufgerauht werden. Bei beiden Arbeitsgängen ist der Mörtel kräftig anzuwerfen. Der Oberputz soll aus Mörtel geringerer Festigkeit bestehen, also bindemittelärmer und somit elastischer sein. Dadurch ist er besser für die wechselnden Temperatureinflüsse der Außenluft geeignet (»Festigkeitsgefälle«).
In Teil 2 der DIN 18 550 ist die ***mittlere Dicke von Putzen,*** die allgemeinen Anforderungen genügen, für außen mit 20 mm (zulässige Mindestdicke 15 mm) und innen mit 15 mm (zulässige Mindestdicke 10 mm) angegeben. Für die heute überwiegend angewendeten einlagigen Innenputze aus Werktrockenmörtel sind 10 mm ausreichend (zulässige Mindestdicke 5 mm). Die zulässigen Mindestdicken dürfen nur an einzelnen Stellen vorhanden sein. Es ist keine zulässige Höchstdicke vorgeschrieben, jedoch ist zu bedenken, daß zu dicker Putzauftrag bei Betonbauteilen, insbesondere bei weitgespannten Decken, zu Putzablösungen führen kann.

1.3.1 Außenputz

Beim Außenputz werden nach der Lage der Außenwandflächen am Bauwerk und der dadurch gegebenen Art der Beanspruchung unterschieden:

a) Außenwandputz auf über dem Sockel liegenden Flächen,
b) Kellerwand-Außenputz im Bereich der Erdanschüttung,
c) Außensockelputz im Bereich oberhalb der Anschüttung,
d) Außendeckenputz auf Deckenuntersichten, die der Witterung ausgesetzt sind.

Außenputze müssen den zusätzlichen Anforderungen hinsichtlich der Witterungsbeständigkeit genügen, d.h. das Putzsystem muß entsprechend Tabelle 3 und Tabelle 4 der DIN 18550 Teil 1 (Ausgabe 01.85) aufgebaut oder die Witterungsbeständigkeit nachgewiesen sein. Eine erhöhte Festigkeit müssen Außenputze mit mineralischen Bindemitteln aufweisen, die als Träger von Beschichtungen auf organischer Basis dienen sollen oder die mechanisch stärker beansprucht sind. Dafür reichen im allgemeinen Mörtel aus, die bei der Prüfung nach DIN 18555 Teil 3 eine Druckfestigkeit von mindestens 2,5 N/mm^2 erreichen (z.B. P II nach Tabelle 2 aus DIN 18550 Teil 2). Der Nachweis ist nicht erforderlich, wenn Putzsysteme nach Tabelle 3, Zeilen 25 bis 29 (erhöhte Festigkeit) gewählt werden.
Dabei ist zu berücksichtigen, daß entsprechend der Entwicklung bei den Innenputzen, auch Außenputze einlagig und mehrlagig zunehmend aus Werktrockenmörtel hergestellt werden. Bei Werkmörtel ist der Nachweis zu erbringen, daß die an das jeweilige Putzsystem gestellten Anforderungen erfüllt werden. Herstellung, Überwachung und Lieferung von Werkmörteln sind in DIN 18557 festgelegt.

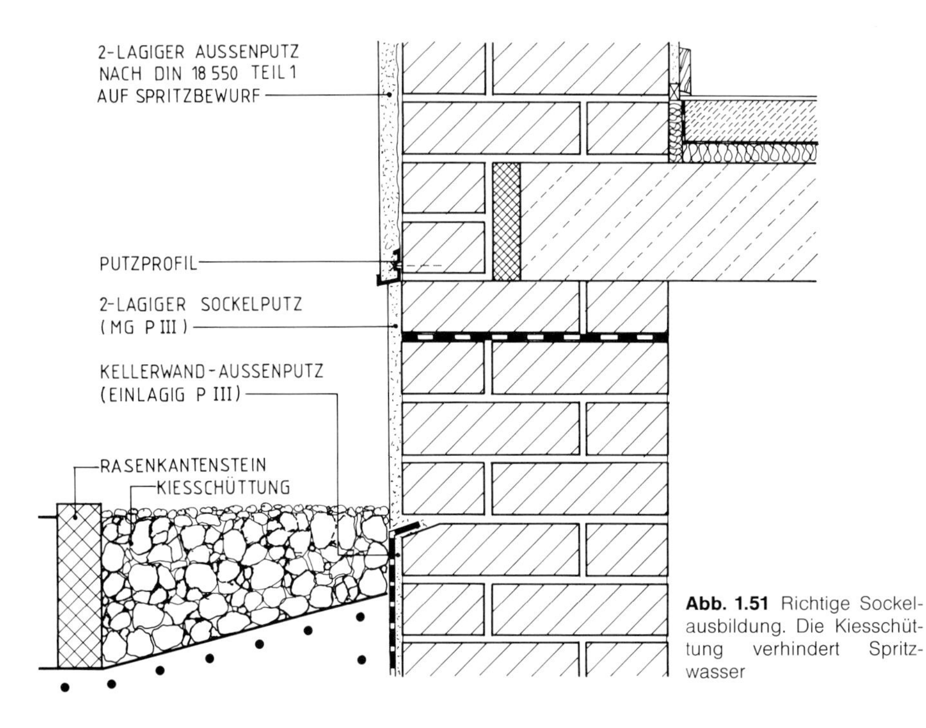

Abb. 1.51 Richtige Sockelausbildung. Die Kiesschüttung verhindert Spritzwasser

Kellerwand-Außenputze als Träger von Beschichtungen müssen aus Mörteln mit hydraulischen Bindemitteln hergestellt werden und eine Druckfestigkeit von mindestens 10 N/mm² erreichen (Prüfung nach DIN 18 555 Teil 3). Bei Verwendung von Mörtelgruppe P III kann auf den Nachweis verzichtet werden. Hinsichtlich der Abdichtung von Kellerwänden gegen Bodenfeuchtigkeit oder nichtdrückendes Wasser sind Maßnahmen nach DIN 18195 Teil 4 und 5 vorzusehen (s. auch Band 4).

Außensockelputz
Wegen der höheren Beanspruchung des Gebäudesockels durch Spritzwasser werden auch an den Sockelputz erhöhte Anforderungen gestellt. Dieser muß ausreichend fest, wenig wassersaugend und widerstandsfähig gegen Feuchtigkeitseinwirkung in Verbindung mit Frost sein. Putze aus mineralischen Bindemitteln müssen eine Mörtel-Druckfestigkeit von mindestens 10 N/mm² erreichen (Prüfung nach DIN 18 555 Teil 3). Dem entsprechen Putzsysteme nach Tabelle 3, Zeilen 31 bis 34 der DIN 18 550 Teil 1. Außensockelputz muß in jedem Fall die Anforderungen an wasserabweisende Putze erfüllen, gegebenenfalls durch einen geeigneten Dichtungsmittelzusatz.

1.3.1.1 Außenputzschäden

In diesem Abschnitt sollen der Außenputz im Hinblick auf Schadensanfälligkeit und die Möglichkeiten der vorbeugenden sowie der nachträglichen Schadensverhütung behandelt werden.
Nach einer statistischen Erhebung durch Prof. Dr.-Ing. Schild (TH Aachen) stellen die Außenwände die Bauteilgruppe mit den anteilig meisten Schäden dar.
Bei den als schadensbetroffen genannten Wänden handelt es sich im wesentlichen um Wände mit Außenputzschichten (45,8 %) und um solche mit Verblendung aus Ziegel, Klinker oder Kalksandstein (29,0 %).
Interessant ist in dieser ausschließlich an Wohnbauten durchgeführten Ermittlung, daß von den angegebenen schadensbetroffenen Außenwänden mit Außenputz diejenigen aus Ziegelmaterial fast die Hälfte aller Schadensfälle ausmachten. Danach folgte die Gruppe der aus Bimsbaustoffen gemauerten Wände; am wenigsten waren die Wände aus Kalksandstein betroffen.
Die tragende Schicht aller mit Mängeln behafteten Außenwände war 24 bzw. 30 cm dick. Geputzte Außenwände mit einer Dicke von mehr als 30 cm wurden nicht als schadensbetroffen genannt [12].
Daraus ist zu folgern, daß für Außenputz vorgesehenes, einschaliges Mauerwerk sorgfältig und vollfugig hergestellt werden muß und möglichst 36,5 cm dick sein sollte. Dies gilt auch im Hinblick auf die Forderung nach behaglichen Oberflächentemperaturen der inneren Wandflächen und nach energiesparendem Wärmeschutz.
Oft ist es nicht möglich, aus dem Schadensbild die Ursache eines Putzschadens zu erkennen. Häufig sind Mängel der Unterkonstruktion vorhanden, die erst nach teilweiser Entfernung der Putzschicht festzustellen sind.
Nachstehend werden einige häufig auftretende Putzschäden nach ihrem Schadensbild und ihren Ursachen behandelt.

Abb. 1.52 Fassadenverschmutzung eines Kirchturmes durch fehlende Abdeckung der horizontalen Mauerwerksvorsprünge

Abb. 1.53 Putzdurchfeuchtung im Brüstungsbereich durch zu geringen Überstand der Zinkblechsohlbank

Schäden durch Bauwerksmängel

1. Falsche Sockelausbildung und/oder fehlende Sperrschichten, wodurch der Sockelputz infolge aufsteigender Feuchtigkeit oder Spritzwasser schadhaft wird.
   Folge: Abplatzen durch Frosteinwirkung.
   Abhilfe: Richtige Sockelausbildung nach DIN 18195 Teil 4 (Abb. 1.51).

2. Mangelhafter Witterungsschutz des Putzes von oben, z.B. fehlende Mauerabdeckung, zu knappe Gesimsausbildung, ein Ortgangüberstand bei geneigten Dächern.
   Folge: Schmutzablagerungen und -abwaschungen durch Regenwasser (Abb. 1.52).
   Abhilfe: Gesimsabdeckung aus Natur- oder Betonwerkstein bzw. Metall bei horizontalen Mauerwerksvorsprüngen. Dachüberstand am Ortgang.

3. Fehlerhafte Ausbildung von äußeren Fensterbänken, z.B. Einputzen der seitlichen Aufkantung bei Alu- oder Zinkblechsohlbänken; zu geringer Überstand der Tropfkante.
   Folge: Putzecke an der eingeputzten Aufkantung wird durch Wärmebewegung des Fensterbleches abgerissen. Schmutzfahnen und Putzdurchfeuchtung im Brüstungsbereich (Abb. 1.53).
   Abhilfe: Putz in der Fensterleibung über der Aufkantung abschneiden. Unschön ist das Auspressen des Sohlbankanschlusses mit Baudichtungsmasse, wenn die Aufkantung vergessen wurde (Abb. 1.54).

Abb. 1.54 Durch fehlende Aufkantung unsauberer Anschluß der Alu-Fensterbank an die äußere Fensterleibung mit Dichtungsmasse

Abb. 1.55 Statisch bedingter Putzriß durch Formänderung des Mauerwerks. Fehlerhaft ist auch das feste Einputzen der Blechaufkantung

4. Statisch bedingte Risse, d.h. Rißbildungen, die im Mauerwerk aufgrund von Formänderungen durch unterschiedliche Setzungen, temperaturbedingte Bewegungen der Dachdecke, elastische und plastische Verformung oder exzentrische Belastung auftreten.
   Folge: Das Mauerwerk kann daraus resultierende Zugkräfte nicht aufnehmen, es reißt an bestimmten Schwachstellen (Fensterpfeiler, Brüstung, Sturzauflager usw.). Entsprechende Putzrisse treten auf (Abb. 1.55).
   Abhilfe: Durch konstruktive Maßnahmen wie Fundamentverstärkung bei zu erwartenden Setzungen, Verbesserung der Wärmedämmung an Betonteilen, rechnerische Berücksichtigung der Verformungseigenschaften von Bauteilen, Gleitlager bei Dachdecken vorsehen (s. Band 1). Bereits aufgetretene Risse mit der Trennscheibe auf etwa 2 cm Tiefe erweitern und dauerelastische Baudichtungsmasse einpressen.

Schäden durch Nichtbeachten des Untergrundes

1. Mangelhafter Putzgrund z.B. hohlfugiges Mauerwerk, Mischmauerwerk, nicht ausreichend abgelagertes Bims- oder KS-Material mit Schwindneigung wird ohne zusätzliche Maßnahme überputzt.
   Folge: Rißbildungen, Abplatzungen.
   Abhilfe: Sehr sorgfältiges und volldeckendes Vorspritzen mit Zementmörtel; mit dem eigentlichen Putzauftrag abwarten, bis der Vorspritzputz netzartige Risse gebildet hat (eventuell 1 bis 2 Wochen).

2. Putzgrund zu naß oder zu wenig saugend
   Folge: Der Mörtel »zieht nicht an«, das Mörtelwasser (Ca-Hydroxidlösung) tritt an die Oberfläche und kristallisiert hier durch Aufnahme von CO_2 aus der Luft eine dünne Kalziumkarbonat-Schicht aus; diese verhindert, daß das zum weiteren Erhärten tieferer Putzschichten benötigte

CO_2 aus der Luft eindringen kann. Der Putz bleibt blank stehen, er »sintert« [2].

Abhilfe: Abtrocknen des Putzgrundes abwarten bzw. weitere Durchfeuchtung verhindern. Wenn Putzauftrag bereits erfolgt ist, Oberfläche trocken mit einem Brett abreiben; dadurch wird die kristalline Karbonatschicht porös, und die Kohlensäure dringt ein.

3. Putzgrund zu glatt und zu wenig saugend (z. B. Beton oder Kalksandstein)
   Folge: Unzureichende Haftung des Putzes, Loslösen der Putzschale.
   Abhilfe: Vorbehandlung mit Zement-Spritzbewurf 1:3 und besonders grobkörnigem Sand, damit warzenähnliche Erhebungen entstehen. Dadurch wird die Ansaugfläche vergrößert und die mechanische Putzhaftung verbessert.

4. Ungeeigneter Putzträger bei der Überspannung von Fachwerk
   Folge: Die Bewegungen aus den unterschiedlichen Materialien der Unterkonstruktion werden nicht aufgefangen, sondern übertragen sich auf die Putzschale. Diese wird aufgeworfen und platzt großflächig ab (Abb. 1.56).
   Abhilfe: Es muß ein möglichst starrer Putzträger unabhängig vom Holzfachwerk, z. B. Rippenstreckmetall, angebracht werden; vorher ist das Holzwerk mit Sperrpappe zu verwahren. Die Putzflächen sind durch Dehnungsfugen zu unterteilen.

Schäden durch handwerkliche Fehler

1. Falscher Putzaufbau, z. B. Fehlen des Spitzbewurfs, oder der Oberputz ist härter als der Unterputz.
   Folge: Der Oberputz bekommt Schwindrisse; da der bindemittelärmere Unterputz saugfähiger ist, dringt Feuchtigkeit ein und die Gefahr der Frostabsprengung ist gegeben.
   Abhilfe: Grundsätzlich das »Festigkeitsgefälle« beachten! Hinweise für den zweckmäßigen Aufbau des Außenwandputzes siehe DIN 18550, Tabelle 3.

Abb. 1.56 Ungeeigneter Putzträger bei der Überspannung von Fachwerk: Die Putzschale wird abgedrückt

Abb. 1.57 Zu dünn aufgetragener Außenputz. Das Fugenbild des Mauerwerks scheint durch

Abb. 1.58 Die obere Lage eines Steinputzes löst sich ab, weil sie nicht am Unterputz haftet

2. Zu dünn aufgetragener Außenputz, so daß z. B. das Fugenbild des Mauerwerks durchscheint (Abb. 1.57)
   Folge: Eindringen von Niederschlagsfeuchtigkeit in den Unterputz, eventuell bei Frost Ablösen des Oberputzes.
   Abhilfe: Um die nach DIN 18550 für einen Außenputz erforderliche Putzdicke von 20 mm zu gewährleisten, muß die Gesamtputzdicke vor dem Reiben mindestens 25 mm betragen.

3. Ungeeigneter Unterputz bei Steinputz, z. B. Mörtelgruppen P I oder P II, auch darf die Oberfläche des Unterputzes nicht zu glatt sein.
   Folge: Die obere Steinputzlage löst sich bruchstückweise vom Unterputz, weil keine Haftung zwischen den beiden Putzlagen entstanden ist (Abb. 1.58).
   Abhilfe: Für Steinputz ist ein sehr fester Mörtel aus besonderen Zuschlagstoffen erforderlich, damit er sich werksteinmäßig bearbeiten läßt. Als Unterputz ist nur Mörtelgruppe P III, reiner Zementmörtel, geeignet, damit sich die obere Steinputzlage beim Scharrieren oder Stocken nicht lockert.

4. Risse im Putz durch zu starkes Verreiben des Mörtels – dadurch wird der beim Putzen an die Oberfläche tretende Bindemittelfilm schwindrissig.
   Folge: Netzrißbildung mit Neigung zu starker Durchfeuchtung an den Wetterseiten (Abb. 1.59 und 1.60).
   Abhilfe: Beachten der Putzregeln, wie z. B. saugenden Grund gut vornässen, Putz nicht aufziehen, sondern kräftig anwerfen, Oberputz nicht »totreiben«. Nachträgliche Mängelbeseitigung bei noch einwandfreier Putzhaftung durch wasserabweisenden Anstrich auf Siliconbasis.

Anmerkung: Schwindrisse können auch durch einen beschleunigten Trockenprozeß der Putzoberfläche entstehen, z. B. durch Luftzug oder Sonnenbestrahlung. Dies kann durch Bespritzen mit Wasser während des Abbindevorganges bzw. durch Sonnenschutz mittels vorgehängter Plane verhindert werden.

Schäden durch Materialmängel

1. Rostbraune Flecken in einem sonst gleichmäßig gefärbten Außenputz. Ursache: Ortstein im Rohstoff (Abb. 1.61).

   Folge: Meist keine Nachteile, nur optisch störend. Bei zahlreichen und stärkeren Rostverfärbungen sind Absprengungen möglich, weil die Oxydation unter gleichzeitiger Volumenvergrößerung stattfindet.

   Abhilfe: Nur einwandfreien Putzsand verwenden. Nachträgliche Beseitigung der Verfärbungen evtl. durch Oxalsäuresalze möglich (Vorsicht, giftig!).

Abb. 1.59 Netzrißbildung durch saugenden Putzgrund und zu stark verriebenen Oberputz

Abb. 1.60 Alter Putz mit Schwindrißbildung und dadurch bedingter ständiger Durchfeuchtung

Abb. 1.61 Rostbrauner Fleck in einem Kratzputz durch Ortstein im Zuschlagstoff

2. Zu hoher Anteil des Sandes an organischen Bestandteilen bzw. zu geringer Bindemittelanteil
   Folge: Unzureichende Mörtelfestigkeit, dadurch Absanden der Putzoberfläche.
   Abhilfe: Nur reinen Sand verwenden und Mischungsverhältnisse von Putzmörtel nach DIN 18550 Teil 2, Tabelle 3, einhalten. Bei Fertigmörtel Nachweis anfordern!

1.3.1.2 Putzweise (Putzstrukturen)

Durch unterschiedliche Behandlung der oberen Putzlage lassen sich verschiedenartige Oberflächenstrukturen erzielen, welche für das äußere Bild des Bauwerks wichtig sein können. Von der Art und der Sorgfalt bei der Herstellung der Oberputze hängt auch weitgehend deren Widerstand gegen Schlagregen und Schmutzablagerungen ab.
Nach der Art ihrer Oberflächenbehandlung unterscheidet DIN 18550 Teil 2, Abschnitt 6.6 (Ausgabe 01.85) folgende Putzstrukturen:

Gefilzter oder ***geglätteter Putz*** wird nach dem Auftragen an der Oberfläche mit der Filzscheibe bzw. der Glättkelle (Traufel) bearbeitet. Bei dieser Putzmethode kann durch Verreiben eine Bindemittelanreicherung an der Oberfläche eintreten, wodurch Schwindrisse entstehen können und bei Luftkalkmörtel das Erhärten der tieferen Schichten gehemmt wird.
Da diese Putzart überwiegend für nachfolgenden Anstrich ausgeführt wird, ist das Anstrichmaterial auf das Putzsystem abzustimmen, weil der Fassadenanstrich bei Nichtbeachtung des Putzuntergrundes reißen oder abplatzen kann (z. B. Dispersionsanstrich auf kalkreichem Außenputz).

Geriebener Putz oder ***Reibeputz*** wird unterschiedlich ausgeführt und je nach örtlicher Handwerkstradition auch als Scheibenputz, Münchener Rauhputz, Wurmputz, Madenputz, Rindenputz oder Altdeutscher Putz bezeichnet. Er hat eine waagerechte oder senkrechte Struktur, die durch Grobkorn im Oberputz, welches in der Richtung des Verreibens Vertiefungen hinterläßt, entsteht. Der Unterputz muß hierbei besonders fest sein, damit er nicht durch das grobe Korn beschädigt wird (Abb. 1.62).

Spritzputz soll eine fein- bis mittelkörnige Struktur der Oberfläche aufweisen; er wird in zwei oder drei Lagen eines dünnflüssigen Mörtels mittels Spritzgerät oder von Hand in wechselnder Richtung (»Besenspritzputz«) hergestellt. Wichtig ist ein gleichmäßiges Auftragen des Putzmörtels (Abb. 1.63).

Kratzputz wird durch Kratzen der Putzfläche hergestellt, wodurch die obere Bindemittelschicht entfernt wird. Die eindringende Luftkohlensäure bewirkt ein schnelles und gleichmäßiges Erhärten des Mörtels. Beim Kratzen soll das Korn teilweise herausspringen und nicht im Nagelbrett hängen bleiben. Durch die Auflockerung der Oberfläche ist die Schwindgefahr, die beim geglätteten Putz besteht, beseitigt. Beim fertigen Kratzputz lassen sich durch Abreiben mit der Hand einzelne Körner lösen; das ist normal und nicht zu beanstanden (Abb. 1.64).

Beim ***Kellenwurfputz*** wird die Struktur durch das Anwerfen eines grobkörnigen Mörtels erzielt, während der ***Kellenstrichputz*** nach dem Auftrag mittels Kelle oder Traufel fächer- oder schuppenförmig verstrichen wird. Kellenputze sind vorwiegend in Süddeutschland beheimatet, weswegen ihre Auftragsweise auch nur dort beherrscht wird. In Norddeutschland werden sie fast immer als Dekor imitiert, was zu formal unschönen und technisch fragwürdigen Lösungen führt. In den Abbildungen 1.65 a bis c werden drei abschreckende Beispiele gezeigt, die in ihrer gekünstelten Oberflächenwirkung keinem Bauwerk zur Zierde gereichen.

Beim ***Waschputz*** wird die Oberfläche eines festen Mörtels aus ausgesuchten Zuschlagstoffen vor dem Erhärten der Bindemittelschlämme mit einer weichen Bürste abgewaschen, so daß die Körnung in Erscheinung tritt. Für den Unterputz ist gleichfalls Mörtelgruppe P III zu wählen. Meist muß nach einigen Tagen mit verdünnter Salzsäure nachgewaschen werden, um einen grauen Oberflächenbelag zu entfernen.

Der ***Steinputz*** benötigt als Unterputz ebenfalls Mörtelgruppe P III und erhält im Oberputz harte ausgesuchte Zuschlagstoffe, meist speziell zusammengesetzte Edelputze, damit der Oberputz werksteinmäßig bearbeitet werden kann (durch Scharrieren, Spitzen oder Stocken). Diese Putzweise wird überwiegend für Sockel, Fenster- und Türgewände angewendet. Bei größeren Flächen besteht durch Spannungen zwischen den Putzlagen Rissegefahr, wodurch Feuchtigkeit eindringen und zur Frostabsprengung führen kann (Abb. 1.58).

Abb. 1.62 Scheibenputz (Reibeputz) mit waagerechter Struktur

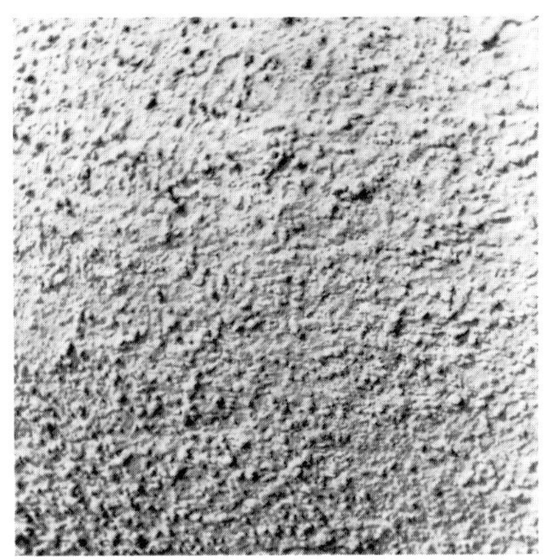

Abb. 1.63 Ungleichmäßig aufgetragener Spritzputz

Abb. 1.64 Grobkörniger Kratzputz

Abb. 1.65 a

Abb. 1.65 b

Abb. 1.65 c

Abb. 1.65 Drei Beispiele für unschönen Kellenputz. Der ungleichmäßige Mörtelauftrag verursacht Risse und Staubablagerungen

1.3.1.3 Allgemeine Hinweise

Die Herstellung eines ***wetterbeständigen Außenputzes*** setzt handwerkliche Erfahrung (z.B. die Kenntnis der Erhärtungsverläufe der einzelnen Putzschichten), die Beachtung der heute sehr unterschiedlichen Putzuntergründe und eine einwandfreie Mörtelqualität voraus.

Für den in vorstehendem Abschnitt behandelten Außenputz aus Mörteln mit mineralischen Bindemitteln ist auf folgende, hier aus Platzmangel nicht angeführte Abschnitte der DIN 18 550 Teil 2 hinzuweisen:

- Abschnitt 2 enthält die Ausgangsstoffe wie die empfohlenen Korngruppen (Tabelle 1), das Anmachwasser und die Zusätze. Zu beachten: Frostschutzmittel dürfen in Putzmörteln nicht verwendet werden.

- Abschnitt 3 bringt die geforderten Eigenschaften des Putzmörtels, die Mindestdruckfestigkeiten in Tabelle 2 und die Mörtelzubereitung. Besonders wichtig ist die Einhaltung der in Tabelle 3 enthaltenen Mischungsverhältnisse.

Abschließend einige witterungsbedingte Faktoren, die bei Außenputz zu beachten sind:

- Außenputz darf nicht auf gefrorenen Putzgrund aufgetragen werden (Oberflächentemperatur nicht unter + 5 °C).
- Wenn Nachtfrost zu erwarten ist, darf nicht geputzt werden. Bei Frost können Außenputzarbeiten nur in von der Außentemperatur abgeschlossenen Arbeitsstellen, die bis zum Erhärten des Putzes beheizt werden können, ausgeführt werden.
- Auch auf feuchtem Mauerwerk ist Außenputz gefährdet, besonders wenn die äußere Steinschicht durch Schlagregen noch naß ist. Sind dann ausblühfähige Stoffe im Stein oder im Mauermörtel, können sich diese zwischen der Steinoberfläche und dem Putz ablagern, wodurch die Putzhaftung verlorengeht.
- Bei starkem Sonnenschein oder Wind kann ein Putz aus hydraulischen Bindemitteln zu schnell austrocknen. Gegebenenfalls sind Schutzmaßnahmen vorzusehen (Sonnenblenden aus Matten oder Planen; feucht halten durch vorsichtiges Besprühen mit Wasser).

Wasserdampfdiffusion: Für die Wasserdampfdurchlässigkeit, die bei Kunstharzputzen wesentlich geringer sein kann als bei mineralisch gebundenen Putzen, wurde ein Grenzwert zur Vermeidung von Kondensat innerhalb der Wand festgelegt. Bei Außenputzen darf die diffusionsäquivalente Luftschichtdicke S_d bei keiner Putzlage den Wert von 2,0 m überschreiten. Erfahrungsgemäß erfüllen Putze mit mineralischen Bindemitteln diese Anforderung. Für Kunstharzputze muß der Hersteller des Beschichtungsstoffes einen entsprechenden Nachweis führen.

Abb. 1.66 Putzeckleiste und Putzabschlußleiste am Sockel als Kantenschutz. Beim Mauerwerk besteht ein Gefahrenpunkt durch Mörteltaschen bei Ecksteinen (unterschiedliche Dicke des Unterputzes)

Abb. 1.67 Zwei gegeneinander gesetzte Dehnungsfugenleisten, die mit verzinkten Stiften und Haftmörtel befestigt werden
Quelle: Fa. Florenz Maisch, Protektor – Putzprofil

1.3.1.4 Putzprofile

Zur Vermeidung von Eckbeschädigungen und für die saubere Ausbildung von Gebäude-Trennfugen stellt die Industrie Kantenschutzwinkel, Putzeckleisten und Fugenprofile für Außenputz her. Die Verwendung dieser Profile bietet außerdem den Vorteil, daß Anschlaglatten erspart werden, weil die Profilkanten als Putzlehre dienen.
Die Abbildung 1.66 zeigt eine Putzeckleiste mit Streckmetallschenkeln und eine Putzabschlußleiste am Sockel und Abbildung 1.67 zwei gegeneinander gesetzte Dehnungsfugenleisten, deren Zwischenraum nach dem Einputzen mit einem Dichtungsband geschlossen wird. Die Befestigung der Profile erfolgt durch verzinkte Stifte und Haftmörtel. Für Dämmputze mit dickerem Putzauftrag gibt es besondere Putzprofile. Alle Außenprofile bestehen aus sendzimirverzinktem Stahlblech, z.T. mit Hart-PVC überzogen.

1.3.2 Innenputz

Beim Innenputz werden nach DIN 18 550 Teil 1 (Abschnitt 3.7) unterschieden:
a) Innenwandputz für Räume üblicher Luftfeuchte einschließlich der häuslichen Küchen und Bäder,
b) Innenwandputz für Feuchträume,
c) Innendeckenputz für Räume wie unter a) beschrieben,
d) Innendeckenputz für Feuchträume.

Auch Innenputze müssen die allgemeinen Anforderungen nach Abschnitt 4.2.1 hinsichtlich Haftung, Festigkeit und Wasserdampfdurchlässigkeit erfüllen. Bei Innenputzen aus Mörteln mit mineralischen Bindemitteln für ***übliche Anforderungen*** (z.B. Anstrich oder Tapeten), deren Mörtel nach DIN 18 555 Teil 3 eine Druckfestigkeit von mindestens 1,0 N/mm^2 aufweisen müssen, kann dieser Nachweis entfallen, wenn Putzsysteme nach Tabelle 5, Zeilen 5 bis 15 und Tabelle 6, Zeilen 5 bis 13 gewählt werden.
Innenwandputz mit ***erhöhter Abriebfestigkeit*** wird bei stärkerer Beanspruchung der Wandflächen erforderlich, z.B. bei öffentlichen Gebäuden, Schulen usw. Diese Anforderungen werden von Putzsystemen nach Tabelle 5 in Teil 1 der DIN 18 550 Zeilen 7 bis 15, erfüllt, jedoch darf die Mörtelgruppe P I nicht als Oberputz angewendet werden.
Innenwand- und Innendeckenputze ***für Feuchträume*** müssen gegen langzeitig einwirkende Feuchtigkeit beständig sein. Deshalb scheiden dafür Putzsysteme unter Verwendung von Mörteln mit Baugips nach DIN 1168 Teil 1 und Anhydritbinder nach DIN 4208 (P IV bzw. P V) aus; für häusliche Küchen und Bäder (ausgenommen im Duschbereich) können solche Putzsysteme jedoch verwendet werden, weil dort die Raumfeuchtigkeit immer nur zeitweilig erhöht ist und dazwischen Austrocknungsphasen stattfinden. Wegen seiner mikroporigen Struktur ist ein Gipsputz durchaus in der Lage, gelegentlich auftretende höhere Luftfeuchtigkeit ohne Bildung von Schwitzwasser rasch aufzunehmen und bei Rückgang der Feuchtigkeit im Raum wieder abzugeben.
Zu beachten ist, daß die Verarbeitung von Gipsmörtel handwerkliche Sorgfalt voraussetzt. Wenn nämlich Baugipse oder Anhydritbinder zusammen mit hydraulischen Bindemitteln verarbeitet werden, besteht die Gefahr, daß unter bestimmten

Voraussetzungen Treiben auftritt. Unter »Treiben« versteht man die Eigenschaft der Baugipse, im Gegensatz zu Baukalk und Zement nicht zu schwinden, sondern sich etwas zu dehnen, weil das Erhärten des Gipses durch einen Kristallisationsvorgang erfolgt:
Aus der Gipslösung des Mörtels kristallisiert der Gips unter Wiederaufnahme des durch den Brand ausgetriebenen Kristallwassers wieder zurück zu $CaSO_4 \cdot 2\ H_2O$. Diese Kristallwasseraufnahme hat eine Volumenvergrößerung zur Folge, was sich z.B. bei einem zweilagigen Putz unter Verwendung von Gips schädlich auswirken kann.
Wird ein Gipsmörtel als obere Lage auf noch frischen Kalkmörtel-Unterputz aufgezogen, so wird der Kalkmörtel, der Kohlensäure aus der Luft zum Abbinden benötigt, von dieser durch den schnell erhärtenden gipshaltigen Oberputz abgeschlossen.
Durch das zeitlich unterschiedliche Erhärten und durch die Tatsache, daß Kalkmörtel beim Erhärten schwindet, während der Gipsputz sein Volumen vergrößert, treten Spannungen auf. Die Folge ist, daß die beiden Putzlagen keinen festen Verbund aufweisen: Es ist ein falscher Putzaufbau vorhanden, weil das »Festigkeitsgefälle« (Oberputz darf nicht fester sein als Unterputz) nicht eingehalten wurde.
Bei Beachtung dieser besonderen Eigenschaften des Gipses können Putze der Mörtelgruppe P IVa bis P IVc ohne Bedenken in Innenräumen (auch in Küchen und Bädern) angewendet werden.
Gipsputze werden üblicherweise als einlagige Maschinenputze aus Werktrockenmörtel ausgeführt. Sie entsprechen der Zeile 11 der Tabelle 5 aus DIN 18550 Teil 1 und müssen nach Tabelle 2 dieser Norm eine Mindestdruckfestigkeit von 2,0 N/mm^2 aufweisen. Damit erfüllen sie auch die Anforderungen an Innenwandputz mit erhöhterAbriebfestigkeit nach Absatz 4.2.3.2 der DIN 18550.
Bei zweilagigen Gipsputzen ist zu bedenken, daß Gipsputzlagen nur eine geringe Haftung aneinander haben, und zwar besonders bei feuchter und glatter unterer Putzlage. Deswegen wird bei Werktrockenmörtel in der Regel eine einlagige Ausführung vorgeschrieben, wobei die Putzschicht in sich gleichmäßig dick sein soll. Größere Unebenheiten im Putzgrund erfordern das Aufbringen einer besonderen Ausgleichsschicht.
Als Untergrund für Wandfliesen im Dünnbettverfahren in Feuchträumen ist ein Gipsputz nicht geeignet. Durch Haarrisse im Fugenbereich könnte Feuchtigkeit eindringen, die aus der als Dampfsperre wirkenden Plattierung nicht ausdiffundieren kann. Die Folge wäre, daß der abgesperrte Gipsputz Feuchtigkeit aufnehmen und erneut quellen würde, was zum Ablösen der Wandfliesen führen würde.

1.3.2.1 Innenputzschäden

Sehr viele Innenputzschäden haben die Nichtbeachtung der im vorstehenden Abschnitt dargestellten chemischen Eigenschaften der Baustoffe als Ursache. Oft ist es aber auch der ungeeignete oder falsch behandelte Untergrund, der zur Putzablösung führt.
Die Bildung von Schwärzepilzen auf Innenwandputz als Folge einer Wasserdampf-Kondensation ist immer auf das Vorhandensein von Wärmebrücken zurückzuführen. Diese entstehen meist an den Innenseiten unzureichend gedämmter Bauteile wie Deckenauflagen, Fensterstürzen oder Kragplatten. Hier handelt es sich also nicht um Putzmängel im eigentlichen Sinn, sondern um Planungs- oder Konstruktionsfehler, die in Band 1 behandelt werden.
Die folgenden Beispiele zeigen ebenfalls Schadensbilder an Innenputzflächen, die aufgrund von konstruktiven Fehlern am Bauwerk entstanden sind.

Abb. 1.68 a Außenwandbekleidung aus Naturstein ohne ausreichende Abdichtung im Sockelbereich: Das Spritzwasser kann durch die Fugen in die Hintermauerung eindringen

Die Außenwandverkleidung auf Abbildung 1.68 a aus Natursteinplatten bildet den Sockelabschluß auf einem Eingangspodest. Gegen diese Wandplatten sind die Bodenplatten aus Betonwerkstein verlegt worden, ohne daß die hier entstandene Fuge ordnungsgemäß abgedichtet wurde. Das Niederschlagswasser dringt ungehindert in das Mauerwerk und zieht kapillar nach innen, wo es den gipshaltigen Putz zum Treiben bringt. Die Abbildung 1.68 b zeigt das Schadensbild oberhalb der Fußleiste: Der durch nachträgliche Feuchtigkeitsaufnahme gelöste Gipsputz kristallisiert durch Kristallwasseraufnahme aus und drückt infolge Volumenvergrößerung die Wandbeschichtung ab.
Diese Auswirkungen der Gipslöslichkeit werden gelegentlich als »Faulen« bezeichnet, was nicht zutreffend ist, da nur organische Stoffe faulen können.
Die Sanierung muß bei diesem Schadensfall von außen erfolgen. Zunächst muß die Sockelplattenreihe der Natursteinverkleidung entfernt werden, desgleichen die den Wandanschluß bildenden Bodenplatten. Dann muß eine Sockelabdichtung erfol-

Abb. 1.68 b Als Folge der Wanddurchfeuchtung löst sich der Gipsputz durch Kristallisation und Volumenvergrößerung einschließlich Wandanstrich ab

gen, d. h. entweder ein Sperrputz oder ein doppelter bituminöser Heißanstrich. Diese Sperrschicht muß so weit nach unten geführt werden, daß sie durch Sickerwasser aus den Fugen des Bodenbelags nicht unterwandert werden kann.
Nach der Wiederverlegung der Wand- und Bodenplatten ist die Anschlußfuge mit dauerelastischer Baudichtungsmasse zu schließen.
Einen anderen Schadensfall zeigt die Abbildung 1.69, nämlich eine großflächige Putzablösung in einem 15geschossigen Wohn- und Geschäftshaus, dessen Außenwände aus Mantelbetonsteinen mit einer vorgehängten Aluminium-Fassade bestehen.
Als Schadensursache wurde festgestellt,

- daß die Stoßfugen zwischen den Schalungssteinen in erheblichem Maße durchlässig waren,
- daß vor dem Verputzen kein Zementmörtel-Spritzbewurf aufgebracht worden war und
- daß der Kalkmörtelputz ein ungünstiges Mischungsverhältnis aufwies und damit der DIN 18 550 nicht entsprach.

Hier handelt es sich also um einen typischen Fall des Zusammenwirkens mehrerer Schadensursachen. Bei solchen Schadensfällen ist es besonders schwierig, die Verantwortlichkeit zu ermitteln, denn die Außenwände waren von einer anderen Firma erstellt worden als der Innenputz.
Der Kalkputz war zwar mangelhaft, er hätte aber vielleicht auch ohne Spritzbewurf gehalten, wenn nicht der starke Luftzug durch die offenen Stoßfugen eine zu schnelle Austrocknung des Putzmörtels von hinten, also im Adhäsionsbereich, bewirkt hätte. Die betroffene Wohnung befand sich im 9. Obergeschoß, bei normalen Windverhältnissen wurde ein an eine Stoßfuge gehaltenes brennendes Streichholz ausgeblasen.
Somit konnte eine normale Rekarbonisierung nicht stattfinden, weil dem (an sich schon zu bindemittelarmen) Putzmörtel das Reaktionswasser zu schnell entzogen wurde.
Außenwände aus Schalungssteinen müssen entweder mit einem zweilagigen Außenputz auf deckendem Spritzbewurf versehen werden oder, wenn eine Vorhangfassade geplant ist, einen sorgfältigen Mörtelverstrich der Stoßfugen erhalten. Dies schreiben die Hersteller von Schalungssteinen in ihren Verarbeitungsrichtlinien auch vor (s. Band 1).

Abb. 1.69 Großflächige Ablösung eines Innenputzes auf Außenwänden aus Schalungssteinen

Abb. 1.70 a

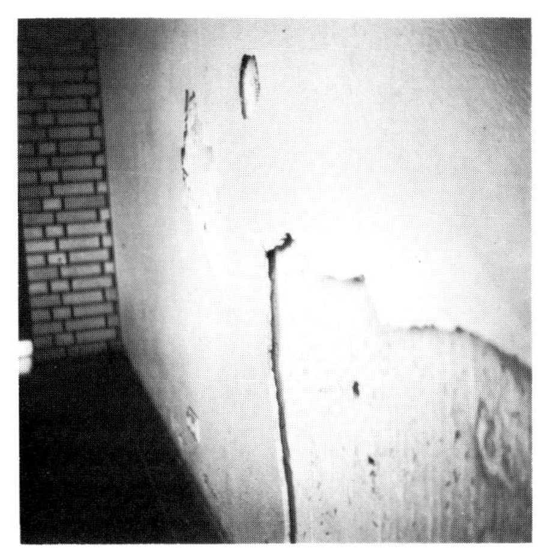

Abb. 1.70 b

Abb. 1.70 Stellenweise Abplatzungen und großflächige Ablösungen eines Gipsputzes auf einer mehrschaligen Schalldämmwand: fehlerhafter Putzaufbau und biegeweiche Unterkonstruktion

Die Sanierung konnte nur von der Raumseite her erfolgen, weil das Verfugen der Schalungssteine wegen der Gebäudehöhe, vor allem aber wegen der Vorhangfassade, einen zu großen Kostenfaktor dargestellt hätte.
Der Innenputz der Außenwände wurde abgeschlagen, die Stoßfugen wurden so tief wie möglich mit Zementmörtel ausgedrückt und ein neuer, fachgerechter Innenputz auf Spritzbewurf aufgetragen.
Grundsätzlich andere Ursachen hat die Putzablösung, welche in den Abbildungen 1.70 a und b zu sehen ist.
Es handelt sich um Klassentrennwände einer Schule, die wegen der erforderlichen Luftschalldämmung mehrschalig nach dem Prinzip einer schweren Schale und einer biegeweichen Vorsatzschale gemäß DIN 4109 Teil 3 errichtet worden waren.
Der Wandaufbau bestand aus Kalksandstein-Mauerwerk 11,5 cm dick, darauf 3 cm dicke horizontale Strecklatten in 50 cm Abstand, dazwischen Weichfaserplatten. Auf die Lattung war Streckmetall genagelt und mit Mörtel der Gruppe II ausgedrückt worden; darauf wurde als Oberputz eine Lage Mörtelgruppe IVa (Gipssandmörtel) aufgetragen und gefilzt.
Das Schadensbild zeigte z.T. einzelne Abplatzungen des Oberputzes (Abb. 1.70 a) und in mehreren Fällen ein Ausbrechen des Gipsputzes in großen Scheiben, wobei auch die Restflächen keinen Verbund mit dem Untergrund mehr aufwiesen (Abb. 1.70 b).
Bei leichtem Druck gegen die Wandflächen war festzustellen, daß der mit dem Rippenstreckmetall verbundene Unterputz nachgab. Es lagen also zwei entscheidende Mängel vor:

1. Keine ausreichende Haftung zwischen den beiden Putzschichten. Ursache: härterer Oberputz auf weicherem Unterputz, eventuell auch Unterputz zu stark saugend.
2. Elastizität des Putzträgers; dadurch ist eine Bedingung der DIN 18550 nicht erfüllt, und zwar die in Teil 2 unter Ziffer 6.3 erhobene Forderung: »Putzträger müssen dauerndes Haften des Putzes sicherstellen und beständig sein. Sie müssen normgerecht und nach den Vorschriften der Hersteller befestigt werden.«

Die Sanierung kann nur in der Weise erfolgen, daß der Putz abgeschlagen wird. Dann können entweder wandhohe Gipskartonplatten als »Trockenputz« mit Ansetzgips angebracht werden, oder es wird eine neue Lage sickenversteiftes Rippenstreckmetall biegefest auf der Lattenunterkonstruktion befestigt und zweilagig neu verputzt.

1.3.2.2 Deckenputz

Grundsätzlich sind für inneren Deckenputz die gleichen Regeln zu beachten wie beim Innenwandputz. Auch Deckenputz ist von den Raumverhältnissen und dem Putzgrund abhängig. Welche Mörtelgruppen für die einzelnen Putzträger verwendet werden sollen, ist in Tabelle 6 der DIN 18 550 Teil 1 angegeben.
Bei dem heute am häufigsten ausgeführten Deckenputz auf Stahlbetondecken kommt es vor, daß der Putz wieder abfällt. Oft ist die sehr glatte, mit Schalungselementen hergestellte Deckenunterseite die Ursache, besonders dann, wenn Schalöl verwendet wurde. Dies geschieht, um ein leichteres Ausschalen der Decken zu ermöglichen. Die Ölreste wirken porenschließend, so daß der Putzgrund nur schwach saugen kann und der Putzmörtel nicht mehr haftet.
In diesem Falle muß der Ölfilm, bevor der Spritzbewurf aufgebracht werden kann, beseitigt werden, z.B. mittels mechanischer Stahlbürste oder durch chemische Lösungsmittel. Niemals kann bei einer Stahlbetondecke auf den Spritzbewurf verzichtet werden. Dieser muß materialmäßig auf den Deckenputz gemäß Tabelle 6 der DIN 18 550 Teil 1 abgestimmt sein. Der eigentliche Deckenputz darf erst aufgebracht werden, wenn der Spritzbewurf ausreichend erhärtet ist – normalerweise nach 24 Stunden; besser ist es, wenn einige Tage gewartet werden kann.
Unter Stahlbeton-Flachdachdecken müssen Wand- und Deckenputz im Gleitlagerbereich durch Fugenschnitt oder Profilschienen voneinander getrennt werden (Abb. 1.71). Bei Deckenputzen auf Betondecken sind Überstärken zu vermeiden, und zwar wegen der unterschiedlichen physikalischen Eigenschaften von Gipsputzen gegenüber dem Putzgrund Beton. Nach Erfahrungen aus der Praxis sollten Putze der Mörtelgruppe P IV großflächig nicht dicker als 1,5 cm als Deckenputz aufgebracht werden.

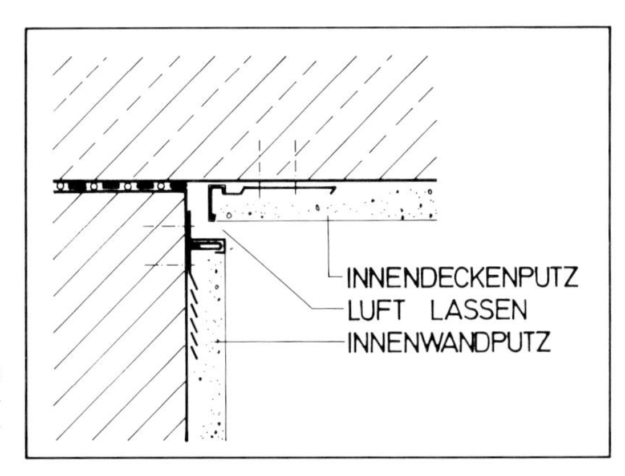

Abb. 1.71 Unter Stahlbeton-Flachdächern müssen Wand- und Deckenputz im Gleitlagerbereich durch Fugenschnitt oder Profilschienen voneinander getrennt werden

Maschinenputz auf Stahlbetondecken wird einlagig ausgeführt. Hierbei wird Gipsmörtel mit der Putzmaschine durch die im Spritzkopf zugeführte Druckluft gleichmäßig und mindestens 1 cm dick angespritzt, abgezogen und mit der Filzscheibe gefilzt und geglättet. Die Haftung auf dem Untergrund wird durch den Anspritzdruck erzielt.
Für das Verputzen glatter und schwach saugender Putzgründe ist zu empfehlen, einen speziellen Haftputzgips zu verwenden.

1.3.2.3 Abgehängte Decken

Abgehängte Decken werden z.B. in Gebäuden mit starken Verkehrserschütterungen oder bei Deckenstrahlungsheizungen gefordert. Die Anforderungen für die Ausführung derartiger Putzdecken sind in DIN 4121 aufgeführt.
Im Sinne dieser Norm handelt es sich dabei um ebene oder anders geformte Decken ohne wesentliche Tragfähigkeit, die an tragenden Bauteilen befestigt werden. Die fertige Putzdecke soll einschließlich des eingebetteten Putzträgers mindestens 25 mm und nicht mehr als 50 mm dick sein. Die Putzdicke muß mindestens 15 mm betragen, weil Deckenputz für den baulichen Brandschutz von Bedeutung ist und nur bei dieser Mindestdicke als feuerhemmend anerkannt wird.
Hängende Drahtputzdecken können folgendermaßen an unterschiedlichen Deckenkonstruktionen montiert werden:
- an Holzbalkendecken durch seitlich mit Schrauben, Rabitzhaken oder Krampen befestigte Abhänger,
- an Stahlbetondecken durch einbetonierte Halterung bzw. nachträglich eingetriebene Metallbolzen oder -dübel,
- bei Hohlkörperdecken durch Kippdübel aus Metall, die in nachträglich in die Hohlkörper eingebohrte Löcher eingeführt und vermörtelt werden,
- an Walzstahlprofilen durch Anbringen von Schellen aus Flachstahl bzw. Rundstahl oder durch Anschweißen der Abhänger, eventuell auch durch Eintreiben von Bolzen.

Für alle nachträglich eingebrachten Befestigungsmittel sind gemäß DIN 4121 besondere Bedingungen bzw. Abmessungen einzuhalten.

Allgemein gilt, daß bei der Befestigung der Abhänger:
1. die Lasten mit Sicherheit aufgenommen werden,
2. Befestigungsmittel aus Stahl ausreichend gegen Korrosion geschützt sein müssen (normalerweise ist nichtrostender Stahl zu fordern),
3. in Hohlkörper- oder Stahlsteindecken keine Löcher geschlagen und keine Bolzen eingetrieben werden dürfen.

Während bei üblichem Rabitzdraht zusätzliche Querstäbe erforderlich sind, kann auf diese bei ***Rippenstreckmetall*** mit Sickenversteifung, das ausreichend biegefest ist, verzichtet werden. Das Rippenstreckmetall wird rechtwinklig zu den Tragstäben mit Drahtbindung befestigt, wobei die offenen Rippen zum anzutragenden Mörtel hinzeigen sollen. Die Wandanschlüsse sind mittels Dämmstreifen so auszuführen, daß eine Randfuge entsteht und der Deckenputz vom Wandputz durch Schnittfuge oder Putzprofil getrennt ist. Bei Hängedecken unter Flachdächern muß ein umlaufender Randstreifen offen bleiben, damit der Luftraum zwischen konstruktiver Dachdecke und der abgehängten Decke mit dem darunter liegenden Raum in Verbindung steht. Wenn dieser Luftaustausch verhindert wird, entsteht durch das ruhende Luftpolster eine zusätzliche, unter der Dampfsperre befindliche und damit falsch angeordnete Dämmschicht. Die Folge wäre eine ungünstige Verlagerung der Taupunktebene und Kondenswasserbildung.

Anstelle der Drahtputzdecken werden heute überwiegend Unterdecken aus Holzwerkstoff- oder Gipskartonplatten, welche an einer abgehängten Metallunterkonstruktion befestigt sind, hergestellt. Jede Art von Unterdecke stellt eine biegeweiche Schale dar, wodurch eine Verbesserung des Luft- und Trittschallschutzes erreicht wird. Dazu ist es erforderlich, daß die Schale dicht ist.
Bei der hängenden Drahtputzdecke kann dies durch Anschluß an den Wandputz oder durch Abdichtung der Randfuge mit dauerelastischem Material erzielt werden. Bei den Plattendecken mit Metallrahmen ist die Befestigungsart entsprechend auszubilden (z. B. Owakustik-Deckensysteme), wobei sich federnde Abhänger bewährt haben. Zusätzlich kann der Schalldurchgang durch Einlegen von Faserdämmstoffmatten in den Schalenzwischenraum verringert werden (s. Band 3).

1.3.3 Kunstharzputze

Kunstharzputze werden bereits seit Jahrzehnten als Oberputz bei verschiedenen Putzsystemen angewendet. Die dabei gesammelten Erfahrungen sind in die speziell für Kunstharzputz aufgestellten Normen
- DIN 18558 Kunstharzputze; Begriffe, Anforderungen, Ausführung (Ausgabe 01.85) und
- DIN 18556 Prüfung von Beschichtungsstoffen für Kunstharzputze und von Kunstharzputzen (Ausgabe 01.85)

eingearbeitet worden.

In einigen grundsätzlichen Anforderungen und Bedingungen entsprechen die Kunstharzputze den allgemeinen Ausführungen in DIN 18550 Teil 1. In Tabelle 3 dieser übergeordneten Norm sind die Kunstharzputze in Spalte 3 unter der Bezeichnung »Beschichtungsstofftyp« nach ihrer Anwendungsmöglichkeit eingeordnet. Nachstehend werden daher nur die wichtigsten besonderen Begriffe, Ausgangsstoffe und Merkmale der Kunstharzputze sowie die an sie zu stellenden Anforderungen beschrieben.

1.3.3.1 Begriff, Bezeichnung, Zusammensetzung

Kunstharzputze sind Beschichtungen mit putzartigem Aussehen, zu deren Herstellung Beschichtungsstoffe aus ***organischen*** Bindemitteln in Form von Dispersionen oder Lösungen und aus Zuschlägen/Füllstoffen mit überwiegendem Kornanteil > 0,25 verwendet werden. Sie erfordern immer einen vorherigen ***Grundanstrich.***
Beschichtungsstoffe für Kunstharzputze werden im Werk gefertigt und verarbeitungsfertig geliefert. Sie dürfen zur Regulierung der Konsistenz nicht verändert werden, mit Ausnahme geringer Zugaben von Verdünnungsmitteln (Wasser oder organische Lösemittel). Es ist also zu unterscheiden zwischen:

a) ***Kunstharzputz,*** d. h. die fertig getrocknete und erhärtete Beschichtung, und
b) ***Beschichtungsstoff,*** d. h. die pastose Masse im Gebinde, die aufgezogen und strukturiert wird und aus der nach Trocknung der Kunstharzputz entsteht.

Dieser Unterschied ist zu beachten, weil an Beschichtungsstoffe und Kunstharzputze unterschiedliche Anforderungen gestellt werden.
Nach Anwendung und Bindemittelanteil werden zwei Typen von Beschichtungsstoffen unterschieden. Beschichtungsstofftyp P Org 1 kann für Kunstharzputz als Außen- und Innenputz, Typ P Org 2 nur als Innenputz verwendet werden.

Als ***Ausgangsstoffe*** gelten nach DIN 18558:
- Organische Bindemittel (Polymerisatharze als Kunststoffdispersion oder Lösung),
- Zuschlag (mineralischer oder organischer Zuschlag nach DIN 18550 Teil 1),
- Zusätze (Zusatzmittel und Zusatzstoffe, z. B. Entschäumer, Verdichtungsmittel u. a.),
- Verdünnungsmittel (je nach Bindemittelart Wasser oder organisches Lösemittel).

1.3.3.2 Untergrund und Grundanstrich

Da Kunstharzputze grundsätzlich nur als ***oberste Lage*** eines Putzsystems ausgeführt werden, ist als Untergrund ein ***Unterputz*** aus Mörteln mit mineralischen Bindemitteln der Mörtelgruppen P II, P III, P IVa, b, c oder P V nach DIN 18550 Teil 1 oder Beton mit geschlossenem Gefüge erforderlich. Der zu beschichtende Untergrund muß fest, tragfähig und frei von haftmindernden Trennmitteln oder sonstigen Verschmutzungen sein. Die Saugfähigkeit darf nicht zu groß oder unterschiedlich sein, damit ein zu schneller oder ungleichmäßiger Wasser- bzw. Lösemittelentzug durch den Untergrund vermieden wird.
Zur ***Vorbereitung*** des Untergrundes gehört ein ***Grundanstrich*** (Voranstrich) nach Vorschrift des Herstellers des Beschichtungsstoffes; es ist jeweils die Art und Menge des Grundanstrichs zu verwenden, die vom Hersteller für die beabsichtigte ***Oberflächenstruktur*** angegeben ist.
Die ***Wartezeit*** nach Fertigstellung des Untergrundes bis zum Auftragen der Beschichtung richtet sich nach den Witterungsverhältnissen, der Art und der Zusammensetzung des mineralischen Untergrundes. Sie beträgt selbst unter günstigsten Bedingungen mindestens vierzehn Tage; Witterungsverhältnisse und Untergrundbeschaffenheit können aber wesentlich längere Wartezeiten erforderlich machen.

1.3.3.3 Anforderungen an Beschichtungsstoffe und Kunstharzputze

Die in DIN 18553 festgelegten Anforderungen an ***Beschichtungsstoffe*** sind folgende (in Kurzfassung):
- Als ***Bindemittel*** sind Polymerisatharze zu verwenden, und zwar Dispersionen oder Lösungen mit oder ohne Weichmacheranteil aus Acrylsäureestern, Metacrylsäureestern, Vinylacetat, Vinilpropiat, Styrol, Butadien, Vinylchlorid, Vinylversatat.
- Der ***Bindemittelgehalt*** ist von der Kornzusammensetzung abhängig; die unter 5.2.2 angegebenen Mindest-Bindemittelanteile gelten nur bei Verwendung von mineralischen Zuschlägen mit dichtem Gefüge.
  Mineralische Zusätze mit porigem Gefüge erfordern eine Erhöhung des Bindemittelgehalts.
- ***Zuschläge*** mineralischer oder organischer Art sollen einen überwiegenden Kornanteil von $> 0{,}25$ haben.
- ***Zusätze,*** d. h. Zusatzmittel und Zusatzstoffe, dürfen die Haftung, die Festigkeit und die Beständigkeit des Kunstharzputzes nicht schädigen. Pigmente müssen licht-, kalk- und zementbeständig sein (s. DIN 53237).
- Beschichtungsstoffe müssen bei einer Temperatur von mindestens 5 °C und vorschriftsmäßiger Verarbeitung ***rißfrei*** auftrocknen.
- Der Beschichtungsstoff muß in Lieferform bei witterungsgeschützter Lagerung mindestens ***ein Jahr verarbeitbar*** sein.

An den ***Kunstharzputz*** als Außen- und Innenputz werden folgende Anforderungen gestellt:

- ***Allgemeine*** Anforderungen gemäß DIN 18 550 Teil 1, deren Erfüllung durch Prüfung nach DIN 18 556 nachzuweisen ist,
- ***Brandschutz:*** Kunstharzputze mit mineralischen Zusätzen auf massivem mineralischem Untergrund müssen der Baustoffklasse B1 (schwerentflammbar) nach DIN 4102 Teil 1 entsprechen (Nachweis durch Güteüberwachung). Bei anderen Zuschlägen oder Untergründen: Nachweis nach DIN 4102 Teil 1.
- ***Witterungsbeständigkeit:*** Kunstharz-Außenputz muß der Einwirkung von Feuchtigkeit und wechselnden Temperaturen widerstehen (s. Tabellen 2 und 3 der DIN 18 558). Er muß außerdem frostbeständig sein. Hinsichtlich des Regenschutzes muß Kunstharzputz wasserabweisend sein.
- ***Alkalibeständigkeit:*** Kunstharz-Außenputze müssen untergrundbedingten alkalischen Einwirkungen ohne Veränderung ihrer Eigenschaften widerstehen.
- Erhöhte ***Festigkeit*** wird erreicht durch Beton mit geschlossenem Gefüge als Untergrund oder mineralischem Unterputz nach Tabelle 2 der DIN 18 558, Zeilen 7 bis 10.
- ***Innenputz:*** Für übliche Beanspruchung gelten die Anforderungen als erfüllt, wenn Putzsysteme nach Tabelle 4 der DIN 18 558, Zeilen 1 bis 5 und Tabelle 5 der DIN 18 558, Zeilen 1 bis 5 verwendet werden.

Die Erfüllung der genannten Anforderungen an den Kunstharzputz ist durch Prüfung nach DIN 18 556 nachzuweisen. Im Herstellerwerk müssen die Eigenschaften der Beschichtungsstoffe durch Überwachung (Eigen- und Fremdüberwachung) auf der Grundlage der DIN 18 200 in regelmäßigen Zeitabschnitten überprüft werden.
Oberflächenstrukturen: Wie die mineralischen Putze werden auch Kunstharzputze nach Art des Beschichtungsstoffes, des Auftragsverfahrens und der Oberflächenbehandlung unterschieden: Kratzputz, Reibeputz, Rillenputz, Spritzputz, Rollputz, Buntsteinputz, Modellierputz und Streichputz.

1.3.4 Putze für Sonderzwecke

Putze für Sonderzwecke sind Wärmedämmputze, Putz als Brandschutzbekleidung und Putz mit erhöhter Strahlenabsorption. Für den letzteren sind die Anforderungen an Zusammensetzung und Putzdicke unter Beachtung der Richtlinien für den Strahlenschutz im einzelnen festzulegen. Putz als Brandschutzbekleidung wird in Band 4 behandelt.
Wärmedämmputzsysteme nach DIN 18 550 Teil 3 (Ausgabe 03.91) sind Systeme aus aufeinander abgestimmten Putzlagen: einem Unterputz mit mineralischen Bindemitteln und expandiertem Polystyrol (EPS) als überwiegendem Zuschlag und einem wasserabweisenden Oberputz. Beide Putze sind als Werktrockenmörtel nach DIN 18 557 herzustellen. Der fertige Putz muß einen Rechenwert für die Wärmeleitfähigkeit $\leqq$ 0,2 W (m · K) aufweisen, was in der Regel der Fall ist, wenn die Trockenrohdichte des erhärteten Mörtels $\leqq$ 600 kg/m^3 beträgt.
Die Anforderungen für die Mörtel des Unter- und des Oberputzes sowie deren Prüfung sind in DIN 18 550 Teil 3 (Abschnitt 5, 6 und 7) enthalten. Wegen der handwerklichen Problematik dieses Systems (z. B. die ausreichende Haftung zwischen den Schichten der Putze dauerhaft zu gewährleisten) hat sich das ***Wärmedämmverbundsystem*** (Thermohaut) bereits seit längerer Zeit vermehrt durchgesetzt. Hierbei werden Polystyrol-Hartschaumplatten auf der Rohbauwand mittels Kleber oder Dübel fugendicht befestigt, darauf wird ein Unterputz mit Gewebeeinlage aufge-

bracht. Ein wasserabweisender Kunstharzputz bildet die obere Lage, die ein- oder zweischichtig hergestellt werden kann.
Diese Systeme sind nicht genormt. Ihre Vorteile sind gute Wärmedämm- und Speicherfähigkeit. Gewisse Nachteile können sich durch relativ hohe Wärmedehnung der Putzschicht ergeben. Diese lassen sich jedoch durch Aufteilung der Flächen in mehrere Putzfelder und eine Putzbewehrung an kritischen Stellen leicht vermeiden.
Leichtputze sind Putze mit Zuschlägen mit porigem Gefüge; sie werden in DIN 18550 Teil 4 (08.93) ausführlich beschrieben. Da sie keine Dämmputze sind, werden sie an dieser Stelle nicht behandelt.
Bauphysikalische Einzelheiten zu Außenwänden mit verputzter Wärmedämmung finden Sie in Band 3.

1.3.5 Sanierung von Putzrissen

Bei den sehr häufigen Putzrissen durch Schwinden des Oberputzes, die sich als unregelmäßige Netzstruktur zeigen, oder bei Rissen im Verlauf der Fugen des Putzgrundes kann sowohl Außen- als auch Innenputz mit einer »bewehrten Beschichtung« saniert werden. Es ist vorher zu prüfen, ob der Putz noch gut haftet; er darf beim Beklopfen nicht hohl klingen.
Bei dieser Sanierungsmethode wird zunächst eine Grundbeschichtung aufgetragen, z.B. eine Kunststoff-Paste, in die ein Gewebe aus Glasfaser oder Kunststoff eingebettet wird – kein Glasvlies: Dies ist ein Filz, dessen Fasern zusammengepreßt sind, aber kein Gewebe, das eine stabilere Struktur hat und deswegen die auftretenden Zugspannungen besser aufnehmen kann.
Auf diese Bewehrung wird entweder ein mit Zusatz von Quarzmehl hergestellter Dispersionsanstrich oder ein Kunststoffputz aufgebracht.
Zu beachten ist aber, daß ***konstruktive*** Risse, die z.B. auf Schubspannungen oder Setzungen zurückzuführen sind, durch eine bewehrte Beschichtung nicht saniert werden können.

2 Leichte Trennwände

von Prof. Dipl.-Ing. Ludwig Klindt

Leichte Trennwände, nach DIN 4103 als »nichttragende innere Trennwände« bezeichnet, sind ***Innenwände mit geringem Gewicht,*** die nur Lasten aus leichten Konsolen oder Stoß aufzunehmen haben und die nicht zur Gebäudeaussteifung dienen. Ihre ***Standfestigkeit*** erhalten sie durch die Verbindung mit angrenzenden Bauteilen. Sie werden in zwei Einbaubereiche aufgeteilt, wobei der Bereich 1 sich auf Wohnungen, Hotels, Büros und Krankenräume erstreckt und der Bereich 2 für Schulen, Ausstellungen und sonstige Versammlungsräume gilt. ***Leichte Konsollasten*** werden definiert durch 0,4 kN/m. Die Lastausmitte darf nicht mehr als 30 cm außerhalb der Wandoberfläche betragen. Die Stoßbelastung richtet sich nach DIN 1055 und wird als Linienlast 90 cm über Fußpunkt der Wand angesetzt im Bereich 1 mit 0,5 kN/m und im Bereich 2 mit 1,0 kN/m. Hinsichtlich der Annahmen für die Statik wird auf DIN 4103 Teil 1 verwiesen.
DIN 4103 Teil 1 wird als Grundnorm verstanden. Baustoffspezifische Teilnormen werden angehängt, so Teil 2 für Gipswandplatten und Teil 4 für Trennwände auf Holz-Unterkonstruktionen.

2.1 Zulässige Gewichte und Abmessungen

Freitragende, leichte Trennwände können nach DIN 1055 als ***Zuschlag zur Verkehrslast*** berücksichtigt werden, wobei folgende Lastzuschläge anzusetzen sind: 0,75 kN/m² bei Wänden ≦ 100 kg/m², 1,25 kN/m² bei ≦ 150 kg/m².

Tabelle 2.1 **Wandgewichte von Kalksandstein-Innenwänden nach DIN 1055**

Kalksandstein		Wandflächengewicht (ohne Putz) in kN/m² für Wanddicke d in cm				
	ϱ kg/dm³	5,2	7,1	11,5	17,5	24
KSL	1,0	–	–	–	2,10	2,88
KSL	1,2	–	–	1,61	2,45	3,36
KSL	1,4	–	–	1,73	2,63	3,60
KSL KS	1,6	–	–	1,96	2,98	4,08
KS	1,8	0,90	1,28	2,07	3,15	4,32
KS	2,0	1,04	1,42	2,30	3,50	4,80

Quelle: Kalksandstein-Information

Das Wandflächengewicht von Kalksandstein-Innenwänden ist den Tafeln zu entnehmen, die von der Kalksandstein-Information in Hannover periodisch herausgegeben werden (s. Tabelle 2.1).

Tabelle 2.2 **Erforderliche Mindestquerschnitte *b/h* für Holzstiele oder -rippen bei einem Achsabstand von 62,5 cm**

<table>
<tr><td rowspan="2"></td><td colspan="6">Einbaubereich nach DIN 4103 Teil 1</td></tr>
<tr><td colspan="3">1</td><td colspan="3">2</td></tr>
<tr><td>Wandhöhe H</td><td>2600</td><td>3100</td><td>4100</td><td>2600</td><td>3100</td><td>4100</td></tr>
<tr><td>Wandkonstruktion</td><td colspan="6">Mindestquerschnitte b/h</td></tr>
<tr><td>Beliebige Bekleidung [1]</td><td colspan="2">60/60</td><td>60/80</td><td colspan="3">60/80</td></tr>
<tr><td>Beidseitige Beplankung aus Holzwerkstoffen [2] oder Gipsbauplatten [3], mechanisch verbunden [4]</td><td>40/40</td><td>40/60</td><td>40/80</td><td>40/60</td><td>40/60</td><td>40/80</td></tr>
<tr><td>Beidseitige Beplankung aus Holzwerkstoffen, geleimt [5]</td><td>30/40</td><td>30/60</td><td>30/80</td><td>30/40</td><td>30/60</td><td>30/80</td></tr>
<tr><td>Einseitige Beplankung aus Holzwerkstoffen [5] oder Gipsbauplatten, mechanisch verbunden</td><td colspan="2">40/60</td><td>60/60</td><td colspan="3">60/60</td></tr>
</table>

[1] Z. B. Bretterschalung.
[2] Genormte Holzwerkstoffe und mineralisch gebundene Flachpreßplatten.
[3] Siehe Abschnitt 4.4.3.
[4] Siehe Abschnitt 4.4.
[5] Wände mit einseitiger, aufgeleimter Beplankung aus Holzwerkstoffplatten können wegen der zu erwartenden, klimatisch bedingten Formänderungen (Aufwölben der Wände) allgemein nicht empfohlen werden.

Quelle: DIN 4103 Teil 4

2.2 Konstruktive Ausbildung

Leichte Trennwände werden nur bei richtiger Konstruktion einen ***ausreichenden Schallschutz*** bieten können. Deshalb sind einschalige Ausführungen grundsätzlich wenig geeignet. Nur ***mehrschalige Ausführungen*** sind in der Lage, einen ausreichenden Schallschutz zu bieten (s. Band 3).

In Abbildung 2.1 wird der Querschnitt einer mehrschaligen Ausführung wiedergegeben.

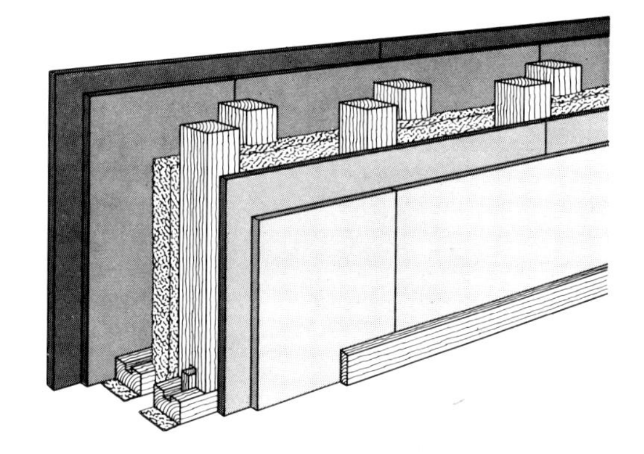

① GK-Platten, Dicke 12,5 mm
② Anschlußdichtung
④ Holz-Rähm (genutet) $\geq$ 40/60 mm
⑤ Anschlußständer (geschlitzt) $\geq$ 40/60 mm
⑥ Holzständer (geschlitzt) $\geq$ 60/60 mm
⑧ Mineralfaser, Dicke min. 40 mm

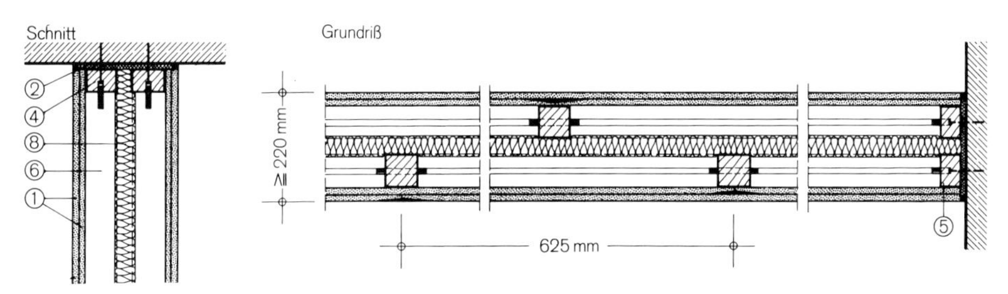

Abb. 2.1 Doppelwand in Ständerbauweise
In sich selbst tragende Trennwände sind weitgehend gefeit gegen Bewegungen des Bauwerks. Auf die Decke gestellte, gemauerte Trennwände folgen den Bauwerksbewegungen und können zu Rissen neigen. Das hier wiedergegebene Bild zeigt typische Rißstrukturen [2]

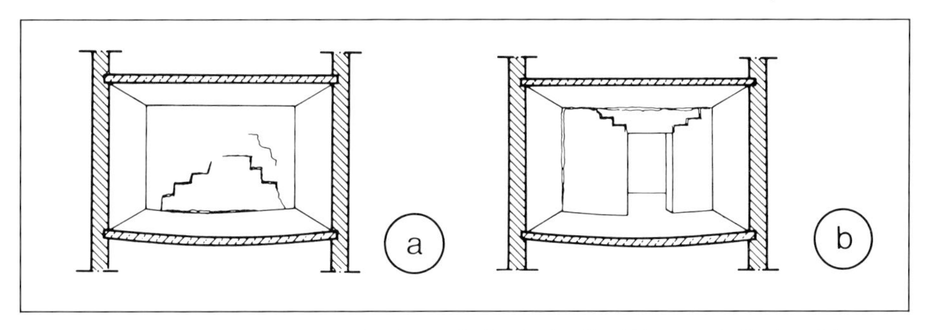

Abb. 2.2 Typische Risse in nichttragenden Innenwänden infolge Durchbiegung der Deckenplatte

Hingewiesen wird auf DIN 1045 (Abschnitt 17.7.2). Für die statische Höhe (das ist weniger als die Bauhöhe!) wird für Decken unter Trennwänden mindestens gefordert $h \geqq l_i^2/150$. Um eine statisch ungewollte ***Belastung der Trennwand*** infolge Durchbiegung der Decke über der Trennwand zu vermeiden, ist es notwendig, eine Halterung an der Decke anzubringen, die eine Verformung zuläßt. Einen solch beweglichen Anschluß an der Decke zeigt das hier folgende Bild.

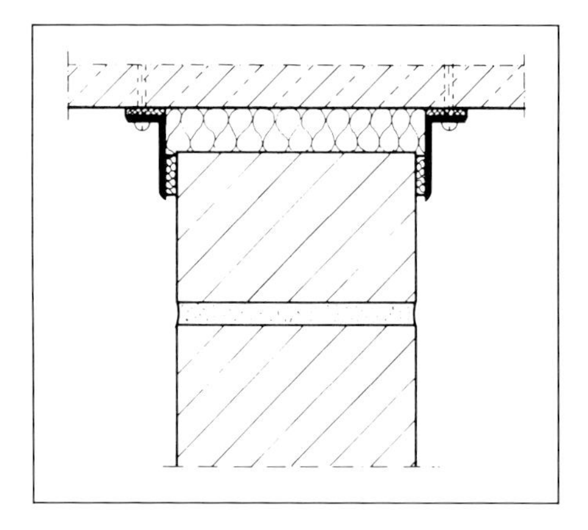

Abb. 2.3 Unverputzte Trennwand aus Kalksandsteinen: Beweglicher Deckenanschluß mit angedübelten Stahlwinkeln L 20/40/3. Der Hohlraum ist mit Mineralwolle ausgefüllt, die Anschlußfugen sind elastoplastisch gedichtet

Um die zu erwartende Durchbiegung der Betonkonstruktion ungefähr erfassen zu können, mag man – als ganz grobe Abschätzung – den doppelten Wert der elastischen Durchbiegung ansetzen. Zur Vermeidung hoher Verformungen ist es immer zweckmäßig, Betondecken möglichst spät auszuschalen und verformungsgefährdete Bauteile erst so spät einzubringen, wie es unbedingt notwendig ist. Weitgespannte Betonkonstruktionen sind immer gefährdender als kurze Stützweiten, wobei hier die Grenze bei etwa 4,50 m liegen mag.
Wird Holz als Unterkonstruktion gewählt, ist die Tabelle 2.2 zu beachten. Werden Holzständer-Zwischenwände mit Gips-Wandbauplatten beplankt, ist DIN 4103 Teil 2 auch für schwere Konsollasten denkbar, wenn die Wanddicke mindestens 8 cm beträgt und die Wandhöhe ⅔ der Werte von Tabelle 1 nicht überschreitet. Dann sind auch Konsollasten bis zu 1,0 kN/m aufzunehmen, wobei die Ausmitte bis zu 50 cm betragen darf. Wird das Holzständerwerk durch Holzwolle-Leichtbauplatten nach DIN 1101 beplankt, sch reibt DIN 1102 die Verarbeitung vor. Das Gewicht ist den Tabellen 5 und 6 von DIN 1101 aus November 1989 zu entnehmen.
Für die Befestigung sind die Tabellen 3 und 4 in DIN 1102 aus November 1989 für die Befestigungsmittel und die Unterstützungshölzer zu beachten.
Für das Anbringen von ***Holzfaserplatten*** ist es erforderlich, daß ausreichend Querriegel zur Verfügung stehen, damit alle Plattenränder aufliegen und an den Querriegeln sowie an den Ständern durch Nagelung befestigt werden können. Die Verarbeitungsrichtlinien für Holzfaserplatten sind dabei zu beachten. In der Praxis wird häufig eine zu geringe Zahl von Befestigungsmitteln festgestellt oder der Einsatz zu schwacher Befestigungsmittel. Elektroinstallationen können in solchen Montagewänden problemlos in Leerrohren eingebaut werden. Der Einsatz von Sanitär-Objekten muß vorweg geplant sein. Bei Feuchträumen ist die Belastung durch Wasser zu berücksichtigen. Forderungen von DIN 18195 hinsichtlich der Abdichtung

von Feucht- und Naßräumen sind bei derartigen Montagewänden in vollem Umfang zu berücksichtigen, auch bei geringer Wasserbelastung (s. Kapitel 6). Der zum Ansetzen von Fliesen eingesetzte Kleber kann nicht als sicher wirkende Abdichtung angesehen werden. Allerdings gibt es zukunftsweisende Entwicklungen. Deshalb sind stets genaue Informationen einzuholen mit entsprechenden Nachweisen, und die Zustimmung des Bauherrn sollte ebenfalls stets dann vorliegen, wenn Kleber oder ähnliche Beschichtungen als Abdichtungen dienen sollen. Fliesenbelag ersetzt keine Abdichtung, denn es gibt zwischen Mörtel und lasierter Kante keine Haftung und hier ist mit dem Eindringen von Wasser stets zu rechnen. Zur Definition von Feuchträumen siehe 2.3.

Vermeidung von Schadensfällen
Kommt es zu Schäden, dann ist in der Regel eine der drei nachfolgend beschriebenen Ursachen verantwortlich:
Bei Innenwänden aus ***zementgebundenen Holzspanplatten*** ist zu beachten, daß es sich um einen Holzwerkstoff handelt, der auf Feuchtigkeitsaufnahme hin reagiert. Die Quell- und Schwindmaße werden von Eternit wie folgt angegeben: 0,1 mm/m je Gewichts-% Plattenfeuchteänderung und 1,4 mm/m je 30 % Luftfeuchteänderung. Es wird deshalb empfohlen, für normale Räume mit 30 bis 65 % relativer Luftfeuchtigkeit bereits grundierte Platten vorzusehen. Ausreichender ***Dehnfugenabstand*** (alle 3,75 m) und Dehnfugenanordnung in allen Raumecken ist zu beachten. Wird die Formänderung des Untergrundes nicht berücksichtigt, so kommt es zu den typischen Schadensbildern in keramischer Fliesenbekleidung infolge eines Schwindens im Untergrund.
Eine weitere, häufige Schadensursache liegt darin begründet, daß die Verarbeitungsrichtlinien für die Befestigung von Wandplatten nicht berücksichtigt werden. Das bezieht sich einmal auf einen zu großen Ständerabstand, zum anderen auf einen zu großen Abstand der Befestigungsmittel oder ungeeignete Schrauben und Nägel.
Zuweilen werden Zwischenwände eingesetzt, ohne die Durchbiegung der Decke ausreichend zu berücksichtigen. Die Abbildung 2.4 zeigt eine stark durchgebogene Glasscheibe in einer Trennwand.

Abb. 2.4 Werden die statisch zu erwartenden Durchbiegungen des Bauwerks ungenügend berücksichtigt, kann es zu Verwölbungen der Scheibenfläche kommen. Die in den Einbaurichtlinien vorgegebenen Toleranzen müssen nicht immer ausreichen, Bauwerksdurchbiegungen aufnehmen zu können. Im Zweifel muß der Statiker gefragt werden

2.3 Montagewände

Montagewände lassen sich sowohl ortsfest als auch umsetzbar ausführen. Anstelle des Holzgerüstes wird im Montagebau eine ***Metallunterkonstruktion*** bevorzugt. Bei Anlieferung auf der Baustelle sind alle Einzelteile auf die vorhandenen Rohbau- bzw. Ausbaumaße genau zugeschnitten.
Das nachstehend vorgestellte Beispiel zeigt eine Einfachwand in Ständerbauart mit beidseitig einlagiger Beplankung aus Gipskartonplatten. (Bei Metallunterkonstruktionen wird der sonst im Holzbau übliche Begriff »Stiel« durch den allgemeineren Begriff »Ständer« ersetzt, der auf beide Bauarten anwendbar ist.)

Abb. 2.5 Befestigen der Bodenschwelle

Abb. 2.6 Montage des Decken- und des Wandanschlußprofils

Abb. 2.7 Einschieben und Richten der Ständerprofile in die Anschlußprofile

Abb. 2.8 Nach einseitiger Beplankung werden die Dämmstoffbahnen in die Gefache eingebracht und befestigt

Vor der Montage werden zwecks Vermeidung von Schallbrücken am Boden- und Wandanschluß weichfedernde Dichtungsstreifen aus Mineralfaser-Dämmstoffen verlegt.
Dann werden die Bodenschwelle, das Wandanschlußprofil und das Deckenprofil eingebaut (Abb. 2.5 und 2.6).
Anschließend werden die Ständerprofile in die Anschlußprofile am Boden und an der Decke eingeschoben und senkrecht eingerichtet, wobei die offene Seite der Profile in Montagerichtung angeordnet wird (Abb. 2.7).
Auf die an der einen Seite des Ständergerüstes angeschraubte Beplankung mit Gipskartonplatten werden dann die Dämmstoffbahnen muldenförmig eingebracht (Abb. 2.8).
Danach erfolgt die Befestigung der zweiten Plattenseite mit dem Bohrschraubgerät, wie in Abbildung 2.9 ersichtlich.
Bei Anforderungen an den ***Brandschutz*** sind Gipskarton-Feuchtschutzplatten vorzusehen.
Bei höheren Anforderungen an den ***Luftschallschutz*** werden im allgemeinen zweischalige Doppelwände eingebaut, die dann auch mit einer doppelten Beplankung versehen werden können. Die Dämmung muß in diesem Falle durch Dämmstoffplatten, die starr zwischen die Ständer gepreßt werden, erfolgen. Bei Installationswänden sind häufig zwei Lagen Dämmstoff erforderlich.
Zur Vermeidung störender ***Trittschall***übertragung genügt im allgemeinen ein Teppichboden, wenn die Wände auf den fertigen schwimmenden Estrich montiert werden, was bei geforderter Umsetzbarkeit immer der Fall ist. Wird ein ***verbesserter Trittschallschutz*** angestrebt, so muß die Bodenschwelle auf die unter dem schwimmenden Estrich befindliche Dämmatte verlegt und der Estrich getrennt ausgeführt werden.
In Verbindung mit ***untergehängten Decken*** werden Montagewände entweder nur bis zur Höhe der Unterdecke geführt, wobei diese durchläuft und die Wand durch Verstrebungen zur Rohdecke gehalten wird, oder (die schalltechnisch bessere Version) die Wände werden direkt bis zur Rohdecke geführt und dort verankert; dann wird die Hängedecke im Wandbereich unterbrochen (Abb. 2.10 und 2.11).
Die Befestigung jeglichen Ständerwerks an Wänden und Decken hat stets mit bauaufsichtlich zugelassenen Befestigungsmitteln zu erfolgen.

Abb. 2.9 Befestigung der zweiten Plattenseite mit dem Bohrschraubgerät
Quelle: Abbildungen 2.8 bis 2.13 Firma Rigips, Bodenwerder

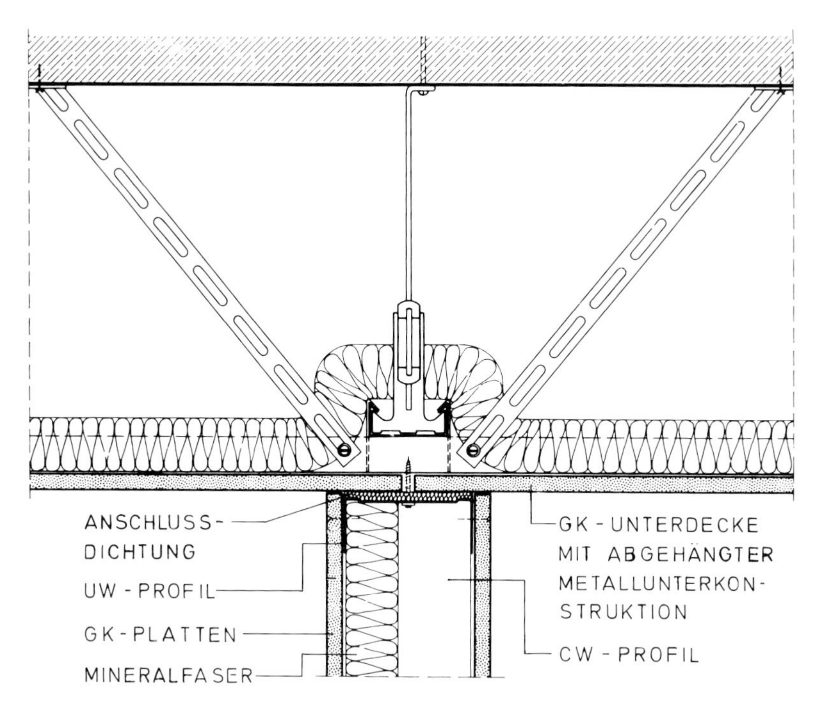

Abb. 2.10 Montagewand, durch untergehängte Decke unterbrochen. Als Halterung sind Verstrebungen zur Stahlbetondecke erforderlich. Die Dämmplatten werden über das Wandanschlußprofil hinweggeführt [2]

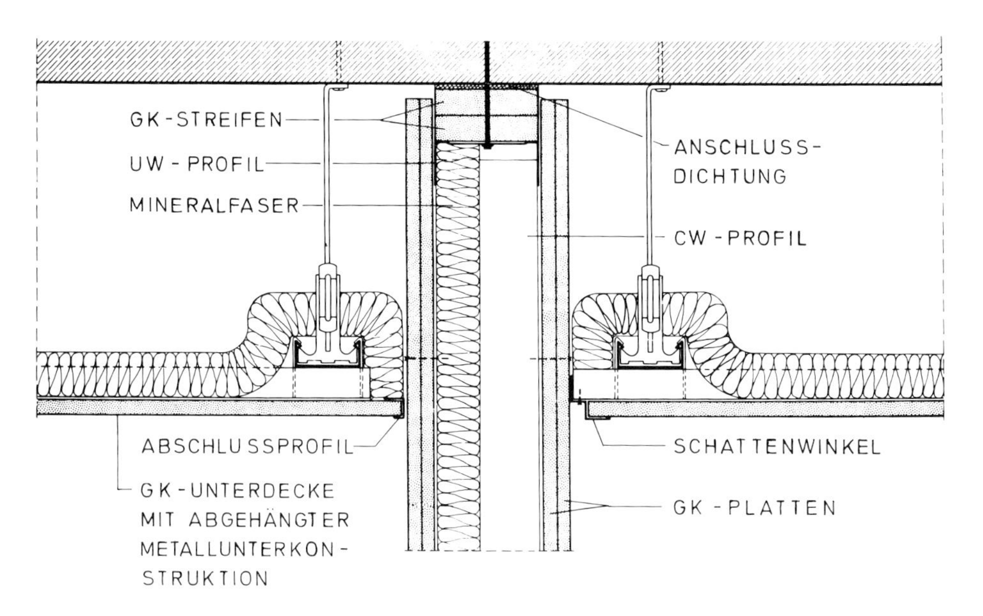

Abb. 2.11 Bis zur Rohdecke hochgeführte Montagewand. Die Hängedecke ist im Wandbereich unterbrochen. Die Gipskartonplatten der Unterdecke können ein Abschlußprofil mit oder ohne Schattenwinkel erhalten. Unter Flachdachdecken muß die Randfuge offen bleiben [2]

2.4 Elementwände

Unter diesem Begriff sollen hier nichttragende Innenwände verstanden werden, die speziell dafür geeignet sind, später umgesetzt zu werden. Dementsprechend muß die werkseitige Vorfertigung so weitgehend sein, daß die Elemente auf der Baustelle mit minimalem Aufwand montiert bzw. umgesetzt werden können.
Diese umsetzbaren Elementwände bestehen aus vorgefertigten Tafeln auf der Grundlage eines modularen Rasters; es wird empfohlen, für das Rastermaß den Multimodul 12M = 1200 mm bevorzugt anzuwenden. Die meisten Hersteller umsetzbarer Innenwandsysteme haben dieses Grundmaß als Breitenmaß übernommen, können aber nach Bedarf die Fertigung auch auf andere Breitemaße von 625 bis 1500 mm umstellen (s. DIN 18000 Teil 1, Modulordnung im Bauwesen).
Die Studiengemeinschaft für Fertigbau hat für die Gruppe der »umsetzbaren Innenwände« eine Aufstellung der wichtigsten auf dem Markt befindlichen Innenwandsysteme mit zeichnerischer Darstellung ihrer Elementkonstruktionen in einer Schrift veröffentlicht [5].

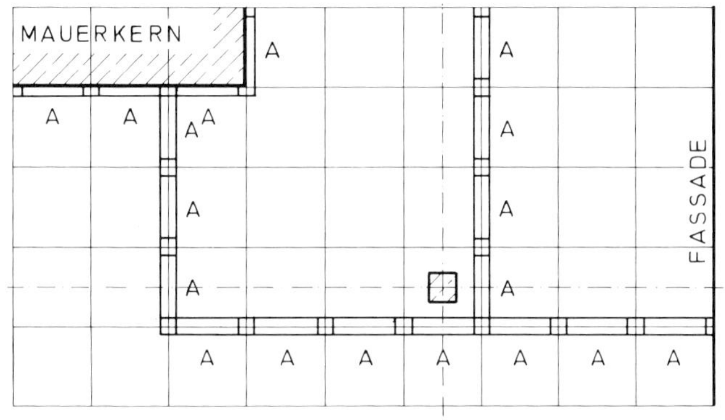

Abb. 2.12 a Beispiel einer Grundrißaufteilung mit nach dem Bandraster hergestellten einheitlichen Wandelementen. Der Ausgleich an Wandanschlüssen und Wandecken erfolgt durch Verbindungsstücke in den Knotenpunkten

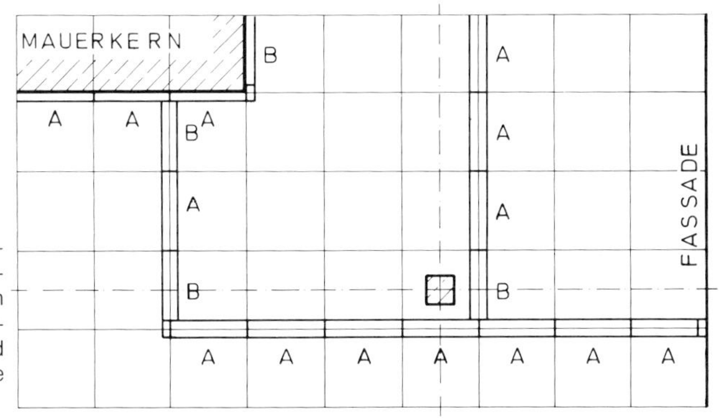

Abb. 2.12 b Dieselbe Grundrißgliederung mit umsetzbaren Innenwandelementen nach dem Linienraster; hierbei sind für die Ecken und Wandanschlüsse besondere Anpaßelemente erforderlich

2.4.1 Rasterprinzip

Konstruktiv basieren Herstellung und Montage der umsetzbaren Innenwände wie alle Elementbauweisen auf dem Rasterprinzip. Die Verbindung der Elemente kann in einem Achs- bzw. Linienraster oder in einem Bandraster erfolgen. Bei letzterem können einheitliche Wandelemente in beiden horizontalen Richtungen durch Knotenpunkte verbunden werden, die an den Bandraster angepaßt sind (Abb. 2.12 a). Wird ein Linienraster gewählt, so ergeben sich an den Wandanschlüssen sowie den Eck- und Kreuzungspunkten unterschiedliche Wand- und Anschlußelemente (Abb. 2.12 b nach [5]).
Die Element-Tafeln können als ***Monoblockwände*** oder als Schalenwände hergestellt werden. Monoblockwände werden einschließlich der Füllung im Werk komplett zusammengebaut, zur Baustelle transportiert und dort unter Verwendung von Verbindungsmitteln bzw. Paßstücken aufgestellt.
Schalenwände werden aus paßrechten Teilen der Unterkonstruktion, beidseitigen oberflächenfertigen Wandschalen und Dämmstoffen auf der Baustelle zusammengebaut und montiert (Abb. 2.13 a und b).

2.4.2 Konstruktion

Die Elemente der Trennwände bestehen aus raumhohen, industriell vorgefertigten Bauteilen, die sich aus Rahmen, Füllung und Beplankung zusammensetzen. Je nach Bedarf werden Vollwand-Elemente, Tür-Elemente, Vollglas-Elemente, Brüstungs-Elemente oder Sonder-Elemente (z. B. für Schrankeinbauten) hergestellt. Die Elemente sind wechselseitig austauschbar, so daß z. B. auch Elementtypen von einem geringen Schalldämmwert auf einen höheren aufgerüstet werden können. Beim Umsetzen der Elemente in andere Achsen können alle Bauteile wieder verwendet werden.

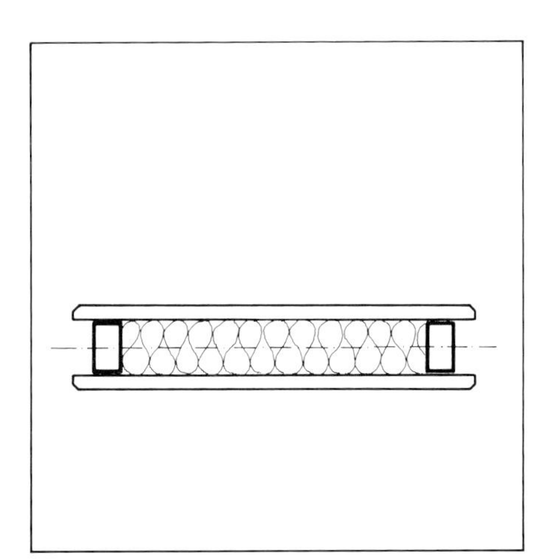

Abb. 2.13 a Bei der Monoblockwand wird das Innenwandelement, bestehend aus dem Rahmen der Dämmstoff-Füllung und den Wandschalen, einbaufertig zur Baustelle gebracht und dort montiert

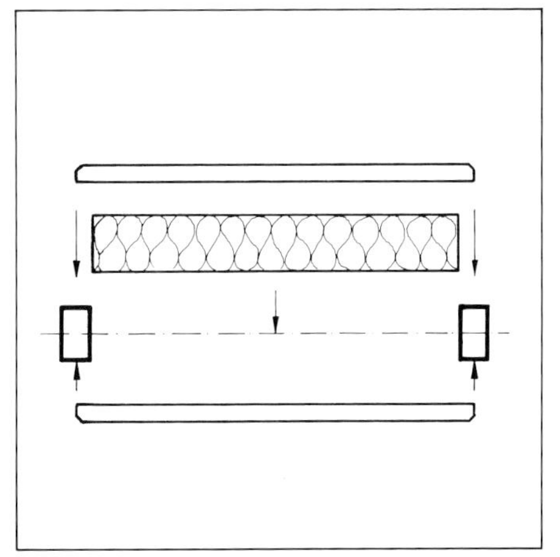

Abb. 2.13 b Bei der Schalenwand werden die einzelnen Teile angeliefert und auf der Baustelle an der Unterkonstruktion aus Ständerprofilen befestigt

Der Aufbau der Elemente ist bei den einzelnen Lieferfirmen unterschiedlich. Die Rahmen bestehen aus Holz oder aus Holzprofilen, kombiniert mit Stahlständern, bei einigen Systemen auch aus Aluminium, bei den meisten Herstellern jedoch aus feuerverzinkten oder sendzimirverzinkten Stahlprofilen, die z.T. mit Kunststoffummantelung versehen sind.

Die ***Füllungen*** variieren je nach den gestellten Anforderungen (Schalldämmung, Brandschutz) und können aus Mineralfaserplatten, Gipskartonplatten, Holzspanplatten, Brandschutzplatten o.ä. bestehen.

Die ***Beplankung*** wird sehr unterschiedlich ausgeführt und reicht vom Stahlblech über Gipskarton- und Spanplatten bis zu Sperrplatten mit Edelholzfurnieren. Dementsprechend sind auch für die Oberflächenbehandlung viele Möglichkeiten vorhanden: bei Spanplatten Kunstharzbeschichtung, folienbeschichtete Gipskarton-

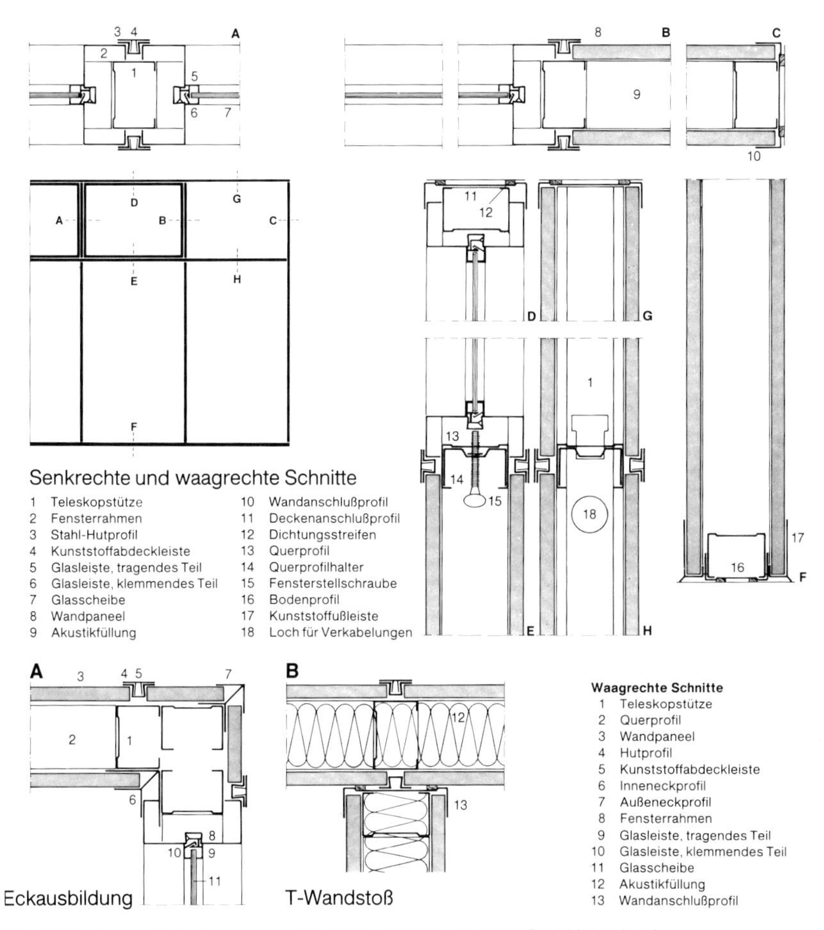

Abb. 2.14 Elementiertes Trennwandsystem der Firma Dexion GmbH, Laubach
Rahmen: Sendzimirverzinkte Stahlprofile
Füllung: Mineralwolle
Paneeloberfläche: PVC- und textilbeschichtete Gipskartonplatten, melaminharzbeschichtete Spanplatten, Edelholz

platten, einbrennlackiertes Stahlblech oder einfacher Anstrich. Für den Einbau in Feuchträume ist eine Spezialbehandlung dann erforderlich, wenn die Beschichtung nicht nachweislich korrosions- und chemikalienbeständig ist.
Als Beispiel eines elementierten Trennwandsystems werden in Abbildung 2.14 die Horizontal- und Vertikalschnitte durch die Vollwand-, Tür- und Glas-Elemente eines zweischaligen und voll umsetzbaren Fabrikats dargestellt.
Die Rahmen sind eloxierte Aluminiumprofile, als Füllung sind Steinwolle-Dämmplatten eingebaut und die Beplankung besteht aus mit Vinyltuch bekleideten Gipskartonplatten.
Die Rahmenkonstruktion wird spannungslos zwischen Oberkante Fußboden und Unterkante Decke befestigt. Die Elemente werden durch Schraubverbindungen an Boden, Decke und Wand montiert, wobei die Leitungsführung der Installation im Wandkern durch Aussparungen im Skelett ermöglicht wird.
Leichtbeton-Trennwandtafeln müssen an dieser Stelle der Vollständigkeit halber erwähnt werden, obwohl es sich nicht um Gerippewände handelt; es sind aber vorgefertigte Elemente, und zwar raumhohe Gasbeton-Wandtafeln, die direkt auf dem schwimmenden Estrich (Ytong) oder auf einer Verankerungsschwelle (Hebel) versetzt und an der Rohdecke durch ein U-Profil gehalten werden.
Bei dieser Bauweise ist gegenüber den Rahmen-Füllung-Elementen das höhere Gewicht zu berücksichtigen: Die Leichtbetontafeln haben je nach Dicke (75, 100, 125 mm) ein Gewicht zwischen 50 und 100 kg/m^2, während bei den mehrschaligen Systemen lediglich Wandgewichte zwischen 25 und 60 kg/m^2 erreicht werden.

2.4.3 Brandschutz

Zu den Feuerwiderstandsklassen der einzelnen Fabrikate müssen in jedem Einzelfall Informationen eingeholt werden. Nach Firmenangaben werden Werte von F 30 bis F 90 nach DIN 4102 erreicht. Dabei ist zu berücksichtigen, daß die Qualität des Feuerschutzes beim Einbau von Elementwänden nicht nur von den Eigenschaften der Wandtafeln allein, sondern auch von anderen Faktoren wie Anzahl und Lage der Türen, Vorhandensein von Hängedecken und Ausbildung der Anschlüsse an den Rohbau und von diesem selbst abhängt. Es muß also ein Gesamtkonzept nach DIN 4202 erarbeitet werden (s. Band 4).

2.4.4 Schallschutz

Umsetzbare Innenwände können für alle normalen Anforderungen im Bürohaus- und Wohnungsbau ausreichend schalldämmend hergestellt werden. Es werden bewertete Schalldämm-Maße von $R_w = 36$ dB bis $R_w = 52$ dB je nach Ausbildung der Elemente erreicht. Tür-Elemente haben naturgemäß bei Normalausführung ein geringeres Schalldämm-Maß als die Vollwand-Elemente, während die Glas-Elemente durch Doppelverglasung diesen angeglichen werden können (s. Band 3).
Für diese umfangreiche Thematik hat die Studiengemeinschaft für Fertigbau in Zusammenarbeit mit Prof. Dr.-Ing. Gösele das Merkblatt »Schalldämmung umsetzbarer Innenwände« erarbeitet.

3 Fenster und Türen

von Prof. Dipl.-Ing. Ludwig Klindt

3.1 Öffnungen und Toleranzen

Fenster und Fenstertüren sind ein Teil der Fassade. Sie sind lichtdurchlässig und für Lüftungszwecke luftdurchgängig. Es sind bewegliche Bauteile. Das alles erfordert nicht nur eine hohe Fertigungsqualität, sondern auch Wartung. Notwendig dazu ist ein Wartungsplan: wie oft, wo, womit.
In geschlossenem Zustand wird von Fenstern erwartet, daß sie wind- und regendicht sind, wobei »Schlagregendichtigkeit« etwas anderes als »Fugendichtigkeit« ist. Die Forderungen der Wärmeschutzverordnung führen zu der Meinung, Fensterflächen müßten kleiner sein, um den gesamten Wärmeabfluß zu verringern. Die Solar-Architektur zeigt jedoch, daß die WäSchVO und der Wunsch nach großen Fenstern sich nicht widersprechen müssen. In DIN 5034 Teil 1 und 4 werden übertrieben genaue Angaben zum notwendigen Tageslicht in Innenräumen gemacht. Überschläglich ist mindestens 1/8 der Grundfläche eines Raumes als Fensterfläche für Aufenthaltsräume auszubilden. Es soll sein (nach DIN 5034, 12.81):

Im Erdgeschoß 1/8 der Grundfläche
im 1. Obergeschoß 1/9 der Grundfläche
im 2. Obergeschoß 1/10 der Grundfläche
im 3. Obergeschoß 1/11 der Grundfläche
in allen weiteren Geschossen 1/12 der Grundfläche.

Die Rahmenaußenmaße für Blendrahmen sind der hier folgenden Skizze entsprechend zu ermitteln, die Öffnungsrichtung wird wie folgt definiert:

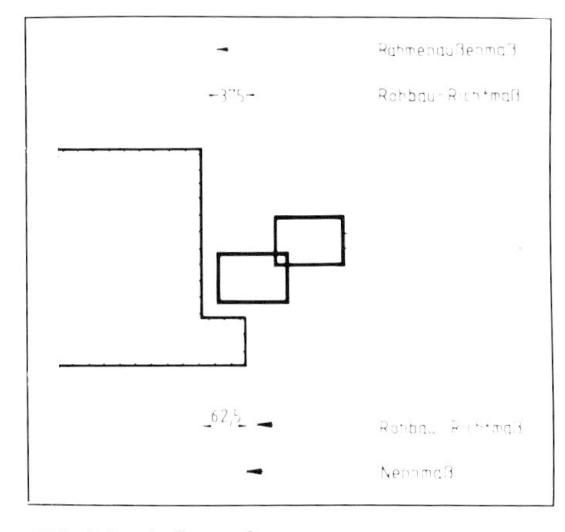

Abb. 3.1 a Außenmaße

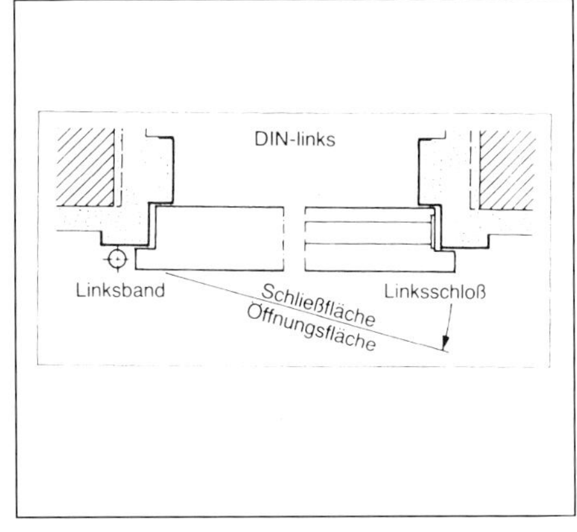

Abb. 3.1 b Definition »links-rechts« bei einem Drehflügel Quelle: [13]

Nachstehend folgt eine Zusammenstellung der im Wohnungsbau üblichen Fenster- und Türgrößen.

Tabelle 3.1 **Rohbau-Richtmaße (RR) für Fensteröffnungen**

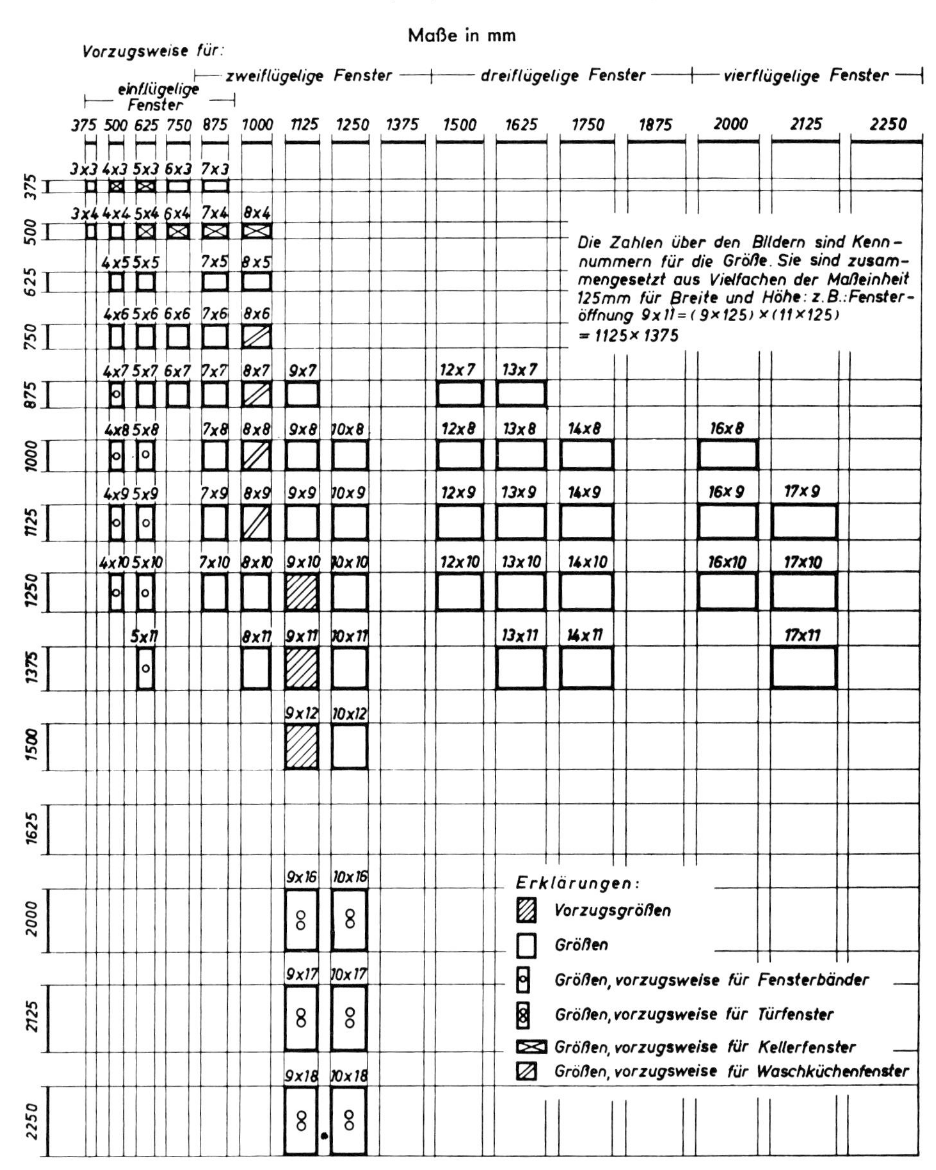

Zu beachten ist, daß im Anschlußbereich von Rohbau zum Ausbaugewerbe die Toleranzen der einzelnen Gewerke beachtet werden müssen. Beizuziehen ist hier DIN 18202. Nachfolgend werden Toleranzmaße für Öffnungen in Wänden nach

DIN 18202 wiedergegeben. Bei Nennmaßen bis 3 m sind als Grenzabmaß bei Öffnungen (z. B. Fenster, Türen, Einbau-Elemente) ± 12 mm zugelassen; bei Nennmaßen über 3 bis 6 m sind es ± 16 mm. Öffnungen, die mit oberflächenfertigen Leibungen versehen sind, haben bis 3 m Nennmaß Grenzabmaße von ± 10 mm, bei über 3 bis 6 m ± 12 mm.

3.2 Glas

3.2.1 Glasarten

Fensterglas wurde früher nach den Ziehverfahren von Libbey-Owens oder Fourcault hergestellt. Heute werden diese nur noch für Spezialgläser benutzt. Diese Scheiben waren daran zu erkennen, daß sich eine ruhige Landschaft zu bewegen schien, wenn sich auch der Betrachter bewegte. Heute wird Fensterglas im Float-Verfahren hergestellt. Es schwimmt auf einer flüssigen Metallschicht, ehe es abkühlt. Die Qualität entspricht ehemals geschliffenem Kristall-Spiegelglas. Die hohe Planparallelität der Scheibenoberflächen führt zu farbigen Ringen oder ähnlichen optischen Erscheinungen. Dieses ist nicht kritikfähig, es ist ein Merkmal hoher Materialqualität. Fensterglas darf in geringem Umfang Fehler aufweisen, für die von der Industrie Fehlertabellen aufgestellt wurden, die zunächst für den Übergang von der Produktion zum Verarbeiter gelten. Sie sind auch für den Verbraucher heranzuziehen, jedoch ist dann auch die Lage der Fenster zu berücksichtigen. Ein unmittelbar im Blickfeld liegender Glasmangel geringeren Umfangs kann durchaus für den Verbraucher störender sein als ein größerer Mangel hoch oben am Oberlicht an einer Stelle, die man eigentlich nur beim Fensterputzen aus der Nähe betrachtet. Insoweit sind die Fehlertabellen dann auch für das einzelne Objekt sinnvoll anzuwenden.
Die Scheibe wird zur Beurteilung von Fehlern in drei Bereiche eingeteilt, die zulässigen Fehler pro Einheit können Tabelle 3.2 entnommen werden.

Tabelle 3.2 **Fehlertabelle zur Beurteilung von Beschädigungen an Mehrscheibengläsern [7]**

Zone	zulässig pro Einheit (2scheibig)
F	Außenliegende flache Randbeschädigungen bzw. Muscheln, die die Festigkeit des Glases nicht beeinträchtigen und die Randverbundbreite nicht überschreiten.
	Innenliegende Muscheln ohne lose Scherben, die durch Dichtungsmasse ausgefüllt sind.
	Sonstige in den Gruppen R und H aufgeführte Fehler ohne Einschränkungen zulässig.
Zone	**zulässig pro Einheit (2scheibig)**
R	Glasfehler (Einschlüsse, Blasen, etc.): Scheibenfläche ≦ 1 m²: max. 4 Stck. à ≦ 3 mm Ø insgesamt Scheibenfläche > 1 m²: max. 1 Stck. à ≦ 3 mm Ø je umlaufenden m Kantenlänge
	Rückstände (punktförmig) im Scheibenzwischenraum (SZR): Scheibenfläche ≦ 1 m²: max. 4 Stck. à 3 mm Ø insgesamt Scheibenfläche ≦ 1 m²: max. 1 Stck. à 3 mm Ø je umlaufenden m Kantenlänge
	Rückstände (flächenförmig) im SZR: weißlich grau bzw. transparent – max. 1 Stck. ≦ 3 cm²
	Kratzer: Summe der Einzellängen: max 90 mm – Einzellänge: max. 30 mm
	Haarkratzer: nicht gehäuft erlaubt
H	Glasfehler (Einschlüsse, Blasen, etc.): Scheibenfläche ≦ 1 m²: max. 2 Stck. à ≦ 1 mm Ø Scheibenfläche > 1, ≦ 2 m²: max. 3 Stck. à ≦ 1 mm Ø Scheibenfläche > 2 m²: max. 5 Stck. à ≦ 1 mm Ø
	Rückstände (punktförmig) im SZR: wie Glasfehler, jedoch nicht zusätzlich
	Rückstände (flächenförmig) im SZR: nicht zulässig
	Kratzer: Summe der Einzellängen: max. 45 mm – Einzellänge: max. 15 mm
	Haarkratzer: nicht gehäuft erlaubt
R+H	max. Anzahl der Fehler wie in Zone R (z. B. max. Fehlerzahl in Zone R, dann keine Fehler in Zone H zusätzlich zulässig)
	Die Zulässigkeiten erhöhen sich in der Häufigkeit für: 3-Scheiben-Isolierglas: um 50 % 4-Scheiben-Isolierglas: um 100 %

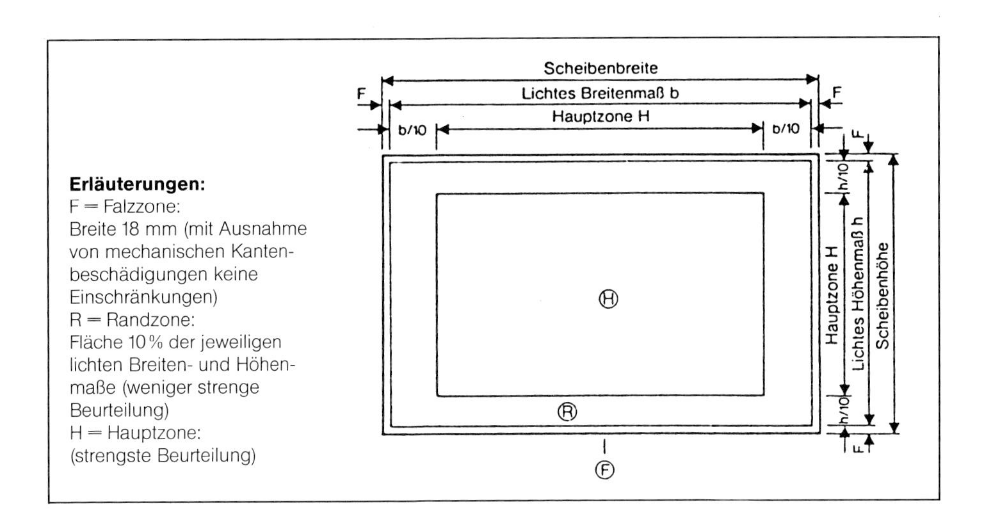

Neben dem Floatglas wird ***Gußglas*** mit oder ohne Drahteinlage, auch farbig, verwendet. Oberflächenstrukturen sind herstellungsbedingt und gewollt. Gußglas muß lichtdurchlässig, es darf nur beschränkt durchsichtig sein. Die Drahteinlage erhöht nicht die statische Belastbarkeit, sie ist nur splitterbindend. Um Splitterbildung zu binden, kann Fensterglas auch mit einem Drahtgewebe versehen werden. Brandschutzgläser bedürfen stets einer bauaufsichtlichen Zulassung. Glas ist nur beschränkt statisch belastbar, denn seine Aufnahmefähigkeit für Zugspannungen ist gering. Durch thermische Behandlung ist es möglich, den Kern der Glasscheibe unter Zugspannung zu setzen und die besonders für Zugspannungen gefährdete Randzone der Scheibe unter Druckspannung zu halten. Da bei einer Biegebeanspruchung einer solchen Scheibe zunächst die Druckspannung abgebaut wird, kann rechnerisch mit einer höheren zulässigen Biegespannung gerechnet werden. Solches Glas kann wegen der inneren Spannungen aber nachträglich nicht bearbeitet werden. Bei Bruch splittert diese Scheibe in viele kleine Bruchstücke. Die rechnerisch zulässige höhere Zugspannung verleitet zu einem vermehrten Einsatz. Zu beachten ist allerdings, daß eine solche Scheibe durch eine geringfügige Oberflächenritzung oder kleine Randausmuschelung einen Defekt erfährt, der zu einem vom Ereignis völlig losgelösten Zeitpunkt zu einer spontanen Zerstörung der Scheibe führen kann. Um hier produktionsbedingte Defekte auszuschalten, werden derartige ESG-Einscheibensicherheitsgläser nach der Produktion einem Hitzetest unterzogen. Auf dem Markt sind auch teilvorgespannte Scheiben erhältlich. Durch das Einlegen einer Kunststoff-Folie zwischen die Scheiben entsteht VSG-Verbundsicherheitsglas.

Um die Forderungen der Wärmeschutzverordnung zu erfüllen, wird einfaches Glas bei beheizten Räumen nicht mehr eingebaut. Mehrere Scheiben werden zu ***Mehrscheiben-Isolierglas*** vereinigt, wobei das Wort »Isolier« ein Rudiment aus der Zeit ungenauer Definition ist. Man sprach damals auch bei der Wärmedämmung wie bei der Abdichtung gegen Feuchtigkeit wenig präzise von »Isolierung«. Heute kann man nicht mehr nur einfach Isolierglas bestellen, denn dieses Produkt gibt es heute

Tabelle 3.3 **Glas-Produkte am Beispiel CONSAFIS**

	Typ	Aufbau	Gesamt-elementdicke	Gewicht	max. Ab-messung/ Kantenlänge	max. Oberfläche	max. Seitenverh.	k-Wert, amtl. Rechenwert	k-Wert mit Gasfüllung	Schalldämm-Maß R_w	Lichttrans-missionsgrad τ	Farbwiedergabe-Index $R_{a,D}$	Gesamtenergie-durchlaßgrad g.
		Glas-SZR-Glas	mm	kg/m²	cm x cm	m²		W/m²K	W/m²K	dB	ca. %		ca. %
Einfachglas (zum Vergleich)			6	15	321x600	s. DIN 1055		5,8		30	89	99	85
Isolierglas in Standardausführung		4-12-4	20	20	141x240	3,38	1:6	3,0		32	83	99	80
		4-16-4	24	20	141x240	3,38	1:6	3,0		32	83	99	80
		5-12-5	22	25	300	6,0	1:10	3,0		32	82	98	76
		5-16-5	26	25	300	6,0	1:10	3,0		35	82	98	76
		6-12-6	24	30	501	8,0	1:10	3,0		32	81	97	74
		8-12-8	28	40	501	11,76	1:10	3,0		33	79	96	71
Wärmedämmglas CONSAFIS plus neutral 2fach, 3fach	1,3 Neutral	4-15-4	23	20	141x240	3,38	1:6	1,7	1,3	32	76	97	63
	1,3 Neutral	5-15-5	25	25	300	6,0	1:10	1,7	1,3	32	75	96	62
	1,3 Neutral	6-15-6	27	30	501	8,0	1:10	1,7	1,3	32	74	95	61
	0,7 Neutral	4-8-4-8-4	28	30	100x160	1,6	1:6		0,7	32	63	96	55
	SWB 27/36 N	8-15-4	27	30	300	4,0	1:6		1,3	36	74	96	61
	SWB 32/37 N	8-20-4	32	30	300	4,0	1:6		1,3	37	74	96	61
	SWB 24/38 N	6-14-4	24	25	300	4,0	1:6		1,5	38	75	97	62
	SWB 28/41 N	8-16-4	28	30	300	4,0	1:6		1,5	41	74	96	61
Schallschutzglas	S 37	6-12-4	22	25	300	4,0	1:6		2,9	37	82	98	76
	S 38	6-16-4	26	25	300	4,0	1:6		2,9	38	82	98	76
	S 40	8-16-4	28	30	300	4,0	1:6		2,9	40	81	97	74
	S 42	8-20-4	32	30	300	4,0	1:6		2,9	42	81	97	74
	S 43	8-24-4	36	30	300	4,0	1:6		2,9	43	81	97	74
	S 44	10-24-4	38	35	300	4,0	1:6		2,9	44	80	96	71
	S 45	12-24-4	40	40	300	4,0	1:6		2,9	45	79	96	70
	S 43 G	9-12-5	26	35	300	6,0	1:10	2,0	2,9	43	79	97	64
	S 44 G	9-16-5	30	35	300	6,0	1:10		2,9	44	79	97	64
	S 47 G	9-16-8	33	42	300	6,0	1:10		2,9	47	77	96	63
	S 49 G	9-20-8	37	42	300	6,0	1:10		2,9	49	77	96	63
	S 50 G	9-20-9	38	44	300	6,0	1:10		2,9	50	76	96	62
	S 52 G	11-20-9	40	49	300	6,0	1:10		2,9	52	75	95	61
	S 53 G	12-20-9	41	51	300	6,0	1:10		2,9	53	75	95	61
Sonnenschutzglas	Sunbelt N low-e	6-12-4	22	25	300	4,0	1:6		1,6	32	55	96	41
	Sunbelt S low-e	6-12-4	22	25	300	4,0'	1:6		1,4	32	43	94	27
	Sunbelt B low-e	6-12-4	22	25	300	4,0	1:6		1,5	32	61	96	41
	Sunbelt G low-e	6-12-4	22	25	300	4,0	1:6		1,4	32	41	94	28
	Calorex AO	6-12-4	22	25	300	4,0	1:6	3,0		32	51	99	49
	Antelio klar	6-12-4	22	25	300	4,0	1:6	3,0		32	45	94	55
	Stopsol supers. klar	6-12-4	22	25	300	4,0	1:6	3,0		32	59	92	61
	Luxguard Neutral 52	6-12-4	22	25	300	4,0	1:6	1,7	1,4	32	52	94	40
Isolierglas mit variabler Funktion CONSAFIS AGERO	G 1900	5-15-5	25	ca. 28	320	3,3	1:6	2,2/2,9	2,0/2,8	34	3/82		10/74
	G 1907	5-15-5	25	ca. 28	320	3,3	1:6	1,8/2,9	1,6/2,8	34	6/82		11/74
	G 1911	5-15-5	25	ca. 28	320	3,3	1:6	2,2/2,9	2,0/2,8	34	4/82		11/74
	G 1914	5-15-5	25	ca. 28	320	3,3	1:6	2,2/2,9	2,0/2,8	34	6/82		22/74
	G 1915	5-15-5	25	ca. 28	320	3,3	1:6	2,2/2,9	2,0/2,8	34	3/82		16/74
	G 1926	5-15-5	25	ca. 28	320	3,3	1:6	2,2/2,9	2,0/2,8	34	5/82		14/74
	G 1930	5-15-5	25	ca. 28	320	3,3	1:6	1,7/2,9	1,2/2,8	34	0/82		6/74
	T 1974	5-15-5	25	ca. 28	320	3,3	1:6	2,3/2,9	2,0/2,8	34	20/82		27/74
	G 1907 N	5-15-5	25	ca. 28	320	3,3	1:6	1,6/1,9	1,2/1,3	34	5/76		12/63
Sicherheitsglas	A 1	Aufbau der 6 Typen A1–A3 und B1–B3 lt. Prüfzeugnisse	23	30	300	4,0	1:6	3,0		ca. 36	Die strahlungs-physikalischen Werte sind aufbau-abhängig und kön-nen auf Anfrage mitgeteilt werden.		
	A 2		24	31	300	4,0	1:6	3,0		ca. 37			
	A 3		24	31	300	4,0	1:6	3,0		ca. 38			
	B 1		31	52	300	4,0	1:6	3,0		ca. 39			
	B 2		38	68	300	4,0	1:6	3,0		ca. 40			
	B 3		47	91	300	4,0	1:6	3,0		ca. 41			

Quelle: CONSAFIS [8]

in einer Fülle unterschiedlicher Varianten. Denkbar ist die Variation des Luftzwischenraumes wie auch der Gasfüllung. Scheiben können bedampft werden, um Wärmeeintritt von außen durch Sonneneinstrahlung oder das Abstrahlen von Wärme aus aufgeheizten Räumen zu mindern. In Tabelle 3.3 wird die Produktpalette am Beispiel CONSAFIS vorgestellt. Es können unterschiedliche Scheiben-Systeme eingesetzt werden, um architektonische Wirkung zu erzielen oder technische Ziele zu erreichen. Durch Bedampfen ist eine farbliche Gestaltung der Scheiben denkbar. Gasfüllung und Bedampfung zusammen sind in der Lage, die Wärmedämmung eines Mehrscheiben-Glases mit Scheibenzwischenraum in die Nähe des k-Wertes zu bringen, der im Mittel für Fassaden aus Wand und Fensterbauteilen in der Wärmeschutzverordnung verankert ist.
Mit der Verschärfung der geplanten neuen Wärmeschutzverordnung werden erhöhte Anforderungen an wärmedämmende Gläser gestellt, die auch von der Industrie angeboten werden. Diese Scheiben verteuern die Fensterkonstruktionen. Da noch so hochwertiges Glas in einem Flügel immer auch eine Fuge zwischen Flügel und Rahmen hat und diese Fuge für direkten Luftdurchgang prädestiniert ist, erscheint es überlegenswert, statt hochwertiger Gläser in einfachen Fenstern auf die in früheren Zeiten um die Jahrhundertwende bekannten Kasten-Doppelfenster überzugehen, wobei durch den Fensterzwischenraum eine Beruhigung der von außen auf das Haus einwirkenden Luft eintritt, so daß von daher eine hohe Wärmedämmung erreicht wird. Zusätzlich wird auch das Problem der Schimmelbildung in den Leibungen damit gelöst. Das Kasten-Doppelfenster ist mit Sicherheit für Neu- und Altbauten eine überlegenswerte Variante.

Einbruchhemmung

Sicherheit gegen Einbruch gibt es nicht. Es gibt nur eine Hemmung. Die niedrigste Stufe ist ***Durchwurfhemmung*** nach DIN 52 290 Teil 4. Es wird in den Stufen A 1 niedrigere Hemmung, A 2 mittlere Hemmung und A 3 große Hemmung unterschieden, wobei eine 4-kg-Stahlkugel von 10 cm Durchmesser dreimal aus bestimmter Höhe auf die Scheibe fällt.
Durchbruchhemmung wird erfaßt in DIN 52 290 Teil 3 und wird unterteilt in die Gruppe B 1 für Villen, Fachgeschäfte und Kaufhäuser; B 2 für Apotheken, Museen und psychiatrische Anstalten sowie B 3 für Juweliere, Kürschner und Rechenzentren. Die Norm wertet unabhängig vom Zeitaufwand die Zahl der notwendigen Schläge, um eine bestimmte Öffnung in der Normscheibe von 2,20 × 3,50 m zu erreichen. Der Verband der Sachversicherer (VdS) definiert das einbruchhemmende Glas (EH) nach dem Zeitaufwand, in dem eine Öffnung von 40 × 40 cm in die Scheibe geschnitten wurde. Es wird definiert
EH 1: 1 Minute; EH 2: 2 Minuten und EH 3: 4 Minuten Zeitaufwand.
Durchschußhemmung wird nach DIN 52 290 Teil 2 in die Klassen C 1 bis C 5 aufgeteilt, wobei die Unterteilung nach dem Kaliber, dem Abstand und der Geschoßgeschwindigkeit vorgenommen wird. Für Post und Banken gibt es gesondert definierte Gläser, wobei die Post einschaliges, 19 mm dickes Glas der Bauart 19/3 und die Bank am Schalter einschaliges, 26 mm dickes Glas der Bauart 26/4 verwendet.
Alternativ zur Hemmung kann auch Glas als Auslöser für Alarm benutzt werden, wobei entweder auf ESG-Glas in der Ecke eine Spinne aufgedruckt wird oder in eine Folie dünne Metalldrähte eingelegt werden, wobei jedesmal durch die Metalldrähte ein Ruhestrom fließt, der zur Auslösung des Alarms führt, wenn der Stromkreis unterbrochen wird.

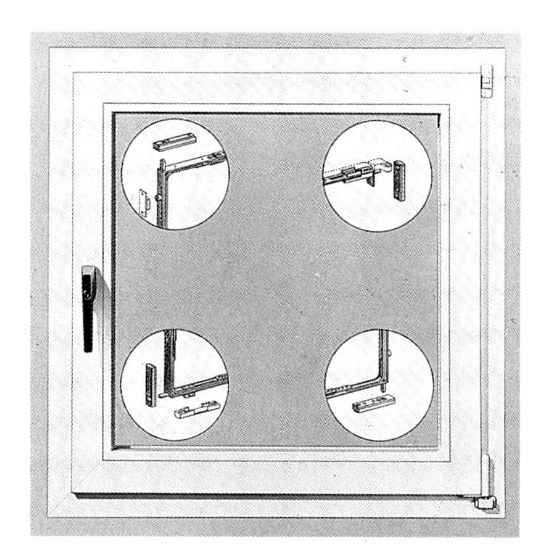

Abb. 3.2 Sicherheitsbeschlag SIEGENIA-FAVO-RIT-KF-3E mit Riegelstangenausschluß an den Eckumlenkungen und im Bereich des Scherenlagers

3.2.2 Statische Dimensionierung der Gläser

Die ***Scheibendicke*** ist entsprechend den statischen Erfordernissen festzulegen, wobei die Scheibe selbst Lasten aus dem Bauwerk nicht übernehmen darf.
DIN 18056 Fensterwände; Bemessung und Ausführung enthält eine Kurvenschar zur Ermittlung der ***Glasdicke unter Windlast.*** Im Mai 1984 hat das Institut des Glaserhandwerks die Technische Richtlinie Nr. 2 herausgegeben, die unter Windlast eine Glasdickenbestimmung für verschiedenartig gelagerte und auch unterschiedlich geformte Gläser zuläßt. Es gibt jedoch bisher keine allgemeine Bemessungsrichtlinie für den Lastfall Menschengedränge und Eigengewicht. Hier wird verwiesen auf Bemessungshilfen [9 und 10]. Zu beachten ist, daß Glas wegen der großen Durchbiegung nicht der klassischen Elastizitätslehre unterworfen werden kann und die Tragfähigkeit auf der Basis von partiellen Differenzialgleichungen ermittelt werden muß. Alternativ kann entsprechend dem Lastfall, der Scheibenlagerung und nach dem Seitenverhältnis auch die zulässige Spannung der klassischen Festigkeitslehre angepaßt werden, um einfacher rechnen zu können.
Damit der ***Randverbund*** einer Isolierglas-Einheit keine zerstörende Belastung erfährt, ist die Durchbiegung längs der Glaskante beschränkt auf 8 mm bzw. 1/300 der Stützweite bei normalem Isolierglas und kann weiter eingeschränkt werden bei Sondergläsern. Es sei hier auf den später behandelten Abschnitt der Statik von Fensterwänden verwiesen.

Sicherungsmaßnahmen

Ausreichend statisch bemessene Scheiben sind weiteren Gefahren der Zerstörung unterworfen. So müssen Isolierglas-Scheiben einen ***Mindestabstand von 30 cm*** gegenüber Heizkörpern einhalten. Wird raumseitig ein Einscheiben-Sicherheitsglas (ESG) verwendet, kann der Abstand auf 15 cm verringert werden. Gleiches gilt für Niedertemperaturheizkörper.
Bei der Verlegung von Gußasphalt treten hohe Raumtemperaturen auf, die generell durch die ***Wärmestrahlung*** Isoliergläsern gefährlich werden können, weshalb diese

abgedeckt werden müssen. Insbesondere gefährdet sind beschichtete Gläser. ***Teilbeschattung*** durch Markisen oder das Aufbringen von Folien oder ähnlicher Materialien kann zu unterschiedlichen Temperaturen in der Scheibe führen. Bereits eine Temperaturdifferenz innerhalb der Scheibe von 30 Grad vermag den Bruch der Scheibe herbeizuführen. Splitterbindendes Drahtglas ist thermisch besonders gefährdet, weil die Glasstruktur durch das eingelegte Gewebe gestört ist und von hier aus Kerbspannungen ausgehen. Braun eingefärbtes Drahtglas gegen Südwesten in einer Haustür ist bruchprädestiniert und sollte vermieden werden. Unterschiedliches Aufheizen von Drahtglas ist auch denkbar durch schuppenförmige Glasausbildung. Dort wird raumseitig das Drahtglas anders temperiert als im außenseitigen Überstand.

Kleinformatige Scheiben

Gefährdet sind auch kleinformatige Isolierscheiben und hier insbesondere längliche Formate. Dabei sind besonders gefährdet dann wiederum diejenigen Scheibenkonstruktionen, bei denen eine Sprossenverglasung vorgetäuscht wird durch zwischen den Scheiben eingelegte, kleine Aluminiumrahmen, deren Ränder außen durch aufgeklebte Sprossen überdeckt werden. Hier entstehen im Bereich der Aluminiumrahmen statisch »Stützmomente«, denen das Glas häufig nicht gewachsen ist. Es entstehen typische Glasbrüche.

Glasoberfläche

Gefährlich für Glas ist auch das langfristige Einwirken von Wasser, beispielsweise auf horizontal gelagerten Scheiben. Es kommt zur Bildung stark alkalischer Lösungen, die die Oberfläche des Glases angreifen. Auch Spritzer bei Schweißarbeiten oder Schleifscheiben-Funkenflug führen zu einer direkten Zerstörung der Glasoberfläche. Da Fensterglas Silicat-Anteile besitzt, ist es in der Lage, mit auf der Glasoberfläche vorhandenem Silicon eine chemische Verbindung einzugehen, die zu einer fest haftenden Schicht führt. Die Schwierigkeit, Siliconreste von der Frontscheibe zu beseitigen, ist jedem Autofahrer bekannt. Glas ist eine erhärtete Flüssigkeit und kein kristalliner Feststoff.

Die vom Bruch von Scheiben ausgehende Gefährdung kann vermindert werden, wenn man bei thermischer Belastung auf Drahtglas verzichtet und dieses durch vorgespanntes Einscheibensicherheitsglas oder Verbundglas ersetzt. Darüber hinaus sollte man jede unnötige statische oder thermische Belastung von Glas vermeiden, um die dabei immer vorhandene Bruchgefahr auszuschalten. Solche Gefahren sind gegeben durch Einbaulage, Beschattung, Bekleben, Gebäudeverformung, falschen Glaseinbau.

Die Verbindung von zwei Glasscheiben zu einer Isolierglas-Einheit geschieht durch organische Kleb- und Dichtstoffe. Diese sind in ihrem Verbund durch eine UV-Bestrahlung gefährdet, weshalb der Randverbund beschattet werden muß, insbesondere bei Stufenglas im Schrägdach-Bereich. Es sind inzwischen Dichtstoffe entwickelt worden, die einer solchen Beschattung nicht bedürfen. Das muß bei der Bestellung angegeben werden. Ein weiterer Feind für den Verbund der Scheiben zur Isolierglas-Einheit ist Feuchtigkeit, weshalb der Abstand zwischen Glasfalzgrund und Isolierglasscheibe mindestens 5 mm, besser 6 mm beträgt. In den Scheibenzwischenraum sind Trocknungsmittel eingebracht, die über Jahre hinweg ihre Wirksamkeit verlieren.

Vor Jahren rechnete man mit einer Mindeststandzeit der Scheiben von zehn Jahren, heute ist diese Zeit auf 30 Jahre ausgedehnt. Möglicherweise kann man in Zukunft von den Scheiben 50 Jahre Standzeit erwarten, ehe daß durch Eindringen von Feuchtigkeit im Scheibenzwischenraum Nebelbildung sichtbar wird.

3.2.3 Scheibeneinbau

Der Einbau der Scheiben geschieht nach den technischen Richtlinien des Glaserhandwerks sowie den technischen Informationen der Isolierglas-Hersteller. Letztere haben Vorrang, weil nur bei Einhalten dieser Vorschriften von den Isolierglas-Herstellern Gewährleistung für schadhaft gewordene Gläser übernommen wird. Die Abdichtung der Verglasung ist genormt in DIN 18545 Teil 1 bis 3 (s. auch [11]).

Klotzungsrichtlinien

Scheiben sind im Glasfalz durch Klötze festzusetzen. Über die zu verwendenden Klötze gibt es unterschiedliche Informationen der Isolierglashersteller. In der Regel soll der Klotz 10 cm lang sein, er soll 10 cm von der Glasecke entfernt sein, und er soll mindestens so breit sein wie die Scheibe selbst (und mindestens 5 mm hoch). Wegen der Belastung des unteren horizontalen Holms des Flügels sind Glaser daran interessiert, die Klötze dichter an die Scheibenecke zu legen. Zumindest muß die Belüftung offen bleiben und darf durch die Klötze nicht verschlossen werden. Gegebenenfalls sind Klotzbrücken zu verwenden. Geeignet sind Kunststoff-Klötze, durch die das Material des Isolierglas-Randverbundes chemisch nicht belastet wird. Bei schweren Scheiben – was nicht definiert ist – sind die Klotzlängen durch Anordnung mehrerer Klötze hintereinander zu vergrößern. Falsche Klotzanordnungen zeigt die Abbildung 3.3.
Die Anordnung der Klötze im Glasfalz ist abhängig von der Öffnungsart der Fenster. Aus den Klotzungsrichtlinien ist die notwendige Anzahl der Klötze und die Anordnung der Klötze im Glasfalz zu erkennen. Typische Klotzungsmöglichkeiten zeigt die Abbildung 3.4.
Die Anordnung der Klötze mit ausreichendem Randabstand von der Glasecke bereitet bei schwachen unteren, horizontalen Flügelholmen Schwierigkeiten. Dieses gilt insbesondere für die Kunststoff-Profile.
Der untere, horizontale Flügelholm muß eine ausreichende statische Stabilität in der Richtung der Scheibenebene zur Aufnahme des Glasgewichtes haben. Der horizontale Flügelholm wird auf Biegung beansprucht, maßgeblich ist die Durchbiegung. Um diese in der Toleranz zu halten, ist ein ausreichendes Trägheitsmoment

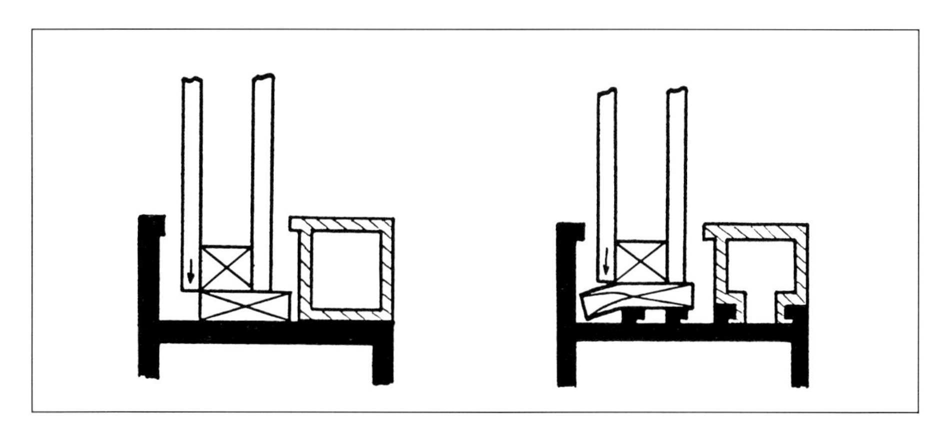

Abb. 3.3 Falsche Klotzanordnung

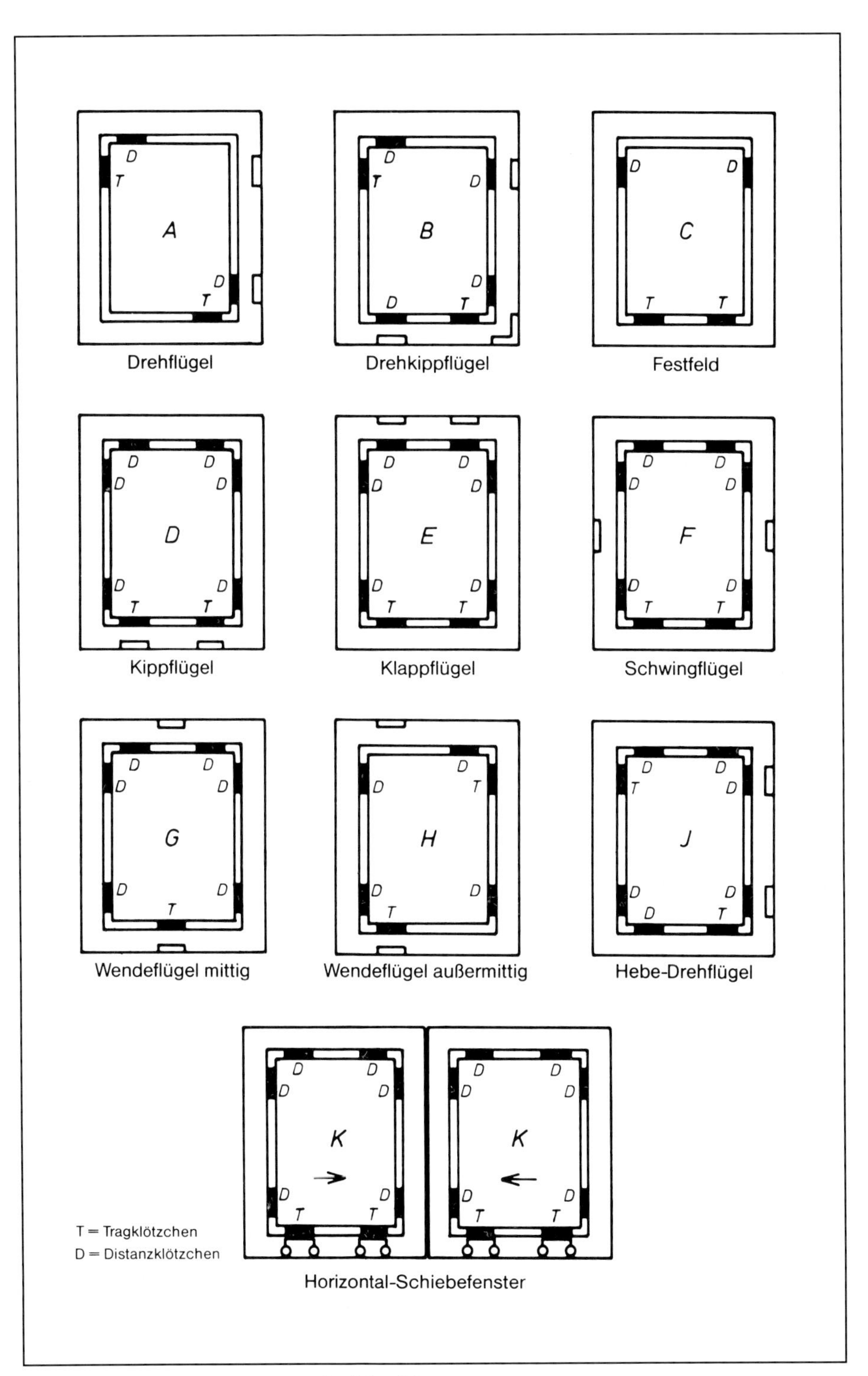

Abb. 3.4 Auszug aus den Klotzungsrichtlinien [11]

erforderlich (s. Abb. 3.7). Um aus der Tabelle zur Ermittlung des Trägheitsmomentes das erforderliche J ermitteln zu können, ist zunächst das Gewicht der Glasscheibe zu ermitteln. Als Hilfsmittel wird hier eine Glas-Gewichtsharfe (Tabelle 3.4) eingefügt. Dort ist die Gesamt-Glasdicke der Scheibeneinheit und die vorhandene Glasfläche einzusetzen. Dann kann nach dem Schema das Glasgewicht ermittelt werden.
Ist das Glasgewicht bekannt, ist ein geringer Zuschlag für den unteren, horizontalen Holm zuzuschlagen.
Aus der Scheibenbreite und dem Flügelgewicht kann dann in der Tabelle zur Ermittlung des Trägheitsmomentes ein Aluminium-Einschiebling für Kunststoff-Fenster ermittelt werden. Dabei ist der Klotz im Achsabstand 15 cm vom Rande angenommen. Ausgewertet wird die Tafel für ein PVC-Eigenträgheitsmoment von 40 cm^4. Wird statt Aluminium ein Stahleinschiebling verwendet, sind die hier ausgeworfenen Werte durch den Faktor 3 zu dividieren (im Verhältnis der Elastizitätsmoduli).
Die Anwendung dieser Tafeln soll an einem Beispiel erläutert werden. Gegeben ist ein Flügel b = 1,20, h = 1,30 m. Verglast mit 4 mm + 8 mm = 12 mm. Aus der Fläche von 1,55 m^2 und d = 12 mm ergibt sich aus der Harfe ein Gewicht von 0,48 kN. Es wird für das Eigengewicht gerundet zugeschlagen 0,07 kN. Gesamtgewicht demnach 0,55 kN. Aus der Tabelle wird ein erforderliches Trägheitsmoment einer Aussteifung aus Aluminium abgelesen für die Breite b = 1,20 und G = 0,55 kN: Das erforderliche Trägheitsmoment für senkrechte Belastung beträgt J (Alu) = 2,03 cm^4. Für eine Stahlaussteifung ist dieser Wert stets durch 3 zu dividieren. Demnach J (Stahl) = 0,70 cm^4.
Der Tabelle liegt eine zulässige Durchbiegung von 3 mm zugrunde, das ist die üblicherweise angenommene Toleranz zwischen Flügel und Rahmen.

Tabelle 3.4 **Glas-Gewichtsharfe zur Ermittlung des Glasgewichtes aus Glasdicke und Glasfläche**

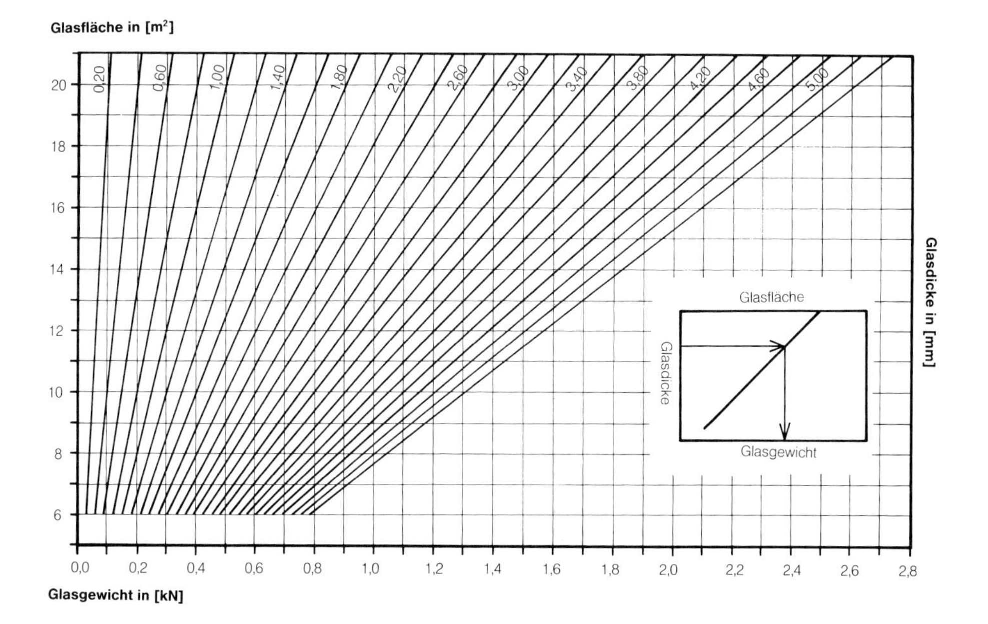

3.2.4 Scheibenabdichtung

Verglast wird entweder mit Dichtstoff oder mit Dichtprofilen.
Bei Anwendung von ***Dichtstoffen*** ohne vollsatte Falzraumausfüllung wie auch bei Verglasung mit ***Dichtprofilen*** ist für die Belüftung des Glasfalzes zu sorgen. Dabei sind im unteren horizontalen Falz mindestens drei Öffnungen erforderlich, die keinen größeren Abstand gegeneinander als 60 cm haben dürfen, wobei die Eck-Öffnungen weniger als 10 cm von der Ecke des Glasfalzes anzuordnen sind. Entweder sind Rundlöcher mit mindestens 8 mm Durchmesser oder 5 × 15 mm Schlitze anzuordnen, die bei richtiger Klotzung durch die Klötze nicht abgedeckt werden. Im Glasfalz-Grund vorhandene Stege sind zu durchbrechen, und die Öffnungen müssen an den tiefsten Stellen angeordnet werden, wobei die Ränder zu entgraten sind. Wird der Glasfalz in eine Vorkammer belüftet, dann muß die Belüftung der Vorkammer 5 cm gegenüber der Belüftung des Glasfalzes voneinander seitlich versetzt sein. Der Wasserkanal muß 8 bis 10 mm breit und 3 bis 5 mm hoch sein.
Es wird dringend empfohlen, in den oberen Ecken des Glasfalzes je eine Öffnung zur weiteren Belüftung vorzusehen, wie es die Abbildung 3.5 zeigt. Seitliche Belüftungen sind dann zweckmäßiger, wenn bei ablaufendem Regen die Gefahr bestehen kann, daß von oben Wasser über die Belüftungsöffnungen in den Glasfalz einzudringen vermag. Früher wurden diese Dampfdruckausgleich-Öffnungen fälschlich als Entwässerungs-Öffnungen des Glasfalzes bezeichnet. Richtig ist jedoch die Forderung dahingehend, daß die Verglasung zwischen Flügel und Scheibe so dicht sein soll, daß es zu keinem Wassereintritt kommt.
Bei Holzfenstern ist in Ausnahmefällen möglich, den Glasfalz-Grund vollständig mit Dichtstoff auszufüllen.
Diese Lösung ist besser als eine nicht funktionierende Belüftung des Glasfalz-Grundes, was bei Holzfenstern häufig anzutreffen ist.

3.2.5 Verglasung

3.2.5.1 Trockenverglasung

Bei ***Trockenverglasung*** wird gefordert, daß die Stöße der Dichtungslippen in den Ecken auf der Wetterseite und bei Feuchträumen auch auf der Raumseite durch Vulkanisieren, Kleben oder Schweißen oder eine sonstige geeignete Maßnahme abzudichten sind. Unzulässig ist ein Gehrungsschnitt unter 45 Grad, wobei auf diese Schnittkante ein Tropfen Dichtstoff aufgesetzt wird. Dieser drückt die Scheibe von der Dichtlippe ab und fördert das Eindringen von Wasser in den Falzgrund.
Trotz bester Absicht wird es nicht immer möglich sein, diese Absolutforderung auf eine wasserdichte Verglasung stets durchsetzen zu können. So kommt es aus den Toleranzen von Rahmen, Glas und Dichtprofilen zu mehr oder weniger starkem Andruck der Dichtungslippen an das Glas. Hinzu kommen Pumpbewegungen aus Windbelastung, wodurch Feuchtigkeit in den Glasfalzgrund eingezogen wird. Deshalb ist der Belüftung des Glasfalz-Grundes bei dichtstoffreiem Glasfalz oder bei Dichtlippen-Verglasung hohe Aufmerksamkeit zu widmen.
Für den Einstand des Glases sind die in Tabelle 3.6 angegebenen Maße zu beachten.
Um die Verglasung zu vereinfachen, wird verschiedentlich bei Glashalteleisten aus Kunststoff die innere Dichtungslippe anextrudiert.

Tabelle 3.5 **Tabelle zur Ermittlung des Trägheitsmomentes J [cm⁴] eines Aluminium-Einschieblings in ein PVC-Hohlkammer-Profil**

Flügelgewicht G in [kN]

Flügelbreite in [cm]	0,35	0,40	0,45	0,50	0,55	0,60	0,65	0,70	0,75	0,80	0,85
65											0,06
70									0,11	0,21	0,32
75							0,12	0,24	0,35	0,47	0,59
80					0,07	0,21	0,34	0,40	0,61	0,75	0,83
85				0,12	0,27	0,43	0,50	0,74	0,89	1,04	1,20
90			0,14	0,31	0,49	0,66	0,83	1,01	1,18	1,36	1,53
95		0,13	0,32	0,52	0,71	0,91	1,10	1,30	1,49	1,69	1,88
100	0,03	0,30	0,52	0,74	0,95	1,17	1,39	1,60	1,82	2,04	2,25
105	0,25	0,49	0,73	0,97	1,20	1,44	1,68	1,92	2,16	2,40	2,64
110	0,42	0,68	0,97	1,21	1,47	1,73	2,00	2,26	2,52	2,79	3,05
115	0,59	0,88	1,17	1,46	1,74	2,03	2,32	2,61	2,90	3,19	3,48
120	0,77	1,09	1,40	1,72	2,03	2,35	2,66	2,98	3,29	3,61	3,92
125	0,97	1,31	1,65	1,99	2,33	2,68	3,02	3,36	3,70	4,04	4,39
130	1,17	1,54	1,91	2,28	2,65	3,02	3,39	3,76	4,13	4,50	4,87
135	1,37	1,77	2,17	2,57	2,97	3,37	3,77	4,17	4,57	4,97	5,37
140	1,59	2,02	2,45	2,88	3,31	3,74	4,17	4,60	5,03	5,46	5,90
145	1,81	2,27	2,73	3,20	3,66	4,12	4,59	5,05	5,51	5,97	6,44
150	2,04	2,54	3,03	3,53	4,02	4,52	5,01	5,51	6,00	6,50	7,00

3.2.5.2 Verglasung mit Dichtstoffen

Holzfenster kann man ohne Vorlegeband verglasen, wenn der ***Falzraum belüftet*** wird und die Ausfalzung längs der Scheibe den hier geforderten Abmessungen entspricht [6].
Bei klimatisierten Räumen oder bei Räumen, die aus anderen Gründen (Rechner) vor Staubeinwirkung geschützt werden müssen, gibt es die Forderung, die Glasfalzdichtungen raumseits luftdicht auszuführen. Das ist immer dann notwendig, wenn in den Räumen geringfügiger Luftüberdruck erzeugt wird, um das Eindringen von Staub durch Luft von außen zu verhindern.
Wird der Glasfalz dann nicht luftdicht abgedichtet, gelangt warme Raumluft in den Glasfalz. Die Warmluft kühlt sich ab, und das in Luft gelöste Wasser schlägt sich als Wasserdampf im Falz nieder. Bei Schrägverglasungen wird die äußere Glasabdichtung stark beansprucht. Sich hier in Vertiefungen der Verglasung sammelndes, schwach saures Regenwasser wird durch die Verdunstung des Wassers zu einer aggressiven Säure. Ferner kann es durch ungünstige Addition der Toleranzen von Rahmen und Scheibe sowie Dichtlippe zu nicht ausreichend angedrückten Dichtlippen kommen. In solchen Fällen ist es ratsam, von der Dichtlippen-Verglasung abzugehen und eine handwerklich sauber ausgeführte Dichtstoff-Verglasung vorzunehmen, wobei insbesondere auf den Verbund der Dichtstoffe mit Rahmen und Glas geachtet werden muß. Ausreichende Fugenbreite ist notwendig, um Dichtstoff fachgerecht einbringen zu können. Profilierte Flügelsysteme aus Kunststoff oder Metall sind bei solchen Verglasungen durch ein profiliertes Vorlegeband so auszugestalten, daß die Dichtstoff-Verglasung nach DIN 18 545 und der Tabelle zur Ermittlung der Beanspruchungsgruppen zur Verglasung von Fenstern vorgenommen werden kann.

(Berücksichtigt wird ein PVC-Eigenträgheitsmoment von 40 cm^4. Die Tabelle ist ausgelegt für den Klotzungs-Achsabstand 15 cm vom Rande.)

0,90	0,95	1,00	1,05	1,10	1,15	1,20	1,25	1,30	1,35	1,40	1,45	1,50
0,15												
0,42	0,52	0,63	0,73									
0,71	0,83	0,95	1,07	1,19								
1,02	1,16	1,21	1,43	1,57	1,70	1,84	1,98	2,11				
1,35	1,51	1,66	1,82	1,97	2,13	2,28	2,44	2,59	2,74	2,90		
1,71	1,88	2,05	2,23	2,40	2,58	2,75	2,92	3,10	3,27	3,45		
2,08	2,27	2,47	2,66	2,86	3,05	3,25	3,44	3,64	3,83	4,02	4,22	
2,47	2,69	2,90	3,12	3,33	3,55	3,77	3,98	4,20	4,42	4,63	4,85	5,07
2,88	3,12	3,36	3,60	3,84	4,08	4,32	4,56	4,80	5,04	5,27	5,51	5,75
3,31	3,58	3,84	4,10	4,37	4,63	4,89	5,16	5,42	5,68	5,95	6,21	6,47
3,76	4,05	4,34	4,63	4,92	5,21	5,50	5,78	6,07	6,36	6,85	6,94	7,23
4,24	4,55	4,87	5,18	5,50	5,81	6,13	6,44	6,75	7,07	7,38	7,70	8,01
4,73	5,07	5,41	5,76	6,10	6,44	6,78	7,12	7,47	7,81	8,15	8,49	8,83
5,24	5,61	5,98	6,35	6,72	7,03	7,46	7,83	8,21	8,58	8,95	9,32	9,69
5,77	6,17	6,57	6,97	7,37	7,77	8,17	8,57	8,97	9,37	9,77	10,17	10,57
6,33	6,76	7,19	7,62	8,05	8,48	8,91	9,34	9,77	10,20	10,63	11,06	11,50
6,90	7,36	7,82	8,29	8,75	9,21	9,67	10,14	10,60	11,06	11,52	11,99	12,45
7,49	7,99	8,48	8,98	9,47	9,97	10,46	10,96	11,46	11,95	12,45	12,94	13,44

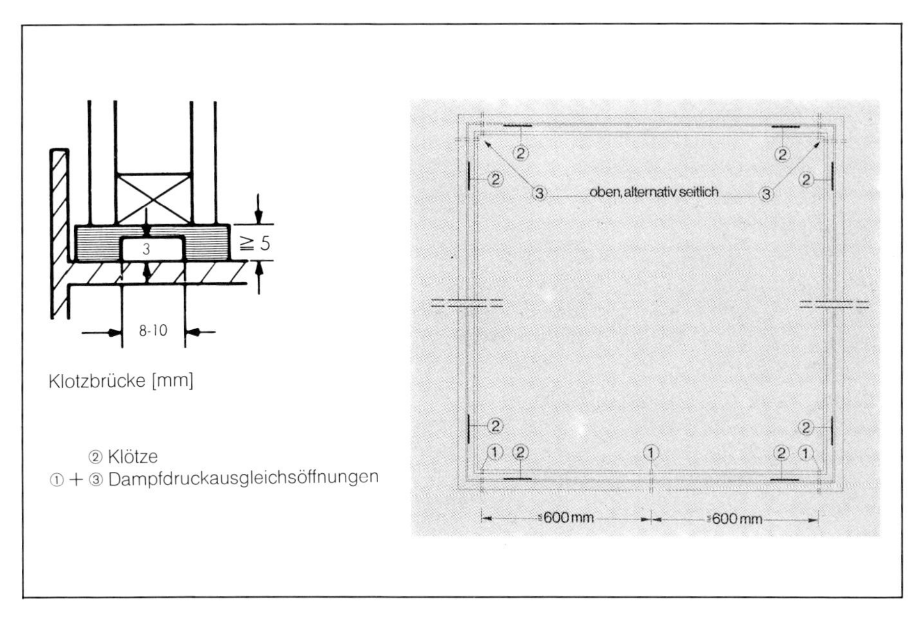

Abb. 3.5 Falzraumbelüftung

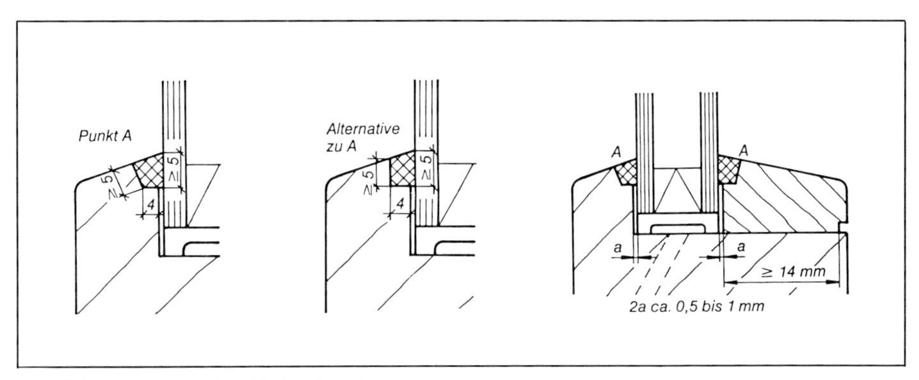

Abb. 3.6 Verglasung ohne Vorlegeband

Glashalteleisten sind grundsätzlich raumseits und nur unter bestimmten Voraussetzungen – bei Schaufenstern oder Schwimmbädern oder ähnlichen Bauwerken – außen zugelassen. Glashalteleisten müssen für den Reparaturfall abnehmbar sein, damit jede Verglasungseinheit für sich ausgewechselt werden kann. Wird die Glashalteleiste mechanisch durch Verschraubung gegen die Scheibe gepreßt, so spricht man von ***Druckverglasung.*** Gläser sind in der Regel ausgelegt für einen zugelassenen Anpreßpunkt bis zu 50 N/cm Sondergläser.
Von Gläsern darf auf die Benutzer oder Dritte keine Gefahr ausgehen. Deshalb ist in Brüstungen oder bei Schrägverglasung entsprechendes ***Sicherheitsglas,*** zweckmäßig Verbund-Sicherheitsglas, weniger gut Drahtglas, einzusetzen.
Gläser als Füllungen von Brüstungen sind hoher Belastung ausgesetzt. Verlangt wird der Nachweis für weichen und harten Stoß, nachlesbar in den Erlassen der Bundesländer. Für Glas sind diese Nachweise häufig schwer oder gar nicht komplett zu erbringen. Sie werden dann durch den Pendelschlag-Versuch ersetzt. In jedem Fall ist das Erbringen dieser Nachweise wie auch die Erstellung einer notwendigen Statik Teil der Planung und vor Auftragsvergabe zu klären.
Sondergläser sind für ***Schallschutz*** erhältlich, andere als ***Brandschutzgläser.*** Da Fenster und Türen immer auch Schwachstellen für ungebetenen Zugang zum Gebäude darstellen, trägt die Industrie dem Sicherheitsbedürfnis Rechnung durch ein ***Isolier-Sicherheitsglas,*** welches für den Einzelfall entsprechend einer vermuteten Beanspruchung ausgewählt werden kann. Zweckmäßig ist die Anordnung einer ***Verbundsicherheits-Innenscheibe*** bei kleineren Häusern. Abseitig gelegene Häuser sollten den Überwindungszeitraum vergrößern und der Durchwurfhemmungs-Klasse A 1 nach DIN 52 290 Teil 4 entsprechen. Eine Steigerung der Durchwurfhemmung wird erreicht durch die Klasse A 3. Daran schließen dann schon bald Scheiben aus dem Bankenbereich, die eine durchschußhemmende Wirkung besitzen, an.
Übrigens muß Schallschutz nicht teuer sein. Deutlich unterschiedliche Glasdicken, große Glasabstände und dichte Fugen sind preiswerte Investitionen mit guten Ergebnissen. Es müssen nicht immer Sondergläser sein.

Tabelle 3.6 **Falzabmessungen nach [11, Nr. 17]**
(Die eingebaute Scheibe darf im Falz nicht eingespannt sein, 0,5 bis maximal 1 mm muß als Luftspalt zwischen Rahmen und Glas verbleiben. Keinesfalls kann durch eine einfache Dreikant-Dichtungsfase längs der Glasscheibe die Forderung dieser Richtlinie erfüllt werden. So zu verglasen wäre falsch.)

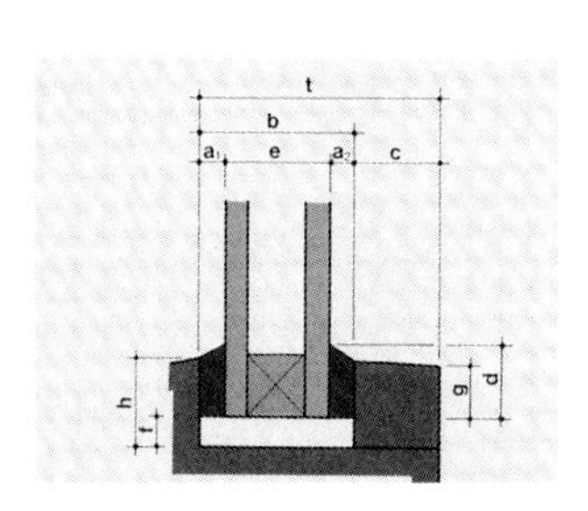

a = Mindestdicken der Dichtstoffvorlagen a_1 und a_2 an der engsten Stelle gemäß DIN 18 545. Bei Dichtprofilen ergibt sich „a" aus dem jeweiligen Profilquerschnitt.

Lange Seite der Verglasungseinheit Maße in cm	Werkstoff des Rahmens				
	Holz	Kunststoff Oberfläche hell	Kunststoff Oberfläche dunkel	Metall Oberfläche hell	Metall Oberfläche dunkel
	Dichtstoffvorlage a_1 und a_2 in mm				
bis 150	3	4	4	3	3
über 150 bis 200	3	5	5	4	4
über 200 bis 250	4	5	6	4	5
über 250 bis 275	4	–	–	5	5
über 275 bis 300	4	–	–	5	–
über 300 bis 400	5	–	–	–	–

Die Dicke der inneren Dichtstoffvorlage darf bis zu 1 mm kleiner sein. Nicht angegebene Werte sind im Einzelfall mit dem Dichtstoffhersteller zu vereinbaren.

b = Glasfalzbreite	Elementdicke e + Dichtstoffvorlagen a_1 und a_2
c = Auflagebreite der Glashalteleiste	bei Holz mind. 14 mm, bzw. 12 mm wenn vorgebohrt und geschraubt
d = Glasrandabdeckung	$\geqq$ 14 mm (bzw. bei Modellscheiben $\geqq$ 16 mm) $\leqq$ 25 mm
e = Elementdicke	Glasdicken + Scheibenzwischenraum (SZR)
f = Glasfalzraum (Klotzdicke)	CUDO $\geqq$ 5 mm, GADO 3 mm
g = Glaseinstand	ca. 2/3 der Glasfalzhöhe, max. 20 mm
h = Glasfalzhöhe	mind. 18 mm bis 250 cm Kantenlänge, darüber mind. 20 mm
t = gesamte Falzbreite	b + Auflagebreite der Halteleiste c

Die Produkttoleranzen sind bei der Festlegung der Glasfalzbreite „b" zu berücksichtigen!

Tabelle 3.7 Ermittlung der Beanspruchungsgruppen zur Verglasung von Fenstern

Beanspruchungsgruppen		1	2
Verglasungssysteme nach DIN 18 545 Teil 3[1] Schematische Darstellung			
Kurzzeichen		Va 1	Va 2
Beanspruchung aus			
Bedienung		Zuordnung über die Öffnungsart	
		Festverglasung, Drehfenster, Drehkippfenster	
Umgebungseinwirkung		Zuordnung über Einwirkung von	
Scheibengröße		Zuordnung über Rahmenmaterial,	
Rahmenmaterial	Dichtstoffvorlage		
Aluminium Aluminium-Holz Stahl	3 mm		Farbton hell dunkel
	4 mm		hell dunkel
	5 mm		hell dunkel
Holz	3 mm	Kantenlänge bis 0,80 m	bis 1,00 m
	4 mm		
	5 mm		
Kunststoff	4 mm		Farbton hell dunkel
	5 mm		hell dunkel
	6 mm		dunkel
Scheibengröße		Belastung der Glasauflage in	
Gebäudehöhe	Lastannahme	Scheibengröße bis 0,5 m^2	bis 0,8 m^2
8 m	0,60 kN/m^2	Belastung bis 0,16 N/mm	bis 0,22 N/mm
20 m	0,96 kN/m^2	bis 0,25 N/mm	bis 0,35 N/mm
100 m	1,32 kN/m^2	bis 0,35 N/mm	bis 0,50 N/mm

(Erklärungen zu den Kurzzeichen: Va 1: Verglasungssystem mit freier Dichtstoffase, Va 2 bis Va 5 und Vf 3 bis Vf 5: Verglasungssysteme mit Glashalteleisten an Holzfenstern)

3	4	5
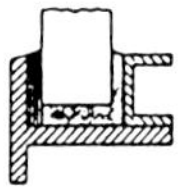 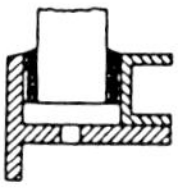	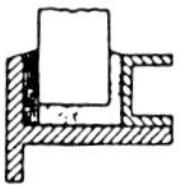 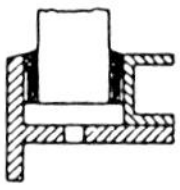	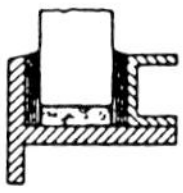 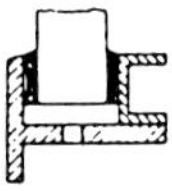
Va 3 Vf 3	Va 4 Vf 4	Va 5 Vf 5
Schwingfenster, Hebefenster und Fenster mit vergleichbarer Beanspruchung		
der Raumseite		
		Feuchtigkeit
		Mechanische Beschädigung
Kantenlänge und Dichtstoffvorlage		
Kantenlänge bis 0,80 m	bis 1,00 m	bis 1,50 m
bis 0,80 m	bis 1,00 m	bis 1,50 m
bis 1,50 m	bis 2,00 m	bis 2,50 m
bis 1,25 m	bis 1,50 m	bis 2,00 m
bis 1,75 m	bis 2,25 m	bis 3,00 m
bis 1,50 m	bis 2,00 m	bis 2,75 m
bis 1,50 m	bis 1,75 m	bis 2,00 m
bis 1,75 m	bis 2,50 m	bis 3,00 m
bis 2,00 m	bis 3,00 m	bis 4,00 m
Kantenlänge bis 0,80 m	bis 1,00 m	bis 1,50 m
bis 0,80 m	bis 1,00 m	bis 1,50 m
bis 1,50 m	bis 2,00 m	bis 2,50 m
bis 1,25 m	bis 1,50 m	bis 2,00 m
bis 1,50 m	bis 2,00 m	bis 2,50 m
Abhängigkeit der Gebäudehöhe		
bis 1,8 m^2	bis 6,0 m^2	bis 9,0 m^2
bis 0,35 N/mm	bis 0,70 N/mm	bis 0,90 N/mm
bis 0,55 N/mm	bis 1,10 N/mm	bis 1,40 N/mm
bis 0,75 N/mm	bis 1,50 N/mm	bis 1,90 N/mm

Quelle: Institut für Fenstertechnik e.V., Rosenheim (4.83)

Tabelle 3.8 **Schallschutzklassen von Fenstern**

Schall-schutz-klasse	Schall-isolations-index I_a	Orientierende Hinweise auf Konstruktions-merkmale von Fenstern ohne Lüftungseinrichtungen
6	≧ 50 dB	Kastenfenster mit getrennten Blendrahmen, besonderer Dichtung, sehr großem Scheibenabstand und Verglasung aus Dickglas
5	45–49 dB	Kastenfenster mit besonderer Dichtung, großem Scheibenabstand und Verglasung aus Dickglas; Verbundfenster mit entkoppelten Flügelrahmen, besonderer Dichtung, Scheibenabstand über ca. 100 mm und Verglasung aus Dickglas
4	40–44 dB	Kastenfenster mit zusätzlicher Dichtung und MD-Verglasung; Verbundfenster mit besonderer Dichtung, Scheibenabstand über ca. 60 mm und Verglasung aus Dickglas
3	35–39 dB	Kastenfenster ohne zusätzliche Dichtung und mit MD-Glas; Verbundfenster mit zusätzlicher Dichtung, üblichem Scheibenabstand und Verglasung aus Dickglas; Isolierverglasung in schwerer, mehrschichtiger Ausführung; 12 mm Glas, fest eingebaut oder in dichten Fenstern
2	30–34 dB	Verbundfenster mit zusätzlicher Dichtung und MD-Verglasung; Dicke Isolierverglasung, fest eingebaut oder in dichten Fenstern; 6 mm Glas, fest eingebaut oder in dichten Fenstern
1	25–29 dB	Verbundfenster ohne zusätzliche Dichtung und mit MD-Verglasung; Dünne Isolierverglasung in Fenstern ohne zusätzliche Dichtung
0	≦ 24 dB	Undichte Fenster mit Einfach- oder Isolierverglasung

3.3 Rahmenmaterial

Für das Rahmenmaterial wird überwiegend Holz, Kunststoff oder Leichtmetall verwendet. Auch Kombinationen sind denkbar.

3.3.1 Holz

Bei Holz kommen Fichte, Kiefer, Lärche oder Tanne aus einheimischen Beständen zur Anwendung. Gekennzeichnet ist ***Fichten***holz dadurch, daß es praktisch nicht bläueanfällig ist, wogegen sich im Holz vorhandene Äste leicht lösen. ***Kiefern***holz ist bläueanfällig, neigt jedoch nicht zum Verlust von Ästen. Bei Kiefern ist Harzaustritt zu erwarten, weshalb dieses Holz für eine dunkle Beschichtung ungeeignet ist. Die ***Tanne*** zeigt ähnliche Eigenschaften wie die Fichte. ***Lärchen***holz ist schädlingsgefährdet und mäßig witterungsfest.
Bei den exotischen Hölzern ist ***Sipo*** – häufig fälschlich als Sipo-Mahagoni bezeichnet – weit verbreitet. Es gehört zur Familie meliacea, ist jedoch kein echtes Mahagoni-Holz, obwohl DIN 68 364 die irreführende Bezeichnung Sipo-Mahagoni verwendet. Das Holz ist widerstandsfähig gegen Pilze und Insekten und witterungsfest. Nachteilig können Holzinhaltstoffe sein.
Red Meranti ist ein rotbraun gefärbtes Laubholz mit mäßiger Witterungsfestigkeit und zuweilen von mäßiger Widerstandsfähigkeit gegen Insekten.
Allen exotischen Hölzern eigen ist der geringe Astanteil.
Detaillierte Auskünfte über sonst denkbare Hölzer und ihre Eigenschaften sind von der Arbeitsgemeinschaft Holz in Düsseldorf zu erhalten.
Nadelhölzer bedürfen einer ***Imprägnierung,*** Holzschutzmittel müssen nach DIN 68 800 für Fensteranstriche geeignet sein. Vor dem Einbau der Fenster ist darauf zu achten, daß keine unbehandelten Flächen vorhanden sind, die nach dem Einbau nicht mehr durch ausreichende Beschichtung geschützt werden können. Hier reicht ein Grundanstrich nicht aus, zweckmäßig ist ein Schichtenaufbau hin bis zum Lakkieren.
Der ***Oberflächenschutz*** ist für das Holzfenster zwingend notwendig, wobei ein dekkender, weißer Anstrich eine wirtschaftliche Lösung sein kann. Eine mit ausreichendem Pigmentanteil versehene Lasur bei einer Schichtdicke von ca. 60 µm bildet einen ausreichenden UV-Lichtschutz. Farblose Beschichtung oder nur eine leichte Pigmentierung bedeutet für das Holz keinen ausreichenden Schutz, das Holz vergraut.
Holzschutzmittel sind vorrangig als Insektenschutz zu sehen, denn Insektenbefall kann durch konstruktive Maßnahmen nicht vermieden werden. Ein Pilzbefall kann durch konstruktive Maßnahmen eingeschränkt werden und ist nur zu befürchten, wenn auf Dauer das Holz eine Feuchtigkeit von mindestens 20 % besitzt. Gegen Fäulnis, Schwamm und Holzwürmer imprägniert man das Holz, wogegen eine Grundierung vornehmlich als vorbeugender Schutz gegen holzverfärbenden Bläuepilz angewandt wird (s. Band 4).
Die Anstriche von Fenstern und Außentüren werden je nach Material und Beanspruchung einer Anstrichgruppe zugeordnet (s. Tabelle 3.9). Es wird dringend empfohlen, den Vorschriften der Beschichtungshersteller zu folgen.
Die Anstriche auf Fenstern und Außentüren werden in folgende Gruppen eingeteilt:

Tabelle 3.9 **Anstrichgruppen für Fenster und Außentüren**

Oberflächenschutz			Lasuranstrich			Deckender Anstrich		
Holzartengruppe			I	II	III	I	II	III
Beanspruchung	Farbton							
Außenraumklima (indirekte Bewitterung)	ohne Einschränkung	1	A	A	A	C	C	C
Freiluftklima bei normaler direkter Bewitterung	hell	2	/	/	/	C	C	C
	mittel	3	B	B	B	C	C	C
	dunkel	4	B	B	B	C	C	C
Freiluftklima bei extremer direkter Bewitterung	hell	5	/	/	/	C	C	C
	mittel	6	/	B	B	C	C	C
	dunkel	7	/	B	B	/	C	C

Erstanstrich: E Renovierungsanstrich: R Überholungsanstrich: RÜ Erneuerungsanstrich: RE

Ergibt sich eine Anstrichgruppe in einem weißen Feld, so gelten die Empfehlungen mit der Einschränkung, daß durch Harzfluß und/oder Rißbildungen im Holz und in den Rahmenverbindungen eine Beeinträchtigung der Oberfläche und des Anstriches auftreten kann (siehe hierzu auch DIN 68360 Teil 1).

Anwendungsbeispiel:

Für ein Wohngebäude mit 3 Geschossen in exponierter Hanglage ist der Einbau von Holzfenstern aus Fichte vorgesehen. Es muß mit direkter Sonneneinstrahlung und starker Schlagregenbelastung gerechnet werden. Die Fenster sollen mit dunklem deckenden Anstrich behandelt werden.

1. Ausführung:	Erstanstrich	→ E
2. Holzart:	Fichte	→ Holzartengruppe II
3. a Klima	Exponierte Hanglage mit direkter Sonneneinstrahlung und starker Schlagregenbelastung	→ Zeile 7
b Farbton:	Dunkel	
4. Art des Anstriches:	Deckend	→ Gruppe C

Erforderliche Anstrichgruppe: Anstrich entsprechend Anstrichgruppentabelle IFT: C 7/II–E

Holzfenster bedürfen einer Wartung der Beschichtung, die in Intervallen von zwei bis drei Jahren Ausbesserungen und Überholungsanstriche fordert. Eine globale Angabe über die Intervalle und den dabei erforderlichen Aufwand kann es nicht geben, da derartige Hölzer vom Wetter unterschiedlich beansprucht werden.

Holz für Fenster hat den Gütebedingungen von DIN 68360 zu entsprechen, wobei insbesondere Kern-, Wind- und Frostrisse wie auch Wurmfraß oder Bläue unzulässig sind. Bei deckend beschichteten Fenstern sind Kettendübel von mehr als zwei Dübeln wie Äste in Sprossen oder am Überschlag oder in Verbindungsstellen unzulässig. Bei nicht deckend beschichteten Fenstern sind Kettendübel überhaupt unzu-

lässig. Bei exotischen Hölzern ist Wurmfraß in geringem Umfang zulässig, da eine weitere Zerstörung bei hiesigem Klima nicht zu erwarten ist. Bei nicht deckend beschichteten Fenstern sind ausgebohrte und ausgedübelte Äste nur zulässig an nicht sichtbaren Flächen.
Die Anwendung von Keilzinken ist nur dann vorzunehmen, wenn diese Bauweise zuvor vereinbart wurde. Hier darf der Feuchtigkeitsgehalt nicht größer als 2% sein, im übrigen darf er 4% nicht übersteigen.
Für die Verbindung der Hölzer mit Klebstoffen gilt DIN 68602.

3.3.2 Kunststoff

Bei Kunststoff-Fenstern wird weitaus überwiegend hochschlagzähes PVC nach DIN 7748 verwendet. Zu den Kunststoff-Fenstern gehören nicht solche, bei denen ein Metallkern mit dünnwandigem Kunststoff überzogen ist. Da PVC nur ein Elastizitätsmodul von 2500 N/mm^2 hat, sind Fenster ohne Aussteifung nur bei kleinen Größen herstellbar. Die Stabilität erreichen PVC-Hohlkammerprofile durch Metallaussteifungen. Diese sind einzulegen nach Werksvorschrift des Profilherstellers (firmenneutral [12]).
Das PVC ist wegen seines Chlor-Anteils ins Gerede gekommen und auch wegen seiner Stabilisatoren. Vielerorts wird der Einsatz verboten. Hingewiesen wird auf die angeblich mangelhafte Recycling-Möglichkeit. Dieses Argument trifft nicht zu, denn von allen möglichen Fenstermaterialien ist das Kunststoff-Fenster am leichtesten demontierbar, und das Material kann bis zu 97% im Recycling-Verfahren wiederverwendet werden.
Weiße PVC-Fenster sind aus hochschlagzähem PVC problemlos und wartungsarm, dunkles Rahmenmaterial ist problembehaftet.
Voll durchgefärbtes PVC neigt zum Vergrauen, fälschlich als »Auskreiden« bezeichnet. Dieses Vergrauen wird durch die Blei-Barium- oder Cadmium-Stabilisierung hervorgerufen (oder durch eine Kombination dieser Bestandteile). Voll durchgefärbte Profile ohne besondere Oberflächenbehandlung sind praktisch nur in Kenntnis dieser Vergrauungsgefahr zumutbar, wenn das nicht stört.
Bei Einsatz von Organo-Zinnstabilisierungen würde das Profil unwirtschaftlich teuer. Deshalb wird es als Dekorschicht 2 mm dick in Koextrusion auf einem weißem Grundkörper hergestellt. Statt dieses Organo-Zinn-stabilisierten PVC kann aus Acryl (PMMA = Polymethylacrylat) in Koextrusion aufgezogen werden, wobei jedoch die Schichtdicke 0,7 mm nicht überschreiten darf. Andernfalls neigt das Profil zu Versprödung. Die Gefährdung des Materials liegt im Acryl, welches für spannungsauslösende Mittel wie Alkohol, Benzol oder Nitrolacke wie auch für Spiritus empfindlich ist. Die Oberfläche würde rauh und läßt sich dann schlecht reinigen. Mit Acryl vertragen sich auch nicht alle Dichtstoffe.
Einen Schritt weiter, die Schichtdicke auf 0,2 mm reduziert, findet man kaschierte Profile, wobei auf einer PVC-Grundfolie mit lichtechten Pigmenten und einem schwarzen Holzdekor-Aufdruck eine warmgeprägte Acrylfolie aufgezogen wird. Solche Folien sind auch aus anderen Baubereichen wie der Beschichtung von Metall-Garagentoren bekannt.
Noch einen Schritt weiter findet man bedruckte Profile, wobei diese Beschichtung das Dünnste ist, was man überhaupt vorfindet.
Allgemein verbindliche Richtlinien findet man nur in den ergänzenden Hinweisen für farbige Fensterprofile aus PVC hart, herausgegeben 1986 durch die Fachgruppe Fenster-, Rolladen- und Bauprofile aus Kunststoff. Außerdem ist zu beachten: Merkblatt Nr. 22 des Bundesausschusses Farbe und Sachwertschutz, Frankfurt (Main),

Speierstraße 3, aus Dezember 1984. Der Marktanteil liegt zwischen 10 und 15 % und schwankt stark zwischen einer weiten Verbreitung im Süden und einer geringen Verbreitung im Norden. Die bei weißen Kunststoff-Fenstern vorgeschriebenen Einbauanweisungen, die dort häufig nicht sorgfältig eingehalten werden, sind bei dunklen Profilen peinlich genau einzuhalten, das gilt auch für den Einbau gegenüber dem Bauwerk. Bei starker Erwärmung gelangt die Masse in die Nähe des Erweichungspunktes von 65 bis 80 °C.

PVC-Hohlkammerprofile

Den wesentlichen Marktanteil bestreiten bei Kunststoff-Fenstern die Hohlkammerprofile aus PVC-hochschlagzäh. PUR-Profile oder armierte Betonprofile mit Kunststoffüberzug haben nur einen geringen Marktanteil.
Die Systeme werden nach der Zahl der von außen nach innen durchschrittenen Kammern benannt, wobei das ***Zweikammersystem*** mit der außen angeordneten Vorkammer die weitaus überwiegende Verbreitung findet.
Gezeigt wird in Abbildung 3.7 b der Querschnitt durch ein typisches Zweikammersystem, wobei unterschiedlich einrastende und breite Glashalteleisten sich der Dicke der Scheibe anpassen. Die Abdichtung zwischen Flügel und Rahmen geschieht durch eine am Rahmen befestigte ***Mitteldichtung*** und eine zusätzlich am Flügel befestigte ***Innendichtung.***
Neben dem PVC-hart mit dem größten Marktanteil werden Kunststoff-Profile auch angeboten aus PUR-Hartschaum oder PVC-Profile mit einem duroplastischen Kernmaterial. Bei ***Hohlkammerprofilen*** ist es sinnvoll, schwere Flügel über die Beschläge an den Metalleinschieblingen zu befestigen. Zumindest müssen die Bänder über mehrere Wandungen ihre Kraft in das Rahmenprofil einleiten. Für die Aussteifung kommt Aluminium oder Stahl in Frage, wobei insbesondere bei Stahl-Armierung darauf zu achten ist, daß die Armierungskammern nicht durch Entwässerungsöffnungen angebohrt werden. Die Forderungen der Kunststoff-Profilgeber dahingehend, die verzinkten Stahlprofile an den Schnittstellen gegen Rostbildung zu beschichten, ist zwar richtig, in der Praxis jedoch wenig verbreitet.

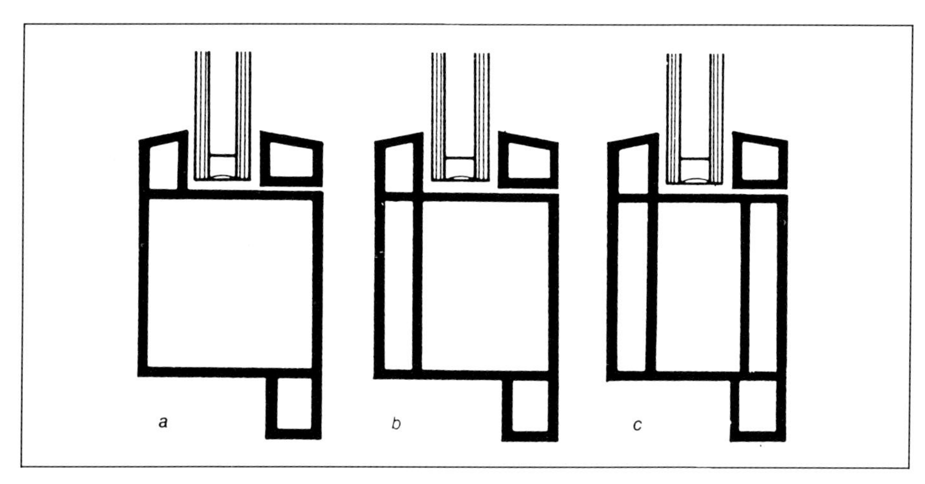

Abb. 3.7 Kammerausbildung beim Flügel: a) Einkammersystem, b) Zweikammersystem, c) Dreikammersystem

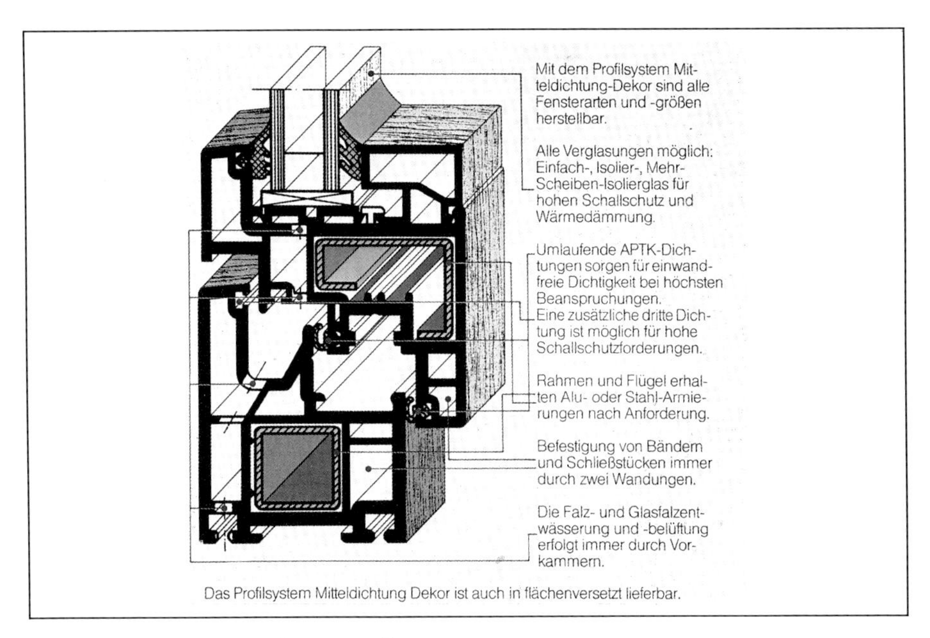

Abb. 3.8 Beispiel eines Mehrkammerprofils

3.3.3 Aluminium

Aluminium ist ein guter Wärmeleiter, weshalb bei Fenstern praktisch nur noch wärmegedämmte Profile eingesetzt werden können, obwohl nach der WärmeschutzV ungedämmtes Aluminium beschränkt noch eingesetzt werden kann. Ungedämmte Profile neigen zur Schwitzwasserbildung, sie sind nicht mehr Stand der Technik. Die Dämmung geschieht durch Kunststoff-Stege. Der senkrechte Schnitt durch den Fußpunkt einer Schiebetür zeigt das Profil HUECK AS 70 J.
Von Bedeutung ist die Wärmedämmung bei der Einteilung der Fenster oder Fenstertüren in die Rahmenmaterial-Gruppe nach DIN 4108 Teil 4, Tabelle 3.
Der Rahmenmaterialgruppe 1 werden Fenster aus Holz und Kunststoff zugeordnet, wobei Metall in Kunststoff-Fenstern ausschließlich der statischen Stabilisierung dienen darf. In der Gruppe 2 sind als Untergruppe 2.1 bis 2.3 wärmegedämmte Aluminiumprofile aufgeführt, wobei die Größe des Wärmedurchgangskoeffizienten des Rahmenmaterials für die Einstufung maßgeblich ist. Dabei erhebt sich die Frage, ob ein Rahmenmaterial nach Gruppe 2.1 eine wirtschaftliche Lösung im Sinne der Energieeinsparung darstellen kann. Aluminium als Fensterbaustoff ist durch Beton oder Mörtel gefährdet. Insbesondere an der Fassade ablaufende Beton-Inhaltsstoffe vermögen das Aluminium zu schädigen. Gleiches gilt auch bei längerer Einwirkung für das Glas. Es ist deshalb notwendig, Aluminiumfenster vor solchen Einflüssen zu bewahren oder Beton in der Fassade durch geeignete Herstellung, ausreichende Lagerung oder eine Beschichtung gegen Auswaschungen zu sichern.
Die aggressive Atmosphäre zwingt zu Überlegungen dahingehend, welche Art von ***Oberflächenveredelung*** bei Aluminium einen dauerhaften Schutz bietet. Als Oberflächenbehandlung ist eine anodische Oxidation, eine Kunststoffbeschichtung oder

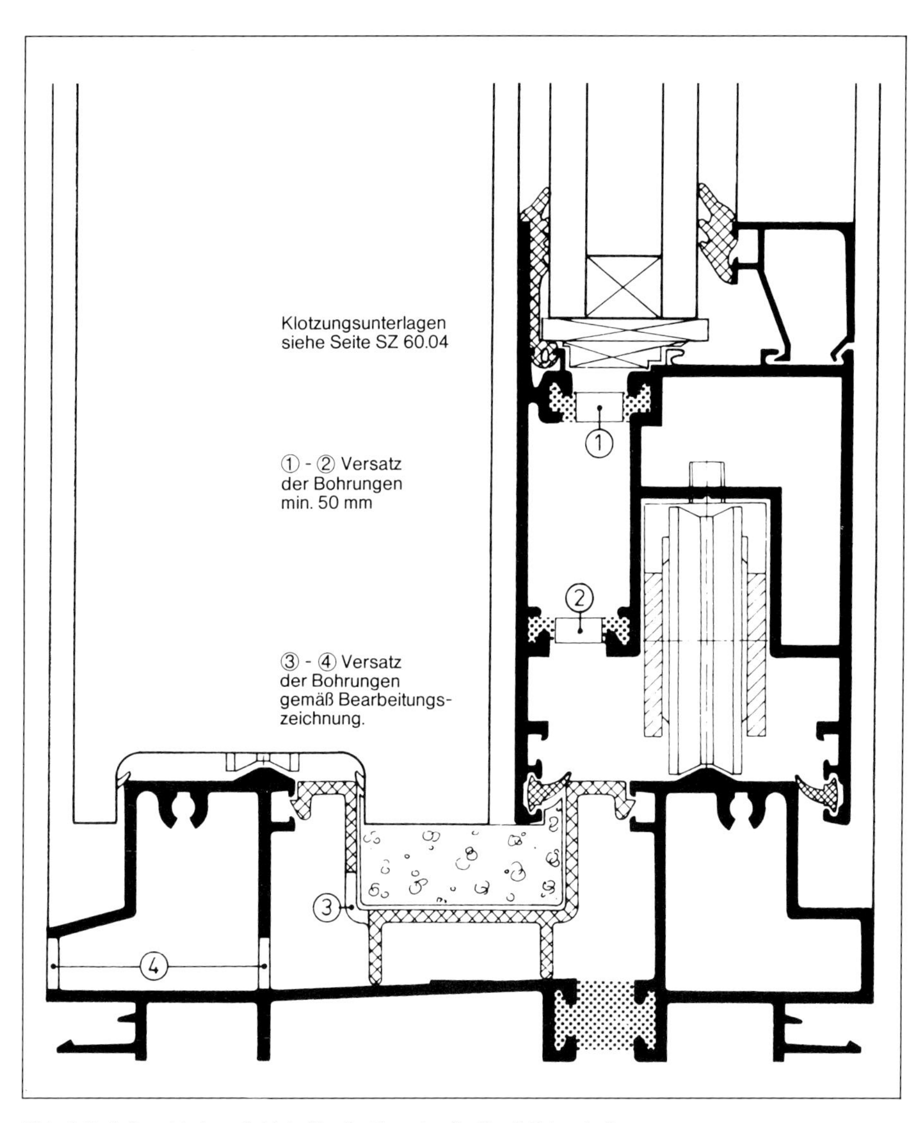

Abb. 3.9 Fußpunkt einer Schiebetür: Gedämmtes Profil mit Falzentwässerung

Emaillieren denkbar. Die Aluminium-Profile müssen DIN 1725 Teil 1 oder DIN 1712 Teil 3 entsprechen. Die Oberflächen sind vorzubehandeln nach DIN 17 611, wobei durch ein Kurzzeichen die Art der Behandlung angegeben wird. E 1 bedeutet geschliffen, E 2 gebürstet, E 3 poliert usw. Die Mindestdicke der Oxidschicht muß nach DIN 17 611 für Innenräume und trockene Lagerung der Platten 10 μm und bei Außenanwendung 20 μm betragen.
Farbanodisation kann Schichtdicken von 20 bis 30 μm verlangen. Bei aggressiver Atmosphäre sollte mindestens 25 μm verlangt werden. Eine zu große Schichtdicke

ist jedoch wenig sinnvoll. Es haben sich Standardfarben herausgebildet, die durch Kurzzeichen gekennzeichnet sind:

C-0: farblos,
C-31: leicht bronze,
C-33: mittelbronze,
C-35: schwarz.

Aluminiumflächen bedürfen der ***Reinigung,*** wobei häufig abrasive Reiniger mit Faservlies empfohlen werden. Es ist jedoch zu beachten, daß jede Reinigung dieser Art die Oberfläche in geringer Dicke abträgt. Sinnvoll ist es, auf abrasive Reiniger zu verzichten und statt dessen ohne schleifende Mittel zu reinigen, die Oberfläche jedoch zu konservieren. Es gibt keine der Verwitterung nicht anheimfallenden Aluminium-Fassadenteile, weder solche eloxiert, noch beschichtet. Wichtig ist die Selbstreinigung durch ablaufenden Regen und periodische Reinigung. Die Herausnahme der Schwebstoffe aus der Luft durch Filter in Großfeuerungsanlagen nimmt sauren Luftbestandteilen die Kondensationskerne und führt zur Säurebelastung, die immer durch das Verdunsten des Wassers zur starken Säure wird und in letzter Zeit andersartige Schäden an Aluminiumbauteilen bewirkt. Als Folgerung daraus ist die Chromatisierung um das Drei- bis Vierfache des heutigen Wertes zu erhöhen. Gefährdet sind immer die Kanten und Oberflächenverletzungen.
Eine ***Beschichtung auf Lackbasis*** kann sowohl naß wie auch durch Pulverauftrag geschehen. Polyester-Pulver oder PUR-Pulver zeigen die erfreuliche Eigenschaft, daß die Metallkanten einen deutlichen Beschichtungsauftrag erhalten gegenüber dem Naßlack, der zu einer Verdünnung der Lackschicht an Metallkanten neigt. Die Gütegemeinschaft stückbeschichtetes Aluminium, Nürnberg, prüft die Beschichtungssysteme und gibt sie für die Anwendung frei. Die Schichtdicke liegt hier zwischen 50 und 120 μm. Es ist mit einem jährlichen Alterungs-Abbau zwischen 0,5 und 1 μm zu rechnen. Die Lebensdauer einer Beschichtung liegt je nach Beanspruchung zwischen 20 und 50 Jahren.

3.4 Stabilität der Flügelrahmen

Flügelrahmen bedürfen einer eigenen statischen Stabilität, um in sich verwindungssteif zu sein. Sie müssen statisch die Lasten aus Wind und Temperatur auf die Verriegelungspunkte übertragen. Durch die Klötze werden sie mit dem Glasgewicht beansprucht. Dieses alles erfordert eine ausreichende Profilierung, die für den Baustoff Holz gegeben ist durch DIN 68121. Diese Norm gilt nicht nur für Fenster, sondern gleichermaßen auch für Fenstertüren, jedoch nur für solche mit Dreh- und Drehkipp-Beschlägen.
Gängig für Fenster ist das Profil IV 68, hier im Bild gezeigt. Längs des Glases ist horizontal am Flügel außen eine Neigung von 30° vorgeschrieben. Bei allen übrigen Neigungen sind 15° ausreichend. Die Einrede, daß es für diese 30° längs des Glases geeignete Werkzeuge nicht gäbe, ist unzutreffend.
War früher das Holzprofil in DIN 68121 im wesentlichen an der Größe des Flügels orientiert, so ist inzwischen eine andere Philosophie wieder eingekehrt, die da lautet: Die Flügel können aus schwachen Holzprofilen hergestellt werden, Hauptsache sie sind ausreichend häufig mit dem Rahmen verriegelt. Das führt zu »weichen« Flügeln, die bei großen Flügeltüren häufig nicht befriedigen.

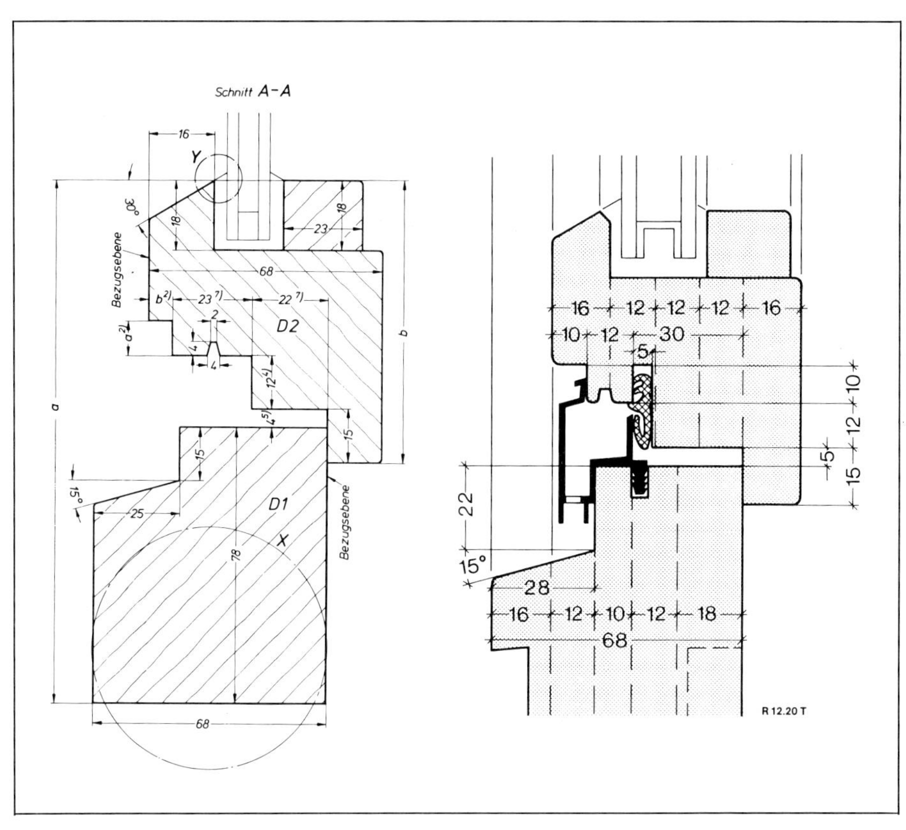

Abb. 3.10 Normenprofil IV 68 (links) und auf die Praxis angewandtes Normenprofil (rechts)

Aus schwachen Holzprofilen hergestellte Flügeltüren sind denkbar, wenn diese Türen durch Lage des Objektes oder umgebende Baumaßnahmen geschützt liegen. Werden aber solche Flügeltüren oder auch Fensterflügel durch ablaufendes Regenwasser stark belastet, dann ist die unten horizontal vorhandene Aluminium-Sammelrinne völlig überlastet, und allein schon aus solchen Gründen können schwache Holzprofile bei starker Wetterbelastung nicht ausgeführt werden, es sei denn, daß es sich um ausgesprochen kleine Fenster handelt.
Allerdings fordert diese Neigung einen zusätzlichen Arbeitsgang längs dieser Kante. Alle zur Beschichtung vorgesehenen Kanten sind zu runden, wie das Profil zeigt, um ausreichende Schichtdicke der Beschichtung sicherzustellen.
Für Fenstertüren hat sich das Profil JV 92 nicht eingeführt. Hier ist mindestens das Profil JV 78 erforderlich.
Ausreichende Stabilität von Kunststoff-Fenstern wird durch Metall-Einschieblinge sichergestellt, deren Profilierung nach den Verarbeiter-Richtlinien oder [12] ermittelt werden kann.

3.5 Beschläge

Für die ***Tragfähigkeit von Beschlägen*** gibt es keine Normen. Hier sind die Anweisungen der Beschlags-Hersteller zu beachten. Allerdings sollten auch folgende Ratschläge bedacht werden:
Es ergibt keinen Sinn, Kipp-Flügel so breit zu machen, daß der Schließende genötigt ist, den Andruck des Flügels gegen den Rahmen durch das Auflegen der Hand auf die Scheibe zu bewerkstelligen. Flügelgrößen über 1,30 m in der Breite und 1,40 m in der Höhe gehen fließend in die Fehlplanung über. Unsinnig sind auch Dreh-Kipp-Türen immer dort, wo neben einer solchen Fassadenöffnung noch andere Belüftungsmöglichkeiten zur Verfügung stehen. Türen mit einem Dreh-Kipp-Beschlag sind Problembauteile, denn sie sind hoch und liegen nur an einem Festpunkt ständig am Rahmen an, alle übrigen Schließungen sind voll öffnungsfähig. Deshalb sollten Fenstertüren nur zum Drehen vorgesehen werden.
Genauso unzweckmäßig sind Flügel, die – ausgehend von den Dreh-Beschlägen – ein liegendes Rechteck in der Ansicht zeigen. Flügel sollten zweckmäßig nur quadratisch sein oder ein stehendes Rechteck zeigen. Das gilt auch für Rundbogenfenster, die optisch zunächst ein stehendes Rechteck vermuten lassen, von den Beschlägen her aber häufig schlanke, liegende Rechtecke sind.
DIN 18 360 fordert für Metallfenster, daß hier eine ***Fehlbedienungssperre*** anzuordnen ist. Damit wird sichergestellt, daß keine Funktionsveränderung von Drehen auf Kippen oder umgekehrt möglich ist, ohne zuvor den Flügel in Schließstellung zu bringen. Eine dahingehende Forderung fehlt bei Holzfenstern in DIN 18 355, obwohl

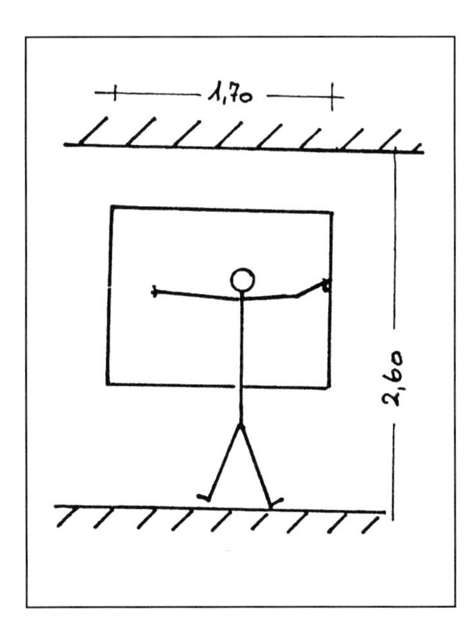

Abb. 3.11 a Gespreizte Arme greifen bis 1,50 m auf die Rahmen, der Nutzer faßt unwillkürlich auf die Scheibe: Flügel über 1,40 m Breite sind »unmenschlich«

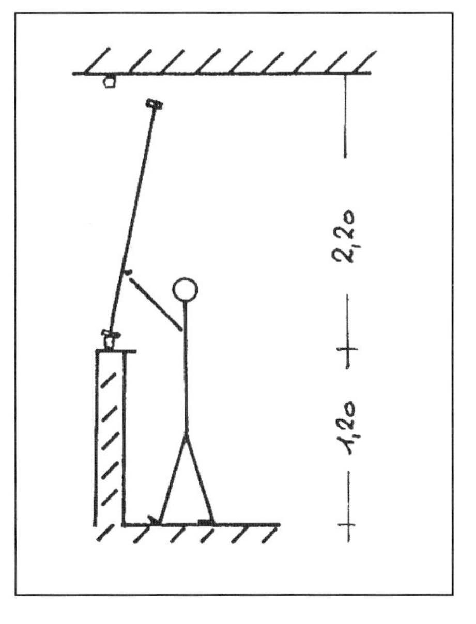

Abb. 3.11 b Druckpunkt für den Schließvorgang ist der untere Drittelspunkt des Flügels – viel zu niedrig bei einem schweren Flügel wie z. B. einem Verbundfenster

hier sicherlich der gleiche Bedienungskomfort vorausgesetzt werden kann. Da es für Kunststoff-Fenster eine entsprechende VOB-C-Norm nicht gibt, wäre die Folgerung falsch, daß eine Fehlbedienungssperre auch bei Kunststoff-Fenstern nicht Stand der Technik sei.
Für andere Öffnungs-Arten sind in Erfüllung der Durchbiegungsbeschränkungen für Isoliergläser die Flügelholme ebenfalls statisch rechnungsfähig und gegebenenfalls auch nachzuweisen. Für Schwingflügel siehe beispielsweise [14].
Zur ***Sicherheit des Durchgriffs*** bei gekippten Fenstern sind Beschlagsteile lieferbar, die das Drehen der Olive nur bei geschlossenem Flügel zulassen. Dieses sind im eigentlichen Sinne keine Fehlbedienungs-Sperren, sondern Durchgriff-Blockaden.
Um das ***Aushebeln der Flügel*** aus dem Rahmen zu unterbinden, sind speziell geformte Rollzapfen mit gehärteten Schließblechen lieferbar oder Beschläge, die in geschlossenem Zustand zusätzliche Verriegelung zwischen Flügel und Rahmen herbeiführen.
Dichtigkeit zwischen Flügel und Rahmen wird durch die Dichtungslippen im Anschlag sichergestellt. Diese Dichtungslippen müssen auch die Toleranzen aus der Fertigung aufnehmen sowie die Längenveränderungen aus thermischer Belastung. Zusätzlich können die Flügelrahmen durch das Gleichgewicht belastet werden, weshalb der Flügelrahmen unten horizontal entsprechend statisch ausgelegt sein muß. Entsprechende Stabilität wird auch von Schwingfenstern erwartet, für deren Bemessung es keine Normen gibt. Neben den Einfach-Flügeln mit Isolierverglasung werden mehr und mehr auch ***Verbund-Fenster*** eingesetzt, bei denen die Zahl der Scheiben vergrößert werden kann. Aus Bewitterungsgründen ist es zweckmäßig, den äußeren Verbundflügel mit einer Einfachscheibe und den inneren Verbundflügel im geschützten Bereich mit einer Isolierglas-Scheibe zu versehen. Wärmetechnisch erscheint es jedoch zweckmäßig, das Isolierglas außen und die Einfachscheibe innen anzuordnen. Der Nachteil aller Verbund-Fenster ist die auch bei Einfach-Flügeln gegebene Tatsache, daß der Verbund zwischen Flügel und Rahmen immer nur über eine Fuge verläuft, wobei die Zahl der Dichtungen nicht unbedingt für das Maß der Dichtigkeit stehen muß.
Sollte es bei einer Verteuerung der Energie zu einer Verschärfung der Wärmeschutzverordnung kommen, so wird man um das auch schalltechnisch besonders gute ***Kasten-Doppelfenster*** nicht mehr herumkommen. Dieses ist eine Konstruktion, die schon die Großeltern kannten, denn bei denen wurde im Sommer der innere Flügel ausgehängt und im Herbst wieder eingehängt. Hier wird die gefährdete Fuge zwischen Flügel und Rahmen praktisch verdoppelt und der Luftzwischenraum zwischen der äußeren und inneren Verglasung so erheblich vergrößert, daß von hier aus auch eine deutliche Dämmung der Schallenergie herbeigeführt wird. Diese Fenster finden sich auch in den Versuchsbauten, die eine Minimierung der Heizkosten anstreben.

3.6 Fenstereinbau

Der Fenstereinbau wird häufig wenig durchdacht, Regel ist die glatt hergestellte Öffnung, wobei der Fensterrahmen stumpf zwischen der Leibung sitzt (kein Anschlag). Der Weg der Wärmeenergie durch das Wandbauteil ist gekennzeichnet durch den Wandaufbau. Um den Fensterflügel herum wird dieser Weg jedoch erheblich verkürzt, so daß häufig unvermeidlich auf der Raumseite im Anschlußbereich Bauwerk/Rahmen Tauwasserniederschlag auftritt und im Gefolge davon Schimmelbildung möglich ist. Schimmelbildung wird niemals durch feuchtes Mauerwerk hervorgerufen, weil die hier gelösten Salze keinen Nährboden für den Schimmelpilz abgeben. Schimmelbildung ist immer mit einer ***Schwitzwasserbildung*** auf der Raumseite wegen Überschreitens von 100 % relativer Luftfeuchtigkeit gegeben.
Zweckmäßig ist der Einbau des Fensters in einen ***Anschlag*** hinein, wobei auch die unvermeidlichen Toleranz-Differenzen zwischen dem groberen Rohbau und dem feineren Ausbaugewerbe ausgeglichen werden können. Ganz schlimm und als Fehlplanung zu bezeichnen sind außen bündig eingesetzte Fenster, sofern es sich nicht um eine reine Metallfassade handelt.
Bei einem so eingesetzten Fenster wird nicht nur die Fensterkonstruktion unnötig durch Witterungseinflüsse angegriffen, auch die Anschlußfugen sind voll dem Wetter ausgesetzt.
Das Institut für Fenstertechnik hat sich der ***Fugenausbildung*** angenommen und Tabellen entwickelt über die Anschlußausbildung zwischen Fenster und Baukörper sowie die Darstellung der Mindestbreite von elastischen Dichtstoffen zur Aufnahme der Fugenbewegung. Letztere ist als Tabelle 3.10 wiedergegeben.

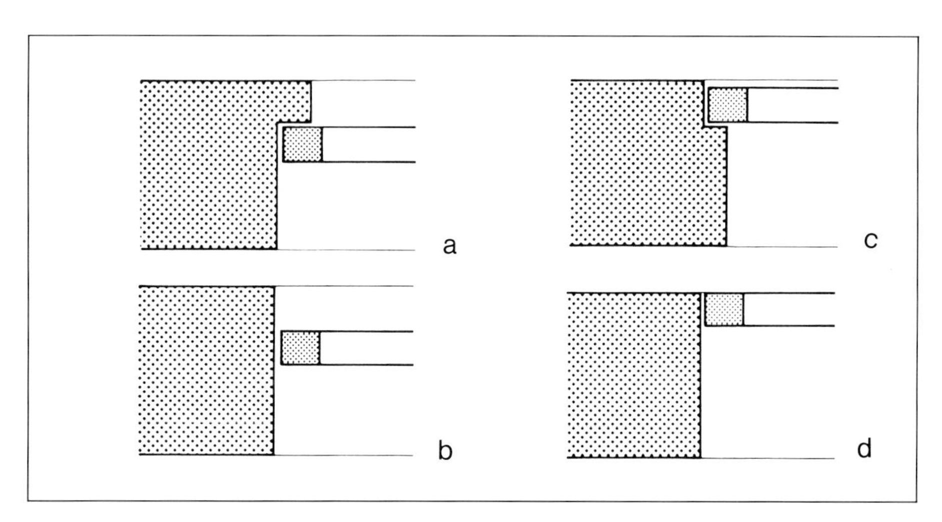

Abb. 3.12 Verschiedene Arten des Fenstereinbaus:
a) Innenanschlag, das Fenster ist mindestens 10 cm gegenüber der Fassade zurückgesetzt: die einzig richtige und beste Lösung
b) Zurückgesetztes Fenster ohne Anschlag: eine häufig zu findende Lösung wegen vermeintlicher Baukostenersparnis. Der Wärmeweg wird verkürzt und Schimmelbildung innen begünstigt
c) Die schlechteste Lösung mit einem Außenanschlag, wobei das Fenster außen bündig sitzt
d) Variante zu c, schlecht

Tabelle 3.10 **Mindestbreiten von elastischen Dichtstoffen zur Aufnahme der Fugenbewegung**

Werkstoff der Fensterprofile	Fugenausbildung bei Elementlänge						
	bis 1,5 m	bis 2,5 m	bis 3,5 m	bis 4,5 m	bis 2,5 m	bis 3,5 m	**bis 4,5 m**
PVC hart (weiß)	10 mm	15 mm	20 mm*	-	10 mm	10 mm	**15 mm**
PVC hart und PMMA (farbig koextrudiert)	15 mm	20 mm*	-	-	10 mm	15 mm	**15 mm**
harter PUR-Integralschaumstoff	10 mm	10 mm	15 mm	20 mm	10 mm	10 mm	**10 mm**
PVC hart und PMMA (koextrudiert) mit massivem duroplastartigem Kernmaterial, verstärkt mit Glasfaserstäben	10 mm	10 mm	15 mm	15 mm	10 mm	10 mm	**10 mm**
Aluminium-Verbundprofile (hell)	10 mm	10 mm	15 mm	20 mm	10 mm	10 mm	**15 mm**
Aluminium-Verbundprofile (dunkel)	10 mm	15 mm	20 mm	-	10 mm	15 mm	**15 mm**

Quelle: Institut für Fenstertechnik, Rosenheim

*Die Fugenbewegung kann bei diesem Wert bis zu 5 mm betragen. Eine Überschreitung des Wertes der Tabelle »Anschlußausbildung zwischen Fenster und Baukörper« (4 mm für BG 2) ist zulässig. Die Fugentiefe -t- ist in Abhängigkeit der Fugenbreite -b- mit den Dichtstoffherstellern abzuklären.

Der Fenstereinbau wird heute geregelt durch die Informationsschrift des Glaserhandwerks »Montage von Fenstern« (Technische Richtlinie Nr. 20), herausgegeben vom Institut des Glaserhandwerks, 65589 Hadamar, An der Glasfachschule 6.
Einiges Augenmerk ist der ***Fensterbank*** zu widmen, die bei großer Länge und ungenügender Neigung einem Wassertransport unter Windbelastung in eine Ecke Vorschub leistet mit einer Wasserhöhe, die den Anschlußbereich überschreitet und eine Überflutung der Fensterkonstruktion gestattet.

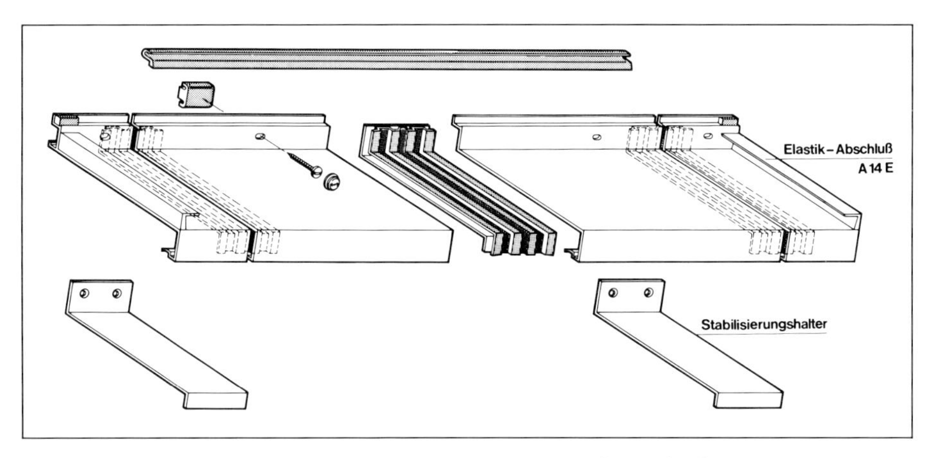

Abb. 3.13 Richtige Stoßstellen-Ausbildung einer Alu-Fensterbank (System bug)

Es ist deshalb notwendig, Fensterbänke mit einer ausreichenden Neigung von etwa 15 Grad zu versehen. Stoßverbindungen sind nicht in H-Profilen herzustellen, weil hier ein Unterlaufen der Fensterbank durch ablaufendes Wasser möglich ist. Richtig sind Elastik-Stoßverbinder, wobei die Aluminiumbänke durch Stabilisatoren in ihrer Lage gehalten werden.
Umstritten ist die Frage, ob Fensterbänke um 4 bis 5 cm über die Außenkante der Fassade hinausragen sollen oder ob es nicht zweckmäßig sein kann, die Fensterbank-Kante bündig mit der Fassade abschließen zu lassen. Beide Methoden haben ihre Verfechter, die Autoren halten die Tropfkante mit Überstand für richtiger.

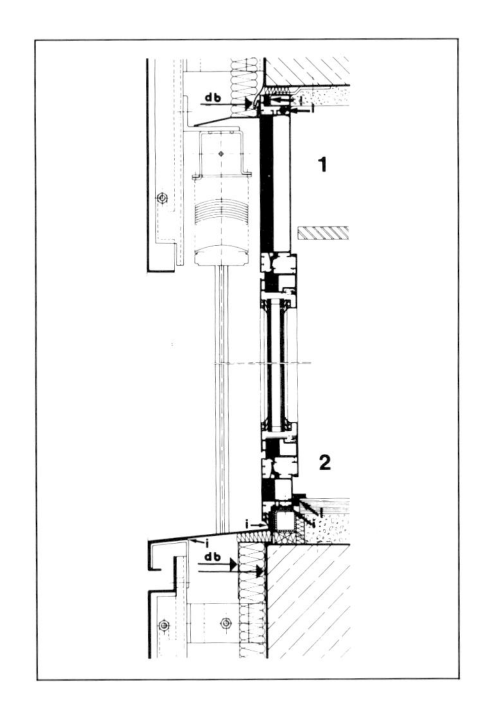

Abb. 3.14 Beispiel eines Aluminium-Fensters in einer Aluminium-Fassade (System Hupfeld und Schlöffel)

3.7 Fugendichtigkeit

Die ***Anschlußfuge*** zwischen Bauwerk und Rahmen muß schlagregensicher und winddicht sein, wobei diese Forderungen durch unterschiedliche konstruktive Maßnahmen voneinander getrennt sein können.
Die ***Schlagregendichtigkeit*** der Fugen zwischen Flügel und Rahmen ist definiert in DIN 18055. Sie bezieht sich auf den Falz zwischen Flügel und Blendrahmen. Es handelt sich um eine Prüfnorm, die auf die Baustelle nicht ohne weiteres übertragbar ist. Die Norm ist so ausgelegt, daß in Ausnahmesituationen die Beanspruchung überschritten werden darf und deshalb Wasser in geringem Umfang durch den Falz auf die Raumseite übertreten kann. Das Einhalten der Forderungen von DIN 18055 bedeutet demnach nicht eine für den Verbraucher garantierte Dichtigkeit gegen jede Art von Schlagregen. Es besteht auch kein direkter Zusammenhang zwischen der Schlagregendichtigkeit und der Fugendurchlässigkeit. Fenster, die hinsichtlich der Fugendurchlässigkeit die Forderung C nach ***Tabelle 2 von DIN 18055*** erfüllen, müssen nicht unbedingt auch in die Gruppe C hinsichtlich der Schlagregendichtigkeit eingestuft werden. Es wäre aus wirtschaftlichen Gründen nicht richtig, in den Fehler zu verfallen, grundsätzlich die Gruppe C zu verlangen, wenn auch die Gruppe A oder B ausreicht. Es muß jedoch gegen den Wassereintritt sichergestellt werden, daß dieser nicht unkontrolliert in die Konstruktion gelangen kann und Schäden am Fenster oder in den angrenzenden Bauteilen herbeiführt. So ist es nicht zu vertreten, unmittelbar an eine dem Wetter ausgesetzte Fenstertür einen teuren Parkettboden anzuschließen ohne eine zusätzliche Sicherungsmaßnahme gegen gelegentlich bei hoher Beanspruchung nach innen eingedrungenes Wasser.
Die ***Fugendurchlässigkeit*** zwischen Flügel und Rahmen wird durch den Fugendurchlaßkoeffizienten ***a*** definiert, der sich in DIN 18055 wie auch in DIN 4108 und der Wärmeschutzverordnung wiederfindet. Die Fugendurchlässigkeit ist abhängig vom Prüfdruck und ein Indiz für die Dichtigkeit zwischen Flügel und Rahmen.
Falsch ist die Forderung, von dichten Fenstern abzugehen und beispielsweise die obere horizontale Dichtlippe zu beseitigen, um auf diese Weise eine stete Lüftung sicherzustellen. Richtig ist es, Fenster so dicht zu bauen, wie das konstruktiv möglich und wirtschaftlich sinnvoll ist. Die Bewohner müssen lernen, richtig mit dichten Fen-

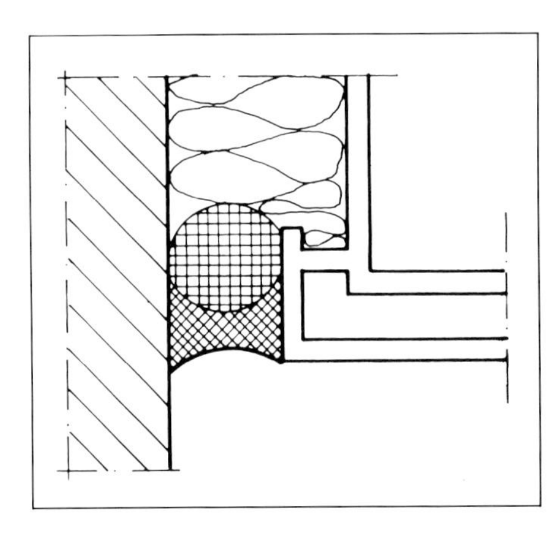

Abb. 3.15 Richtige Abdichtung einer Anschlußfuge gemäß DIN 18540

stern umzugehen und ***ausreichend zu lüften.*** Dabei ist es nicht notwendig, die Lüftung mit dem Fenster zu verbinden, sie kann auch vom Fenster völlig losgelöst konstruiert werden. Es bleibt die Erkenntnis: Wer richtig lüftet, leidet nicht unter Schimmelpilzen, beispielsweise dem weitverbreiteten ***aspergillus niger.*** Wird die Fuge zwischen Rahmen und Bauwerk durch Dichtstoffe geschlossen, dann ist die Fugenausbildung nach DIN 18 540 sinngemäß anzuwenden. Dabei ist der Dichtmasse eine ***geschlossenzellige Rundschnur*** zu hinterlegen, denn nur diese vermag eine funktionsgerechte Ausbildung des Fugenprofils zu sichern, und nur diese verhindert die Zerstörung der Dichtmasse auf der Rückseite. Hier nicht richtig eingelegte Schaumstoff-Schnüre vermögen bei der Profilierung der Dichtmasse keinen ausreichenden Widerstand zu leisten, so daß die typische Dichtstoff-Profilierung entwikkelt werden kann. Das im Schaumstoff auf die Dichtmasse geleitete Wasser verschlechtert die Haftung der Dichtmasse auf den Anschlußbauteilen.

3.8 Fenstertüren

Ein ständig in der Diskussion stehendes Detail ist der ***Anschluß von Fenstertüren*** auf Balkone und Terrassen. Die Flachdachrichtlinien [3.16] stellen in 9.5 folgende Forderung auf: Die Anschlußhöhe muß in der Regel ***15 cm über Oberfläche, Belag*** oder Kiesschüttung liegen. In Ausnahmefällen ist ein Verringerung der Anschlußhöhe möglich, wenn durch die örtlichen Verhältnisse bedingt zu jeder Zeit ein einwandfreier Wasserablauf im Türbereich sichergestellt ist.

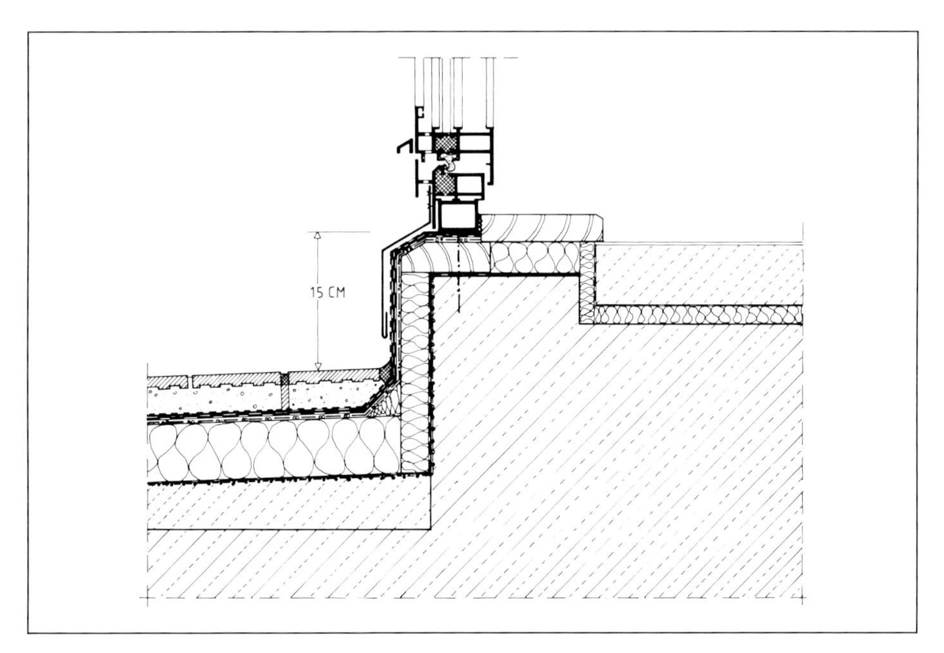

Abb. 3.16 Schwellenausbildung einer Fenstertür nach den Flachdachrichtlinien. Bei ganz oder teilweise überdeckten Loggien kann die Anschlußhöhe der Abdichtung gegebenenfalls verringert werden; in jedem Fall ist die Anschlußbahn an der Schwelle so zu befestigen, daß sie gegen Abrutschen gesichert ist

Die »Muß«-Forderung der Flachdachrichtlinien wird aufgehoben durch »in der Regel«, denn offensichtlich gibt es auch außerhalb der Regel mögliche Lösungen. Denkbar ist, auf einen Absatz weitgehend zu verzichten, wenn auf Bauherrenseite in Kenntnis des Risikos Bequemlichkeit über technische Sicherheit gesetzt wird. Die Stufe soll das Eindringen von Wasser aus Schneematschbildung, Schlagregen oder Wasserstau infolge verstopfter Abläufe nach innen weitgehend unterbinden. Die Verringerung der Anschlußhöhe auf 5 cm ist jedoch nur dann möglich, wenn nicht nur ein Rost vor der Tür angeordnet wird, sondern auch das sich hier sammelnde Wasser unmittelbar einem Ablauf zugeführt wird. In jedem Falle unabdingbar ist die Forderung, die ***Abdichtung über die Schwelle*** zu ziehen und erst nach Erstellen dieser Rohbauarbeit auf die so aufgezogene Abdichtung das Türprofil im Zuge der Ausbauarbeiten aufzusetzen. Falsch ist in jedem Fall die Montage der Tür vor Abschluß der Abdichtungsarbeiten. Die gesamte Problematik derartiger Übergänge von innen nach außen muß bereits bei der Rohbau-Planung berücksichtigt werden, wie das Beispiel des Ausgangs auf eine Terrasse zeigt, unterhalb der sich Wohnräume befinden (Abb. 3.16).
Zur sicheren Ableitung von ***nach innen entwässerten*** Loggien ist DIN 1986 Teil 1 zu beachten. Hier wird in 7.3.3.4 für das Ableiten des Wassers gefordert, entweder mindestens zwei Abläufe oder einen Ablauf und einen ***Sicherheitsüberlauf*** einzubauen.

3.9 Fensterwände

Raumhohe Elemente

Die Forderung nach großen, häufig ***raumhohen Fensterelementen*** stellt statische Forderungen an den Konstrukteur. Auch wenn DIN 18056 eine statische Berechnung in leicht prüfbarer Form nur für Fensterwände über 9 m² verlangt, wird ein statischer Nachweis auch bei geringeren Abmessungen geführt werden müssen, sofern die Abmessungen nicht aus Erfahrung ausreichen. Für kleinere Abmessungen ist lediglich die Prüfung der Statik nicht erforderlich. Ausführungszeichnungen für Fensterwände müssen Dicke und Art des Glases sowie die Ausbildung und Verankerung des Traggerippes aus Rahmen, Riegel und Pfosten eindeutig darstellen. Fensterwände fordern deshalb den Konstrukteur auf, hier konkret die Lastabtragung zu durchdenken, die belasteten Bauteile zu bemessen und die Ableitung der Kräfte in das Bauwerk sicherzustellen. In der Regel wird man vereinfachte Annahmen für die Lastverteilung ansetzen.

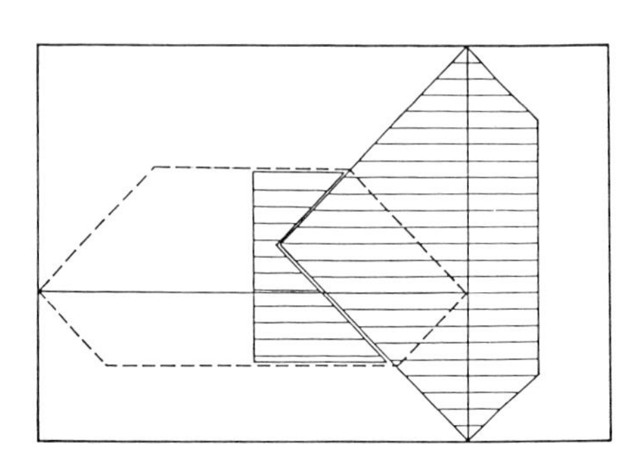

Abb. 3.17 Lastverteilungs-Annahme

Tabelle 3.11 **Ermittlung der erforderlichen Trägheitsmomente I (cm^4) für Stahleinschieblinge bei Windlast 0,6 kN/m²**

	Belastungsbreite a bzw b in [cm]₄													
	20	30	40	50	60	70	80	90	100	110	120	130	140	150
100	.2	.2	.3	.3										
110	.2	.3	.4	.5										
120	.3	.5	.6	.7	.7									
130	.4	.6	.8	.9	1.0									
140	.5	.8	1.0	1.2	1.3	1.3								
150	.7	1.0	1.3	1.5	1.7	1.7								
160	.8	1.2	1.6	1.9	2.1	2.2	2.3							
170	1.0	1.5	2.0	2.3	2.6	2.8	2.9							
180	1.2	1.8	2.4	2.8	3.2	3.5	3.6	3.7						
190	1.5	2.2	2.8	3.4	3.8	4.2	4.5	4.6						
200	1.7	2.5	3.3	4.0	4.6	5.0	5.4	5.6	5.7					
210	2.0	3.0	3.8	4.7	5.4	6.0	6.4	6.7	6.9					
220	2.3	3.4	4.5	5.4	6.3	7.0	7.6	8.0	8.2	8.3				
230	2.6	3.9	5.1	6.2	7.2	8.1	8.9	9.4	9.7	9.9				
240	3.0	4.5	5.9	7.1	8.3	9.3	10.2	10.9	11.4	11.7	11.8			
250	3.4	5.1	6.6	8.1	9.5	10.7	11.7	12.6	13.2	13.7	13.9			
260	3.8	5.7	7.5	9.2	10.7	12.1	13.4	14.4	15.2	15.6	16.2	16.3		
270	4.3	6.4	8.4	10.3	12.1	13.7	15.1	16.4	17.4	18.1	18.6	18.9		
280	4.8	7.2	9.4	11.6	13.6	15.4	17.1	18.5	19.7	20.7	21.3	21.8	21.9	
290	5.4	8.0	10.5	12.9	15.2	17.3	19.2	20.8	22.2	23.4	24.3	24.9	25.2	
300	5.9	8.8	11.7	14.4	16.9	19.2	21.4	23.3	25.0	26.4	27.4	28.2	28.7	28.9

l = Stützweite in cm
a = Belastungsbreite in cm
b = Belastungsbreite in cm

(Bei Aluminium-Einschieblingen sind diese Werte mit dem Faktor 3 zu vervielfältigen.)

Es ist jedoch zu überprüfen, ob eine derartige Annahme auf der sicheren Seite liegt. Es sind durchaus Konstruktionen ohne Schwierigkeiten denkbar, bei denen die tatsächliche Belastung ein Mehrfaches der vereinfachten Lastannahme ausmacht. Das kann beispielsweise bei langen Riegeln vorliegen, die auf kurze Pfosten treffen.

Fensterbänder

Überlegungen zur ***thermischen*** Ausdehnung werden auch bei langen Fensterbändern gefordert. Entweder ist hier durch einzelne Pfosten, die am Bauwerk befestigt die Lasten aus den Rahmen übernehmen, das Fensterband in einzelne »Lochfenster« aufzulösen. Oder aber es sind die Rahmen für sich statisch dahingehend auszubilden, daß sie freitragend die Belastungen von der Brüstung bis zum Sturz übertragen können. Die schematische Lösung bei der Anwendung von Pfosten zeigt die Abbildung 3.19.

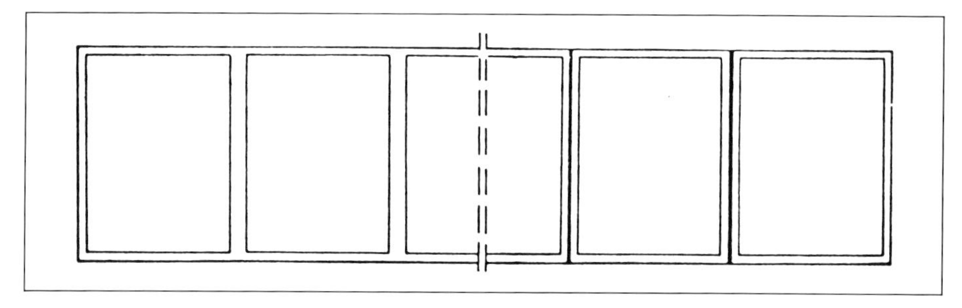

Abb. 3.18 Fensterband als Lochfensterkette oder einzeln aneinandergestellter Rahmen

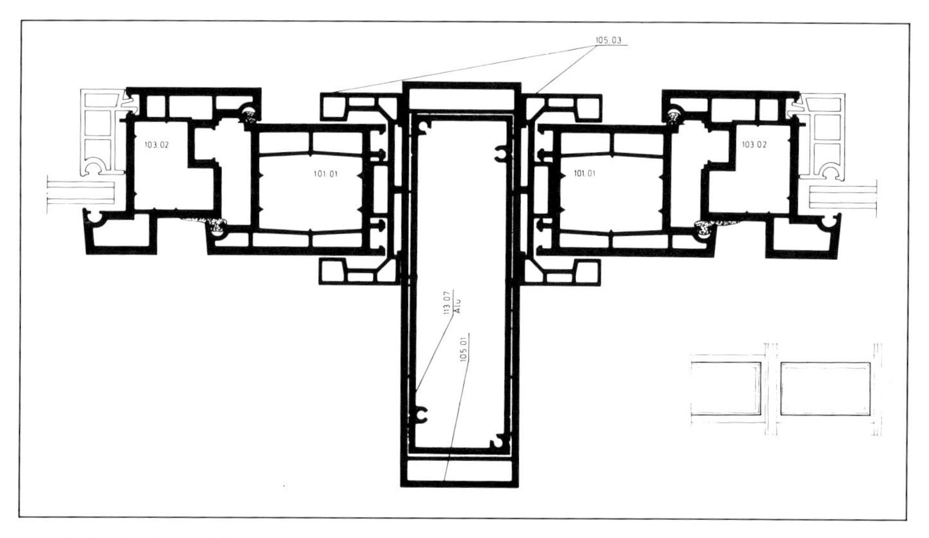

Abb. 3.19 Detail aus Abbildung 3.18 als Lochfenster zwischen Pfosten

Die Forderung, statische Belastung innerhalb der Fensterkonstruktion abzutragen, gilt auch für Stulpflügel-Fenster bzw. -Türen. Die aufeinanderschlagenden Flügelteile müssen die Windbelastung der Scheibe unter Einhaltung der Durchbiegungsbeschränkung auf den Rahmen übertragen. Beim statischen Nachweis der Durchbiegungsbeschränkung von Riegeln und Pfosten können parallellaufende, anschließende Flügelteile nicht mit herangezogen werden. Rollzapfen sind zur Übernahme der hier notwendigen Schubkraft-Übertragung weder ausgelegt noch sind sie von der Toleranz her dazu in der Lage. Hier schließt sich der Kreis zwischen den Forderungen von DIN 18 056 und denen der Isolierglashersteller dahingehend, die Durchbiegung auf 1/300 der Länge bzw. 8 mm sowohl für statisch tragende Riegel und Pfosten wie auch für Glasauflager zu verlangen.

Solarveranda

Ein Sondergebiet der Fenster in der Fassade sind die Solarveranden (bzw. Wintergärten). Es ist selbstverständlich, daß diese einer statischen Untersuchung bedürfen, sofern sie nicht von sehr kleinen Abmessungen sind. Die Bauteile müssen räumliche Steifigkeit aufweisen und sind fachgerecht zu fundieren. Ein Problem liegt im Bereich der Schrägverglasung. Hier ablaufendes Wasser darf auf der Verglasung – also am Übergang zwischen Glas und Rahmenkonstruktion – nicht stehenbleiben. In diesen Bereichen muß die Wärmedämmung umlaufen. Wie so etwas fachgerecht gemacht werden kann, zeigt das Beispiel aus der Seitc FV 70 von HUECK (Abb. 3.20).

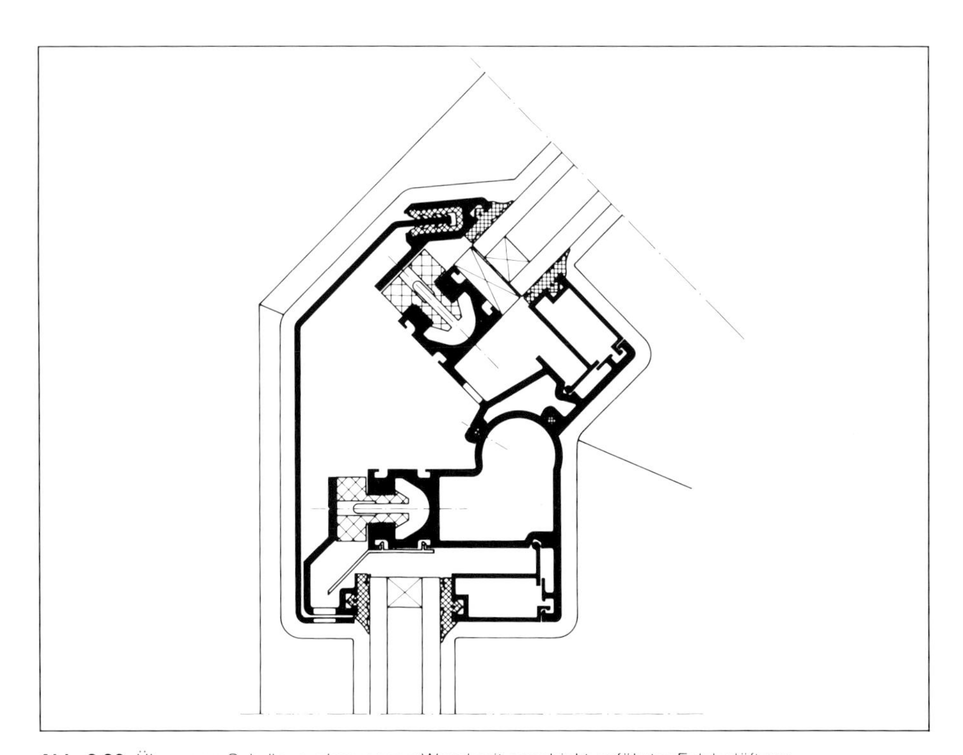

Abb. 3.20 Übergang Schrägverglasung zur Wand mit geschickt geführter Falzbelüftung

Der thermischen Ausdehnung großformatiger Fassadenbauteile ist Rechnung zu tragen. Die Ausdehnungskoeffizienten für die einzelnen Materialien sind:

Holz: $4{,}5 \cdot 10^{-6}$
Aluminium: $24 \cdot 10^{-6}$
PVC-Hart: $60 \cdot 10^{-6}$
Stahl: $13 \cdot 10^{-6}$

3.10 Rolläden und Klappläden

3.10.1 Rolläden

Rolläden vermögen den Wärmeabfluß im Fensterbereich um 30 bis 60 % zu verringern, je nach Ausführung. Der Rollraum wird als Kaltraum betrachtet, auch wenn am Rolladenaustritt durch Bürsten eine stehende Luftschicht im Rollraum erreicht wird. Der Übergang von der Wand zum Fenster liegt, unabhängig von dem Einbau des Rolladenkastens als Einbau-, Ausbau- oder Vorbauelement, stets Oberkante Fenster-Rahmen. Für die Rolladenkastenwand und den Deckel wird nach DIN 4108 ein Mindestwärmeschutz von $k = 1{,}32\ W/(m^2 \cdot K)$ gefordert. Die Nutentiefe und das Rolladenspiel richten sich nach DIN 18 073 bzw. der Länge des Rolladenpanzers. Das seitliche Spiel (Abb. 3.21 b) beträgt je nach der Breite des Rolladens zwischen 1,00 m und 4,50 m ca. 4,5 mm bis ca. 10,0 mm. Um eine zumutbare Bedienbarkeit von Rolläden zu erreichen, sind Rolladenflächen bis zu 2,5 m^2 mit einfachem Gurtzug möglich. Bis zu 4,00 m^2 sollte der Gurtzug in Kugellagern geführt werden. Bis zu 6,50 m^2 wird ein Übersetzungsgetriebe 1:2 und bis zu 9,00 m^2 ein Übersetzungsgetriebe 1:3 sinnvoll. Über 9,00 m^2 wird elektrischer Antrieb empfohlen. Dieser ist auch dann anzuwenden, wenn der Bauherr sich durch den Luftzug der Gurtführungen gestört fühlen könnte. DIN 18 073 beschränkt die Zugkraft am Gurt auf 150 N und die Kurbelkraft bei Drahtseilzug auf 30 N.
Kunststoff-Rolläden sind über Metall-Aufhängestäbe an der Rolle zu befestigen. Wegen der leichten Verformbarkeit von Kunststoff-Profilen werden von den Herstellern Angaben über die Notwendigkeit von Metallverstärkungen in den Kunststoff-Kammern gemacht.

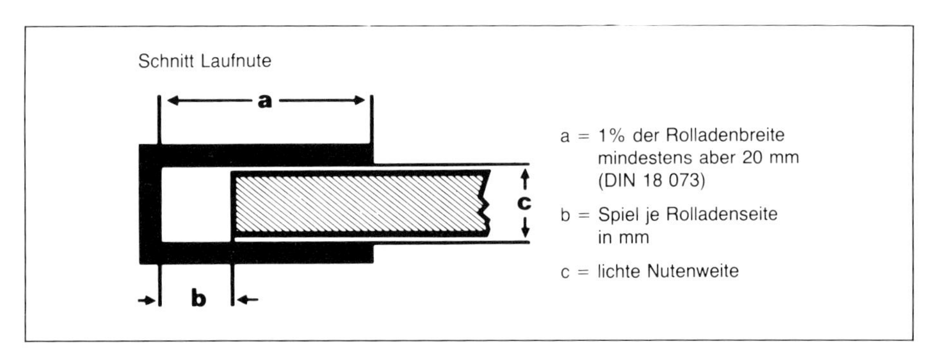

Abb. 3.21 Nutentiefe und Rolladenspiel

Der ***Rolladenkasten*** als Einbau- oder Aufbauelement unterbricht die direkte Befestigungsmöglichkeit des Rahmens am Bauwerk. Hier ist entweder durch eigene statische Stabilität des Rahmens die Lastübertragung über die Rolladenbreite durch ein statisch bemessenes Profil sicherzustellen oder durch eine statisch bemessene Verstärkung des Rolladenbodens die Befestigung des Rahmens am Bauwerk über diesen fest eingebauten Rolladenboden zu sichern. Der Rolladenkasten selbst muß stets auf leichte Weise zugänglich sein, um Wartung zu ermöglichen. Herabgelassene Rolläden sind in der Lage, das Schalldämm-Maß des Fensters zu verbessern. Gegebenenfalls sind dazu Prüfzeugnisse anzufordern, denn gesicherte, allgemein gültige Erkenntnisse sind dazu nur in Ansätzen bisher veröffentlicht worden.

3.10.2 Klappläden

Klappläden sind die älteste Form des Witterungsschutzes für Fenster. Die einfachste Ausführungsart ist der ***Brettladen,*** der ein- oder zweiflüglig hergestellt werden kann. Die durch Nut und Feder verbundenen oder stumpf gestoßenen Bretter werden mittels eingeschobener Gratleiste, an der auch der Beschlag (meist ein Langband) befestigt ist, zusammengehalten. Zur Wasserableitung sollen die Gratleisten oben in Fortsetzung der Gratschräge abgefast sein. Brettläden können auch auf einen Rahmen aufgedoppelt werden (Abb. 3.22 und 3.23). ***Läden mit Rahmen und Füllung*** müssen so hergestellt werden, daß kein Wasser in die Füllungsnuten einsickern kann. Bei der Rahmenverzapfung darf kein Hirnholz nach oben zeigen. Als Füllung verwendet man eine senkrechte Brettlage oder Nut- und Federbrettchen, deren an den Hirnenden angeschnittene Federn in die Rahmennut geleimt sind (»geschuppte« Füllungsbrettchen, Abb. 3.24).
Jalousieläden haben als Füllung schräggestellte Brettchen, die im geschlossenen Zustand Regen und Sonnenbestrahlung abhalten, jedoch den Raum noch ausreichend belichten und belüften. Sie können verschieden ausgeführt werden, und zwar

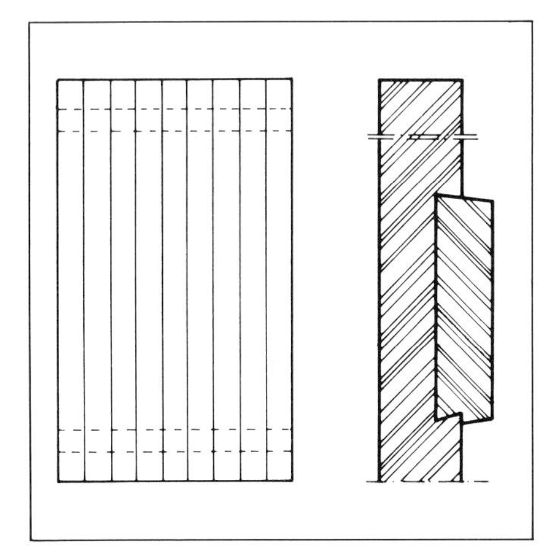

Abb. 3.22 Brettladen mit eingeschobener Gratleiste

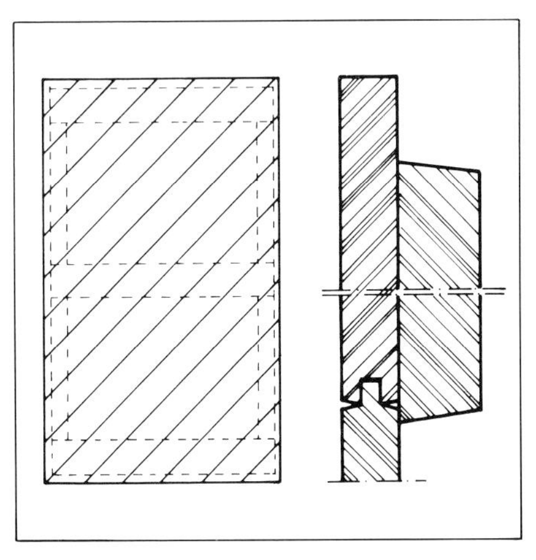

Abb. 3.23 Brettladen mit schräger Aufdoppelung auf Rahmenkonstruktion

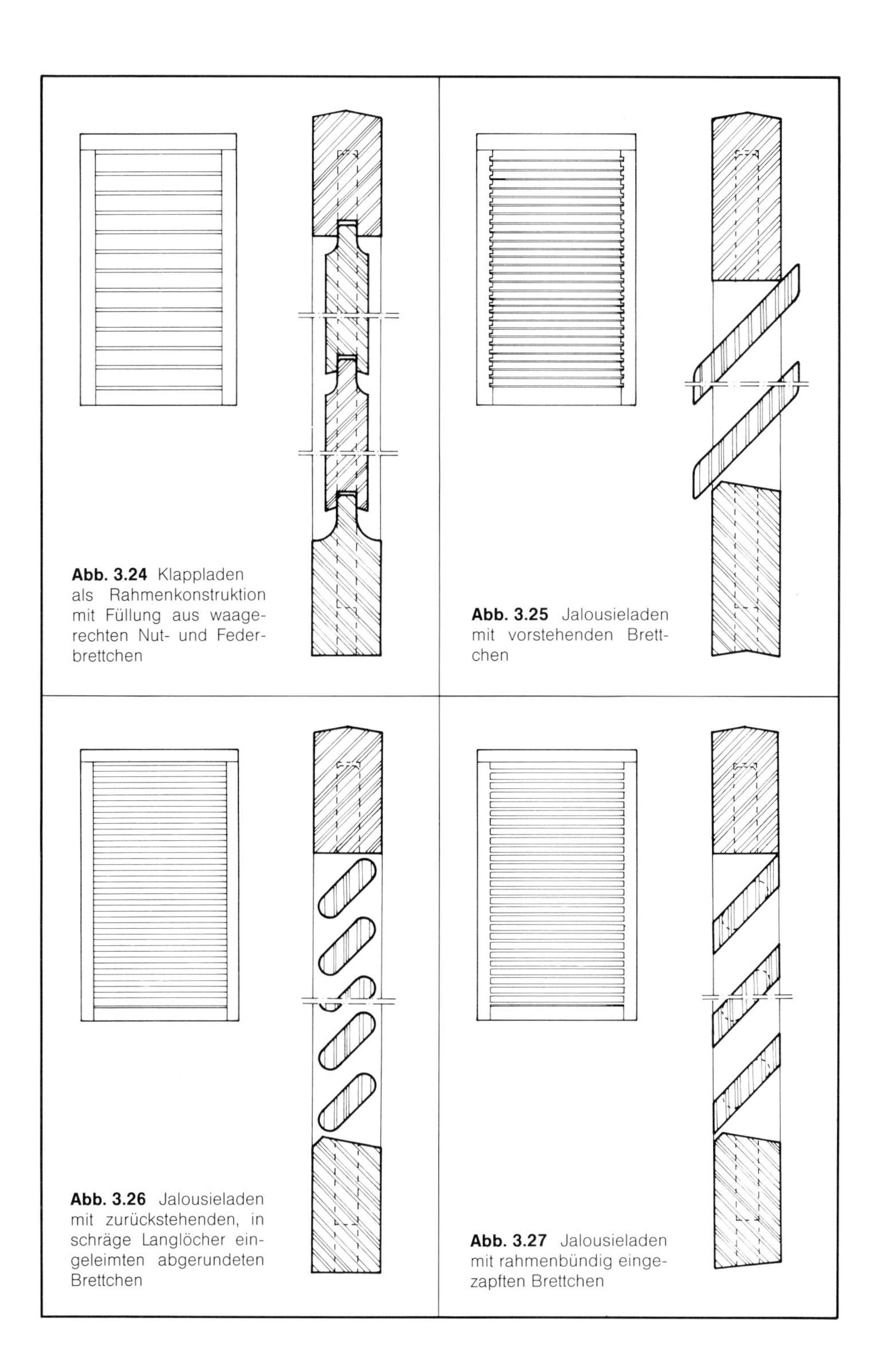

Abb. 3.24 Klappladen als Rahmenkonstruktion mit Füllung aus waagerechten Nut- und Federbrettchen

Abb. 3.25 Jalousieladen mit vorstehenden Brettchen

Abb. 3.26 Jalousieladen mit zurückstehenden, in schräge Langlöcher eingeleimten abgerundeten Brettchen

Abb. 3.27 Jalousieladen mit rahmenbündig eingezapften Brettchen

- mit vorstehenden Brettchen, die um die Rahmenkante herumgreifen; in diesem Bereich entsteht ein Angriffspunkt für Schlagregen (Abb. 3.25),
- mit zurückstehenden Brettchen, die in schräge Langlöcher des Rahmens eingeleimt sind (Abb. 3.26),
- mit ebenen Brettchen, die in den Rahmen bündig eingezapft werden und dadurch flächig wirken (Abb. 3.27).

Jalousieläden können auch mit verstellbaren Brettchen angelegt werden.

Die ***Befestigung*** der Klappläden erfolgt mit Stützkloben, die im Mauerwerk verankert oder an einen Jalousiestock geschraubt sind (als Plattenkloben). In geöffnetem Zustand werden die Läden durch Feststeller am Kloben gehalten, in geschlossenem Zustand werden sie durch Schubriegel oder Ruderverschlüsse festgestellt.

Für großflächige Fensteranlagen können bei eingeschossigen Wohnhäusern auch ***Schiebeläden,*** die an einer verdeckten Laufschiene aufgehängt sind, vorgesehen werden.

3.11 Glasbausteine (DIN 18175)

Glasbausteine sind im Preßverfahren hergestellte Glaskörper, die aus einem Teil oder aus mehreren durch Verschmelzen fest verbundenen Teilen bestehen. Aus Glasbausteinen werden transparente Außen- oder Innenwände errichtet, die jedoch nicht belastet werden dürfen. Es werden unterschieden:

- ***Voll-Glasbausteine:*** Plattenförmige Glaskörper, deren Sichtflächen geprägt oder glatt sein können.

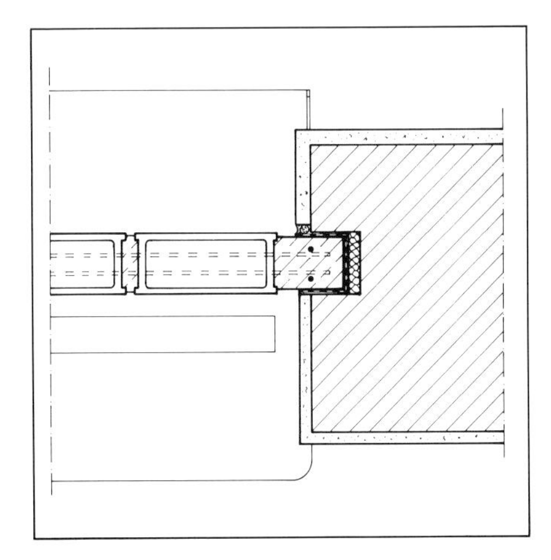

Abb. 3.28 Glasbausteinfenster, in einen Mauerschlitz eingreifend. Die Dehnungsfuge ist mit Mineralwolle ausgefüllt und an den Putzanschlüssen randversiegelt

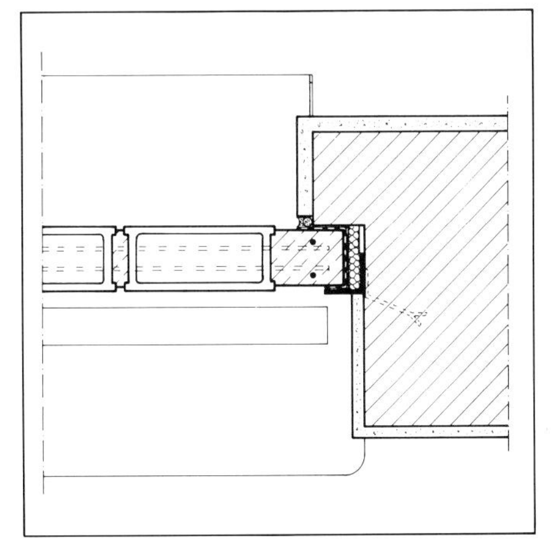

Abb. 3.29 Glasbausteinfenster mit Maueranschlag. An der Innenseite wird der Stahlbeton-Randstreifen durch ein Winkelstahlprofil gehalten

- ***Hohl-Glasbausteine:*** Allseitig luftdicht geschlossene Hohl-Glaskörper mit geprägten oder glatten Sichtflächen. Durch die bei der Herstellung (nach Abkühlung) verdünnte Luft haben Hohl-Glasbausteine nach Tabelle 3 der Wärmeschutzverordnung einen Wärmedurchgangskoeffizienten von 3,5 $W/m^2 \cdot K$ (3,0 $kcal/m^2 \cdot h \cdot K$), was dem eines Metallfensters mit ungedämmtem Profil und einer Isolierverglasung mit 12 mm Zwischenraum entspricht.

Bei der Ausführung von ***Glasbausteinwänden*** nach DIN 4242 (Abschnitt 3) müssen verschiedene Bedingungen erfüllt werden; die wichtigsten sind folgende:

1. Glasbausteinwände müssen so an die angrenzenden Bauteile angeschlossen werden, daß sie durch Zwängungskräfte nicht beansprucht werden (bei über 25 m Höhe ist ein Standsicherheitsnachweis erforderlich).
2. Glasbausteinwände müssen an mindestens zwei gegenüberliegenden Seiten gegen Wind und Stoß verankert sein, und zwar über einen bewehrten Beton-Randstreifen, der entweder
   - in einen mindestens 50 mm tiefen Schlitz eingreift, dessen Breite etwas größer als die Dicke der Glasbausteine ist (Abb. 3.28), oder
   - über einen Stahlwinkel bzw. eine ähnliche Befestigungsart mit den angrenzenden Bauteilen zwängungsfrei verbunden ist (Abb. 3.29).
3. Zur Vermeidung von Zwängungen sind seitlich und oben Dehnungs- und Gleitfugen anzuordnen und mit dauerelastischen und nicht verwitternden Stoffen auszufüllen; die Dehnungsfugen müssen mindestens 10 mm breit sein.
4. Der Stahlbeton-Randstreifen soll zur Beschränkung der thermischen Zwängungen nicht breiter als 100 mm sein. Wenn Glasbausteine auf Unterzügen, Rahmenriegeln o.ä. errichtet werden und über 1,50 m breit sind, müssen sie im unteren Randstreifen zur Entlastung eine konstruktive Bewehrung erhalten.
5. Glasbausteinwände dürfen bei einer durchgehenden Anordnung der Fugen, einer Dicke bis zu 80 mm, den Wandmaßen für die kleinere und die größere Seite von jeweils bis zu 1,50 m und einer Windlast bis 0,8 kN/m^2 ohne besondere Nachweise und unbewehrt ausgeführt werden. Gleiches gilt, bei einer versetzten Anordnung der Fugen (Verband), wenn die Dicke von 80 mm, die kleinere Seite bis 1,50 m und die größere Seite der Wandmaße bis 6,00 m und einer maximalen Windlast von 0,8 kN/m^2 nicht überschritten werden. Werden diese Bedingungen nicht erfüllt, so sind Nutzhöhe und Bewehrung sowie die Schubspannung nach den Abschnitten 4.3 und 4.4 der DIN 4242 nachzuweisen.

Für die Bewehrung ist Betonstahl I nach DIN 1045 zu verwenden; die Bewehrungsstäbe müssen mindestens 4 mm dick sein.
Anzahl und Querschnitt der Stahleinlagen sind dann statisch nachzuweisen, wobei die Stahleinlagen möglichst gleichmäßig auf die einzelnen Rippen zu verteilen sind. Zu beachten ist die Mörteldeckung:

- im Freien 15 mm
- im Inneren von Gebäuden 10 mm
- gegen die Glasbausteine 5 mm
- Abstand der Stahleinlagen 500 mm

Den falschen Einbau einer Glasbausteinwand zeigt die Abbildung 3.30. Es fehlen der Betonrandstreifen und die elastisch auszufüllenden Dehnungsfugen. Die Folgen einer derartigen, nicht zwängungsfreien Einbauweise sind bei größeren Glasbausteinwänden ein Zerspringen zunächst einzelner, später auch mehrerer Glasbausteine durch statisch und thermisch bedingte Bauwerks- und Eigenbewegungen (Abb. 3.31).

Auch bei frei endenden Glasbausteinwänden auf Balkonen oder Terrassen ist der Einbau in den meist als Abschluß angeordneten U-Stahl-Rahmen elastisch auszuführen. Eine starre Mörtelfuge muß durch die Bewegung der unterschiedlichen Materialien zwangsläufig herausplatzen (Abb. 3.32).

Abb. 3.30 Falsch eingebaute Glasbaustein-Fensterwand ohne Betonrandstreifen und Dehnungsfuge in mangelhaft ausgeführtem Bimsbeton-Mauerwerk

Abb. 3.31 Gesprungene Glasbausteine in einer nicht zwängungsfrei eingebauten Fensterwand

Abb. 3.32 Eine frei in einem U-Stahlprofil endende Terrassen-Trennwand aus Glasbausteinen wurde starr eingemörtelt. Durch Wärmespannungen platzt die Mörtelfuge heraus

3.12 Schadensfälle

Nachstehend werden einige typische Schadensfälle im Fensterbereich im Bild wiedergegeben.

Abb. 3.33 Innenanschlag eines Badezimmerfensters unmittelbar am Wandanschluß. Durch den an die Plattierung stoßenden Beschlag wird der Öffnungswinkel des Fensters verringert

Abb. 3.34 Anschlagloser Blendrahmen, durch falsche Konstruktion im Eckbereich verwittert. Auch ein besserer Anstrich hätte hier nichts genützt. Fehlerhaft ist auch die eingeputzte Aufkantung der Außenfensterbank

Abb. 3.35 Eine äußere Glasleiste führte trotz Versiegelung an der Wetterseite des Hauses zur Fäulnis im unteren Flügelrahmenholz, in beiden Fällen Abhilfe nur durch Erneuerung des Fensters in funktionsgerechter Konstruktion

Abb. 3.36 Das Fenster war für die vorhandene Rohbauöffnung zu klein, daher waren seitliche Ausfütterungen erforderlich – eine Fehlerquelle für den Außenputz. Der von außen einzusetzende Rolladen wurde schief eingebaut

Abb. 3.37 Fehlerhafter Fensteranschlag durch zu breite Mörtelfuge. Die Rolladen-Führungsleiste hat sich bereits abgesetzt. Abhilfe: Absetzriß auskratzen und mit elastischer Dichtungsmasse schließen

Abb. 3.38 Fenstertür ohne Anschlag. Hier ist sorgfältiges Ausstopfen der Fuge zwischen Mauerwerk und Blendrahmen und Abdichten des Putzanschlusses erforderlich

Abb. 3.39 Fenstertürelement an einer nicht überdeckten Terrasse mit hölzerner Stutzenverkleidung; Schwellenausbildung und Plattenanschluß fehlerhaft, desgleichen die äußeren Glasleisten; totale Erneuerung erforderlich

Abb. 3.40 Folge der falschen Schwellenausbildung einer Fenstertür. Durchfeuchtung des Innenputzes und des schwimmenden Estrichs, dadurch Ablösen des Bodenbelags und der Fußleiste

Abb. 3.41 Ein zu dicht an der Leibungskante eingesetzter Kloben bricht wieder heraus. Es muß etwa in der Mitte der Putztasche neu eingesetzt werden; entsprechend ist der Bandsitz am Klappladen zu ändern

Abb. 3.42 Die Jalousiebrettchen des Klappladens wurden nicht paßgerecht eingeleimt. In die Nuten kann Regenwasser eindringen

3.13 Türen

3.13.1 Innentüren

Innentüren werden im Wohnungsbau überwiegend aus Holz hergestellt. Die Größe, die Anschlagsart und der Aufbau des Türblattes können je nach dem Verwendungszweck unterschiedlich sein, wobei auch die Gestaltung in bezug auf die Raumwirkung zu berücksichtigen ist.
Der feste, mit der Wand verbundene Teil der Tür wird als Türrahmen (normalerweise aus Futter und Bekleidung bestehend) bezeichnet, der bewegliche Teil ist das Türblatt. Nach der Öffnungsart der Türen unterscheidet man:

- Drehflügeltüren, bei denen das Blatt um eine vertikale Kante gedreht wird und auf oder in den Türrahmen schlägt;
- Schiebetüren, die an Laufwerken hängen und seitlich verschiebbar sind (vor der Wand oder in Mauertaschen);
- Pendeltüren, die in der Leibung in beide Öffnungsrichtungen durchschlagen können, wozu ein besonderer Beschlag erforderlich ist (Bommerband oder ein oberes Zapfenband in Verbindung mit einem Bodentürschließer);
- Falttüren, bei denen mehrere Blätter durch verdeckt liegende Bänder miteinander verbunden sind; sie hängen drehbar an Laufwerken und können durch seitliches Verschieben zusammengefaltet werden. Ähnlich funktioniert die Harmonikatür;
- Drehtüren bestehen aus drei oder vier Flügeln, die sich in einem runden, windfangähnlichen Vorraum um eine Mittelachse drehen. Sie sind nur für Gaststätten, Hotels oder öffentliche Gebäude geeignet und werden heute meist durch automatische Ganzglastüren ersetzt.

Im nachstehenden sollen ausschließlich Drehflügeltüren behandelt werden, weil sie am häufigsten vorkommen und daher auch in ein- oder zweiflügeliger Ausführung

in der Norm erfaßt sind (DIN 18101 Türen; Türen für den Wohnungsbau; Türblattgrößen, Bandsitz und Schloßsitz; Gegenseitige Abhängigkeit der Maße, Ausgabe 01.85).
Die Maße für Wandöffnungen von Türen werden in DIN 18100 wiedergegeben, wobei die Maße DIN 4172 entsprechen. Hervorgehoben sind die Vorzugsgrößen. Bei der Auswahl der Türgrößen ist darauf zu achten, daß die für die Nutzung der Räume vorgesehenen Geräte durch die Türöffnungen hindurchgebracht werden können. Beispielsweise ist es unzulässig, in blinden Abseitenräumen hinter Küchen, die als Hausarbeitsräume genutzt werden, Türöffnungen vorzusehen, durch die übliche Geräte wie Waschmaschine oder Trockner nicht hindurchgetragen werden können.

Tabelle 3.12 **Maße nach DIN 4172 für Wandöffnungen**

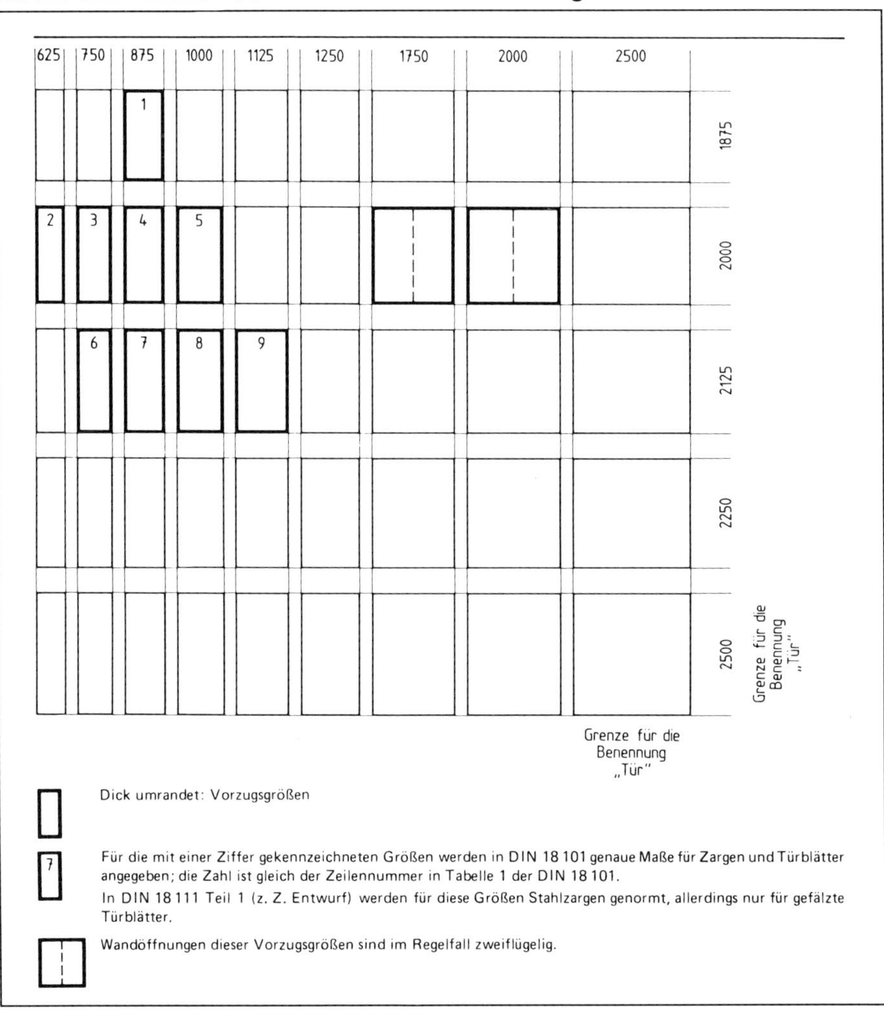

Quelle: DIN 18100, Tabelle 1

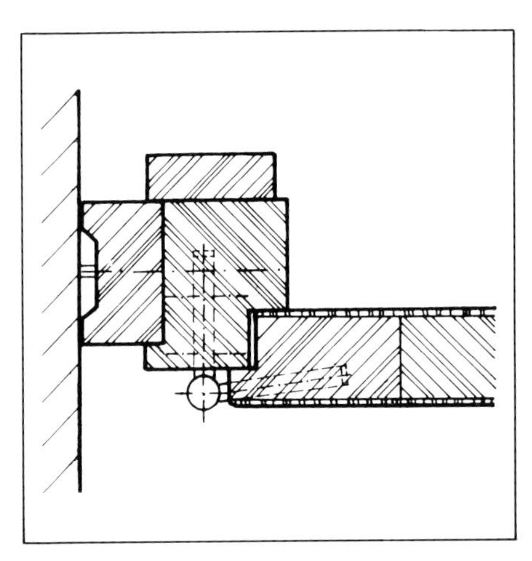

Abb. 3.43 Blockrahmentür, zwischen die Türleibung gesetzt: geeignet für unverputztes Mauerwerk (nach [23])

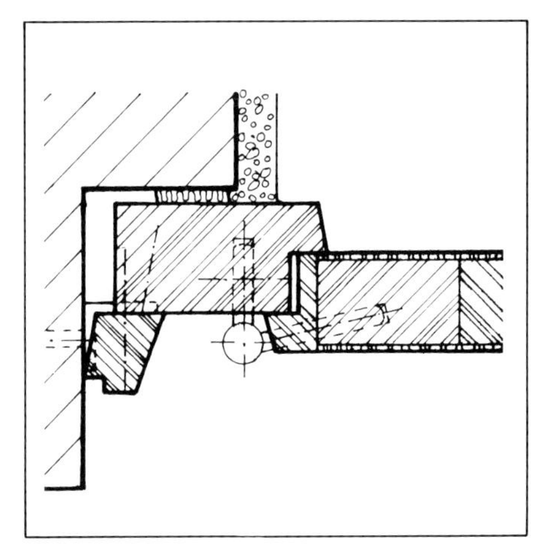

Abb. 3.44 Blendrahmentür an Maueranschlag, vorwiegend bei Außentüren angewendete Anschlagart (nach [23])

Nach Art der Türumrahmung sind zu unterscheiden:

- Blockrahmentüren, die an oder in der Türleibung befestigt werden. Dies ist eine kaum noch anzutreffende Konstruktionsart, die in Süddeutschland als »Türstock« bezeichnet wird und allenfalls für untergeordnete Türen (meist Außentüren) angewendet wird (Abb. 3.43).
- Blendrahmentüren, bei denen der Blendrahmen an einen gemauerten Anschlag gesetzt und mit Blendrahmenschrauben oder Stahlankern befestigt wird; vorwiegend für Außentüren, bei Innentüren nur für einfache Ausführung (Abb. 3.44).

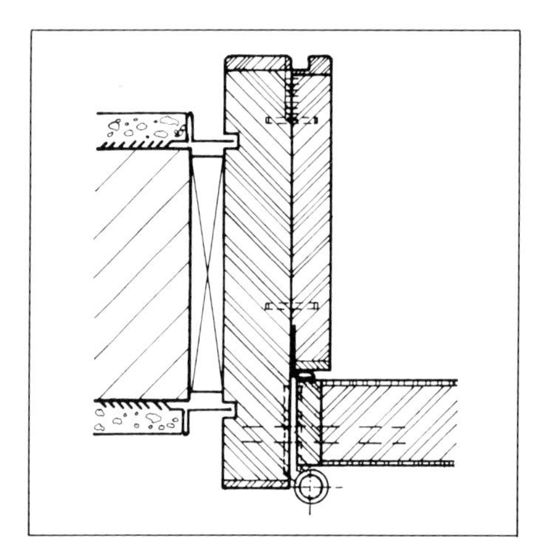

Abb. 3.45 Zargenrahmentür, bei der die Zarge die Türleibung abdeckt; das Türblatt schlägt in den Zargenrahmen, eine Putzanschlußleiste aus verzinktem Stahlblech mit Schattenfuge dient als Putzabgrenzung

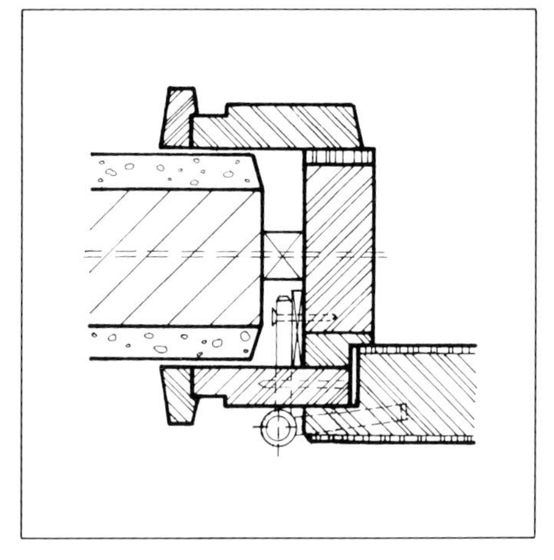

Abb. 3.46 Innentür mit Futter und Bekleidung
Quelle für 3.45 und 3.46: [23]

- Zargenrahmentüren, bei denen die Zargen die Türleibung ausfüllen und das Türblatt an der Zarge befestigt ist und in diese einschlägt (Abb. 3.45).
- Türen mit Futter und Bekleidungen, bei denen das Futter die Leibung ausfüllt und die Bekleidung beidseitig den Zwischenraum zwischen Futter und Wandöffnung abdeckt. Dies ist die häufigste Form der Innentür (Abb. 3.46), s. auch Literatur [23].

3.13.2 Türblattkonstruktionen

Bei den Türblättern werden unterschieden:
- überfalzte Türen, bei denen die Türblätter einen umlaufenden Falz aufweisen, so daß der Spalt zwischen Blatt und Umrahmung überdeckt wird, und
- in den Falz schlagende Türen, bei denen die Blätter stumpf in einen Falz des Futters rahmenbündig einschlagen; wegen der Schwächung des Futters in diesem Bereich wird eine Verstärkungsleiste oder ein sogenannter »Beistoß« erforderlich (Abb. 3.47 und 3.48).

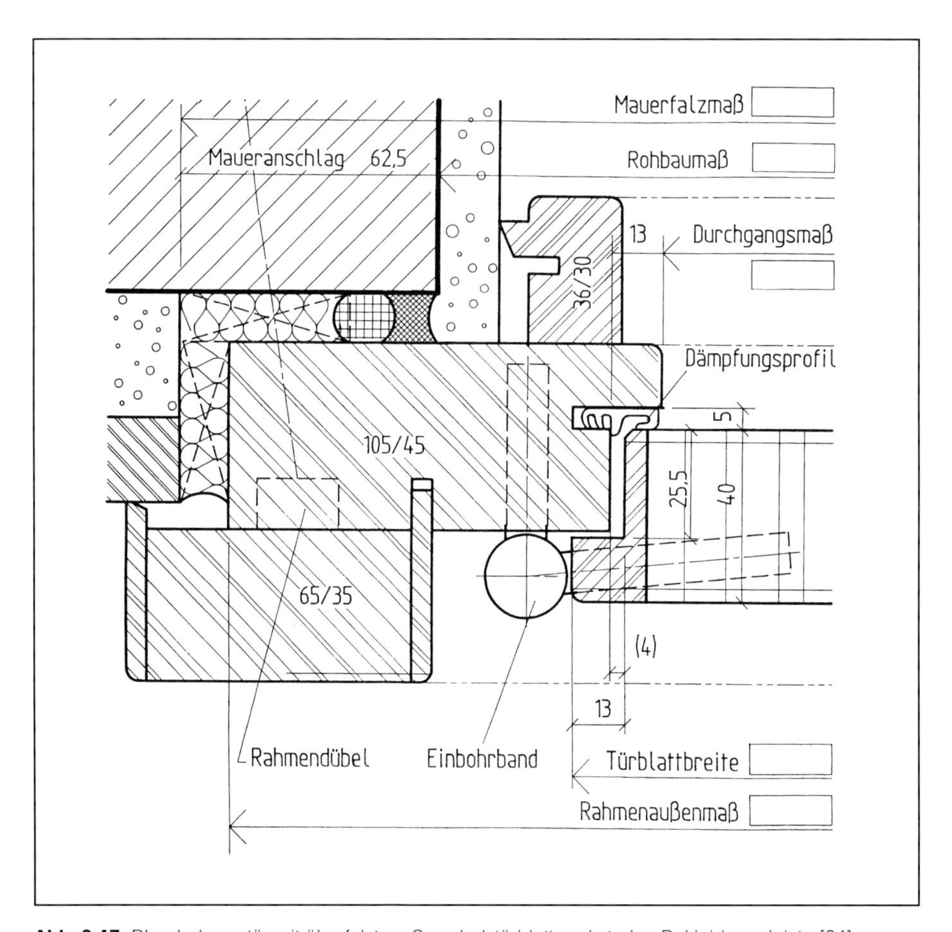

Abb. 3.47 Blendrahmentür mit überfalztem Sperrholztürblatt und starker Bekleidungsleiste [24]

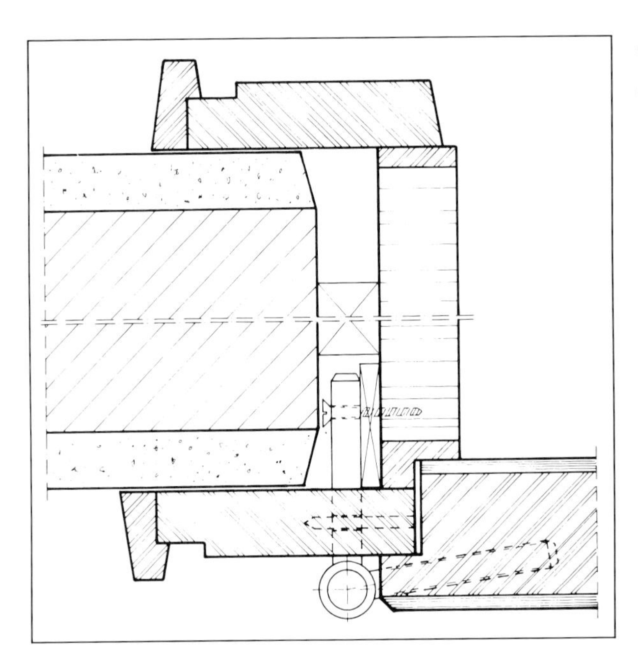

Abb. 3.48 Überfalzte Tür mit Einbohrungband. Die Bekleidung hat eine umlaufende Zierleiste

Je nach der Konstruktion des Türblattes sind zu unterscheiden:
- Lattentüren, die aus Latten und Randbrettern bestehen, welche auf Quer-Strebeleisten genagelt sind und nur für Abstellräume in Frage kommen;
- Brettertüren, bei denen die Brettlagen stumpf gestoßen auf Quer- und Strebeleisten geschraubt werden oder aus stumpf verleimten Brettern mit eingeschobenen Gratleisten bestehen (für Lagerräume, Stallungen o. ä.);
- Füllungstüren, bei denen das Blatt aus Rahmen und Füllung besteht;
- Sperrholztüren mit abgesperrter Türblattkonstruktion.

Bei allen in Naßräumen eingesetzten hölzernen Türen oder Türen aus Holzwerkstoffen ist darauf zu achten, daß aufsteigende Feuchtigkeit in der Leibung oder im Türblatt unter allen Umständen vermieden wird. Leibung und Türblätter sind entsprechend zu präparieren.
Die ältere Form des für Wohnräume geeigneten Türblattes ist die ***gestemmte Tür,*** auch als ***Füllungstür*** bezeichnet. Hierbei handelt es sich um eine Rahmenkonstruktion mit Füllungen aus verleimten Brettlagen, die am Rand abgeplattet und in ca. 15 mm tiefe Nuten der verleimten Rahmen eingeschoben sind. »Gestemmt« heißt diese (heute veraltete) Ausführungsart, weil die Eckverbindungen des Rahmens durch Zapfen in den Querfriesen erfolgt, die in gestemmte Schlitze der senkrechten Rahmenstücke eingeleimt und verkeilt werden.

Sperrtüren nach DIN 68 706

Nach dieser Norm besteht eine Sperrtür aus Rahmen, Einlage und den Deckplatten. Der Rahmen aus Vollholzleisten umschließt die Einlage und ist mit den Deckplatten verleimt. Der Rahmen muß so breit sein, daß ein Einsteckschloß nach DIN 18 251 eingebaut werden kann. Gezeigt wird ein Linksschloß für Buntbart-, Zuhaltungs- oder Profilzylinder (Abb. 3.49).

Bei der Auswahl der Schlösser ist zu überprüfen, ob es sich um ein Schloß der Klasse 1 (leichtes Innentürschloß), eines der Klasse 2 (mittelschweres Innentürschloß) oder um ein Schloß für die Wohnungsabschlußtür, Klasse 3, handelt. Letzteres würde wie folgt bezeichnet: Schloß DIN 18 251-PZ65 WSL-3.
Dabei steht PZ für den Profilzylinder und 65 für das Dornmaß. Die Buchstaben WSL zeigen den Wechsel an mit Schließblech für ein Linksschloß. Die Ziffer nennt die Klasse. Es ist zu bemerken, daß für Wohnungsabschlüsse keine leichten Innentüren verwandt werden dürfen. Diese Türen müssen einer Belastung standhalten ähnlich einer Haustür, die man gewaltsam öffnen will. Dabei sind beim Einbau der Schlösser alle diejenigen Erkenntnisse zu berücksichtigen, die von der Polizei empfohlen werden. Dazu gehört die Forderung, daß ein Profilzylinder nicht überstehen darf. Außerdem ist ein Beschlag zu wählen, der von außen nicht durch Abschrauben beseitigt werden kann. In den Rahmen einlaufende Zapfen auf der Bandseite erschweren das Aushebeln des Türblattes aus dem Rahmen. Langschilder auf der Schließseite, die weit in die Wand hinein eingelassen sind, verhindern die leichte Zerstörung des Schließbleches.

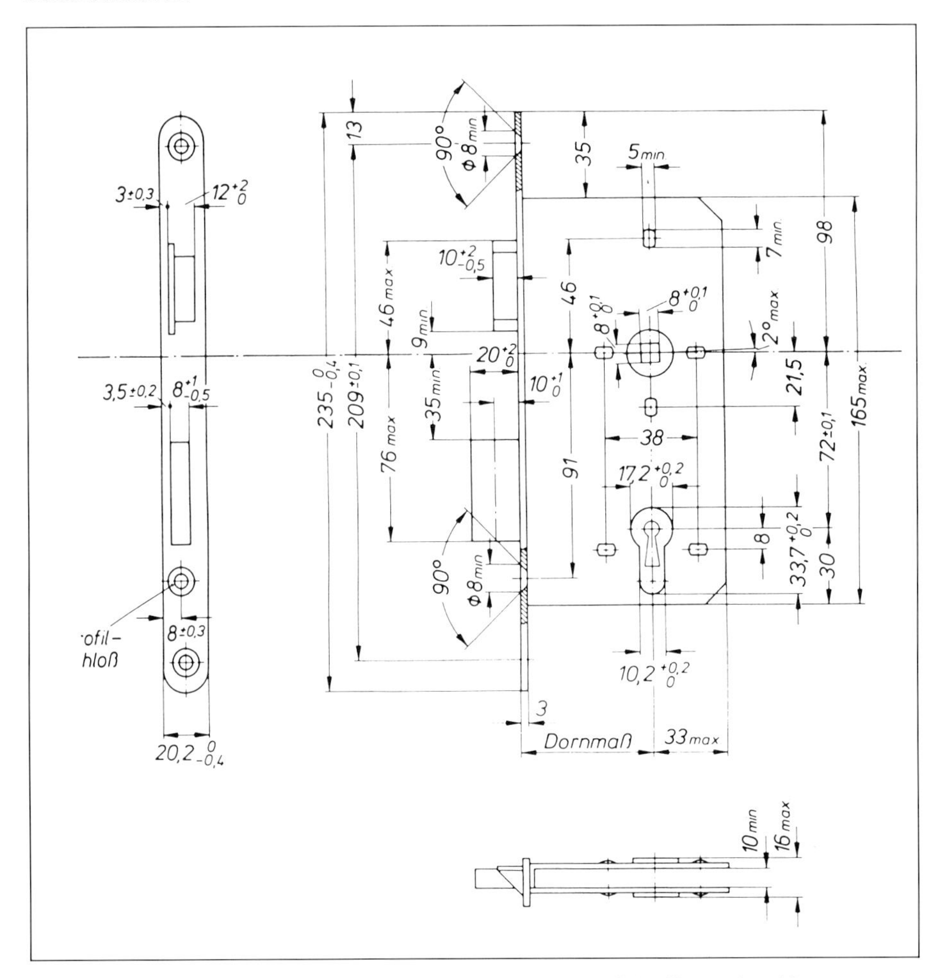

Abb. 3.49 Schloß als Buntbart-, Zuhaltungs- oder Profilzylinderschloß der Klassen 1 und 2
Quelle: DIN 18 251, Bild 3

sind wegen der exakten Normung und der fabrikmäßigen Serienfertigung verhältnismäßig selten.
Gelegentlich werden Deckfurniere beanstandet, wenn sie Risse oder ausgekittete Stellen enthalten. Daher ist in der Ausschreibung genau anzugeben, ob die Türblätter naturlasiert, mit sichtbarer Maserung behandelt oder deckend gestrichen werden sollen. Bei einem einfachen streichfähigen Blatt sind nämlich nach der Norm geringe Verfärbungen, vereinzelte ausgebesserte und ausgekittete Stellen sowie geringe Risse und Fugen zulässig.
Ebenso ist in der Ausschreibung anzugeben, ob z. B. ein Einleimer oder ein verdeckter Anleimer (mit Deckplatte und Decklage) verlangt wird. Durch den zusätzlichen Arbeitsgang sind hier Preisunterschiede gegeben.
Des öfteren wird bei preiswerten Serientüren eine sichtbare Wellenbildung der Oberfläche nach der Lackierung beanstandet. Das liegt an der Unterkonstruktion, d. h. der Holzraster der Einlage hat zu weiten Abstand oder die Deckplatten sind zu dünn (Abb. 3.50). Am besten sind zwei kreuzweise aufeinander geleimte Furnierlagen. Auf streichbaren Furnieren sind stumpfe Farbanstriche geeigneter als Hochglanz-Lackierungen.
Wenn eine Türseite naturlasiert behandelt oder ein Edelfurnier erhalten soll und die andere eine Weißlackierung (z. B. Eßraum- und Küchenseite), so würde sich das Blatt wegen der unterschiedlichen Oberflächenspannungen verziehen. In diesem Falle ist es daher üblich, die »weiße« Seite mit einer Kunststoff-Decklage zu furnieren.
Da die Türfutter in den Mauerleibungen mit Dübeln befestigt werden, kommt es gelegentlich vor, daß diese sich lockern. Um dies zu verhindern, ist einmal darauf zu achten, daß der Dübel- bzw. Dübellochsitz nach DIN 18101 Teil 3 und 4 angeordnet wird und daß geeignete Dübel eingesetzt werden. Dübelbrettchen sind nicht empfehlenswert, weil infolge der geringen Dicke nicht die Gewähr gegeben ist, daß der eingeschlagene Nagel bzw. die Schraube mittig in das Brettchen trifft. Der Befestigungspunkt sollte entweder aus karbolineumgetränktem, konisch geschnittenem Nadelholz oder aus nagelbarem Dübelstein bestehen.

Abb. 3.50 Wellenbildung im Furnier einer Sperrtür mit schmalem Seitenteil als Folge mangelhafter Unterkonstruktion und zu dünner Deckplatte

3.13.3 Türumrahmungen

Im allgemeinen bestehen Türumrahmungen im Wohnungsbau aus Futter und Bekleidung, wenn die Türen einheitlich aus Holz hergestellt werden sollen. Neuerdings werden aber vermehrt Stahlzargen für hölzerne Türblätter verwendet, und zwar wegen ihrer größeren Stabilität und der Möglichkeit, umlaufende Dichtungen problemlos einbauen zu können. Block- oder Zargenrahmentüren sind im Mauerwerk nicht üblich, kommen aber bei Innenwänden, die aus einem Ständerwerk mit Beplankung bestehen, vor (s. Kapitel 2).

Futter und Bekleidung

Wie in Abbildung 3.46 dargestellt, bestehen Futtertüren aus dem Futter innerhalb der Leibung und der Falz- sowie der Zierbekleidung. An den Falzbekleidungen sind die Türbänder befestigt und das Schließblech eingelassen. Ungefalzte Türblätter erhalten Aufsatzbänder, bei gefalzten Blättern sind Einstemmbänder oder Einbohrbänder erforderlich (Abb. 3.51).

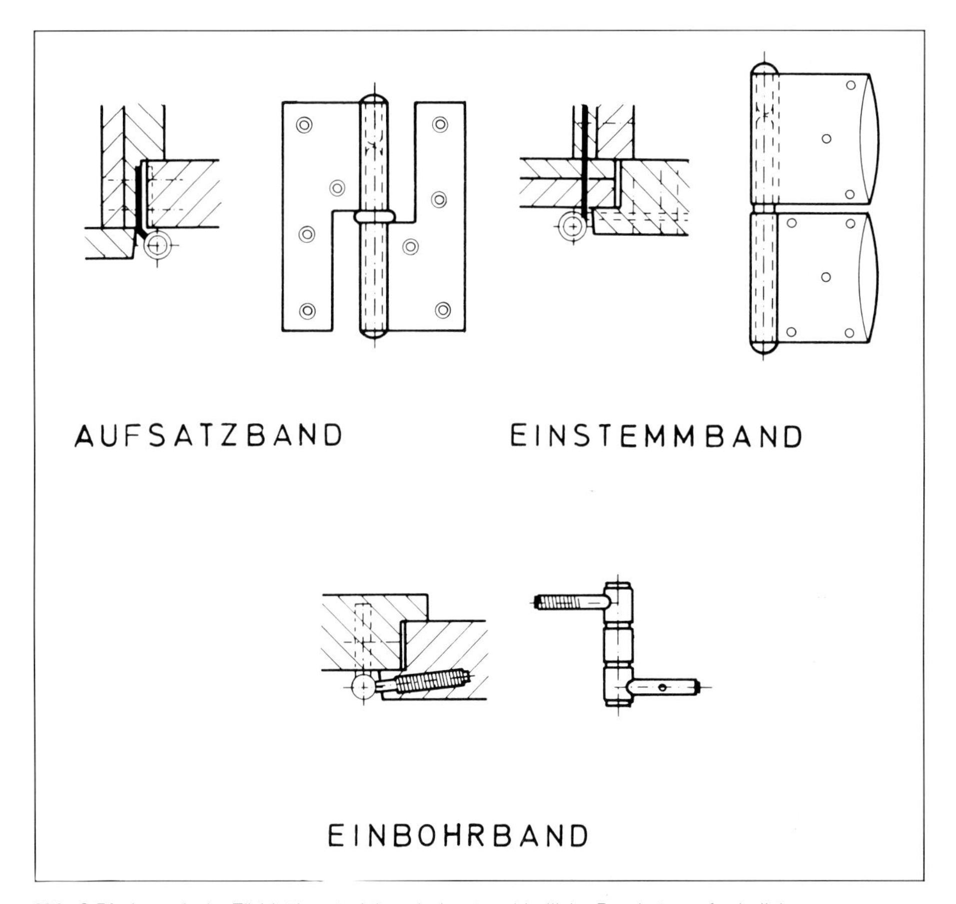

Abb. 3.51 Je nach der Türblattkonstruktion sind unterschiedliche Bandarten erforderlich

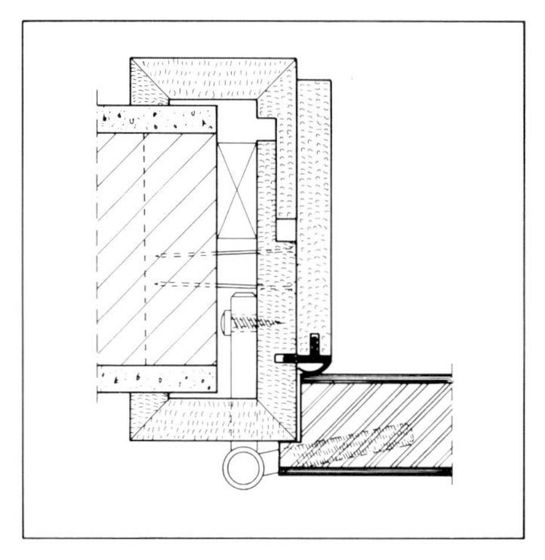

Abb. 3.52 Einbaufertige, in der Leibungstiefe um 20 mm verstellbare furnierte Türzarge mit Türdichtungsprofil
Quelle: Firma HUGA Hubert Gaisendrees, Gütersloh

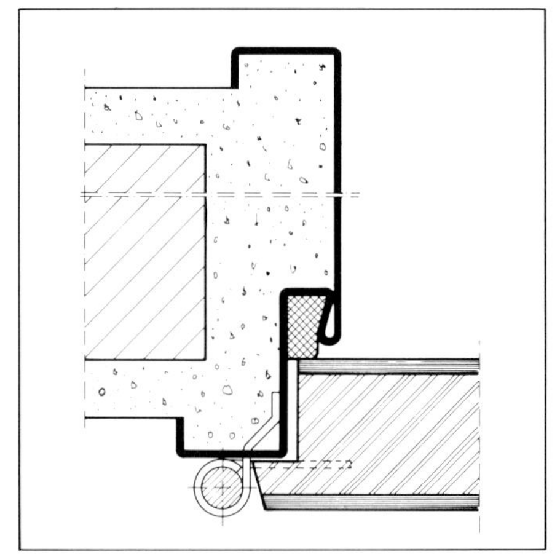

Abb. 3.53 Stahlzarge mit eingebautem Dichtungsprofil für überfalztes Türblatt

Die Außenkanten der Türbekleidungen können Putzdeckleisten erhalten, die seitlich vorspringend oder überfalzt angebracht werden.
Das als Rahmen vorgefertigte Türfutter wird auf den fertigen Estrich aufgesetzt. Es ist nicht zu empfehlen, das Futter in den Estrich einzulassen, wie es gelegentlich geschieht. Hierbei sind Verschmutzungen unvermeidlich, und das Futter leidet unter der Feuchtigkeit des Estrichs; außerdem wird ein späteres Auswechseln der Tür erschwert.
Futtertüren sind nach DIN 18101 genormt und werden als Fertigtüren geliefert. Einige Firmen stellen einbaufertige Türelemente aus furniertem Blatt und furniertem Futter her. Ein Beispiel zeigt die Abbildung 3.52, bei dem das Futter aus zwei Hälften, dem Falzfutter mit Bandunterteilen und Schließblech und dem Zierfutter als Verkleidung für die andere Seite, besteht. Dieses wird für unterschiedliche Mauerdicken in zwei Breiten hergestellt. Da Futter und Bekleidung aus einem Stück bestehen, ist der Zusammenbau, der durch vorgespannte Klammerbeschläge geschieht, einfach und zeitsparend. Das Dichtungsprofil bewirkt einen geräuschdämpfenden Türeinschlag.
Stahlzargen nach DIN 18111 werden als gepreßte oder gefalzte Profile hergestellt und können für Sperrtüren verwendet werden, da sie geräuschdämmende Dichtungsprofile oder Gummipuffer erhalten. Sie werden am besten lot- und winkelrecht vor dem Aufmauern der Wände aufgestellt und mit je drei Stahlankern seitlich im Mauerwerk befestigt.
Eckzargen sind kaum noch üblich, es werden heute ausschließlich Umfassungszargen eingebaut, die für gefälzte und ungefalzte Türblätter geliefert werden. Sie sind mit Türbändern sowie mit Schließriegel- und Fallenaussparung versehen.
Die Abbildung 3.53 zeigt eine Umfassungszarge mit überfalztem Türblatt und eingebautem Dichtungsprofil.

3.13.4 Schalldämmende Türen

Diese können mittlere Schalldämmwerte von 40 bis 45 dB erreichen, während normale Zimmertüren nur 15 bis 20 dB aufweisen.
Die Dämmwirkung eines Türblattes ist von folgenden Faktoren abhängig:
- möglichst großes Türblattgewicht,
- doppelte Falzausbildung mit hohem Anpreßdruck,
- Abdichtung der Bodenfuge durch Schwellenanschlag oder Höckerschwelle mit Dichtungsprofil,
- sorgfältiges Ausstopfen der Anschluß-Hohlräume zwischen Maueröffnung und Türfutter zur Vermeidung von Schallbrücken.

Dabei ist zu bedenken, daß es zwecklos ist, die Tür schalltechnisch besser herzustellen als die Wand. Eine Trennwand aus ½-Stein dickem MZ- oder KS-Mauerwerk mit beidseitigem Verputz hat einen Dämmwert von ca. 40 bis 45 dB, und da eine Tür bei besonderen Anforderungen an den Schallschutz (Arztpraxis, Besprechungszimmer o.ä.) höchstens um 5 dB schlechter als die Wand sein sollte, müßte sie in diesem Fall 35 bis 40 dB erreichen. Eine derartige schwere schalldämmende Tür im Querschnitt zeigt die Abbildung 3.54. Hinsichtlich der physikalischen Grundlagen und weiterer Beispiele wird auf Band 3 verwiesen.

3.13.5 Stahltüren

Stahltüren werden im Wohnungsbau nur bei besonderen Anforderungen an die Sicherheit oder an den Feuerschutz eingebaut. Sie sind widerstandsfähig gegen mechanische Beanspruchung, maßhaltig und torsionssteif. Normalerweise werden sie aus gewalzten oder gepreßten Stahlprofilen hergestellt und mit Stahlblechen bekleidet.
Es gibt einwandige und doppelwandige Stahltüren. In Wohnhäusern werden doppelwandige Stahltüren vorwiegend als Abschlußtüren für Heizkeller oder Öltankräume verwendet. So müssen nach der Bauordnung z.B. Heizraumtüren, wenn sie nicht unmittelbar ins Freie führen, mindestens feuerhemmend und selbstschließend sein. Das gleiche gilt für Türen von Brennstoff-Lagerräumen. Die Abbildungen 3.55 und 3.56 zeigen eine Übersicht und Einzelheiten der Feuerschutztür T 30-1 aus der DIN 18082.

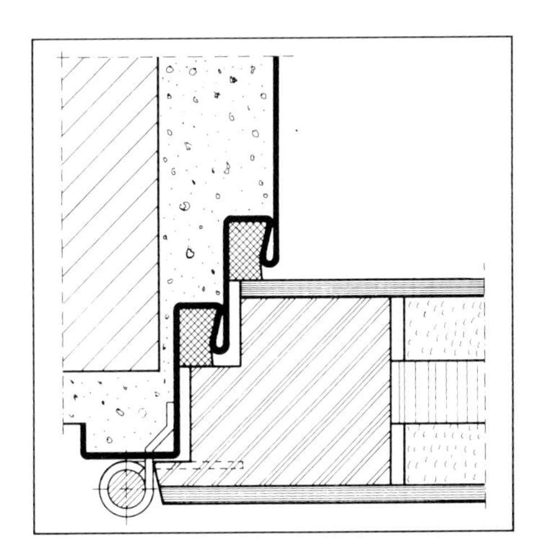

Abb. 3.54 Beispiel einer schalldämmenden Tür

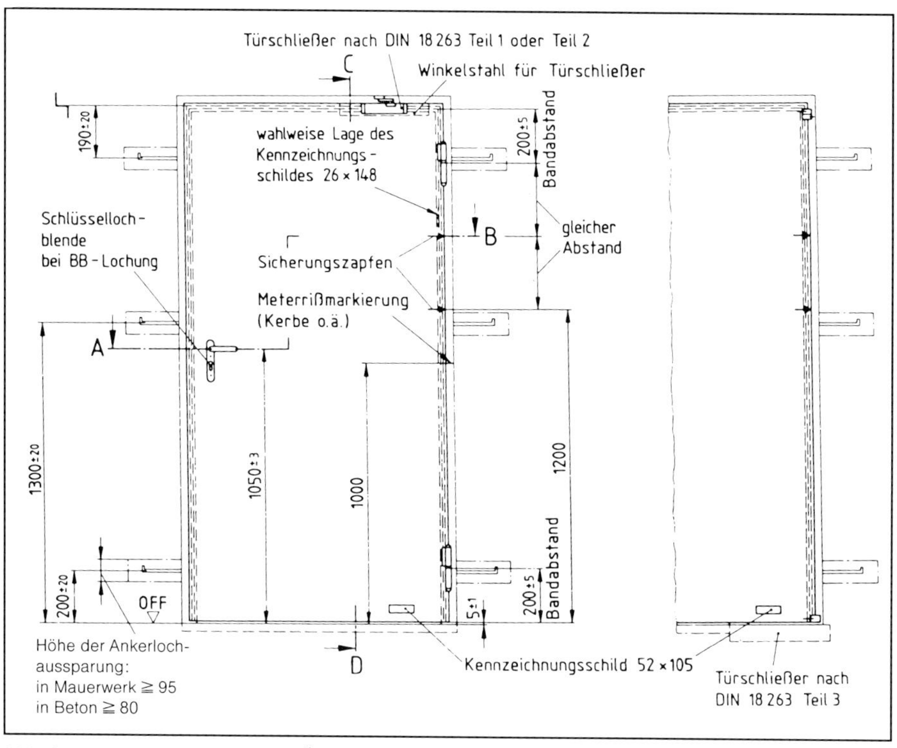

Abb. 3.55 Feuerschutztür T 30-1 – Übersichtszeichnung Quelle: DIN 18082 Teil 3, Bild 1

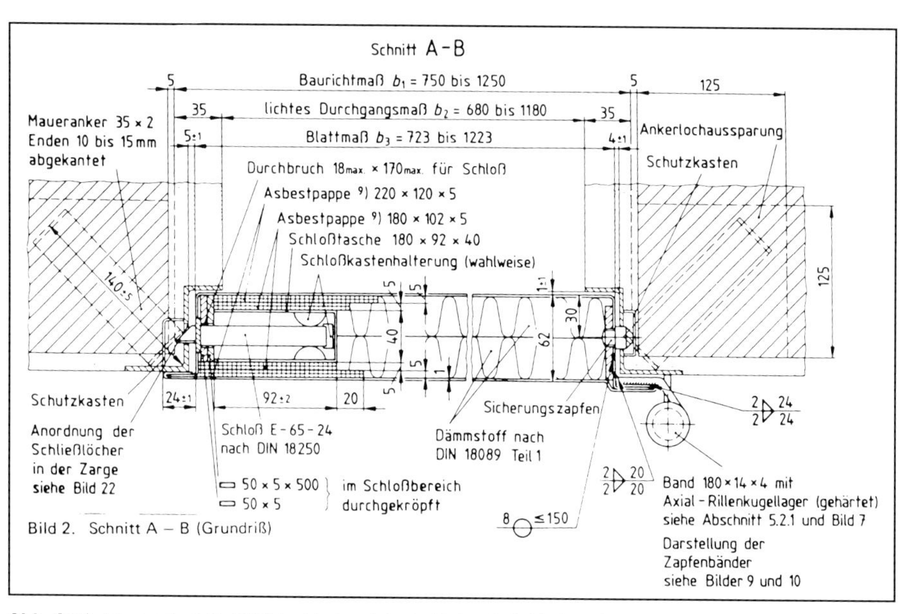

Abb. 3.56 Feuerschutztür T 30-1 – Horizontalschnitt durch Schloßtasche und Bandseite
Quelle: DIN 18082 Teil 3, Bild 2

3.14 Außentüren

Dieser Abschnitt bezieht sich auf Haustüren, weil Balkon- und Terrassentüren unter »Fenstertüren« behandelt wurden.
Haustüren können aus Holz, Stahl oder Aluminium hergestellt werden. Stahl- und Alu-Türen sind Rahmentüren aus industriell gefertigten Profilen und bringen gegenüber Stahl- und Aluminiumfenstern keine andersartigen Probleme, weil sie sich konstruktiv nicht wesentlich von diesen unterscheiden (Wärmedämmung beachten!). Wenn bei bewährten Fabrikaten auf sorgfältigen Einbau und gute Abdichtung geachtet wird, so sind Beanstandungen kaum zu erwarten. Daher beschränkt sich die nachfolgende Darstellung auf Außentüren aus Holz.
Während bei Fenstern ein Anschlag von 11,5 cm in gemauerten Wänden ausreicht, werden Haustüren meist in eine tiefere Mauerleibung gesetzt; diese sollte nicht weniger als 24 cm betragen. Ein zusätzliches Gewände aus Natur- oder Betonwerkstein verbessert den Wetterschutz und die optische Wirkung des Hauseingangs.
Wenn sich Haustüren an den Wetterseiten (Südwest, West, Nordwest) des Hauses befinden, ist ein Vordach zu empfehlen. Wird es nicht vorgesehen, so greift der Bauherr später zu einer Behelfslösung, z. B. aus Stahlprofilen mit Kunststoff-Verkleidung, welche die Architektur der Fassade meist verunstaltet.
Die Türblattkonstruktion der Außentür kann als ***aufgedoppelte*** Tür, als ***Rahmentür*** mit überschobenen Füllungen bzw. mit Verglasung oder als ***wetterfeste Sperrtür*** erfolgen.
Bei der ***aufgedoppelten Tür*** wurden früher profilierte Brettchen auf eine als verleimte Brettlage ausgebildete Blindtür aufgenagelt oder aufgeschraubt. Zur Versteifung gegen Setzen, aber auch aus dekorativen Gründen wurde die Aufdoppelung meist schräg angeordnet. Derartige Türen werden heute so hergestellt, daß die Blindtür entweder als Rahmentür mit oder ohne Füllungen oder als abgesperrtes Blatt ausgebildet wird. Dabei kann die Verbretterung senkrecht, waagerecht oder schräg aufgeschraubt werden.
Solche schweren Türen brauchen einen kräftigen Blendrahmen, der hinter einem ½-Stein dicken Maueranschlag mit Bankeisen oder einzementierten Ankerschrauben befestigt ist. Die Abdichtung des Blendrahmens erfolgt entsprechend der

Abb. 3.57 Innenseite einer einfachen Brettertür auf Rahmenkonstruktion mit Querriegel und zweifacher Abstrebung

Abb. 3.58 Aufgedoppelte Tür nach historischem Vorbild. Die sternförmige Brettlage ist mit geschmiedeten Nägeln auf der Blindtür befestigt. Die seitlichen Rahmenstücke wurden nicht gegen aufsteigende Feuchtigkeit geschützt

Anschlagausbildung eines Blendrahmenfensters. Der untere Anschlag ist mit Sokkelbrett oder Wetterschenkel sowie einem in der Schwelle verankerten Stahlwinkel als Anschlagschiene auszubilden.
Die Abbildung 3.57 zeigt die Innenseite einer einfachen Brettertür auf einem Rahmen mit Querriegel, der zweifach abgestrebt ist. Die Streben sind in die Querfriese mit Versatz eingelassen. Eine nach historischem Vorbild rekonstruierte aufgedoppelte Tür ist in der Abbildung 3.58 dargestellt. Die Aufdoppelung dieser sogenannten »Sterntür« ist mit geschmiedeten Nägeln auf der Blindtür befestigt. Leider wurde verabsäumt, die festen Seitenteile gegen aufsteigende Feuchtigkeit zu schützen.

Abb. 3.59 Diese Haustür für ein unter Denkmalschutz stehendes Gebäude wurde der ursprünglich vorhanden gewesenen als gestemmte Rahmentür mit dekorativ geschnitzten Füllungen nachgebaut

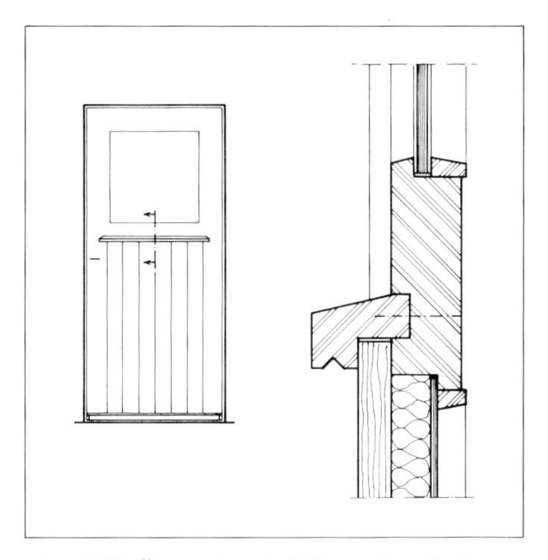

Abb. 3.60 Überstehende Füllung einer Rahmentür aus Nut- und Federbrettchen, die am mittleren Querfries durch einen Wetterschenkel abgedeckt werden

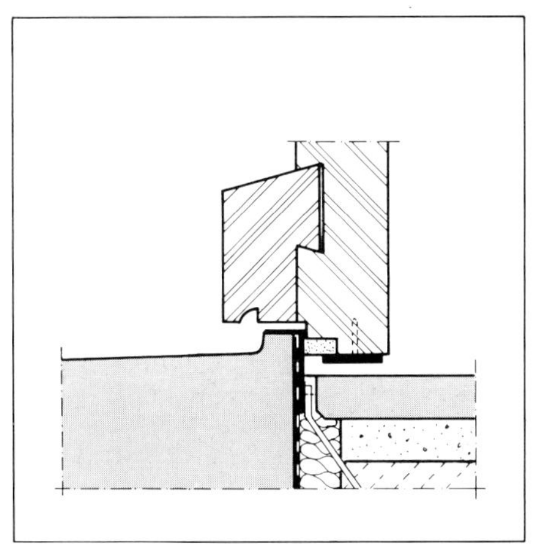

Abb. 3.61 Unterer Anschlag einer Haustür mit Stahlwinkel und Neoprenstreifen zur Abdichtung. Eingangsstufe und innerer Bodenbelag sind aus Naturwerkstein

Bei ***Rahmentüren*** sollten eingeschobene Füllungen nur dann ausgeführt werden, wenn eine geschützte Lage gegeben oder eine regelmäßige Wartung gewährleistet ist (Abb. 3.59). Besser sind überschobene Füllungen, die in den gestemmten Rahmen nach außen überschoben werden, damit keine fallenden Fugen entstehen, in die Schlagregen eindringen kann. Bei dieser Bauart muß das obere, außen vorstehende Hirnholz der Füllung entweder stark abgeschrägt oder durch einen eingeschobenen Wetterschenkel geschützt werden (Abb. 3.60).
Neuzeitliche Aufdoppelungen werden meist als senkrechte Profilbretter oder -leisten ausgeführt.
Bei der ***abgesperrten Außentür*** sind wegen der erheblichen hygrothermischen Beanspruchung besondere konstruktive Maßnahmen erforderlich, damit das Blatt bei ungleichem Klima auf beiden Türseiten seine Formstabilität bewahrt. Es ist zur Zeit noch nicht durch Normung festgelegt, welche Verwerfungen im Hinblick auf die Funktionsfähigkeit der Tür zugelassen werden können.
Nach einer Untersuchung am Institut für Fenstertechnik, Rosenheim, sollen die Abweichungen der Türen in der Benutzung nicht mehr als 5 mm aus der Null-Ebene heraus betragen, weil sonst die Schließfunktion nicht mehr gegeben ist.

Die abgesperrte Außentür muß daher wetterfest und verwendungsstabil ausgeführt werden. Dies kann erreicht werden durch:
- in die Einlage eingebaute Vierkant-Stahlrohre als Aussteifungs-Elemente,
- besonders wetterfest verleimte Rahmeneckverbindungen,
- wasserfeste Spanplatten als Deckplatten,
- verdeckte Hartholz-Einleimer und 2,5 mm dickes Hartholz-Deckfurnier (z. B. Eiche oder Teak) und
- witterungsbeständige Oberflächenbehandlung (Schutzlackierung oder offenporige Imprägnierung).

Besonderer Beachtung bedarf der untere Anschlag von Haustüren, weil hier bei Undichtigkeit ein erheblicher Wärmeverlust eintreten und Schlagregen eindringen kann. Die Normalausführung ist der Winkelstahlanschlag, bei dem das Eingangspodest etwa 14 bis 20 mm über dem inneren Fußboden liegt. An der Schlagregenseite sollte der Plattenbelag bzw. die Hauseingangsstufe noch eine Aufkantung erhalten, die von einer den unteren Abschluß der Haustür bildenden eingeschobenen Wetterschenkelleiste überdeckt wird (Abb. 3.61).
Untere Haustürabschlüsse ohne Anschlag oder Schwelle können allenfalls bei geschützt liegendem Hauseingang oder bei Vorhandensein eines Windfangs vorgesehen werden. Dann müssen automatische Abdichtungs-Vorrichtungen in das untere Rahmenholz des Türblattes eingebaut werden (Abb. 3.62, obere Reihe).
Günstiger sind Höckerschwellen, auf die beim Schließen der Tür ein in der Türblattunterseite eingelassenes Dichtungsprofil aufläuft (Abb. 3.62, mittlere Reihe).
Drei Varianten der Anschlagschwelle zeigt die untere Reihe der Abbildung 3.62. In dieser schematischen Darstellung fehlt aber der mit Tropfkante versehene Wetterschenkel, auf den bei einer Haustür üblicher Art in freier Eingangslage nicht verzichtet werden sollte.

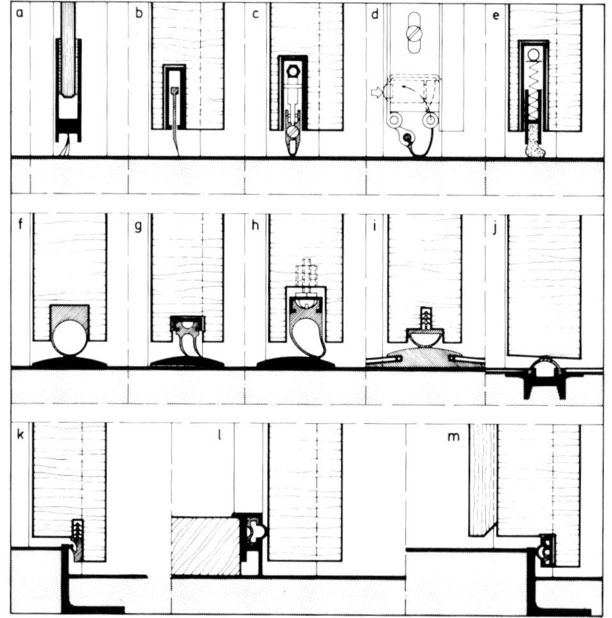

Abb. 3.62 Abdichtungsmöglichkeiten im Schwellenbereich von Haustüren (aus [2]):

Obere Reihe:
Automatische Abdichtungs-Vorrichtungen im unteren Rahmenholz (nur in geschützter Lage und bei Vorhandensein eines Windfangs möglich)

Mittlere Reihe:
Hockerschwellen, kombiniert mit Dichtungsprofilen im unteren Rahmenstück

Untere Reihe:
Anschlagschwellen mit Metallwinkel und Kunststoffdichtung. Bedenklich ist bei dem mittleren Beispiel die Dichtung in der stoßbeanspruchten Schwelle wegen möglicher mechanischer Beschädigung

4 Treppen

von Prof. Dipl.-Ing. Arno Grassnick

4.1 Treppenarten

Treppen dienen zur begehbaren Verbindung der einzelnen Geschosse und können aus Stahlbeton, Natur- oder Kunststein sowie aus Holz oder Stahl hergestellt werden.
Die Grundbegriffe sowie die Bezeichnung der Treppen- und Stufenarten sind in DIN 18064 (Treppen; Begriffe, Bezeichnung) festgelegt. Danach ist eine Treppe ein Bauteil aus mindestens einem ***Treppenlauf,*** worunter eine ununterbrochene Folge von mindestens drei Treppenstufen (=drei Steigungen) verstanden wird. Treppenläufe können je nach Form und Anordnung der Treppe sehr unterschiedlich ausgebildet sein.
Mehrere Läufe werden durch ***Podeste*** unterbrochen, wobei man zwischen dem Podest am Anfang oder Ende eines Treppenlaufs (Treppenabsatz) und dem ***Zwischenpodest,*** d. h. dem Treppenabsatz zwischen zwei Treppenläufen, unterscheidet. Diese Podeste können als ***Viertel-*** oder ***Halbpodeste*** ausgebildet sein (Abb. 4.3).
Vom Material her ist zu unterscheiden zwischen tragender Konstruktion und Belag; so sind folgende Kombinationen möglich, wobei aus Gründen der Statik und des Brandschutzes heute vorwiegend ***Stahlbeton-Laufplatten*** als Tragkonstruktion ausgeführt werden:

- Stahlbeton-Laufplatten mit aufgelegten vollen Kunststein-Stufen (Abb. 4.1 a),
- Stahlbeton-Laufplatten mit Stufenkeilen und Natur- oder Kunststein-Belag (Abb. 4.1 b),
- Stahlbeton-Laufplatten mit hölzernen Tritt- und Setzstufen (Abb. 4.1 c),
- Stahlbeton-Laufplatten mit Stufenkeilen und Verbund-Estrich, darauf Kunststoff-Belag (Abb. 4.1 d).

Außer diesen überwiegend angewendeten Laufplattentreppen werden nach ihrem konstruktiven Prinzip noch folgende Treppenarten ausgeführt:

- *Balkentreppe:* Platten- oder Keilstufen werden auf einen oder mehrere Balken, die als Tragkonstruktion wirken, aufgelagert oder aufgesattelt.
- *Plattenbalkentreppe:* Laufplatte und ein oder mehrere Balken bilden ein gemeinsames konstruktives Tragglied.
- *Kragtreppe:* Die Treppenstufen sind einseitig eingespannt und als Kragarme ausgebildet. Einen Sonderfall bildet die Spindeltreppe, bei der die Stufen mit der tragenden Spindel biegesteif verbunden sind.

Seit 1962 sind ***Tragbolzentreppen*** (s. auch 4.54) allgemein bauaufsichtlich zugelassen. Da sich diese Treppen in der Praxis, besonders im Einfamilienhausbau, bewährt haben und ihre Standsicherheit rechnerisch erbracht werden kann, wurde die Norm 18069 (Tragbolzentreppen für Wohngebäude; Bemessung und Ausführung) eingeführt, und zwar für Trittstufen aus Stahlbeton, Betonwerkstein oder Naturstein.
Diese Treppenarten gelten als ***Massivtreppen*** und erfüllen die Bedingungen der Brandschutz-Bestimmung, nach der die tragenden Teile notwendiger Treppen aus nicht brennbaren Baustoffen herzustellen sind (bei Gebäuden mit mehr als zwei Vollgeschossen).

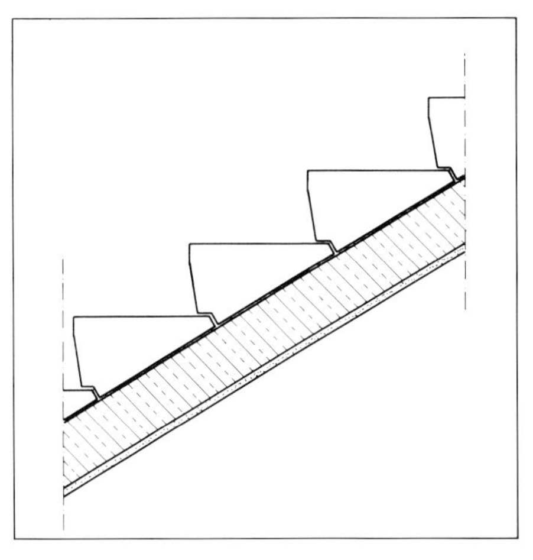

Abb. 4.1 a Stahlbeton-Laufplatten mit aufgelegten vollen Natur- oder Betonwerksteinstufen

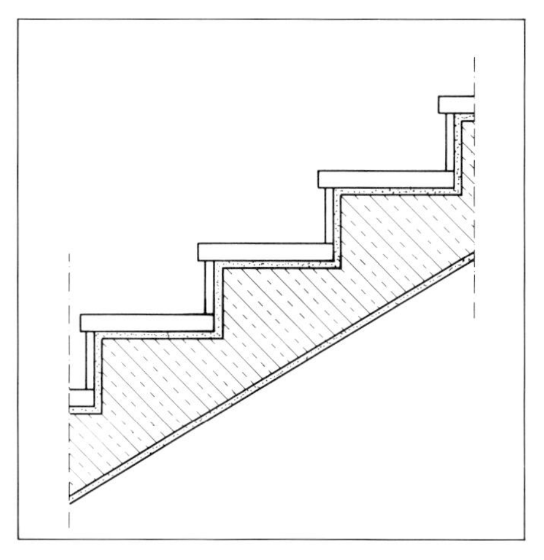

Abb. 4.1 b Stahlbeton-Laufplatten mit Stufenkeilen und Natur- oder Betonwerkstein-Plattenbelag

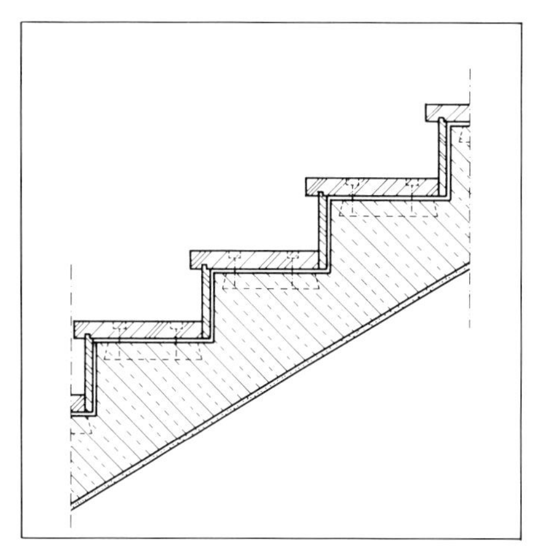

Abb. 4.1 c Stahlbeton-Laufplatten mit hölzernen Tritt- und Setzstufen

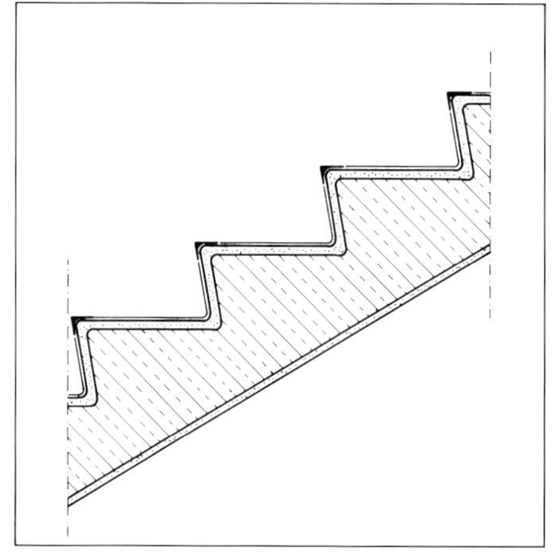

Abb. 4.1 d Stahlbeton-Laufplatten mit Stufenkeilen und Verbundestrich, darauf Kunststoff-Belag

Stahltreppen finden vorwiegend bei gewerblichen Bauten Verwendung. Bei betrieblichen Veränderungen können sie ohne Schwierigkeiten abmontiert und an anderer Stelle wieder errichtet werden. Da das Wohnhaus hier im Mittelpunkt der Betrachtung steht, wird auf Stahltreppen nicht weiter eingegangen.
Lediglich die Wendel- oder Spindeltreppe aus einer vorgefertigten Stahlunterkonstruktion mit Stahl- oder Holztrittstufen wird behandelt, weil sie eine kostengünstige und raumsparende Lösung als interne Verbindungstreppe, z.B. bei Maisonette-Wohnungen, darstellt.

Abb. 4.2 a Eingeschobene Holztreppe: Die Trittstufen sind beidseitig in Wangennuten »auf Grat« eingeschoben. Die Wangen sind mit dem Stahlbetonpodest durch Hängewinkel verbunden

Abb. 4.2 b Eingestemmte Holztreppe: Tritt- und Setzstufen sind in die Wangen eingestemmt. Die Antrittsstufe ist als verleimte Blockstufe hergestellt und in der Stahlbetondecke verankert

Abb. 4.2 c Aufgesattelte Holztreppe ohne Setzstufen: Die Trittstufen sind auf die ausgeschnittenen Wangen aufgeschraubt oder mit Dübeln befestigt

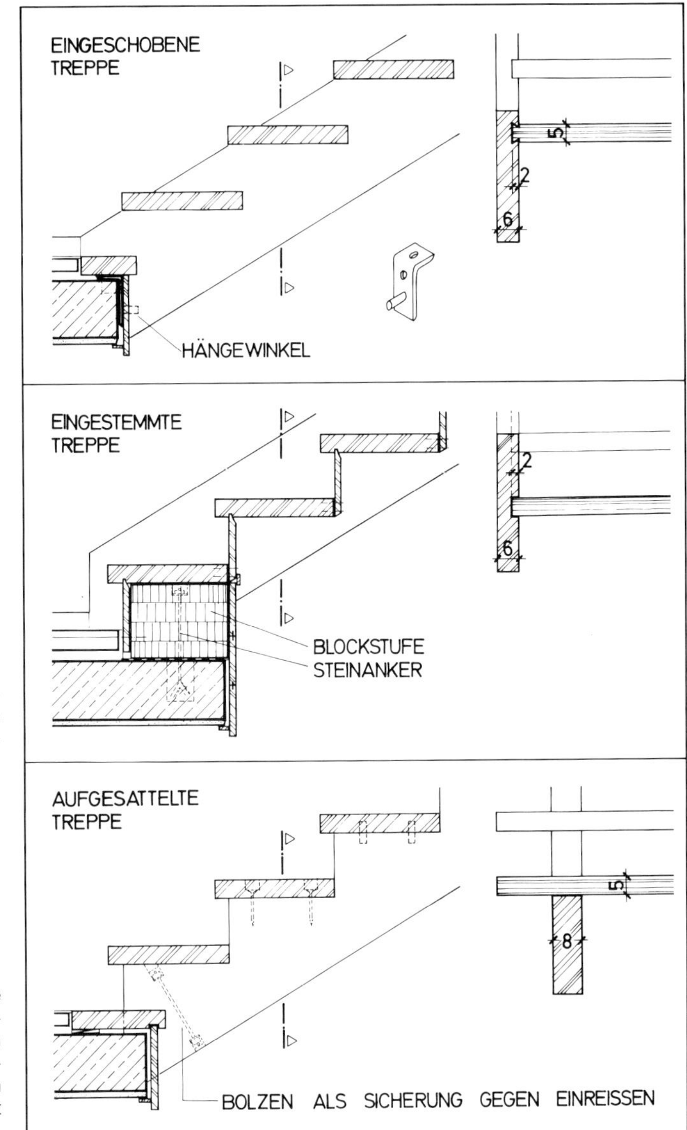

Holztreppen werden im Wohnungsbau, insbesondere bei Einfamilienhäusern, aufgrund der wachsenden Tendenz zu natürlichen Baustoffen, wieder vermehrt ausgeführt. Als handwerkliche Grundkonstruktionen mit tragenden Wangen oder Holmen werden nach der Art des Stufeneinbaus unterschieden:

- eingeschobene Treppen (für einfache Bauten, z. B. Ferienhäuser) (Abb. 4.2 a),
- eingestemmte Treppen (üblich bei Einfamilienhäusern) (Abb. 4.2 b),
- aufgesattelte Treppen (früher in besseren Wohnhäusern, heute oft auf Tragholmen, wenn eine transparente Treppenwirkung erwünscht ist) (Abb. 4.2 c).

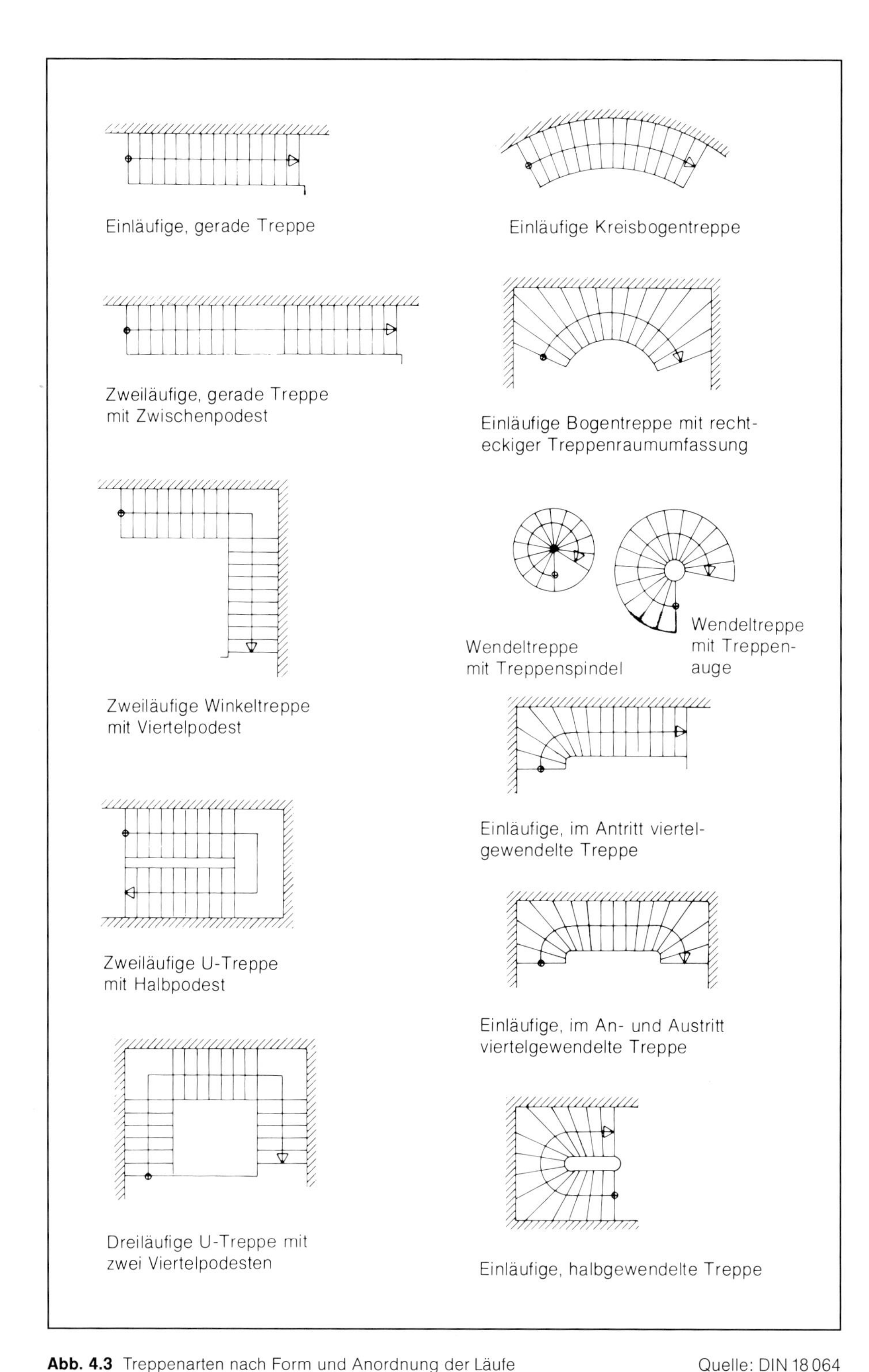

Abb. 4.3 Treppenarten nach Form und Anordnung der Läufe Quelle: DIN 18 064

4.2 Anforderungen an Gebäudetreppen

Als Ersatz für DIN 18 065 Teil 1 (Wohnhaustreppen; Hauptmaße) wurde 1984 die vollständig überarbeitete und mit der neuen Musterbauordnung (MBO) abgestimmte DIN 18 065 (Gebäudetreppen; Hauptmaße) herausgebracht. Somit gilt diese Norm allgemein für Treppen in und an Gebäuden, soweit für diese keine Sondervorschriften bestehen (z. B. Geschäftshausverordnung, Hochhausrichtlinien u. a.).

4.2.1 Maßliche Anforderungen

Die wichtigsten maßlichen Anforderungen an Treppen sind in Tabelle 1 der DIN 18 065 festgelegt. Dabei handelt es sich um Grenzmaße, die keine Regelmaße darstellen und den Planer in gestalterischer Hinsicht nicht einengen sollen.
Die angegebene ***nutzbare Treppenlaufbreite*** muß auch bei der nutzbaren ***Podesttiefe*** eingehalten werden, jedoch ist es erfahrungsgemäß besser, die Podeste etwa 10 cm breiter als die Treppenläufe vorzusehen. Ein Zwischenpodest soll nach höchstens 18 Stufen angeordnet werden.
Das Istmaß von Steigung ***s*** und Auftritt ***a*** innerhalb eines Treppenlaufes darf gegenüber dem Nennmaß (Sollmaß) um nicht mehr als 0,5 cm abweichen.

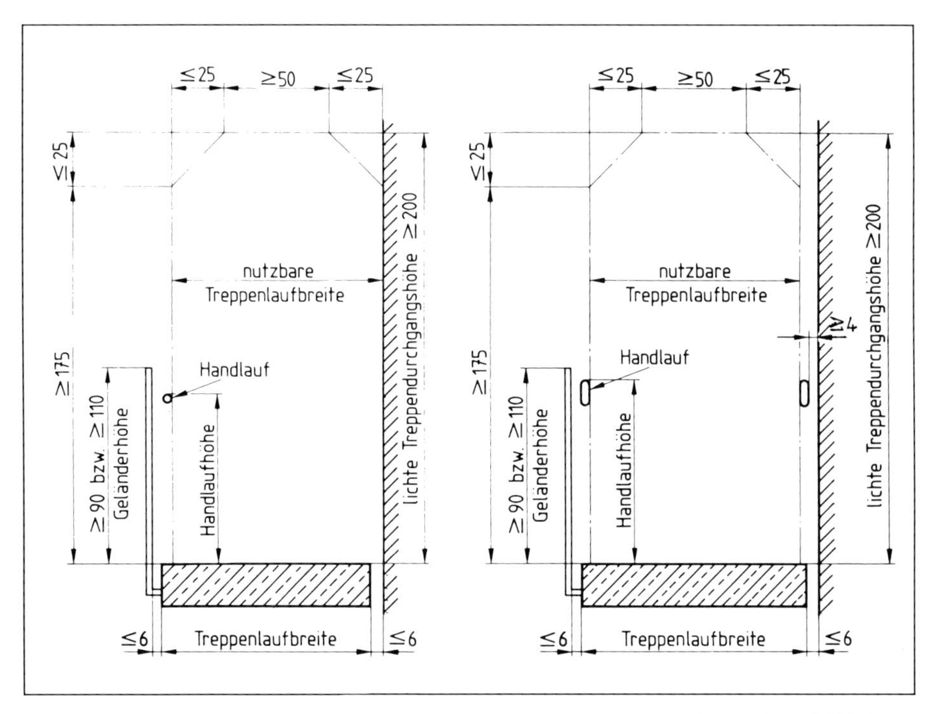

Abb. 4.4 Nutzbare Treppenlaufbreite Quelle: DIN 18 065, Bild 1

Weitere maßliche Festlegungen für Gebäudetreppen sind aus Bild 1 der DIN 18 065 (Abb. 4.4) ersichtlich, und zwar Anforderungen

- an die lichte Treppendurchgangshöhe,
- an den Wandabstand der Treppenläufe und Treppenpodeste und
- an die Höhenmaße der Geländer und Handläufe.

Die lichte Treppendurchgangshöhe von mindestens 200 cm darf auf einem ein- oder beiderseitigen Randstreifen der Treppe von maximal 25 cm um das gleiche Maß nach unten eingeschränkt sein.

Steiltreppen dürfen in Wohngebäuden mit nicht mehr als zwei Wohnungen anstelle von einschiebbaren Treppen oder Leitern als Zugang zu einem Dachraum ohne Aufenthaltsräume verwendet werden, wobei ihre nutzbare Treppenlaufbreite mindestens 50 cm und höchstens 70 cm betragen darf.

4.2.2 Steigungsverhältnis und Lauflinie

Die gute Begehbarkeit einer Treppe und damit ihre Unfallsicherheit hängt vorwiegend vom Steigungsverhältnis ab.

Das Steigungsverhältnis ist das Verhältnis von Treppensteigung zur Auftrittsbreite ***s/a***. Unter ***Steigung*** ist das lotrechte Maß ***s*** von der Trittfläche einer Stufe zur Trittfläche der folgenden Stufe zu verstehen. Als Auftrittsbreite (oder Treppenauftritt) wird das waagerechte Maß von der Vorderkante einer Trittstufe bis zur Vorderkante der folgenden Trittstufe, in der Laufrichtung gemessen, bezeichnet. Das Steigungsverhältnis soll sich in der Lauflinie nicht ändern.

Das Steigungsverhältnis gibt demnach die Neigung einer Treppe an und wird durch das Verhältnis der beiden Maße zueinander ausgedrückt, z. B. 17,3/27,5 in cm.

Man ermittelt das Steigungsverhältnis üblicherweise nach der mittleren Schrittmaßlänge des Menschen; diese beträgt 59 bis 65 cm.

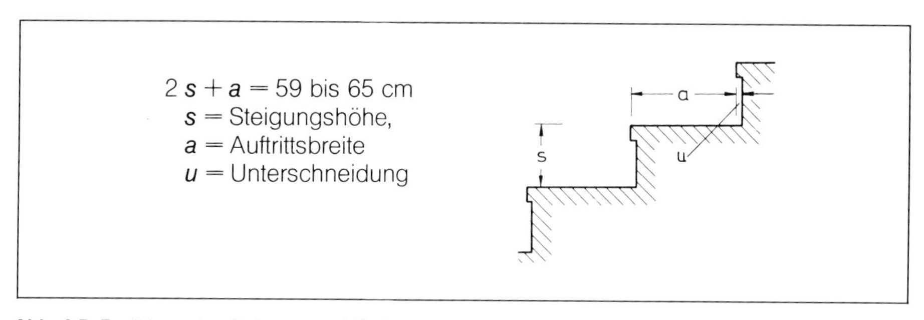

Abb. 4.5 Ermittlung des Steigungsverhältnisses

In der Fachliteratur werden auch andere Regeln zur Ermittlung günstiger Steigungsverhältnisse angegeben. So weist Schmitt [1] auf die sogenannten »Sicherheitsregeln« hin, nach der mit der Formel $a + s = 46$ cm eine gehsichere Treppe gewährleistet sein soll. Nach den Untersuchungen einer Unfallversicherung waren Unfälle beim Begehen der Treppen, die sich überwiegend beim Abwärtssteigen ereigneten, meist auf abweichende Maße der Auftrittsbreiten zurückzuführen: bei über 32 cm bleibt man leicht mit dem Absatz an der Stufenkante hängen, bei unter 26 cm kann der Fuß nicht mehr voll aufgesetzt werden.

Für die Lagen der Stufenvorderkanten sind nach DIN 18065 die nachstehenden ***Toleranzen*** zulässig: Das Istmaß von Steigung ***s*** und Auftritt ***a*** innerhalb eines Treppenlaufs darf gegenüber dem Nennmaß (Sollmaß) höchstens um 0,5 cm abweichen. Die Abweichung der Istmaße untereinander darf von einer Stufe zur jeweils benachbarten Stufe ebenfalls nicht mehr als 0,5 cm betragen.
Das Istmaß der Steigung der Antrittsstufe darf höchstens 1,5 cm vom Nennmaß (Sollmaß) abweichen (gilt für vorgefertigte Treppenläufe in Wohngebäuden mit nicht mehr als zwei Wohnungen).

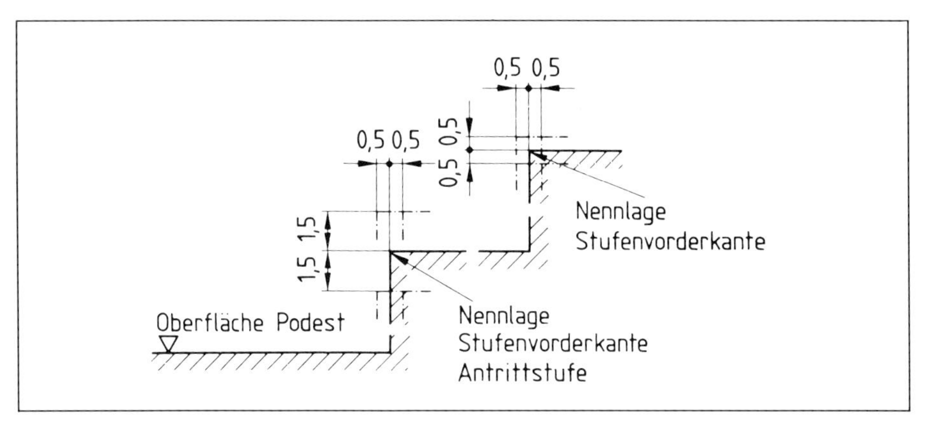

Abb. 4.6 Toleranzen der Lagen der Stufenvorderkanten Quelle: DIN 18065, Bild 2

Die ***Lauflinie*** ist eine gedachte Linie innerhalb des ***Gehbereichs*** einer Treppe. Bei nutzbaren Treppenlaufbreiten bis 100 cm hat der Gehbereich eine Breite von 2⁄10 der nutzbaren Treppenlaufbreite.
Krümmungsradien der Begrenzungslinien des Gehbereichs müssen mindestens 30 cm betragen.
Bei nutzbaren Treppenlaufbreiten über 100 cm – außer bei Spindeltreppen – beträgt die Breite des Gehbereichs 20 cm. Der Abstand des Gehbereichs von der inneren Begrenzung der nutzbaren Treppenlaufbreite (normalerweise die Innen- oder Freiwange) soll 40 cm betragen.
Bei Treppen mit ***gewendelten Läufen*** kann die Lauflinie innerhalb des Gehbereiches frei gewählt werden. Sie soll stetig und ohne Knickpunkte verlaufen; ihre Richtung entspricht der Laufrichtung der Treppe. Krümmungsradien der Lauflinie müssen mindestens 30 cm betragen.
Bei ***Spindeltreppen*** beträgt der Gehbereich 2⁄10 der nutzbaren Treppenlaufbreite. Die innere Begrenzung des Gehbereiches liegt in der Mitte der Treppenlaufbreite.
Die beiden Abbildungen zeigen Anwendungsbeispiele zur Lage des Gehbereiches bei gewendeltem Lauf.
Außer den beschriebenen Anforderungen an Gebäudetreppen werden in DIN 18065 noch einige weitere Bedingungen für eine sichere Begehbarkeit gestellt.
So wird bei sogenannten »offenen Treppen«, d. h. Treppen ohne Setzstufen, sowie bei Treppen mit Auftritten ≦ 26 cm – gemessen in der Lauflinie – eine ***Unterschneidung*** um mindestens 3 cm gefordert. Mit Unterschneidung bezeichnet man das waagerechte Maß ***u,*** um das die Vorderkante einer Stufe über die Breite der Trittfläche der darunterliegenden Stufe vorspringt.

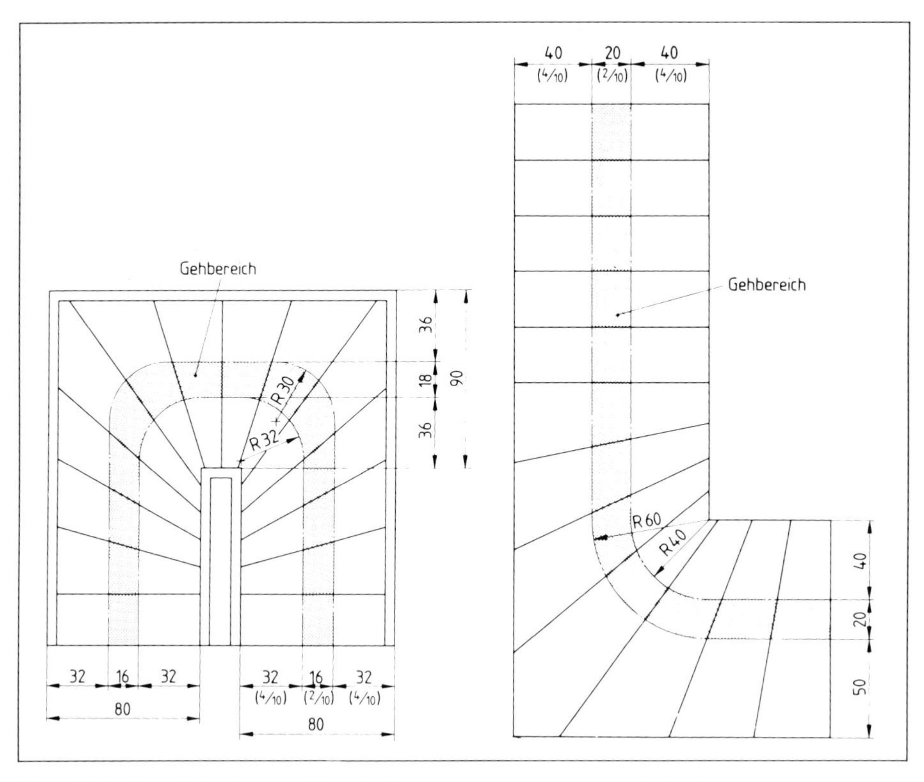

Abb. 4.7 Gehbereich bei gewendeltem Lauf   Quelle: DIN 18 065, Bild 5 und 6

Wendelstufen müssen an der schmalsten Stelle einen Mindestauftritt von 10 cm im Abstand von 15 cm von der inneren Begrenzung der nutzbaren Treppenlaufbreite haben, und zwar in Wohngebäuden mit nicht mehr als zwei Wohnungen und innerhalb von Wohnungen. In sonstigen Gebäuden wird bei Wendelstufen ein Auftritt von mindestens 10 cm an der inneren Begrenzung der nutzbaren Treppenlaufbreite gefordert.

4.2.3 Verziehen der Stufen

Bei ganz oder teilweise gewendelten Läufen ist die Einhaltung der Mindestauftritte im Bereich des inneren Wangenkrümmlings meist nur möglich, wenn ein Teil der im geraden Lauf liegenden Stufen ***verzogen*** wird.
Das bedeutet, daß eine Stufenform gefunden werden muß, die bei Einhaltung des Auftrittsmaßes auf der Lauflinie eine gute Wangen- und Handlaufführung gestattet [1].
Dabei ist darauf zu achten, daß einerseits nicht zu viele Stufen verzogen werden, andererseits der Übergang von den geraden zu den verzogenen Stufen allmählich

und gleichmäßig vorgenommen wird. Dazu ist nochmals zu betonen, daß das festgelegte Steigungsverhältnis in der Lauflinie im gewendelten Treppenbereich unverändert bleiben muß.
Für das Verziehen der Stufen gibt es mehrere handwerkliche Verziehungsregeln, die aus der Fachliteratur zu entnehmen sind [3; 6]. Zwei gebräuchliche Verfahren, die Halbkreis- und die Abwicklungsmethode, sind in den Abbildungen 4.8 und 4.9 dargestellt.
Treppen mit verzogenen Stufen, insbesondere Wendel- und Spindeltreppen, sollten im Uhrzeigersinn, also als Rechtstreppen, angelegt werden. Beim Heruntergehen liegen die breiteren Auftritte dann rechts, ebenso der Handlauf an der Wandseite, der aus Sicherheitsgründen nicht fehlen sollte.

4.2.4 Treppenauge

Das Treppenauge ist bei mehrläufigen und gewendelten Treppen der von den Treppenläufen und Podesten umschlossene freie Raum, d. h. der Zwischenraum zwischen den Treppenarmen.
Bei Holztreppen mit Wangenkonstruktion wird das Auge am Podest durch das Kropfstück (Wangenkrümmling) gebildet, welches den von unten ankommenden mit dem nach oben anlaufenden Teil der Freiwange miteinander verbindet. Das Kropfstück wird halbkreisförmig hergestellt und mit den Wangen durch Zapfen oder Dübel und Kropfschraube verbunden (Abb. 4.10).
Das Auge darf nicht zu eng bemessen werden, damit eine gute Linienführung des Kropfstückes, aber auch des Handlaufkrümmlings, erreicht wird. Das Mindestmaß ist 20 cm, jedoch ist ein breiteres Auge optisch und konstruktiv besser (Abb. 4.11).
Ausnahmsweise kann das Auge bei schmalen Treppenräumen für zweiläufige Treppen auf ein Mindestmaß zusammenfallen, was aber als eine Notlösung bezeichnet werden muß. Bei älteren Holztreppen endeten die Wangen dann in einer sogenannten »Übergangsbohle«, die auch den Geländerhandlauf aufnahm.

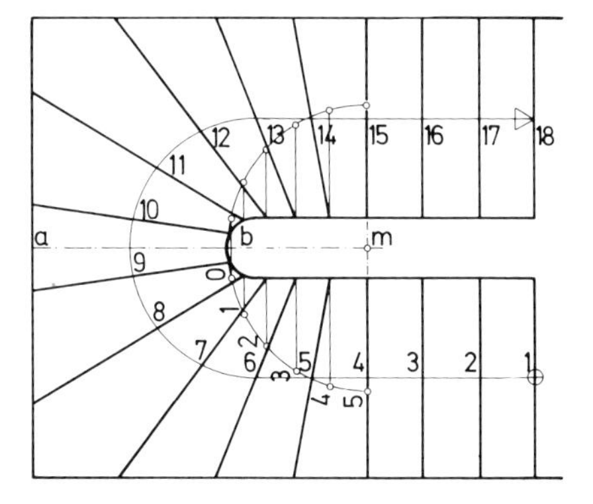

Abb. 4.8 Halbkreismethode, angewendet auf eine einläufige halbgewendelte Treppe

Stufenbreiten in der Gehlinie so auftragen, daß eine Stufe in der Mitte des Krümmlingshalbkreises liegt. Für diese Stufe die Breite an der Innenwange festlegen (z. B. 12 cm). Die beiden letzten als gerade vorgesehenen Stufen (hier die Stufen 4 und 15) durch eine Gerade verbinden; wo sich diese mit der verlängerten Achse a–b schneidet, liegt der Mittelpunkt m des Teilungshalbkreises mit dem Radius m–b (b = Innenseite des Krümmlings).
Dann die Schnittpunkte der Mittelstufenkanten mit der Wange senkrecht zur Achse auf dem Halbkreis projizieren und den Rest des Halbkreises in so viel gleiche Teile teilen (1, 2, 3, 4), als gewendelte Stufen vorgesehen sind (Stufen 5 bis 14). Die Schnittpunkte der Verbindungslinien der Teilpunkte mit der Innenwange markieren die Anfallspunkte der gewandelten Stufen.

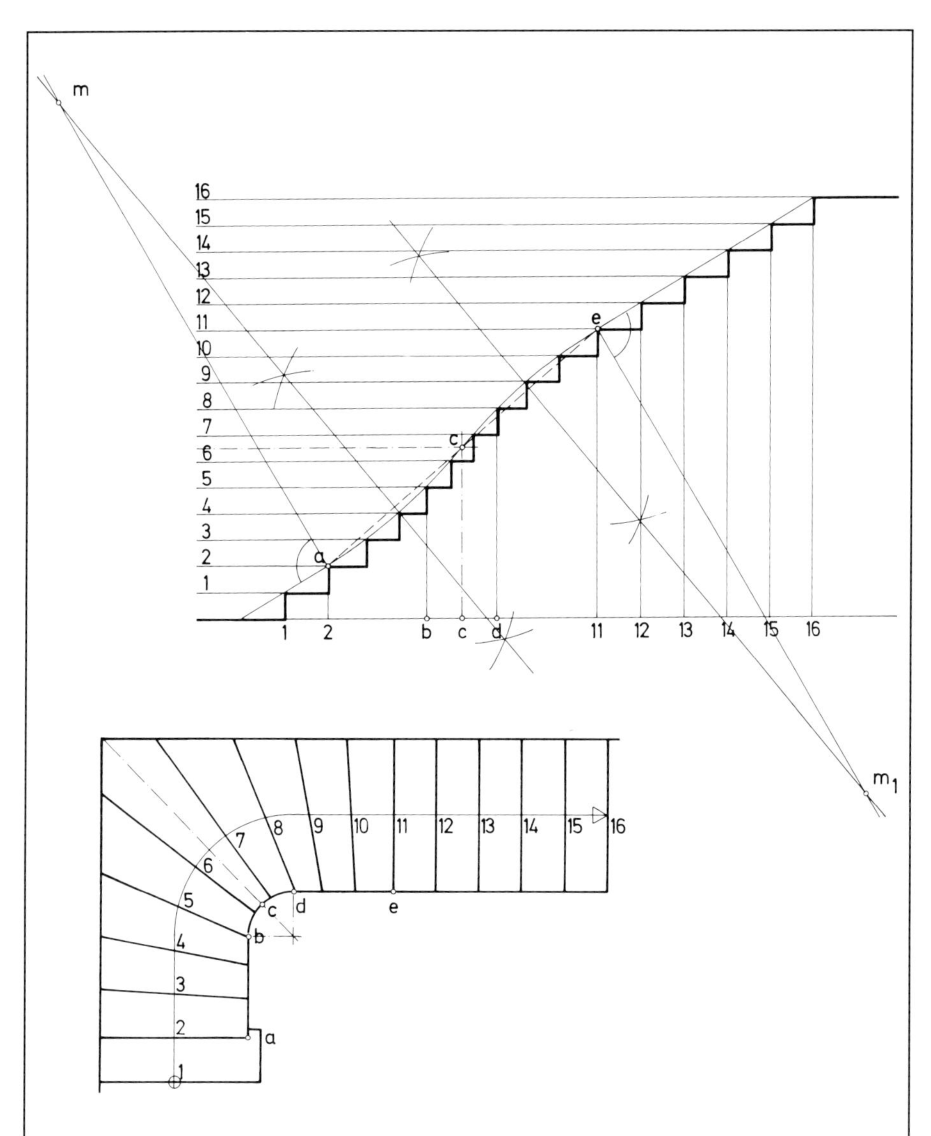

Abb. 4.9 Abwicklungsmethode, angewendet auf eine einläufige, viertelgewendelte Treppe

Auf der Gehlinie die Stufenbreiten in gleichem Abstand auftragen und die letzten geraden Stufen festlegen (hier Stufen 2 und 11). Dann die Innenwange aus Grundriß und Stufenhöhen im Aufriß entwikkeln durch Auftragen der geraden Stufen und Abwicklung des Krümmlings.
Die Punkte a und e werden mit einer Geraden verbunden. Dann ist eine aus zwei gleichen Kreisbögen zusammengesetzte Verbindungslinie zu zeichnen, die in die geraden Steigungslinien der Stufen 1 bis 2 und 11 bis 12 usw. tangential übergeht; dadurch erhält man die ausgeglichene Steigungslinie der gewendelten Stufen. Aus dem Schnittpunkt der Stufenhöhen mit der Steigungskurve ergeben sich die Stufenvorderkanten und daraus die Auftrittsbreiten der gewendelten Stufen an der Innenwange, die in den Grundriß übertragen werden.
Die Radien der beiden Kreisbögen erhält man durch die Mittelsenkrechten auf die beiden Teilstücke der Verbindungsgeraden a–e; wobei sich diese mit den bei a und e rechtwinklig zu den geraden Steigungslinien angetragenen Senkrechten schneiden, liegen die Mittelpunkte m und m_1 der Kreisbögen [3].

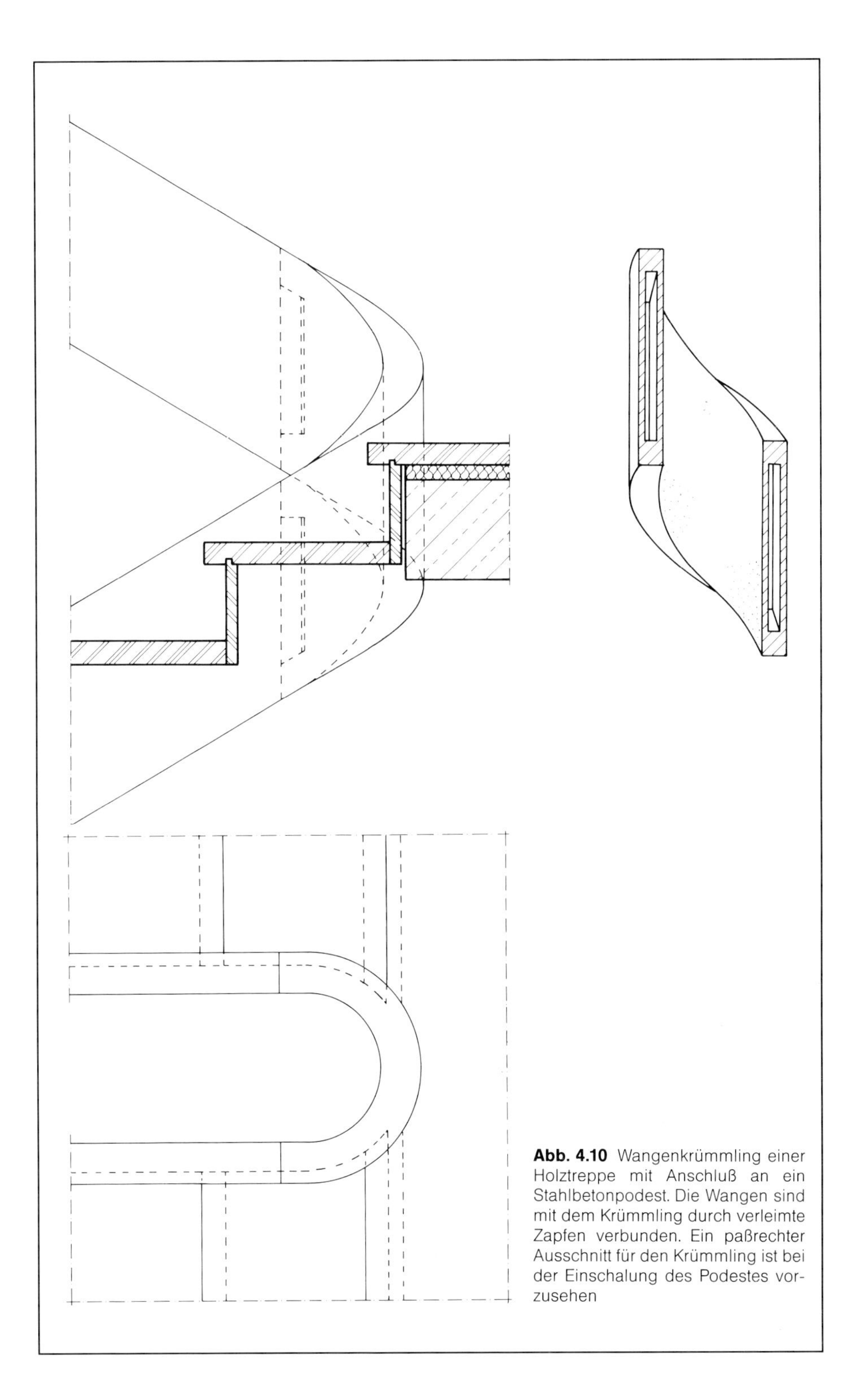

Abb. 4.10 Wangenkrümmling einer Holztreppe mit Anschluß an ein Stahlbetonpodest. Die Wangen sind mit dem Krümmling durch verleimte Zapfen verbunden. Ein paßrechter Ausschnitt für den Krümmling ist bei der Einschalung des Podestes vorzusehen

Abb. 4.11 Gute Linienführung des Wangenkrümmlings einer eingestemmten Holztreppe am Podest. Das »Auge« ist hier 50 cm breit

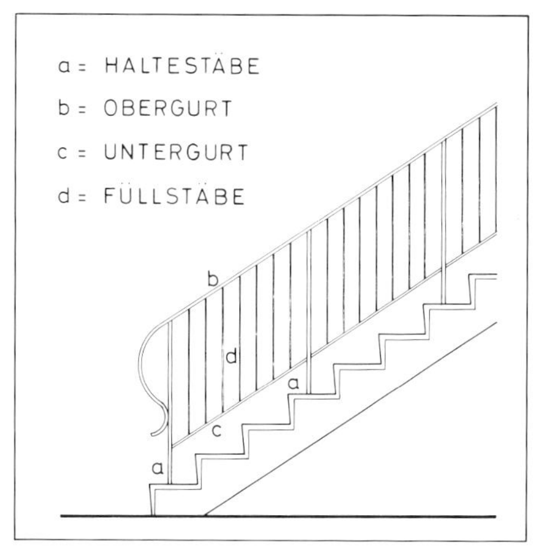

Abb. 4.12 Bezeichnung der Elemente bei Metall-Treppengeländern

4.3 Treppengeländer

Treppengeländer müssen gegen seitliche und in der Längsrichtung wirkende Kräfte stabil sein, wobei eine gewisse Federung bei Stahlgeländern nicht zu verhindern ist und keinen Mangel darstellt.
Die Geländerhöhe soll von Oberkante Podest bzw. von Vorderkante Trittstufe, senkrecht gemessen, 90 cm betragen (110 cm bei Absturzhöhen von mehr als 12 m). Der Zwischenraum zwischen den Stäben soll nicht größer als 12 cm sein. Wenn mit der Anwesenheit von Kindern zu rechnen ist, müssen Treppengeländer so ausgebildet sein, daß ein Überklettern des Geländers durch Kleinkinder verhindert wird (»Leitereffekt« vermeiden!).
Beim Geländerbau in üblicher Ausführungsart unterscheidet man folgende Elemente (Abb. 4.12):
- ***Geländerstützen*** oder Haltestäbe, die in Massivstufen oder seitlich in Stahlbetonläufen eingelassen sind; bei Holztreppen können sie in die Wangen eingelassen bzw. als Antrittspfosten mit Wange und Blockstufe verbunden sein;
- ***Obergurt,*** der zugleich den Handlauf bildet oder als Flachstahl Träger des Kunststoff-Handlaufs ist;
- ***Untergurt,*** der die Haltestäbe im unteren Bereich miteinander verbindet und mit diesen meist verschweißt ist oder, z. B. bei Holztreppen, unmittelbar auf die Freiwange aufgeschraubt wird;
- ***Füllstäbe,*** die zwischen Ober- und Untergurt geschweißt oder geschraubt sind und formal unterschiedlich gestaltet werden können.

Handläufe müssen der Geländerform angepaßt sein. Sie können aus Kunststoffprofilen, aus Holz oder aus Metall bestehen. Dem Material entsprechend werden sie unterschiedlich auf dem Obergurt befestigt. PVC-Handläufe lassen sich wegen ihrer Elastizität bei Erwärmung gut auf einem als Flachstahl ausgebildeten Obergurt aufziehen (Abb. 4.13 a).

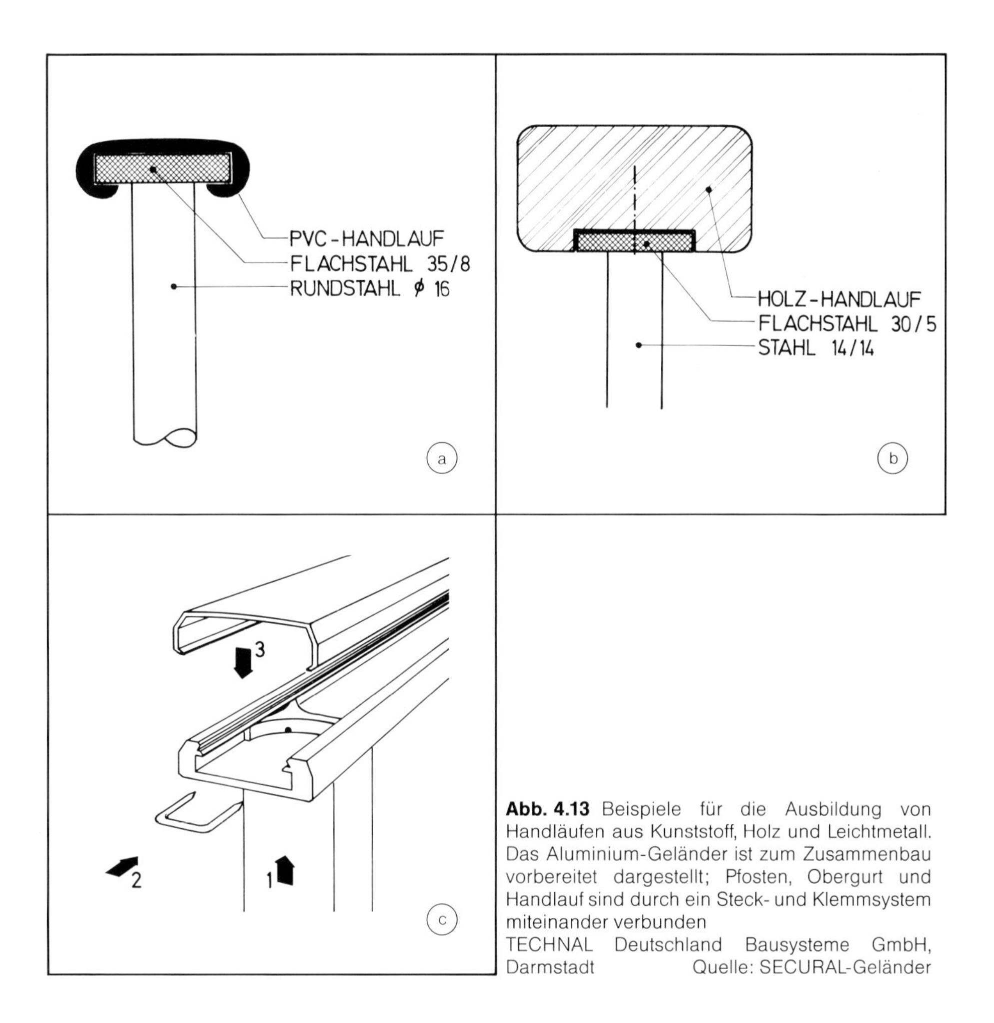

Abb. 4.13 Beispiele für die Ausbildung von Handläufen aus Kunststoff, Holz und Leichtmetall. Das Aluminium-Geländer ist zum Zusammenbau vorbereitet dargestellt; Pfosten, Obergurt und Handlauf sind durch ein Steck- und Klemmsystem miteinander verbunden
TECHNAL Deutschland Bausysteme GmbH, Darmstadt Quelle: SECURAL-Geländer

Holzhandläufe müssen in griffiger Form ausgebildet sein; sie werden von unten mit dem Obergurt des Geländers verschraubt. Handlaufkrümmlinge werden ähnlich wie Wangenkrümmlinge hergestellt. Bei Aluminiumgeländern gehören die Handläufe zum System, das aus baufertig anodisierten Profilen besteht. Die Abbildung 4.13 c zeigt den Anschluß des Pfostens an den Obergurt und das Handlaufprofil vor dem Zusammenbau. Auf den Untergurt kann verzichtet werden, wenn die Geländer- oder Füllstäbe unmittelbar in die Trittstufen eingelassen sind (zwei Stäbe je Stufe). Während früher bei Holztreppen in der Regel auch hölzerne Stabgeländer ausgeführt wurden, werden heute vorwiegend Geländer aus Metallstäben angefertigt. Eine besonders leichte Wirkung der Treppe ergibt sich, wenn hölzerne Treppenstufen an Rund- oder Vierkantstählen aufgehängt werden, die zugleich das Geländer bilden. Die Stäbe sind dann in der Deckenöffnung an der seitlichen Leibung verankert und zum oberen Geschoß durchgeführt, wo sie als Geländer zur Sicherung des Treppenloches dienen (Abb. 4.15).

Abb. 4.14 a Zweiläufige Treppe mit Viertelpodest und unterschiedlich langen Läufen; zwei Geländerstäbe je Stufe

Abb. 4.14 b Zweiläufige U-Treppe mit Halbpodest und gleich langen Läufen; Handlauf und Füllstäbe laufen parallel und sind an Haltestäben, die in die massive Wange eingelassen sind, befestigt

Abb. 4.14 c Einläufige Wendeltreppe, als Kreisbogentreppe ausgebildet, mit Geländerführung wie in Abbildung 4.14 b

Abb. 4.14 d Einläufige Wendeltreppe mit geschlossener Geländerbrüstung und aufgesetztem Handlauf

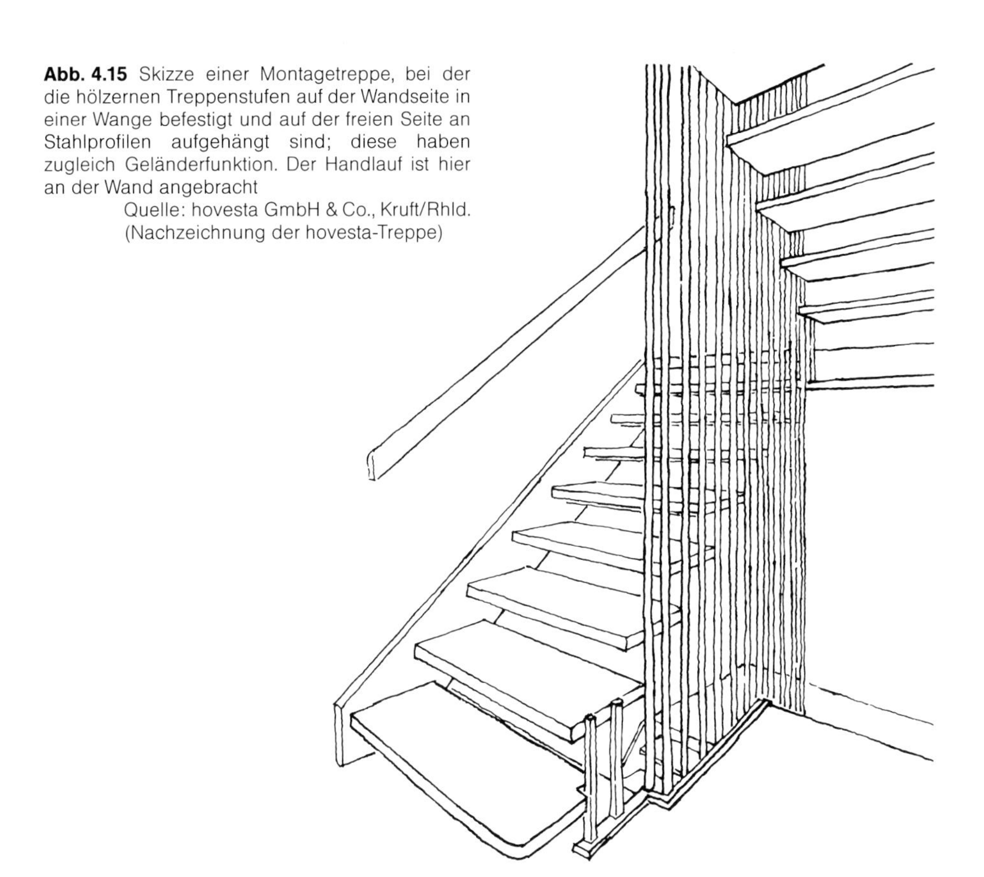

Abb. 4.15 Skizze einer Montagetreppe, bei der die hölzernen Treppenstufen auf der Wandseite in einer Wange befestigt und auf der freien Seite an Stahlprofilen aufgehängt sind; diese haben zugleich Geländerfunktion. Der Handlauf ist hier an der Wand angebracht
Quelle: hovesta GmbH & Co., Kruft/Rhld. (Nachzeichnung der hovesta-Treppe)

Bei an der Wandseite gewendelten Treppen und bei Treppen, die zwischen Wänden hochgeführt werden, genügen Wandhandläufe aus Holz oder Flachstahl, die mit Stahlkonsolen in der Wand verankert sind. Dicke Hanfseile sind dafür nicht zu empfehlen; sie sehen zwar dekorativ aus, bieten aber im Falle eines Strauchelns keinen sicheren Halt.

Gestaltungsformen des Treppengeländers

Abgesehen von seiner Sicherheitsfunktion bietet das Treppengeländer mit der Führung des Handlaufs und in bezug auf Art und Konstruktion der Treppenläufe ein wesentliches Gestaltungsmittel.
Wenn auch für den Normalbedarf in Ein- und Mehrfamilienhäusern brauchbare vorgefertigte Stabgeländer mit Kunststoff-Handlauf angeboten werden, sollte sich der Architekt bei anspruchsvollen Bauaufgaben nicht die Möglichkeit nehmen lassen, den Raumeindruck des Treppenhauses oder der Diele durch eine individuelle Lösung der Geländerausbildung zu steigern.
Dabei ist eine einfache, klare Materialwirkung einer aufdringlichen, allzu bewußt originellen Formgebung der Vorzug zu geben. Die Skizzen in Abbildung 4.14 zeigen einige zum Teil auch ältere Beispiele, bei denen sich das Geländer der Treppenführung gut und unauffällig anpaßt.

4.4 Bauaufsichtliche Vorschriften

Über Treppen und Treppenräume bestehen in den Bauordnungen der Länder zahlreiche Vorschriften, die sich vorwiegend auf die Verkehrssicherheit und den Brandschutz beziehen. Es soll im Nachstehenden nur auf die wichtigsten dieser Vorschriften hingewiesen werden, soweit sie in den bisherigen Abschnitten noch nicht behandelt wurden.
Grundlage ist die Bauordnung für das Land Nordrhein-Westfalen (BauO NW) vom 26. 6. 1984, jedoch sind die einzelnen Bestimmungen in den Bauordnungen der anderen Bundesländer in gleicher oder ähnlicher Formulierung enthalten.
Hinsichtlich des Brandschutzes und der für dieses Gebiet anzuwendenden Begriffe (Baustoffklassen, Feuerwiderstandsklassen) ist die DIN 4102 »Brandverhalten von Baustoffen und Bauteilen« maßgebend. Diese Norm wird in Band 4, Kapitel 2 ausführlich erläutert.
Die Anforderungen der Bauordnung an Treppen und Treppenräume werden nachstehend auszugsweise und auf das Wesentliche beschränkt, aufgeführt.

4.4.1 Allgemeine Anforderungen (§ 32 BauO NW)

Jedes nicht zu ebener Erde liegende Geschoß und der Dachraum eines Gebäudes müssen über mindestens eine Treppe zugänglich sein. Außer dieser ***notwendigen Treppe*** können zur Rettung von Menschen im Brandfall weitere Treppen gefordert werden, wenn dies nicht auf andere Weise möglich ist.
Einschiebbare Treppen und Leitern sind nur bei Gebäuden geringer Höhe als Zugang zu Dachböden oder sonstigen Räumen, die keine Aufenthaltsräume sein dürfen, gestattet.
Die ***tragenden Teile*** notwendiger Treppen sind in der Feuerwiderstandsklasse F 90 und aus nichtbrennbaren Baustoffen herzustellen (außer bei Gebäuden geringer Höhe).
In Gebäuden mit mehr als zwei Geschossen sind die notwendigen Treppen ***in einem Zuge*** zu allen angeschlossenen Geschossen zu führen und mit den Treppen zum Dachraum unmittelbar zu verbinden.
Die Forderung der Bauordnung an die ***nutzbare Breite*** der Treppen und Treppenabsätze entsprechen den Angaben in der Tabelle 1 der DIN 18 065.
Treppen üblicher Breite müssen mindestens einen festen und ***griffsicheren Handlauf*** haben. Bei breiteren Treppen können beidseitige Handläufe und gegebenenfalls Zwischenhandläufe gefordert werden. Insbesondere müssen die freien Seiten der Treppen, Treppenabsätze und Treppenöffnungen durch Geländer gesichert sein. Auch Fenster mit Brüstungen unter der notwendigen Geländerhöhe, die unmittelbar an Treppen liegen, sind zu sichern.
Bei Treppen bis zu fünf Stufen kann auf Handläufe und Geländer verzichtet werden, wenn wegen der Verkehrssicherheit, auch für Behinderte oder alte Menschen, keine Bedenken bestehen.
Treppengeländer müssen mindestens 0,90 m, bei Treppen mit mehr als 12 m Absturzhöhe mindestens 1,10 m hoch sein.
Liegt eine Treppe hinter einer Tür, die in Treppenrichtung aufschlägt, so ist zwischen Treppe und Tür ein ***Treppenabsatz*** anzuordnen, der mindestens so tief sein soll, wie die Tür breit ist.
Außer den Anforderungen an notwendige Treppen gelten diese Vorschriften nicht für Treppen innerhalb von Wohnungen. Sie sollten aber wegen der Haftung des Wohnungsinhabers für die Sicherheit von Besuchern weitgehend eingehalten werden.

4.4.2 Treppenräume (§ 33 BauO NW)

Der Treppenraum einer notwendigen Treppe muß in einem eigenen ***durchgehenden*** Treppenraum liegen, der an einer Außenwand angeordnet sein soll. Innenliegende Treppenräume können unter besonderen Bedingungen gestattet werden.
Der Treppenraum mindestens einer notwendigen Treppe muß von jeder Stelle eines Aufenthaltsraumes sowie eines Kellergeschosses in ***höchstens 35 m*** Entfernung erreichbar sein.
Jeder Treppenraum muß auf möglichst kurzem Wege einen ***Ausgang ins Freie*** haben, der mindestens Treppenbreite haben muß und nicht eingeengt werden darf.
Alle Bekleidungen, Dämmstoffe und Einbauten müssen in Treppenräumen und ihren Ausgängen ins Freie aus ***nichtbrennbaren*** Baustoffen bestehen; Fußbodenbeläge müssen mindestens ***schwerentflammbar*** (B 1) sein.
In Geschossen mit mehr als vier Wohnungen oder Nutzungseinheiten vergleichbarer Größe – außer in Gebäuden geringer Höhe – müssen ***Geschoßflure*** angeordnet sein, die ***rauchdichte*** und ***selbstschließende*** Türen zum Treppenraum haben.
Bei übereinanderliegenden Kellergeschossen sind für Ausgänge und Treppenräume besondere Bestimmungen zu beachten.
Wände von Treppenräumen und deren ***Zugänge zum Freien*** sind
- in Gebäuden geringer Höhe in der Feuerwiderstandsklasse F 90 und in den wesentlichen Teilen aus nichtbrennbaren Baustoffen (F 90 – AB),
- in übrigen Gebäuden in der Bauart von Brandwänden (§ 29 BauO NW) herzustellen.

Außerdem gelten für Treppenraumwände hinsichtlich des Brandschutzes zusätzliche Bestimmungen.
Wenn der ***obere Abschluß*** der Treppenräume nicht das Dach ist (sondern z. B. ein Oberlicht), sind ebenfalls besondere Anforderungen an Feuerwiderstands- und Baustoffklasse der Bauteile zu beachten.
Türöffnungen in Treppenräumen zum Kellergeschoß, zu nicht ausgebauten Dachräumen, Werkstätten, Läden, Lagerräumen u. a. müssen ***selbstschließende*** Türen der Feuerwiderstandsklasse T 30 und sonstige Öffnungen ***dichtschließende*** Türen – außer in Gebäuden geringer Höhe – erhalten.
Treppenräume müssen zu ***lüften*** und zu ***beleuchten*** sein. Liegen sie an einer Außenwand, müssen sie in jedem Geschoß ein Fenster von mindestens 0,50 m^2 mit Öffnungsmöglichkeiten erhalten. Innenliegende Treppenräume müssen in Gebäuden mit mehr als fünf Geschossen oberhalb der Geländeoberfläche eine von der allgemeinen Beleuchtung unabhängige Beleuchtung haben.
Bei innenliegenden Treppenräumen ist an oberster Stelle des Treppenraumes eine ***Rauchabzugsvorrichtung*** ($\geqq$ 5 % der Grundfläche, mindestens 1 m^2) anzubringen, die vom Erdgeschoß und vom obersten Treppenabsatz zu öffnen sein muß, wobei die Bedienung auch von anderer Stelle aus gefordert werden kann. Bei Rauchabzugsmöglichkeit auf andere Weise sind Ausnahmen möglich.
Die aufgeführten Vorschriften für Treppenräume sind auf Wohngebäude geringer Höhe mit nicht mehr als zwei Wohnungen nicht anzuwenden.
Gebäude geringer Höhe sind laut § 2, Abs. 3 der BauO NW solche Gebäude, bei denen der Fußboden keines Geschosses mit Aufenthaltsräumen mehr als 7 m über der Geländeoberfläche liegt.

4.5 Treppenkonstruktionen

4.5.1 Stahlbetontreppen

Bei Mehrfamilienhäusern ist Stahlbeton für die Geschoßtreppen am besten geeignet, weil das Material jeder Grundrißform problemlos angepaßt werden kann und die Anforderungen an den Brandschutz erfüllt.
Stahlbetontreppen bestehen normalerweise aus den ***Laufplatten*** und den ***Podesten;*** die Laufplatten sind entweder von Podest zu Podest oder mit geknickter Laufplatte zwischen tragende Wände gespannt. Seltener sind quergespannte Laufplatten, die einseitig im Mauerwerk aufliegen und am Auge durch einen Freiwangenbalken gehalten werden oder zwischen zwei Wangenbalken gespannt sind. Die letztere Ausführungsart ist typisch für Fertigteiltreppen, bei denen Stufen und Wangen, gegebenenfalls auch die Podestbalken, vorgefertigt sind.
Bei der ***Ortbetontreppe*** werden Treppenläufe und Podeste in einem Zuge eingeschalt und betoniert. Auf die früher üblichen Podestbalken kann bei der am häufigsten ausgeführten »zweiarmigen Treppe mit zweimal gewinkeltem Lauf« verzichtet werden.
Für die optische Wirkung einer derartigen Podesttreppe ist es wichtig, daß eine glatte Untersicht der Läufe am Podestanschluß entsteht, d. h. daß beide Läufe eine gemeinsame ***Wendekante*** haben.
Diese gemeinsame Wende- oder Bruchkante entsteht, wenn die beiden Laufunterflächen die Podestunterfläche in einer Geraden durchdringen. Nur eine solche Lösung des Podestanschlusses ergibt ein klares Bild dieses Detailpunktes (Abb. 4.16). Die gemeinsame Wendekante der Treppenläufe läßt sich so konstruieren, daß man die Vorderkante der letzten Stufe des von unten kommenden Laufes unter die Vorderkante der zweiten Stufe des nach oben führenden Laufes legt. Die Abbildung 4.17 zeigt als weiteres Beispiel eine Stahlbetontreppe mit Winkelstufen aus Betonwerkstein, bei der der Podestanschluß als Schnitt durch den unteren Lauf dargestellt ist. In der Abbildung 4.18 wird diese Treppe im Foto gezeigt.
Bei einer Laufplattendicke von 12 cm ergibt sich, wenn man einen üblichen Fußbodenaufbau von 8 cm auf der Geschoßdecke berücksichtigt, eine Podestdicke von ca. 16 cm. Würde man die Stufenvorderkanten der Austritts- und der Antrittsstufen in eine Flucht legen, so ergäbe sich bei Einhaltung der gemeinsamen Wendekante ein wesentlich dickeres Podest.
Das wäre aber unwirtschaftlich, so daß es bei einer solchen Ausbildung des Podestanschlusses vertretbar ist, den von unten ankommenden Lauf in die Podestuntersicht einschneiden zu lassen und auf die durchlaufende Wendekante zu verzichten.
Der ***Treppenbelag*** besteht in den meisten Fällen aus 30 bis 50 mm dicken Trittplatten und Stoßtritten von 15 bis 25 mm Dicke aus Natur- oder Kunststein in einem Mörtelbett von ca. 20 mm verlegt. Seltener sind Betonstufen mit Holzbekleidung der Tritt- und Setzstufen, wobei die Trittstufen mittels vorher in die Stufenkeile einbetonierten Dübeln festgeschraubt werden. Eine weitere Möglichkeit ist ein Kunststoff- oder Gummibelag mit Kantenschutz (Abb. 4.1 b bis d).
Tritt- und Setzstufen aus ***Naturstein oder Betonwerkstein*** müssen im vollen Mörtelbett ohne hohle Stellen verlegt werden. Die Podeste erhalten einen Plattenbelag aus dem gleichen Material, jedoch nur 20 mm dick. Dadurch kann der Podestbelag zur Verminderung von Trittschall-Flankenübertragungen schwimmend auf Dämmatte verlegt werden. Auch die Treppenläufe können in dieser Weise verbessert werden, wenn man die Rohbetonstufen vor dem Aufbringen der Stufenbeläge mit Dämmfalzpappen belegt; diese werden an den Wandanschlüssen bis zur Oberkante der Trittplatten und der Stoßtritte hochgezogen.

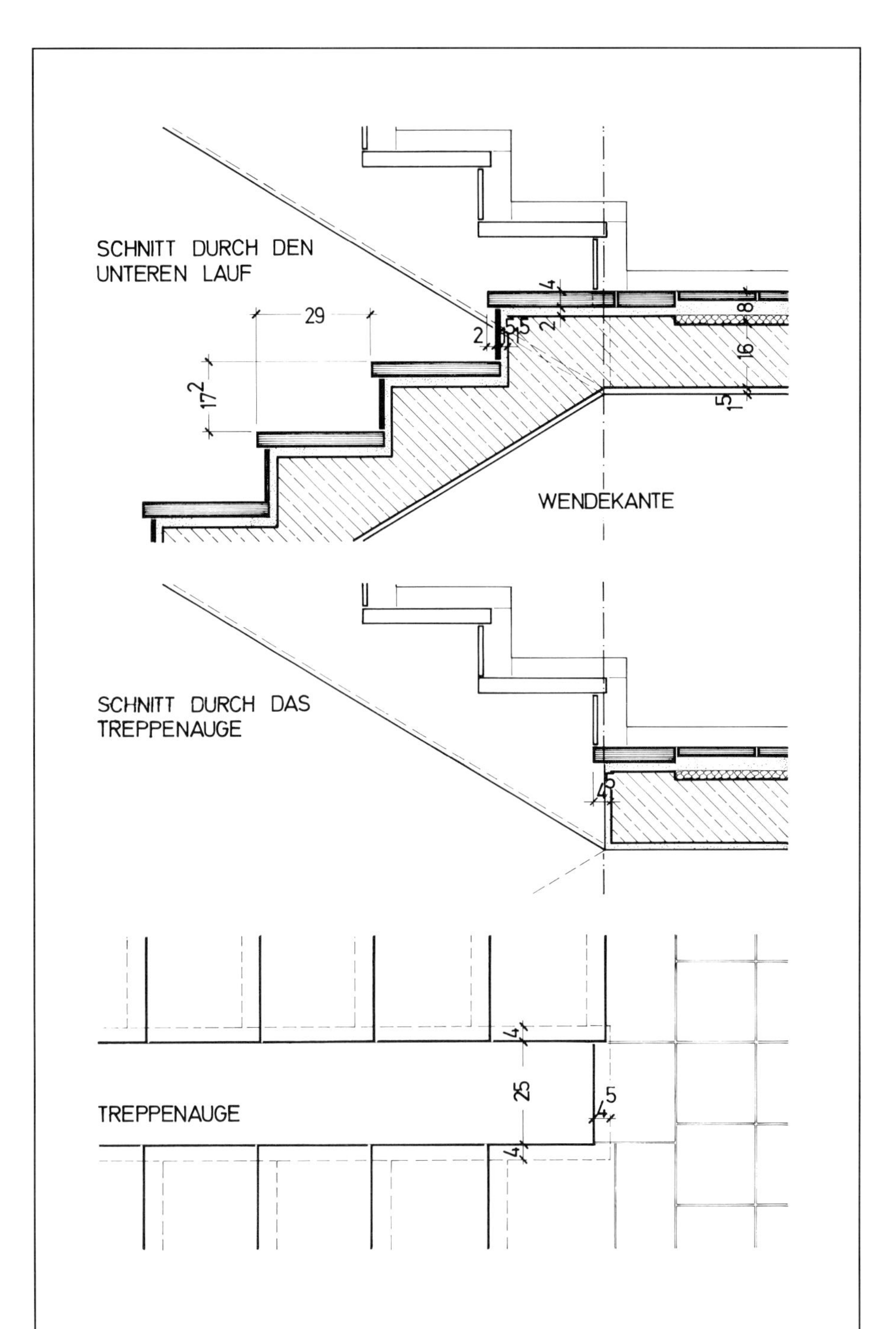

Abb. 4.16 Podestanschluß einer zweiläufigen Stahlbetontreppe mit gemeinsamer Wendekante für beide Läufe; Tritt- und Setzstufen sowie der Plattenbelag des Podestes sind aus Naturstein (z. B. Jura-Marmor)

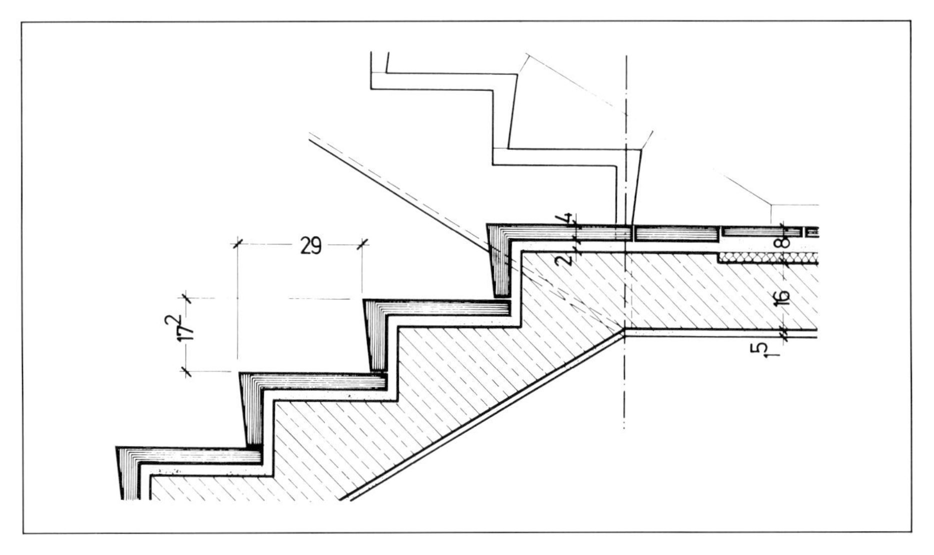

Abb. 4.17 Stahlbeton-Treppenlauf mit Winkelstufen aus Betonwerkstein / Schnitt durch den Lauf mit Podestantritt

Die ***Wandsockel*** werden putzbündig oder vorstehend angesetzt und von den Tritt- und Setzstufen durch einen elastischen Fugenstreifen getrennt (Abb. 4.19). Sie können als Sockelleisten, abgetreppt aus Teilstücken, oder je Stufe aus einer oben abgeschrägten Platte bestehen.
Die ***Geländerbefestigung*** kann durch Einbohren der Geländerlöcher in die Trittplatten (bei Stabgeländern) oder durch verkröpfte Haltestäbe, die seitlich in den Rohbeton eingreifen, erfolgen (Abb. 4.20 a und b).

Abb. 4.18 Ansicht der Winkelstufen vom Treppenauge bzw. vom unteren Lauf her gesehen

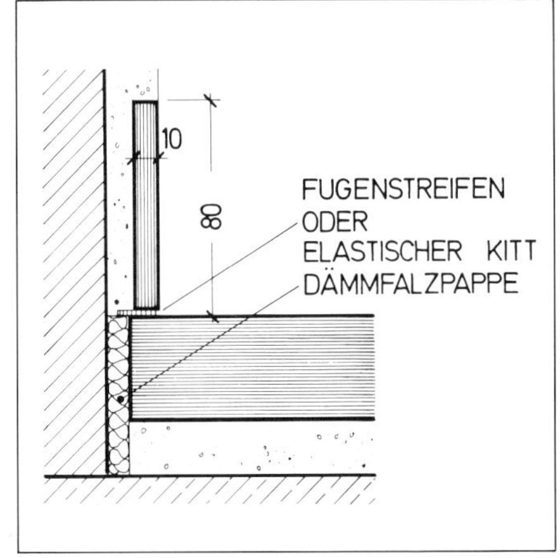

Abb. 4.19 Putzbündiger Wandsockel eines Treppenbelages auf Fugenstreifen (z. B. Neoprenleiste)

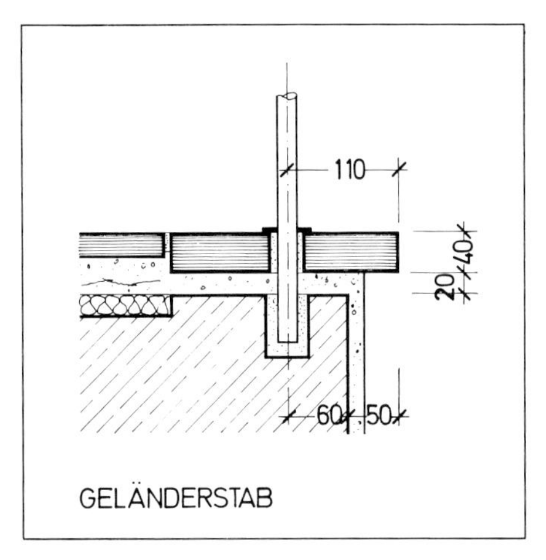

Abb. 4.20 a Geländerbefestigung eines Stabgeländers durch Einbohren der Geländerlöcher

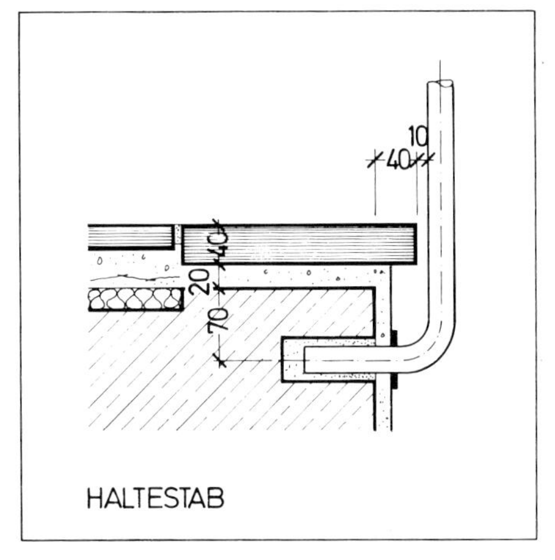

Abb. 4.20 b Seitliche Befestigung eines Geländer-Haltestabes im Stahlbeton-Treppenlauf

4.5.2 Holztreppen

Die ***eingeschobene Treppe*** wird heute nur noch selten angefertigt und kommt dann allenfalls für untergeordnete Räume oder Ferienhäuser o. ä. in Frage; sie wirkt rustikal und ist billig herzustellen.
Die Trittstufen werden in Wangennuten beidseitig auf Grat eingeschoben. Die Eingratung beträgt 2 bis 3 cm und bewirkt den Zusammenhalt, so daß Treppenschrauben entfallen können (Abb. 4.2 a).
Die eingeschobene Treppe erhält keine Setzstufen; gelegentlich wird sie an der Unterseite verschalt. Beim Einbau in Holzdecken können die Wangen auf die Podestbalken aufgeklaut werden. Bei Stahlbetondecken ist es besser, mit Hängewinkeln als Verbindungsstücken zu arbeiten, weil Ausklinkungen möglichst nicht statisch belastet werden sollten. Die Geländer der eingeschobenen Treppen sollten dem einfachen Konstruktionsprinzip entsprechen und aus festen An- und Austrittspfosten mit Rundholzstäben und einfacher Handleiste gefertigt werden.
Die ***eingestemmte Treppe*** ist auch heute noch weitgehend gebräuchlich; sie erlaubt alle Grundrißformen und Wendelungen. Meist sind Tritt- und Setzstufen eingestemmt, es kann aber auch auf die Setzstufen verzichtet werden.
Die Wangenstärke beträgt 5 bis 6 cm, die Trittstufen sind 4 bis 5 cm und die Setzstufen nur 2 cm dick. Die Antrittsstufe wird als Block- oder Kastenstufe ganz oder nur im Geländerbereich massiv bzw. blockverleimt ausgeführt, wodurch in Verbindung mit der Verankerung ein stabiles Auflager auf der Geschoßdecke entsteht (Abb. 4.21).
Die Wangen bilden zusammen mit den auf 2 cm Tiefe eingestemmten Tritt- und Setzstufen durch das Zusammenziehen mittels Treppenschrauben ein räumliches Tragwerk, weshalb auch gewendelte Treppen freitragend konstruiert werden können. Es gibt durchgehende Treppenschrauben, die dicht unter einer Trittstufe eingezogen werden, und kurze Treppenschrauben, die paarweise gegenüberliegend in Stufe und Wange eingelassen werden.

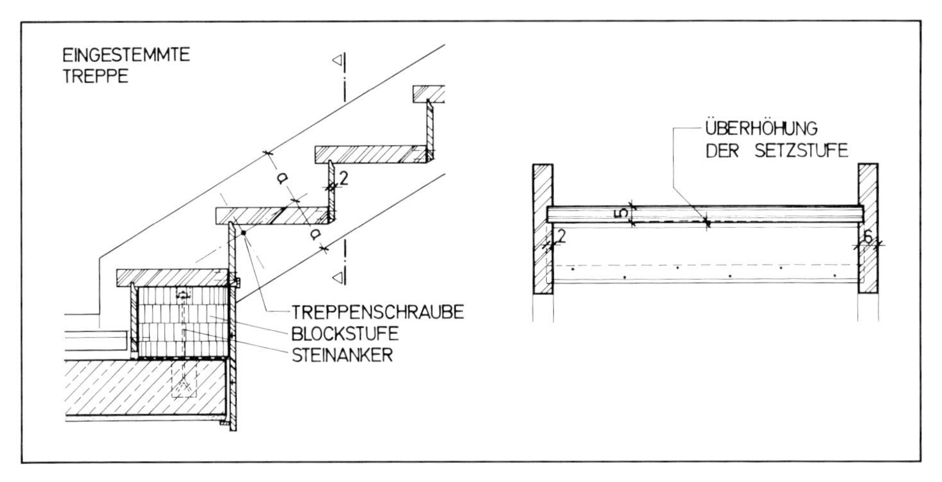

Abb. 4.21 Unterer Teil des Laufes einer eingestemmten Treppe mit Blockstufe. Die Setzstufen sind in der Mitte leicht überhöht und werden vor dem Befestigen durch Auseinanderspreizen der Trittstufen vorgespannt. Dadurch wird das Knarren der Treppe verhindert

Da eingestemmte Treppen nach dem Austrocknen durch das Schwinden der Setzstufen zum Knarren neigen, sollen Tritt- und Setzstufen unter Spannung abgenagelt werden. Hierzu werden jeweils 2 Trittstufen mit Keilen auseinandergedrückt und die obere Keilfeder der Setzstufe, die in der Mitte überhöht ist, in die Nut der Trittstufe eingepaßt. In diesem Spannungszustand wird die Setzstufe an der hinteren Kante der unteren Trittstufe in Abständen von 10 bis 15 cm festgenagelt.
Das Schwinden des Holzes ist auch bei der Anfertigung der Trittstufen und der Wangen zu berücksichtigen. Nach DIN 68 368 darf der Feuchtigkeitsgehalt bei Laubschnittholz für Treppenbau höchstens 12 ± 2 % sein, bezogen auf das Darrgewicht*).
Nach dem Treppeneinbau tritt in den heute zentralbeheizten Häusern eine Austrocknung ein, die bei den Holzteilen Formänderungen durch das »tangentiale Schwinden« bewirkt: Bretter mit liegenden Jahresringen verziehen sich am stärksten. Die rechte, dem Kern zugewandte Seite wölbt sich, die linke, dem Splint zugewandte Seite wird hohl (Abb. 4.22). Da die liegenden Jahresringe die Brettseiten entgegen ihrer Krümmungsrichtung verbiegen, verwendet man für Trittstufen die rechte Seite als Trittfläche. Dadurch ergibt sich eine der Belastung entgegenwirkende Vorspannung. Die Wangen werden so angeordnet, daß die rechte Seite nach außen zeigt, damit die linke Seite gegen die Trittstufen drückt (Abb. 4.23).
Die ***aufgesattelte Treppe*** wurde früher meist in der Weise hergestellt, daß die Stufen in die Wandwange eingestemmt und nur auf der Freiwange aufgesattelt wurden. Dadurch fehlt die Einspannung, weswegen sich diese Treppenkonstruktion alter Art nicht gut für eine gewendelte Ausführung eignete (Abb. 4.24).
In veränderter Form wird die Aufsattelung heute wieder vermehrt angewendet, wobei man statt der Wangen Holme benutzt, die aus zahnförmig ausgeschnittenem Bauschnittholz oder aus Brettschichtholz bestehen (Abb. 4.25).

---

*) Der Feuchtigkeitsgehalt u des Holzes wird im Bauwesen in Prozent des Darrgewichtes G_0 (Gewicht nach Trocknung bis zur Gewichtskonstanz bei + 103 °C ± 2 °) angegeben: $u = \frac{Gu - G_0 \cdot 100}{G_0}$ in %.
G = Gewicht des Holzes beim Feuchtigkeitsgehalt u %.

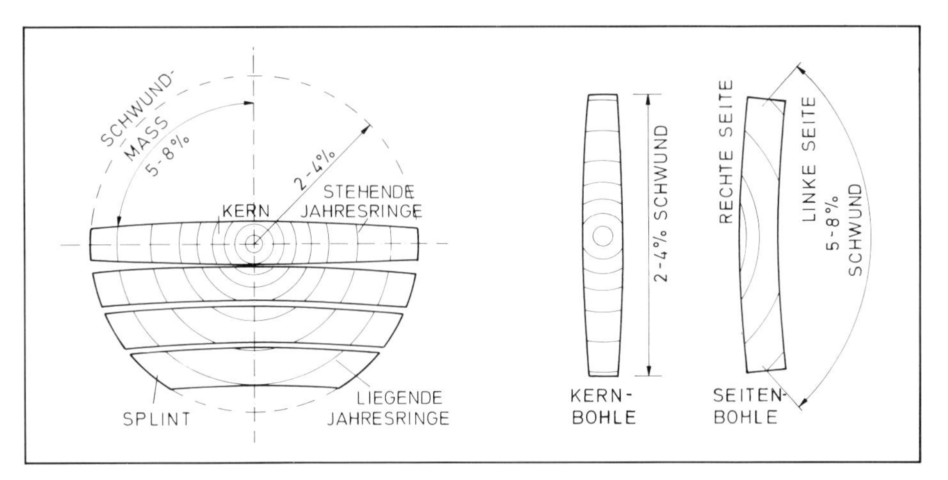

Abb. 4.22 Bretter und Bohlen mit liegenden Jahresringen verziehen sich stärker als Kernbretter. Bei Seitenbohlen wölbt sich die rechte Seite, die linke wird hohl

Durch Fortlassen der Setzstufen ergibt sich eine leichte Wirkung des Treppenlaufes, der bei Verwendung verleimter Holme auch gewendelt hergestellt werden kann. Die gekrümmten Holme werden dann schichtenverleimt aus Furnier- oder Sperrholzplatten angefertigt.
Die aufgesattelten Trittstufen werden auf die Wangen bzw. Holme aufgeschraubt, die Schraubenköpfe werden versenkt und verstöpselt (Abb. 4.2 c). Die Wangen müssen

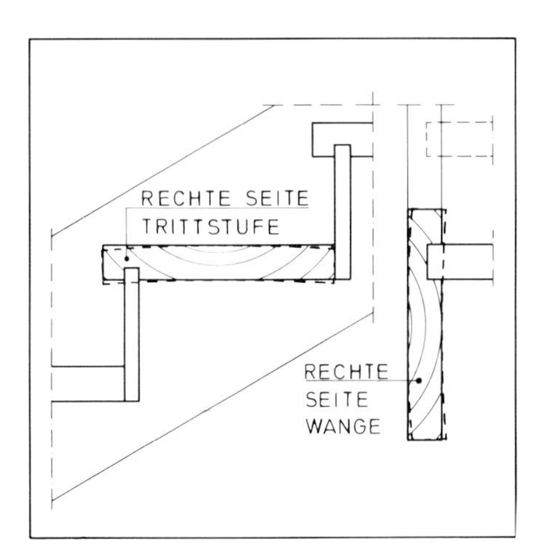

Abb. 4.23 Für Trittstufen wird die rechte Seite als Trittfläche verwendet; bei Wangen aus Vollholz soll die rechte Seite nach außen zeigen

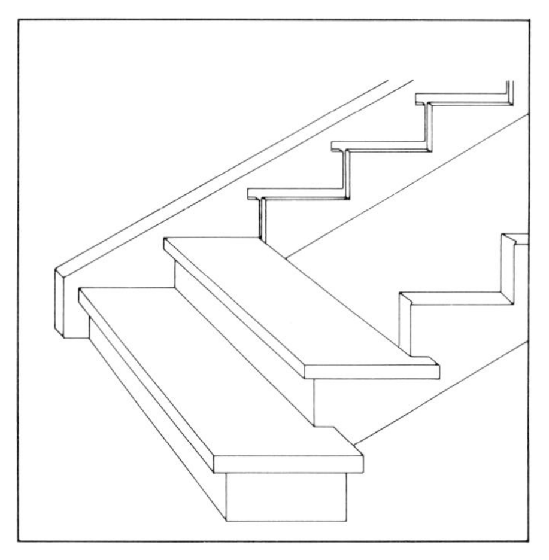

Abb. 4.24 Aufgesattelte Holztreppe, bei der die Stufen in die Wandwange eingestemmt und auf die Freiwange aufgeschraubt sind

Abb. 4.25 Aufsattelung einer Holztreppe mit zahnförmig ausgeschnittenen Wangen; durch die fehlenden Setzstufen wirkt die Treppe leicht

wegen der Schwächung durch das stufenförmige Ausschneiden 7 bis 8 cm dick sein und an der schwächsten Stelle noch eine Breite von 15 bis 18 cm haben.
Da das Wangenauflager wegen der Aufklauung zum Einreißen neigt, ist ein Hängewinkel mit Zapfen vorzusehen oder ein Bolzen zur Sicherung durchzuschrauben.

4.5.3 Vorgefertigte Treppen

Treppen aus Stahlbetonfertigteilen werden entweder als vorgefertigte Läufe zwischen Podesten aus Ortbeton eingebaut, oder die Podeste an die Läufe angearbeitet; im letzteren Falle erfolgt die Auflagerung auf vorgefertigten Podestbalken, die in die Treppenhauswand einbinden. Bei dieser Konstruktion berühren Läufe und Podeste nicht die Treppenhauswände, so daß Schallbrücken vermieden werden (Abb. 4.26).
Derartige Treppen lohnen sich wegen der schnellen, witterungsabhängigen und schalungsfreien Montage besonders bei einer größeren Anzahl gleicher Einheiten und gleicher Geschoßhöhen.
Eine andere Art der Vorfertigung besteht darin, daß Wangen, Einzelstufen und Podestbalken vorgefertigt werden. Dabei werden die meist als Hohlkörper ausgebildeten Keilstufen zwischen Wangen mit L-förmigem Querschnitt eingebaut. Diese werden auf Ortbeton-Podest oder auf ebenfalls vorgefertigte Stahlbeton-Podestbalken aufgelegt (Abb. 4.27). Die Stufen haben einen verschleißfesten Vorsatzbeton aus hartem Naturgestein-Zuschlag; zu empfehlen ist der Einbau eines Kantenschutz-Profils zur Rutschsicherung.
Vorgefertigte Wendeltreppen werden heute in vielen Fabrikaten aus Holz oder Stahl angeboten. Man unterscheidet Wendeltreppen mit Treppenauge, d. h. mit gewundener Innenwange, und Spindeltreppen mit einer Holz- oder Stahlrohrspindel in der Mitte. Stahl eignet sich wegen der Möglichkeit einer feingliedrigen Ausführung und der Stabilität besonders gut.
Als Beispiel sei ein langjährig bewährtes Konstruktionsprinzip angeführt, das aus einem nahtlosen Stahlrohr mit angeschweißten, frei auskragenden Stahlstufen

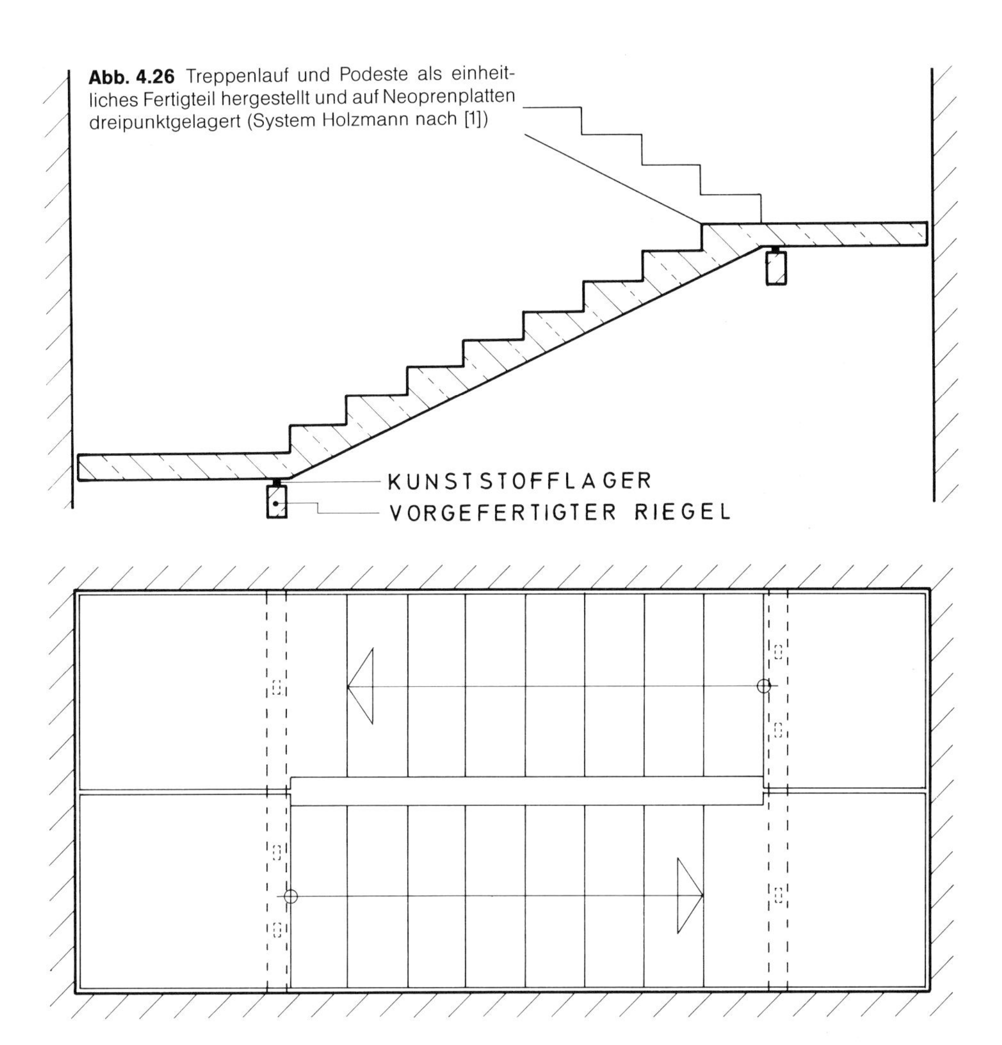

Abb. 4.26 Treppenlauf und Podeste als einheitliches Fertigteil hergestellt und auf Neoprenplatten dreipunktgelagert (System Holzmann nach [1])

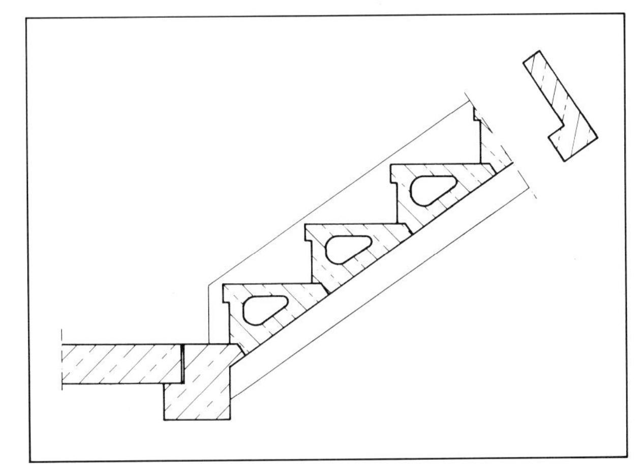

Abb. 4.27 Geschoßtreppe aus vorgefertigten Betonstufen; Wangen und Podestbalken sind gleichfalls vorgefertigte Stahlbeton-Elemente

Abb. 4.28 Stahlrohr-Spindeltreppe mit angeschweißten, frei auskragenden Stahlstufen, an denen die Geländerstäbe mit Mipolam-Handlauf befestigt sind
Quelle: Blees-Wendeltreppen, Langenfeld/Rhld.

besteht. Die Stufen haben Kastenform und werden bauseitig mit Estrich, Gußasphalt, Holz, Terrazzo oder Marmor ausgelegt. Bei Estrichausfüllung wird ein Belag aus Kunststoff oder Velourteppich aufgebracht (Abb. 4.28).
Diese Ausführung ist hinsichtlich des Trittschallschutzes besonders günstig, weil die sonst bei leichten Treppen störenden Auftrittsgeräusche und das Nachschwingen der Treppenstufen durch den mit Estrichfüllung verstärkten Stufenkasten vermieden werden.

4.5.4 Tragbolzentreppen

Für Tragbolzentreppen ist 1985 die Norm 18 069 erschienen. Es handelt sich dabei um Fertigteiltreppen, bei denen Trittstufen durch Tragbolzen und mit der Wahl direkt oder mittels Anker verbunden sind.
Tragbolzen sind metallische Verbindungsmittel, welche die Trittstufen miteinander zug- und druckfest verbinden bzw. den Anschluß zu den Auflagern bilden.
Die Norm gilt für Bemessung, Herstellung und Überwachung sowie für den Einbau von Tragbolzentreppen mit geraden und gewendelten Läufen oder Laufteilen für eine Verkehrslast von 3,5 kN/m^2 zur Verwendung als Außen- oder Innentreppen von Wohngebäuden.
Es werden unterschieden:
- ***Einbolzentreppen,*** bei denen die Trittstufen wandseitig mindestens 7 cm tief eingebunden sind und auf der wandfreien Seite durch je einen Tragbolzen miteinander verbunden werden

- ***Zweibolzentreppen,*** bei denen die Trittstufen wandseitig und auf der wandfreien Seite durch je einen Tragbolzen miteinander verbunden werden. An der Wandseite wird jede Trittstufe auf der Unterseite am Tragbolzen fest mit einem Wandanker verbunden; die Wandanker sind mindestens 12 cm in der Wand einzumörteln.

Für beide Treppenarten gilt, daß die Wandeinbindung durch geeignete Tragkonstruktionen ersetzt werden darf (z. B. im Bereich von Öffnungen).

Die ***Trittstufen*** können bestehen aus:

- Stahlbeton (bauliche Ausbildung nach DIN 1045),
- Betonstein, zement- oder reaktionsharzgebunden,
- Naturstein oder
- Holz und Holzwerkstoffen.

Die Dicke der Trittstufen richtet sich nach statischen und bauaufsichtlichen Erfordernissen.

Die Baustoffe und Bauteile der Trittstufen müssen entweder nach technischen Baubestimmungen bemessen und hergestellt werden oder für die Verwendung für Tragbolzentreppen allgemein bauaufsichtlich zugelassen sein. Trittstufen dürfen keine wesentlichen Schäden (z. B. Risse oder Abplatzungen im Verankerungsbereich der Tragbolzen) aufweisen. Vor ihrem Einbau ist zu prüfen, ob die Wände die zur Aufnahme der Kräfte geforderten Festigkeiten und Auflasten aufweisen.

Die ***Tragbolzen*** müssen zug- und druckfest und möglichst zwängungsfrei mit den Trittstufen verbunden sein; die Schraubverbindungen dürfen sich durch Erschütterungen nicht lösen. Gewindebolzen und -hülsen müssen justierbar sein. Die Festigkeitsklassen der Gewindebolzen und der übrigen tragenden Schraubverbindungsteile sind vorgeschrieben (DIN 18 069, Abschnitt 5.3). Für Tragbolzen außenliegender Treppen wird nichtrostender Stahl gefordert.

Standsicherheitsnachweise sind zu führen für das Tragwerksystem und die Wandeinbindung. Hierzu sowie für die Bemessung, die Herstellung und den Einbau der Trittstufen enthält DIN 18 069 ausführliche Richtlinien.

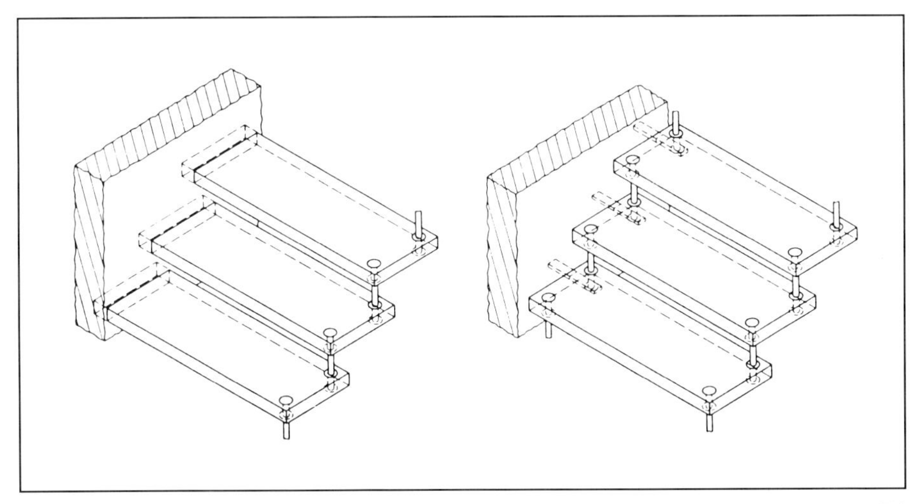

Abb. 4.29 a Einbolzentreppe WE1

Abb. 4.29 b Zweibolzentreppe WF 2
Quelle: DIN 18 069

4.6 Schadensbeseitigung

Schäden aufgrund von Ausführungsfehlern sind bei Innentreppen aus Holz verhältnismäßig selten.
Wenn es sich bei Massivtreppen um Rohbaufehler handelt etwa in der Art, daß z.B. Steigungsverhältnisse oder Kopfhöhen nicht eingehalten wurden, so sind diese kaum reparabel. Erhebliche Stemmarbeiten, die bis zum Abbruch eines Treppenlaufes führen können, sind meist die Folge. Ist ein Planungsfehler in der Ausführungs- oder Detailzeichnung die Ursache, so muß der Architekt ganz oder anteilmäßig für den Schaden haften. Allerdings ist der Unternehmer verpflichtet, beim Anlegen der Treppe vor dem Einschalen bzw. spätestens vor dem Betonieren auf Maßfehler hinzuweisen. Auch wenn schon eingeschalt ist, sollte der Bauleiter die Podeste und Treppenläufe in allen Maßen kontrollieren. Zu diesem Zeitpunkt lassen sich Unstimmigkeiten noch leicht berichtigen, nach dem Betonieren jedoch nur unter erheblichen Schwierigkeiten und Kosten.
Beim Einbau vorgefertigter Läufe oder Treppenteile zwischen Ortbeton-Podeste kann es vorkommen, daß die Treppenöffnung nicht präzise nach den benötigten Abmessungen ausgespart wurde. Entweder ist die Öffnung zu reichlich, und es muß anbetoniert werden, oder sie ist zu knapp, und Stemmarbeiten sind erforderlich.
Die Ursache hierfür kann mangelhafte Planung sein, wenn z.B. kein genaues Treppendetail des Architekten vorlag oder dieses nicht mit der Rohbauplanung abgestimmt wurde. Es liegt dann ein Verstoß gegen die DIN 18 202 Toleranzen im Hochbau vor.
In dieser Norm sind die zulässigen Abmaße bzw. Toleranzen für alle Nennmaßbereiche in Treppenräumen und bei Geschoß- und Podesthöhen im Zustand beim Einbau der Treppen festgelegt.

Abb. 4.30 Zu knapp bemessene Treppenloch-Aussparung für eine vorgefertigte Betonwerksteintreppe, wodurch die Antritts-Stufenplatte über das Podest vorgezogen werden mußte

Abb. 4.31 Dieselbe Treppe, vom unteren Lauf her gesehen; die ungleichmäßige Stufenfolge schadet dem Gesamteindruck des an sich funktionell einwandfreien Treppensystems

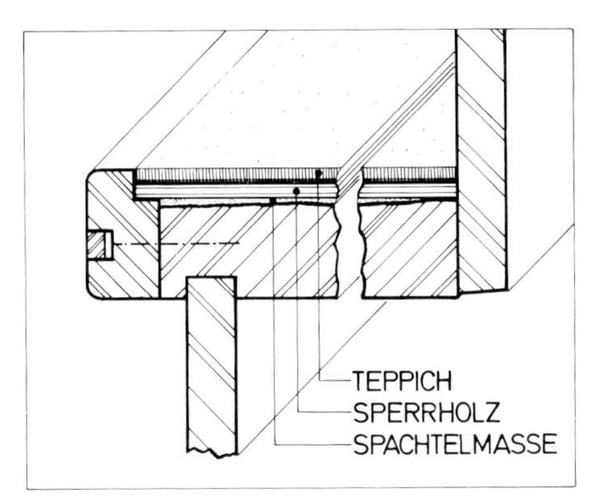

Abb. 4.32 a Zur Ausbesserung alter Holztreppen mit ausgetretenen Stufen wird die Auftrittsfläche mit Spachtelmasse abgeglichen und mit Teppichboden auf Sperrholzunterlage belegt

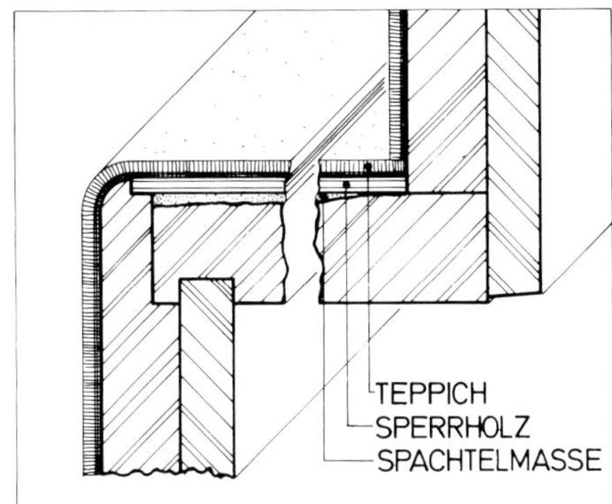

Abb. 4.32 b Als andere Möglichkeit kann der Teppichboden nach Auffütterung der Setzstufe um die Stufenkante herumgezogen werden

Ein Ausnutzen der Toleranz für die Ecken des Treppenloches darf weder zum Unterschreiten der Kleinstmaße noch zum Überschreiten der Größtmaße des Treppenloches führen. (Näheres über Toleranzen siehe [5].)
Die Folge einer zu knapp bemessenen Treppenloch-Aussparung zeigen die Abbildungen 4.30 und 4.31. Es handelt sich hier um eine konstruktive Sonderform, bei der bewehrte Betonwerksteinstufen an der Wandseite eingespannt und an der Geländerseite durch Stahlbolzen starr miteinander verbunden werden (Tragbolzentreppe).
Durch das zu geringe Längenmaß der Treppenöffnung mußte man sich hier dadurch behelfen, daß die Antritts-Stufenplatte fast ganz über die Podestplatte geschoben wurde. Das ergab einen für das Begehen der Treppe ungünstigen Wendepunkt am Treppenauge und in der Untersicht ein ungleichmäßiges Bild.
Hier liegt eine fehlerhafte Aussparung der Treppenöffnung durch den Rohbauunternehmer vor, allerdings auch eine anteilige Verantwortung des Architekten, der es verabsäumt hat, die Arbeiten der Firmen miteinander zu koordinieren und die Maße anzugeben bzw. zu überprüfen.
Bei ***Um- und Ausbauten*** alter Häuser kommt es häufig vor, daß die konstruktiv noch intakte Treppe abgetretene Stufen aufweist. Dann muß die vordere Trittkante abgestemmt werden und eine neue Hartholzkante vorgeleimt bzw. festgeschraubt werden. Die Schraubenlöcher werden verdübelt.
Die abgetretene Auftrittfläche wird mit Spachtelmasse angeglichen. Dann kann entweder eine Sperrholzplatte aufgeschraubt und ein Sägefurnier aufgeleimt werden, oder es wird ein Teppichbelag auf die Sperrholz- bzw. Spanplatte aufgeklebt, wobei die Teppichqualität sehr verschleißfest sein muß (Abb. 4.32 a und b nach [4]).

4.7 Außentreppen

Außentreppen aus Natur- oder Betonwerkstein in Verbindung mit Gelände-Stützmauern wurden früher oft in das Mauerwerk eingelassen, wodurch sich wegen der unvermeidlichen Setzungen Rißbildungen in den abgetreppten Auflagern ergaben. Das hier eindringende Niederschlags- oder Tauwasser führte in nachfolgenden Kälteperioden zur Frostsprengung, wodurch das Gefüge einer derartigen Treppenanlage zerstört werden kann (Abb. 4.33). Eine begrenzt wirksame Sanierung ist hier nur möglich mit Kunstharz-Injektionen in die Risse oder durch Auftragen eines Sperrputzes im Sockelbereich; es können auch beide Verfahren kombiniert werden.
Ähnlich ist das Schadensbild einer Betontreppe mit Werkstein-Vorsatz, die unmittelbar an eine Naturstein-Stützmauer angebaut wurde. Das Spritzwasser dringt in die Anschlußfuge, und es kommt zu Kalksinter-Auswitterungen und Ausblühungen durch das Herauslösen des Bindemittels aus dem Beton (Abb. 4.34).
Besser ist es, wenn die seitlich anzubauende Kunststeintreppe mit Abstand frei vor der vorhandenen Außenwand angeordnet wird. Es muß nur dafür gesorgt werden, daß das Niederschlagswasser über eine Schrägrinne oder einen unter der Treppe befindlichen Bodenablauf abgeleitet wird (Abb. 4.35).
Für ***Außentreppen aus Naturstein*** eignet sich nur besonders wetterbeständiges Material wie z. B. Granit, Basalt oder harter Sandstein. Tritt- und Setzstufen müssen bei plattenförmiger Ausführung frostsicher untermauert sein und ein volles Mörtelbett erhalten. Die in Abbildung 4.36 gezeigte Freitreppe ist aus Muschelkalk und nicht sorgfältig verarbeitet. So konnte Wasser in materialbedingte Risse und undichte Fugen eindringen, wodurch sich Teile der Setzstufen infolge Frostabsprengung lösten. Besser wären für diesen Zweck Stufenplatten aus wetterfestem Naturstein oder massive Betonwerkstein-Stufen gewesen.
Bei ***Betonwerkstein-Außentreppen*** kann man auf Setzstufen verzichten und die bewehrten Fertigplatten auf abgetreppte Stahlbeton-Wangenträger mit Stahldübeln verankern. Die Betonwangen erhalten unter der Antrittsstufe ein frostsicheres Fundament (0,80 bis 1,00 m). Sie werden oben auf den Mauersockel aufgelegt und eingemauert bzw. einbetoniert (Abb. 4.37 [9]).

Abb. 4.33 Frostschäden an der Brüstungsmauer einer Außentreppe durch Rißbildungen in den Stufenlagern

Abb. 4.34 Spritzwasserschäden durch unmittelbaren Anschluß der Außentreppe an eine Stützmauer

Freitreppen vor ***Hauseingängen*** befinden sich im Bereich des Arbeitsraumes und somit über aufgefülltem Boden. Das erfordert eine bewehrte Kragplatte, die am vorteilhaftesten in Verbindung mit der Kellerdecke eingeschalt und betoniert wird. Die Abbildung 4.38 zeigt einen Schnitt durch eine derartige auf einer Kragplatte aufgelagerte Betonwerksteintreppe.

Abb. 4.35 Diese neu angebaute Außentreppe aus Betonwerkstein wurde ohne Verbindung mit der Hauswand errichtet; dadurch wird die Wanddurchfeuchtung verhindert

Abb. 4.36 Frostschäden an einer Außentreppe mit Natursteinbelag durch eingedrungene Feuchtigkeit

Abb. 4.37 Hauseingangstreppe aus Fertigteilen
Quelle: [9]

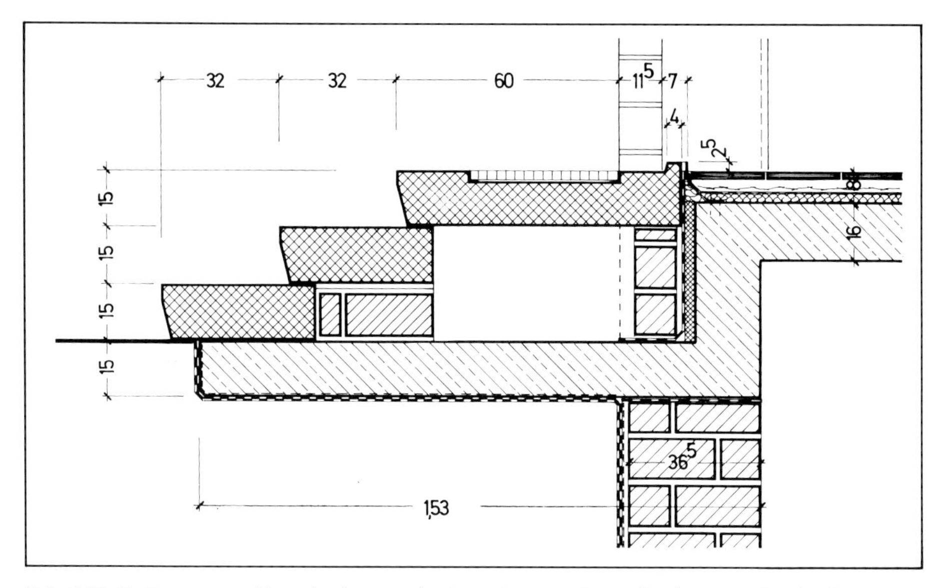

Abb. 4.38 Freitreppen vor Hauseingängen erfordern ein gesondertes Fundament oder eine bewehrte Kragplatte, da sie im Bereich des aufgefüllten Arbeitsraumes liegen

Wenn dies nicht sorgfältig ausgeführt wird und die Treppenplatte nur an einigen aus der Kellerdecke herausragenden Rundstählen hängt, sacken die Eingangsstufen mit der nachgebenden Auffüllung ab, und die Treppe reißt am Gebäudeanschluß ab. Dies zeigen die Abbildungen 4.39 und 4.40 am Beispiel einer mit Klinkerplatten belegten Eingangstreppe. Zur Sanierung eines solchen Schadens muß die Stufenanlage frostsicher unterfangen werden; erst dann können neue Klinkerplatten verlegt werden, die ebenfalls aus frostbeständigem Material bestehen müssen.

Abb. 4.39 Vom Baukörper abgerissene Hauseingangsstufen durch Nachgeben des verfüllten Arbeitsraumes

Abb. 4.40 Die Seitenansicht der Eingangstreppe zeigt die abgerissenen Stufen. Eine bewehrte Kragplatte oder ein Fundament wären erforderlich gewesen

5 Estriche und Bodenbeläge

von Dipl.-Ing. Walter Holzapfel

5.1 Estriche

Ein Estrich ist ein gesondert hergestellter glatter Untergrund für Bodenbeläge; im Industriebau und in untergeordneten Räumen von Wohnhäusern kann der Estrich auch den Bodenbelag selbst darstellen.
Der Estrich nimmt folgende Aufgaben wahr:

im Wohnungsbau	im Industriebau	im Schul- und Verwaltungsbau
Schallschutz	(Schallschutz nur in Ausnahmefällen)	Schallschutz
Wärmeschutz		Wärmeschutz
(Bodenbelag nur in Ausnahmefällen)	Bodenbelag	(Bodenbelag nur in untergeordneten Räumen)
Schutzschicht über Abdichtungen	Schutzschicht über Abdichtungen	Schutzschicht über Abdichtungen
Gefälleschicht	(Gefälleschicht nur bei kleinen Flächen)	Gefälleschicht nur bei kleinen Flächen)
Aufnahme und Speicher für die Heizung	Aufnahme und Speicher für die Heizung	Aufnahme und Speicher für die Heizung

Im Wohnungs-, Schul- und Verwaltungsbau kommt dem Estrich neben der Aufgabe des Trägers für Bodenbeläge vor allem die erhöhte Bedeutung als Schall- (und Wärme-)schutz zu, weswegen dieser Qualität besondere Aufmerksamkeit zu schenken ist. Der Industriebau verlangt vom Estrich vor allem Tragfähigkeit und Verschleißfestigkeit, was zur Entwicklung spezieller Estriche aus Hartstoffen und gesonderter Verschleißschichten geführt hat.

Drei Estrich-Gruppen werden hergestellt:

a) Schwimmender Estrich über Dämmschicht:
   - Wohnungs-, Schul- und Verwaltungsbau (Schall- und Wärmedämmung)

b) Verbund-Estrich:
   - für Gefälleschichten
   - für untergeordnete Räume, die keiner Schall- und Wärmedämmung bedürfen (Kellerböden)
   - für den Industriebau

c) Estrich auf Trennschicht:
   - für Schutzschichten über Abdichtungen
   - für Industrie-Estriche über Feuchtigkeitssperre.

5.1.1 Schwimmender Estrich

Schalldämmung

Die Schall- und Wärmedämmung des Estrich-Belages ist im Wohnungs-, Schul- und Verwaltungsbau die hervorragende Aufgabe, während an die Tragfähigkeit und Verschleißfestigkeit nur geringe bis mäßig hohe Anforderungen gestellt sind. Zur Minderung des Körper- und Luftschalls muß der Estrich die Aufgaben einer biegeweichen Schale übernehmen; er darf hierzu keinerlei Verbindung mit dem Untergrund, mit tragenden oder trennenden Bauteilen besitzen, ebensowenig wie mit Teilen der Installation. Aus schalltechnischen Gründen sollen die Estriche auch zwischen verschiedenen Räumen getrennt sein, um die Längsleitung zu unterbinden. Die Dämmschicht sollte in zusammengedrücktem Zustand mindestens 15 mm dick sein. Zimmerdecken besitzen oft Höhendifferenzen von mehreren Zentimetern auf engstem Raum. Nicht selten ragen Teile der Körnung oder der Armierung über die Oberflächenebene, oder es liegen Mörtelreste auf der Decke. Solche groben Verunreinigungen können eine Dämmschicht verdrängen und zu Punktkontakten mit dem Estrich führen, wodurch die gewünschte schalldämmende Wirkung größtenteils zunichte gemacht wird. Als oberstes Gebot ist daher die gründliche Reinigung

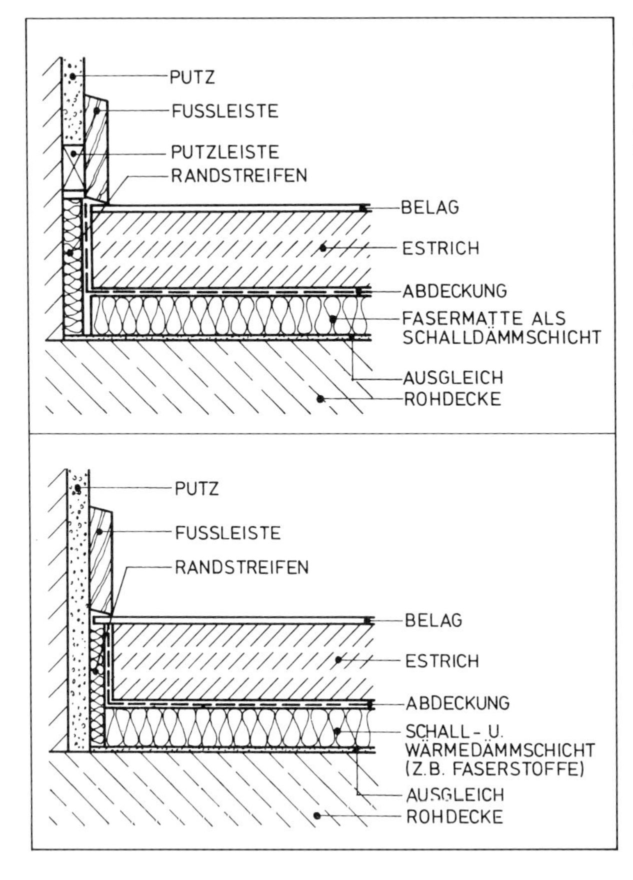

Abb. 5.1 Aufbau eines schwimmenden Estrichs mit Hartbelag; Ausgleich (Glättestrich) auf der Rohdecke, umlaufender elastischer Randstreifen, Innenputz schließt gegen Putzleiste an

Abb. 5.2 Fußbodenaufbau bei weichem Bodenbelag; Randstreifen und Belag stoßen gegen den Wandputz

Abb. 5.3 Die Heizungsrohre wurden sehr wirkungsvoll durch Einlegen eines Dämmschichtstreifens vom Estrich getrennt (aus [11])

Abb. 5.4 Das Rohr führt zu einer zu großen Einschnürung der Estrich-Dicke und damit zur Rißbildung. In derart kleinen Stücken sollte aus Gründen der Sicherheit nie eine Dämmschicht verlegt werden (aus [11])

der Deckenoberfläche (nicht nur abfegen!) gefordert. Aus der Bauwirklichkeit leitet sich ferner die Forderung nach einem zusätzlichen Glättestrich ab, der als Verbundestrich auf die Rohdecke aufgebracht und glatt abgezogen wird. Die Höhe für diesen Glättestrich sollte mit durchschnittlich 10 mm angenommen und generell in die Bauplanung einbezogen werden (Abb. 5.1 und 5.2). Der schwimmende Estrich wird konsequent von allen umgebenden Bauteilen und Durchdringungen durch Einlegen elastischer Randstreifen getrennt; dies gilt für alle Wände und Stützen, aber auch für Rohrinstallationen (Abb. 5.3). Bei gefliesten Räumen treten Schallbrücken bevorzugt zwischen Boden- und Wandverfliesung auf, weil die Trennung an den Stoßkanten zwischen Bodenfliese und Sockelfliese oft unterlassen wird. Die Sockelfliese (Wand, eingebaute Bade- oder Duschwanne, Treppe u. a.) darf nicht auf den Boden aufgemörtelt werden, vielmehr werden die Sockelfliesen auf Dämmstreifen oder Putzlatte gesetzt und die Fugen nach Entfernen der Putzlatte elastisch verfüllt (s. auch Band 3).

Tragfähigkeit

Schwimmende Estriche ertragen in Normalausführung nur mäßige Belastungen, sie sind nicht für rollende Lasten geeignet.

Die Festigkeit des Estrichs hängt neben seinen Ausgangsmaterialien vor allem vom Verdichtungsgrad nach der Verlegung ab. Dieser Verdichtungsmöglichkeit sind über der weichen Dämmschicht jedoch Grenzen gesetzt, so daß bei verlegten Estrichen immer mit einem verhältnismäßig hohen Porenvolumen gerechnet werden muß.

Hierdurch ist gegenüber verdichtetem Material ein genereller Festigkeitsverlust zu verzeichnen, der beispielsweise bei Zement-Estrichen bis zu 40 % der üblichen Zementfestigkeiten betragen kann. Diese Festigkeitsverluste müssen von vornherein in alle Überlegungen einbezogen werden und sind als Folge der besonderen Einbringungsart zu sehen.

Unabhängig davon können zusätzliche Festigkeitsverluste aus Verarbeitungsmängeln entstehen:

- zu hoher Wasserzement-Wert beim Zement-Estrich,
- zu reichliche Beimischung von Zusatzmitteln,
- falsche Zusammensetzung, unsaubere oder gefrorene Sande,
- zu rascher Wasserentzug bei Zement-, Anhydrit- und Gips-Estrichen (Nachfeuchten bei Zugluft oder hohen Außentemperaturen erforderlich).

Die Tragfähigkeit leidet auch durch zu frühzeitiges Belasten der Estrich-Flächen oder durch ungenügende oder ungleichmäßige Estrich-Dicken (Einschnürungen). Es muß gesichert sein, daß schwimmende Estriche nicht vor Ablauf der Belastungsfristen begangen werden.
Unebenheiten im Untergrund (s. Abschnitt »Schalldämmung«) dürfen nicht zu unterschiedlichen Dicken der Estrich-Schicht führen (Abb. 5.4).

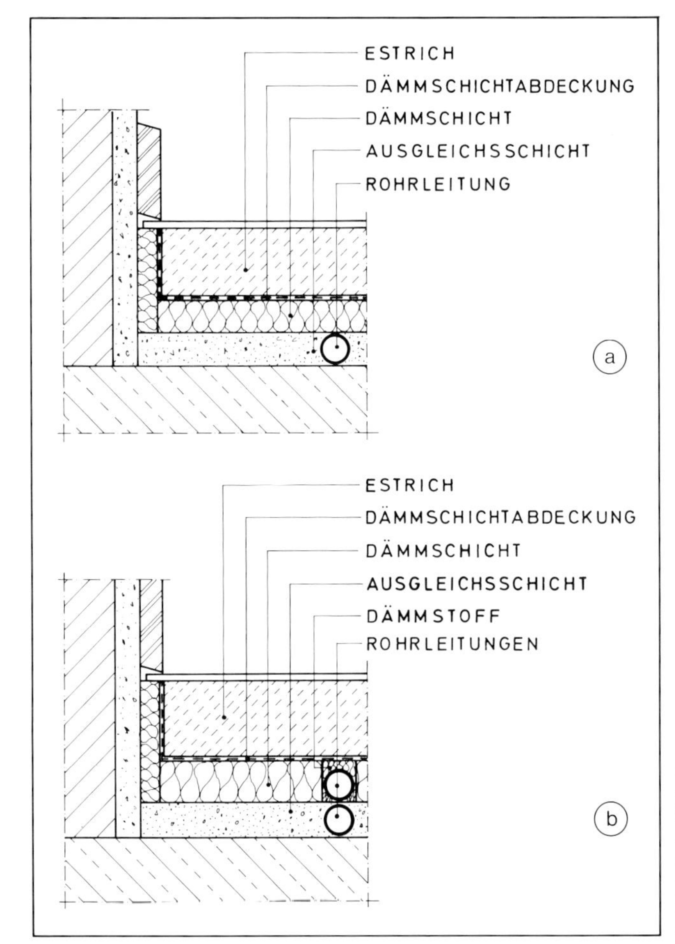

Abb. 5.5 So können Einschnürungen im Estrich und Rißbildungen vermieden werden: Rohrleitungen auf der Rohdecke sind in Ausgleichsschicht (a) oder – bei Rohrkreuzungen – in Dämmschicht eingepackt (b)

Vor allem Rohrinstallationen, Metallwinkel, Streben u. a. führen, wenn sie unter dem Estrich verlaufen, immer wieder zu Einschnürungen der Estrich-Dicke; die Einschnürungen wirken wie Kerben und sind sichere Rißkeime (Abb. 5.5 a und b). Schwimmende Estriche müssen verstärkt werden, wenn sie höheren Belastungen unterliegen (Versammlungsräume, besonders schweres Mobiliar); erforderlich sind größere Estrich-Dicken, erhöhte Bindemittelfestigkeit, eventuell zusätzliche Armierungen mit Stahlbaumatten (Mindestdicke des Estrichs: 50 mm), die exakt in der Mitte der Estrich-Schicht angeordnet werden müssen. Die Dämmschicht muß außerdem steifer aufgelegt sein. Bei rollender Belastung (Kfz- oder Gabelstapler-Verkehr) sollten schwimmende Estriche nicht zur Ausführung kommen. Ist der Einbau einer Dämmschicht erforderlich, muß hierauf zusätzlich eine druckverteilende Stahlbetonplatte verlegt werden.

Fugenteilung

Schwimmende Estriche benötigen – unabhängig von der Estrich-Art – Fugenteilungen in folgenden Fällen:

a) Trennfugen in Türen zwischen verschiedenen Räumen. Eine einfache Halbfuge oder Schnittfuge ist nicht ausreichend; besser ist eine Raumfuge mit eingelegtem Dämmstreifen, um die Längsleitung des Trittschalls zu unterbinden.
An dieser Stelle wird darauf hingewiesen, daß der Randdämmstreifen auch um Türzargen herumgeführt werden muß.
b) Bei Vorsprüngen von Wänden, da sonst von selbst wilde Risse entstehen (Abb. 5.6 und 5.7).
c) Bei Bewegungsfugen, die sich in der Unterkonstruktion befinden. Diese müssen in voller Breite auch durch den Estrich (und Oberbelag) geführt und dürfen nicht mit harten Materialien verfüllt werden.
d) Schwindfugen nach Abschnitt 5.14.

Abdeckung

Die mit Trennlagen abgedeckte Dämmschicht darf nur mit Bohlenlagen begangen oder befahren werden (Mörtelkarre). Während der Verlegung des Estrichs dürfen die Abdeckbahnen nicht verschoben werden, wie es oft bei Benutzung von Estrich-Maschinen durch die Bewegungen der Mörtelschläuche vorkommt.

Abb. 5.6 An der Stelle des kleinsten Querschnittes ist der Estrich gerissen, da eine Fuge fehlt (aus [11])

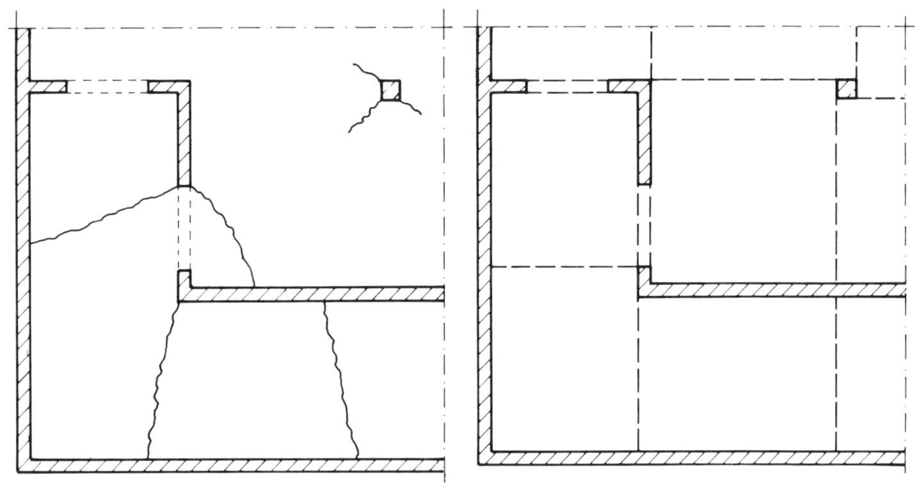

Abb. 5.7a Estrich ohne Fugenteilung und zwangsläufig entstehende Schwindrisse

Abb. 5.7b Geplante Fugenteilung bei demselben Grundriß verhindert wilde Rißbildungen

Wird die Abdeckung verschoben, kann der Estrich-Mörtel in die Dämmschicht gelangen, wodurch Mörtelkerne in der Dämmschicht entstehen, die später Schallbrücken zwischen Estrich und Untergrund sind (Abb. 5.8 und 5.9).

Verlegen der Bodenbeläge

Estriche dürfen nicht vor Erreichen der erforderlichen Festigkeit mit sperrenden Stoffen (Bodenbeläge) abgedeckt werden. Die frühestmögliche Verlegung von Belägen richtet sich nach der Estrichart (s. Abschnitt 5.1.4 und Abb. 5.10).

Abb. 5.8 Schlechte Verlegung der Dämmschicht mit offenen Fugen und ungeeigneten Randstreifen (aus [11])

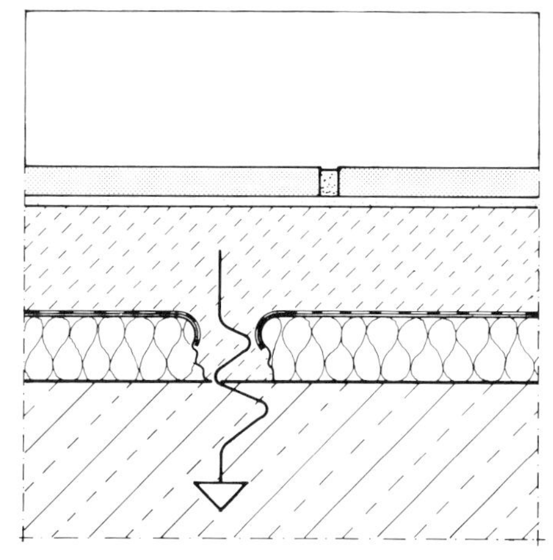

Abb. 5.9 Schallbrücke in der Fläche als Folge der Verlegung der Dämmplatten mit offenen Fugen und mangelhafter Abdeckung (nach [13])

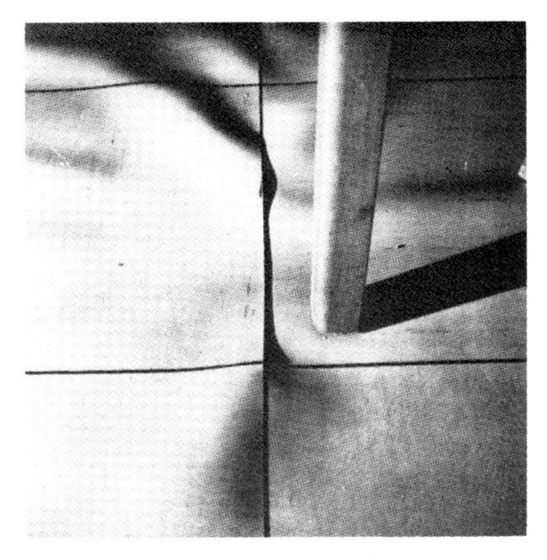

Abb. 5.10 PVC-Platten lösen sich vom Estrich (aus [11])

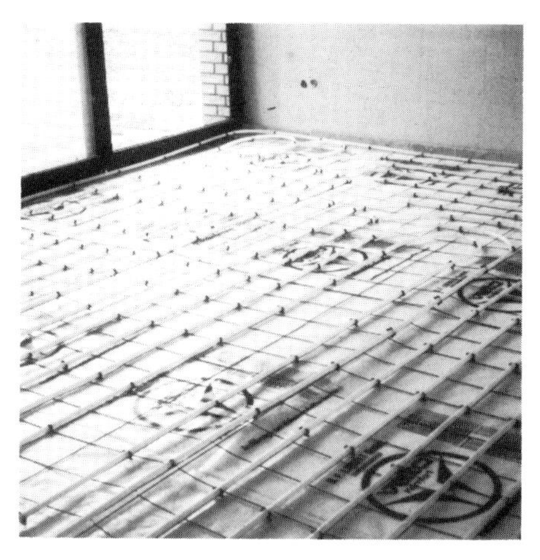

Abb. 5.11 Ansicht eines beheizten Fußbodens vor Einbringen des Estrichs; Dämmschicht, Randstreifen, Trennfolie und Heizrohre sind erkennbar

Wärmedämmung
Wärmedämmschichten unter schwimmendem Estrich müssen zunächst den statischen und dynamischen Anforderungen genügen, es dürfen keine reinen Wärmedämmstoffe eingebaut werden (handelsübliche Hartschaumdämmstoffe können Schallübertragungen verstärken!). Vielmehr sind Schalldämmstoffe zu wählen, die gleichzeitig einen hohen Wärmedämmwert aufweisen.
Die Bemessung der Dämmschichtdicke richtet sich nach der DIN 4108 sowie der Wärmeschutzverordnung.
Dämmschichten gegen die Außenluft (über Durchfahrten, auskragende Gebäudeteile) müssen eine zusätzliche Abdeckung mit einer Dampfsperrbahn erhalten; dies können dampfsperrende Kunststoffolien (PE 0,4 mm) oder Metallfolien oder bituminöse Dampfsperrbahnen sein. Die Abdeckung liegt immer auf der warmen Seite der Dämmschicht, also ***über*** der Dämmschicht.
Auskragende Balkonplatten sind hervorragende Wärmeleiter, die im Fußboden des Außenwandbereiches unangenehme Fuß- und Raumkälte erzeugen können. Da Dämmungen der Kragplatte selbst oft technisch nutzlos sind, muß der Wärmestrom innerhalb des Raumes gebremst werden; dies erreicht man am günstigsten durch Erhöhen der Dämmschichtdicke unter dem Estrich (s. auch Band 1).

5.1.1.1 Estriche als Träger von Bodenheizungen

Die Estrich-Schichten dienen als Träger der Heizelemente und als Wärmespeicher. Sie müssen mechanische Kräfte und Wärmespannungen in höherem Maße auffangen als der nicht beheizte Estrich. Die Estrich-Dicken werden aus diesen Gründen stark heraufgesetzt, wobei je nach Heizsystem Mindestdicken von 45 mm aufwärts erforderlich sind. Der nutzbaren Heizleistung wegen wird auch die Dicke der Wärmedämmschicht erhöht. Mindestdicke der Dämmschicht ist dabei 20 mm, die Regel sind 40 mm. Dicken bis 60 mm sind möglich.

Dämmschichten

Bei Fußbodenheizungen sind als Dämmschichten solche mit höherer dynamischer Steifigkeit zu bevorzugen; die Gesamtzusammendrückbarkeit der Dämmschicht dL-dB* darf auch bei Mehrlagigkeit nicht größer als 5 mm sein.
Erforderlichenfalls kombiniert man reine Trittschalldämmstoffe als Unterlage mit einer Oberlage aus steiferen Wärmedämmstoffen. Mehrlagige Dämmstoffe müssen fugenversetzt liegen.
Es ist darauf zu achten, daß die Dämmstoffe wärmebeständig sind. Insbesondere bei elektrischen Heizleitern muß eine Temperaturbeständigkeit bis 100 °C vorausgesetzt werden.
Gegen angrenzende Bauteile, Rohre, Durchbrüche, Türzargen u.a. werden Randstreifen von 10 mm Dicke verlegt, die vom Rohboden bis über OK fertigen Bodenbelag reichen müssen. Die überstehenden Randstreifen dürfen erst nach Verlegen des Bodenbelages (z.B. bei der Verfugung) abgeschnitten werden.
Die Dämmschichten sind mit einer PE-Folie mindestens 0,2 mm oder mit nackter Bitumenpappe R 250 abzudecken; die Abdeckung muß an den Randstreifen hochgeführt werden.

Lage der Heizelemente

Heizrohre der Warmwasser-Fußbodenheizung werden bei den Systemen, bei denen die Heizrohre nicht im Bereich der Dämmung, sondern im Estrich liegen, meist dicht über der Abdeckung der Dämmschicht verlegt. Dabei sorgen Abstandshalter für die notwendige Fixierung der Rohre. Der Estrich wird sodann in einem Arbeitsgang in der notwendigen Dicke eingebaut. Die Heizrohre sollen vom Estrich-Mörtel dicht umschlossen sein. Sie werden deshalb beim Einbau des Mörtels leicht angehoben, und der Mörtel wird sorgsam verdichtet (unterstopfen!).
Die Heizrohre können auch auf einer Estrich-Grundschicht verlegt werden. Hierbei liegen die Rohre zwischen Grund- und Deckschicht annähernd in der Mitte des Estrichs. Die Grundschicht muß beim Verlegen der Deckschicht noch weich sein, um eine nahtlose Verbindung der beiden Estrich-Schichten zu gewährleisten. Das Zusammenwirken von Heizleitern und Speicherkörper ist bei dieser Anordnung besonders günstig, jedoch verlangt der Einbau größeren Arbeitsaufwand und Estrich-Dicken nicht unter 65 mm.
Kunststoff-Wasserrohre werden direkt im Estrich-Mörtel verlegt, sie sollen bei der Verlegung von warmem Wasser durchflossen sein.
Metallrohre bedürfen wegen ihrer hohen Elastizitätsmodule einer weichen Umwicklung oder Ummantelung (Schaumstoffhülsen).
Bei anderen Systemen erfolgt die Verlegung der Heizrohre in der meist profilierten Dämmschicht, die gegen den Estrich abgedeckt ist. Dieses Verfahren setzt größere Dämmschichtdicken voraus. Die wärmetechnische Leistung des Estrichs ist nicht so hoch wie bei anderen Systemen, jedoch ist die Verlegung einfacher, und die Rohre haben mehr Bewegungsfreiheit.

Elektrische Heizelemente

werden direkt über die Dämmschicht oder über einer Grundestrichlage mitten in der Estrich-Schicht verlegt; die Mindestdicke des Estrichs über den Heizelementen beträgt hierbei 45 mm, die Mindest-Estrichdicke bei mittig verlegten Heizleitern 55 mm.

---

* Die Zusammendrückung der Dämmschichten ergibt sich aus dem Unterschied zwischen der Lieferdicke (z.B. $d_L = 20$ mm) und der Dicke unter Belastung (z.B. $d_B = 15$ mm). Sie ist aus der Kennzeichnung der Dämmstoffe (z.B. 20/15) ersichtlich.

Abdichtungen gegen Oberflächenwasser

Die Abdichtungen in Feucht- und Naßräumen müssen in jedem Fall über der Dämmschicht liegen. Hierzu verlegt man auf die Dämmschicht zunächst eine Trennlage, sodann eine einlagige Kunststoff-(Kautschuk-)Abdichtung, oder eine ein- oder mehrlagige bituminöse Abdichtung, die in allen Fällen lose verlegt und an Nähten und Anschlüssen verklebt oder verschweißt werden. Bei besonderen Anforderungen (hohen Belastungen der Dämmschicht oder in speziellen Fällen der Abdichtung bei Schwimmbädern) ist über der Dämmschicht auf Trennlage zunächst ein Glätt-Estrich aufzuziehen, auf dem dann jede Art der Abdichtung verlegt werden kann. In jedem Fall gehört über die Abdichtung eine Trennschicht.
Über Abdichtungen sollten Heizrohre und Heizleiter grundsätzlich nicht direkt, sondern nur durch eine Estrich-Grundschicht getrennt verlegt werden, um Schädigung und Gasentwicklung zu vermeiden.

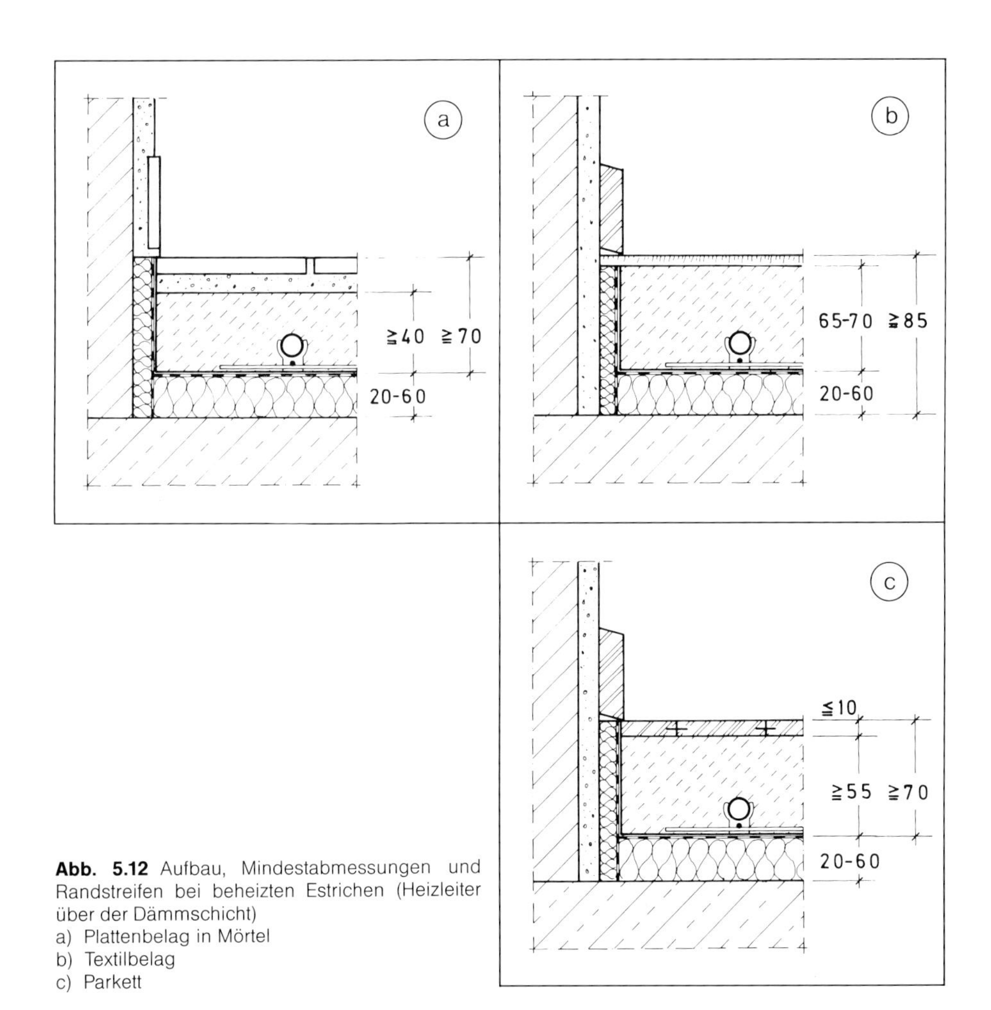

Abb. 5.12 Aufbau, Mindestabmessungen und Randstreifen bei beheizten Estrichen (Heizleiter über der Dämmschicht)
a) Plattenbelag in Mörtel
b) Textilbelag
c) Parkett

Feldgrößen
Der beheizte Estrich unterliegt höheren Wärmespannungen und größeren dynamischen Spannungen als der gewöhnliche schwimmende Estrich. Aus diesen Gründen muß eine besonders sorgfältige Fugenplanung erfolgen. Die Fugen müssen zudem mindestens 10 mm breit sein. Dies gilt insbesondere auch für Randfugen.
Größere Estrich-Dicken, Bewehrungen der Estrich-Schicht und breitere Fugenteilung ermöglichen größere Estrich-Felder. Die Einzelflächen dürfen aber 40 m^2 und 8 m Seitenlänge keinesfalls überschreiten. Unabwendbare Schwindrisse können durch angeschnittene Scheinfugen vorgeplant werden; diese sind nach Erhärtung des Estrichs (in 28 Tagen) mit Kunstharz auszugießen und nötigenfalls zu verdübeln.
Heizrohre, die Dehnfugen kreuzen, müssen beweglich gelagert sein. Bei Kunststoffrohren genügt eine gleitende Ummantelung jeweils 50 cm beiderseits der Fuge; Metallrohre müssen mittels verschiebbarer Rohrhülsen abgesichert sein. Die Kreuzung soll nur senkrecht zur Fuge erfolgen.

Bewehrung
Kleinere Flächen in Bädern u. ä. bedürfen keiner Bewehrung. Bei größeren Flächen wird eine Bewehrung mit Baustahlmatten empfohlen, um dynamische Bewegungen infolge größerer Dämmschichtdicken aufzufangen und um die nicht vermeidbaren Schwindrisse in Grenzen zu halten. Für die Bewehrung eignen sich Baustahlgitter 50 x 50 x 2 mm, Betonstahlmatten (z. B. N 141, N 94), die in die Mittelzone des Estrichs eingebettet werden müssen. Die Bewehrung ist an den Fugen zu trennen.

Aufheizen der Estrich-Schichten
Das Aufheizen darf nicht vor Aushärtung (28 Tage) erfolgen. Die Erwärmung beginnt mit der Raumtemperatur und wird jeden Tag um 5 K gesteigert. 25 °C sollen in den folgenden Wochen nicht überschritten werden.
Spitzentemperaturen sollen nur allmählich erreicht werden; sie betragen in gewöhnlichen Räumen 25 bis 28 °C, in höher beheizten Randzonen und Barfußbereichen bis 35 °C. Bei dämmenden Abdeckungen (Teppichböden, Teppichen) werden höhere Temperaturen bis 50 °C notwendig und auch erreicht. Noch höhere Aufheizung soll aber auf jeden Fall vermieden werden.

5.1.2 Verbund-Estrich

Verbund-Estriche werden in aller Regel als Glättschichten auf rauhem Unterbeton verlegt. Die Mindestdicke des Verbund-Estriches richtet sich dabei nach Art des Untergrundes, der verwendeten Estrich-Art sowie der Art der Belastung; sie kann 5 mm beim (mehrschichtigen) Kunstharz-Estrich, 15 mm beim Magnesia-Estrich und beim Zement-Estrich betragen. Empfohlene Estrich-Dicken sind 30 mm beim einschichtigen und 10 bis 15 mm beim mehrschichtigen Estrich (je Einzelschicht).
Voraussetzung für die Brauchbarkeit des Verbund-Estrichs ist die einwandfreie Haftung auf dem Untergrund. Der Boden muß daher sehr sauber sein, verschmutzte Unterböden sind mit rotierenden Bürstenwalzen und Dampfstrahlgeräten zu reinigen, Einzelverschmutzungen können mit Drahtbürsten beseitigt werden. In Extremfällen ist bei tiefporiger Verschmutzung durch Öle und Fette eine Reinigung mittels Sandstrahlung erforderlich.
Fugenteilung muß als Trennfuge zwischen angrenzenden Räumen erfolgen; Raumfugen sind innerhalb einer Estrich-Fläche anzulegen, wenn die Raumgröße ein bestimmtes Maß übersteigt; dieses ist von der Art und Nutzung des Verbund-

Estrichs abhängig, die durch Fugen aufgeteilten Felder sollten quadratisch sein. Raumfugen müssen selbstverständlich über allen Fugen der tragenden Betondecke angeordnet werden.

5.1.3 Estrich auf Trennschicht

Für Estrich auf Trennschicht gelten die Grundsätze wie für den schwimmenden Estrich. ***Estriche über Feuchtigkeitssperren und Abdichtungen*** erhalten eine einfache oder doppelte Trennlage aus PETP- oder PE-Folien, Natronkraftpapier oder Bitumenpapier. Die Lagen der Feuchtigkeitssperre oder der Abdichtung gelten nicht als Trennlage. Über bituminösen Abdichtungen darf kein Bitumenpapier als Trennlage verwendet werden, da dies mit den Abdichtungslagen verkleben könnte.
Die Abdichtung darf beim Aufbringen des Estrichs keinesfalls beschädigt werden (keine Nagelbretter verwenden)!
Für die Fugenteilung sind grundsätzlich Raumfugen anzuordnen und diese elastisch zu verfüllen. Estriche, die der Bewitterung und Besonnung ausgesetzt sind, sollten in Felder nicht größer als 10 m^2 aufgeteilt werden.

5.1.4 Estrich-Arten

5.1.4.1 Zement-Estrich

Der Zement-Estrich ist der am weitesten verbreitete und vor allem im Wohnungsbau verwendete Estrich. Seine Vorteile liegen in verhältnismäßig einfacher Herstellung, großer Festigkeit, vielseitiger Modifizierbarkeit mit Hartstoff- und Kunstharzzusätzen sowie chemisch-technologischer Verwandtschaft zur Betontechnologie (Stahlbewehrungen möglich).
Die häufigsten Fehlerquellen:

a) Verhältnismäßig lange Erhärtungszeit bis zur Belastbarkeit; die Möglichkeiten frühzeitiger Beschädigung und Zerstörung sind groß. Bei ungünstigen Temperaturverhältnissen können selbst oberflächlich »harte« Estriche relativ lange Zeit nach der Herstellung noch durch Belastung Schaden nehmen.
Das Beimischen von Erstarrungsbeschleunigern kann in manchen Fällen Abhilfe bringen (kältere Jahreszeit).
b) Der Wasseranspruch der Zement-Estriche ist groß; zu rasch austrocknender Estrich erreicht nicht seine erwartete Festigkeit. Günstig wirkt sich das Abdecken der Estrich-Oberfläche mit Kunststoff-Folien aus, die vorzeitiges Austrocknen verhindern.
c) Hohe Längenänderungen des Zement-Estrichs erfordern konstruktive Fugenplanung, um Risse zu vermeiden. Der Estrich soll in Abständen von ***nicht größer als 6 m*** durch Fugen unterteilt werden (Estriche im Freien: Fugenabstände nicht größer als 3,5 m).

Technische Eigenschaften

Berechnungsgewicht:	0,22 kN/m^2 und cm Dicke
praktische Feuchtigkeit:	2,5 bis 4 % (Gew.)
Begehbarkeit (allgemein):	nach 2 bis 4 Tagen
Belegbarkeit (allgemein): (Feuchtigkeit $\leqq$ 4 %)	nach 2 bis 4 Wochen
maximale Fugenabstände:	6,0 m
– im Freien:	3,5 m

Mindestdicken:

Zusammendrückbarkeit der Dämmschicht in mm		0–7	7–12	> 12
Schwimmender Zement-Estrich		35	40	45
Verbund-Estrich	30			
Estrich auf Trennschicht	35			

5.1.4.2 Anhydrit-Estrich

Der Anhydrit-Estrich ist teurer als der Zement-Estrich, besitzt jedoch die Vorteile schnellerer Aushärtung und fugenfreier Verlegemöglichkeit. Fehlerquellen liegen vor allem im zu raschen Wasserentzug durch unsachgemäße Heizung oder starke Strahlungswärme sowie ungenügender Raumlüftung bei hoher Baufeuchtigkeit; ferner bei uneinheitlicher Austrocknung durch Zugluft oder stellenweiser Besonnung. Der Anhydrit-Estrich verlangt in den ersten zwei Tagen ein kontrolliertes Klima. Anhydrit-Estrich ist nicht für Feuchträume geeignet.

Technische Eigenschaften

Berechnungsgewicht: 0,22 kN/m^2 und cm Dicke
praktische Feuchtigkeit: 0,5 % (Gew.)
Begehbarkeit (allgemein): nach 2 Tagen
Belegbarkeit (allgemein): nach 1 bis 2 Wochen
(Feuchtigkeit ≦ 1 %)
maximale Fugenabstände: keine Begrenzung (Ausnahme: Trennfugen zwischen Räumen, Schalltrennungen)

Mindestdicken:

Zusammendrückbarkeit der Dämmschicht in mm		0–5	5–7	7–12	> 12
Schwimmender Anhydrit-Estrich		25	30	35	40
Verbund-Estrich	20				
Estrich auf Trennschicht	25				

5.1.4.3 Gips-Estrich

Der Gips-Estrich liegt in seinen Eigenschaften zwischen Zement-Estrich und Anhydrit. Ungemagerter Gips-Estrich erreicht zwar höhere Festigkeit als Zement-Estrich, benötigt aber gleiche Dicken und gleiche Erhärtungszeit wie der Zement-Estrich. Gemagerter Gips-Estrich erhärtet rascher und benötigt geringere Dicke als der Zement-Estrich, fällt in der Festigkeit gegenüber dem Anhydrit jedoch ab. Vorteilhaft für den Gips-Estrich ist, daß er – abgesehen von Raumabgrenzungen – praktisch ohne Fugenteilung verlegt werden kann und daß er einen sehr geringen Feuchtigkeitsgehalt besitzt. Gips-Estrich darf nicht in Feuchträumen verlegt werden.

Technische Eigenschaften

Berechnungsgewicht: 0,21 kN/m^2 und cm Dicke
praktische Feuchtigkeit: 0,5 % (Gew.)
Begehbarkeit (allgemein): nach 3 bis 5 Tagen
Belegbarkeit (allgemein)
Feuchtigkeit ≦ 1 %

- gemagert: nach 1,5 bis 2,5 Wochen
- ungemagert: nach 2 bis 4 Wochen

maximale Fugenabstände: keine Begrenzung (Ausnahme: Trennfugen zwischen Räumen, Schalltrennfugen)

Mindestdicken:

Zusammendrückbarkeit der Dämmschicht in mm		0–5	5–7	7–12	> 12
Schwimmender Gips-Estrich					
– ungemagert		25	30	35	40
– gemagert		–	35	40	45
Verbund-Estrich	25				
Estrich auf Trennschicht	25				

5.1.4.4 Magnesia-Estrich

Der sehr teure Magnesia-Estrich zeichnet sich durch geringes Gewicht, verhältnismäßig geringe Wärmeleitfähigkeit und durch Leitfähigkeit für Elektrizität (Verhinderung elektrostatischer Aufladung) aus. Zusammensetzung und Herstellung verlangen besondere Vorsichtsmaßnahmen (Abdeckungen), um Betonschädigungen zu verhindern. Magnesia-Estriche dürfen über Spannbetondecken nicht angeordnet werden (Bestimmungen der Länder-Baugenehmigungsbehörden), es sei denn, der Nachweis der Unbedenklichkeit wird in jedem Fall beigebracht. Von Nachteil für das Aufbringen von Bodenbelägen ist die relativ hohe Feuchtigkeit des Magnesia-Estrichs.

Technische Eigenschaften

Berechnungsgewicht: 0,18 kN/m^2 und cm Dicke
praktische Feuchtigkeit: 8 bis 12 % (Gew.)
Begehbarkeit (allgemein): nach 4 bis 5 Tagen
Belegbarkeit (allgemein): nach 3 Wochen
(Feuchtigkeit ≦ 12 %)
maximale Fugenabstände: 8 bis 10 m

Mindestdicken:

Zusammendrückbarkeit der Dämmschicht in mm		0–7	7–12	> 12
Schwimmender Magnesia-Estrich		35	40	45
Verbund-Estrich	30			
Estrich auf Trennschicht	35			

5.1.4.5 Gußasphalt-Estrich

Vorteile des Gußasphalt-Estrichs sind seine sofortige Belastbarkeit und seine Verwendbarkeit im Freien. Während er in Räumen keiner Fugenteilung bedarf, müssen bei Freiverlegung jedoch Trennfugen angeordnet werden. Von Nachteil ist das plastische Verhalten des Gußasphalts bei punktförmigen Auflasten (Beine von Schränken, Regalen, Maschinenlagern u. ä.), sie dringen je nach spezifischer Pressung mehr oder weniger in den Estrich ein.
Beläge können nicht mit lösungsmittelhaltigen Klebern verlegt werden.

Technische Eigenschaften

Berechnungsgewicht:	0,22 kN/m² und cm Dicke
praktische Feuchtigkeit:	0,0 %
Begehbarkeit (allgemein):	nach 2 Stunden
Belegbarkeit (nach Abkühlung):	nach 2 bis 4 Stunden
maximale Fugenabstände:	
– im Raum	keine Begrenzung
– im Freien	6 bis 8 m

Mindestdicken:

Zusammendrückbarkeit der Dämmschicht in mm		0–5	5–8
Schwimmender Gußasphalt-Estrich		20	25
Verbund-Estrich	15		
Estrich auf Trennschicht	20		

5.2 Bodenbeläge

5.2.1 Bodenbeläge aus Fliesen und Platten

5.2.1.1 Beläge innerhalb von Gebäuden

Beläge innerhalb von Gebäuden sollten optisch ansprechend und auch nach langjähriger Benutzung unbeschädigt sein. Der Belag darf keine Kantenrisse zeigen, die Einzelplatten dürfen sich nicht teilweise oder ganz lösen. Es gibt viele Möglichkeiten, einen qualitativ guten Belag herzustellen, die jedoch nicht alle umfassend dargestellt werden können. Art und Verwendung der Fliesen-, Spalt-, Klinker- oder Werksteinplatten sind vielfältig, so daß das breitgefächerte Angebot qualitativ guter Platten es ermöglicht, Beläge überwiegend nach optischen Gesichtspunkten auszuwählen. Besondere Hinweise der Hersteller auf Belastbarkeit und Kratzfestigkeit sind allerdings zu beachten, im Zweifel zu erfragen. Baumängel entstehen häufig durch die Art der Verlegung. Qualitätsunterschiede zwischen den Verlegemethoden und den darauf abgestimmten Verlegemitteln gibt es kaum noch. Entscheidend ist in erster Linie die handwerkliche Fertigkeit und Sorgfalt des Verlegers und dessen Vertrautheit mit den jeweiligen Verlegemethoden.

Verlegung in frischem Estrich

Bei dieser heute wenig angewandten Methode wird auf den noch frischen Estrich (oder Beton) eine Schlämme aus Zement und Sand im Mischungsverhältnis 1:1 oder eine Schlämme aus hydraulischem Dünnbettmörtel als Kontaktschicht aufgetragen. In diese Kontaktschicht werden Fliesen oder Platten verlegt. Einzelfelder müssen ohne Unterbrechung hergestellt werden, weswegen sich diese Verlegungsart nur für kleinere Flächen eignet. Bei Belagsplatten, die zur Verfärbung neigen, sollte diese Methode nicht angewandt werden.

Verlegung im Dünnbettverfahren auf erhärtetem Estrich
Der Untergrund muß gründlich gereinigt und leicht angefeuchtet werden. Bei dieser Methode können nur gleichmäßig dicke Fliesen und Platten verwendet werden. Die Platten werden in hydraulisch erhärtendem Dünnbettmörtel verlegt und festgeklopft. Manche Dünnbettmörtel benötigen eine zusätzliche Grundierung, deren Art und Anwendung den Verlegerichtlinien der jeweiligen Hersteller zu entnehmen ist.

Verlegung im Dickbettverfahren auf erhärtetem Estrich oder Beton
Nach der Reinigung und schwachen Anfeuchtung des Untergrundes erfolgt die Verlegung in einem ca. 10 bis 20 mm dicken Mörtelbett, das keine Hohl- und Fehlstellen enthalten darf. Bei nicht zementgebundenen und bei älteren Estrichen sind Grundierungen erforderlich.

Verlegung im Mörtelbett auf Trennschicht (Abdichtung)
Die Verlegung über einer Trennschicht wird immer dann erforderlich, wenn der Untergrund von starken Schwindrissen durchzogen ist und nicht mehr als Haftgrund dienen kann oder wenn Fliesen auf einer Feuchtigkeitsabdichtung verlegt werden. Belag und Mörtel bilden eine estrichähnliche Schicht, deshalb muß das Mörtelbett entsprechend dick und verdichtet sein. Empfohlen werden Mörteldicken von mindestens 30 mm bei bis zu 12 mm dicken Platten, von mindestens 45 mm bei über 12 mm dicken Platten. Für den Belag muß eine eigene Fugenplanung erfolgen, die der des Estrichs entspricht (s. Abschnitt 5.1.1).

Beläge über beheizten Fußböden
Vor der Verlegung des Plattenbelags muß der Estrich aufgeheizt werden. Dies soll jedoch nicht vor Ablauf von 28 Tagen nach dem Aufziehen des Estrichs erfolgen.
Nach täglicher Steigerung um jeweils 5 K bis zur Temperatur von ca. 25 °C ist die Heizung 24 Stunden vor der Verlegung abzuschalten, im Winter jedoch auf mindestens 10 bis 15 °C zu halten.
Die endgültige Beheizung soll nicht vor Ablauf von 28 Tagen nach Verlegung der Platten und wiederum nur stufenweise erfolgen.
Es wird empfohlen, über Fußbodenheizungen nur großformatige Fliesen und Platten ab 0,1 m^2 Größe und mit gradlinig durchlaufenden Fugen (keine versetzten Fugen) zu verlegen. Das Verfugen darf frühestens acht Tage nach Verlegung des Belags erfolgen; bei Verlegung in frischem Estrich ist eine noch längere Wartezeit zu empfehlen.

Fugenteilung
Bewegungsfugen sind grundsätzlich über allen Gebäudetrennfugen, über Estrichfugen und bei angrenzenden Bauteilen (Randstreifen) anzuordnen und elastisch zu verfüllen. Schwindrisse und Scheinfugen brauchen bei der Verlegung der Plattenbeläge nicht berücksichtigt zu werden.

5.2.1.2 Beläge außerhalb von Gebäuden

Beläge außerhalb von Gebäuden werden von der Witterung beansprucht. Sie müssen deshalb gegen Frost und gegen die erhöhten Temperatur-Zwängungsspannungen beständig sein. Ferner muß sichergestellt sein, daß Niederschläge einwandfrei ablaufen können.
Für solche Beläge gelten daher besondere zusätzliche Vorschriften.

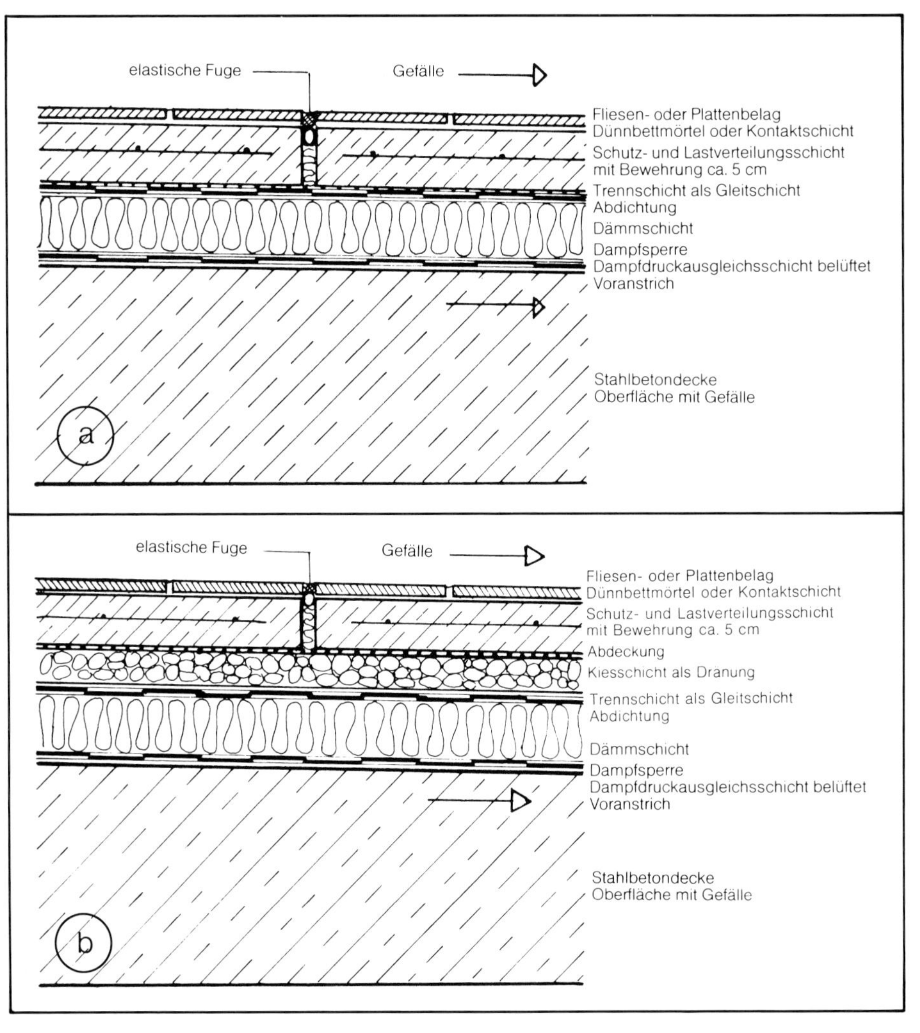

Abb. 5.13 Terrassenbelag über beheiztem Raum (aus [2])
a) mit Trennschicht in Mörtelbett
b) mit Trennschicht und Dränung

Auswaschfestigkeit
Estriche, Schutzbetone und Mörtelschichten müssen auch bei aufliegenden Plattenbelägen sicher gegen Auswaschung und Auslaugung sein. Gewöhnliche Portlandzementmörtel und -betone verlieren bei Dauerbewitterung Kalkanteile aus dem Zementstein, die sich als Kalksinterverkrustungen in Einläufen und an Abtropfkanten absetzen und außer zu einem unansehnlichen Erscheinungsbild auch zum Zusetzen der Regenfalleitungen führen.
Aus diesem Grund ist Portlandzementmörtel oder -beton für bewitterte Belagsschichten nicht geeignet. Empfohlen wird die Verwendung von Traßzement oder die Mörtelverbesserung mit Traßzuschlag. Auf richtiges Mischungsverhältnis und exakten Wasserzementwert ist zu achten!

Entwässerungsgefälle
Zur einwandfreien Entwässerung der Beläge wird folgendes Gefälle gefordert:

- Steinzeugfliesen mit ebener Oberfläche nach DIN 18155 mindestens 1,0%
- keramische Spaltplatten mit ebener Oberfläche nach DIN 18166 mindestens 2,0%
- Bodenklinkerplatten nach DIN 18158 mindestens 2,0%
- Betonwerksteinplatten, geschliffen, nach DIN 18500 mindestens 1,0%
- Naturwerksteinplatten, geschliffen mindestens 1,0%
- Platten mit profilierter und rauher Oberfläche mehr als 2,0%

Das Entwässerungsgefälle muß schon im Unterboden angelegt werden. Es ist nicht richtig, das Mörtelbett keilförmig anzulegen, vielmehr muß auf den tragenden Beton ein entsprechender Gefälle-Estrich aufgezogen werden. Wird eine Abdichtung gegen Oberflächenwasser verlegt, ist diese bereits im vorgeschriebenen Gefälle zu verlegen. Hierdurch wird verhindert, daß Wasser in Pfützen unter dem Mörtelbett des Belags stehenbleibt, den Mörtelkalk durch die Fugen hochtreibt und im Winter den Belag durch Frostsprengung hochdrückt (Abb. 5.13 a).
Empfehlenswert ist der Einbau einer Dränschicht zur rascheren Abführung des Niederschlagwassers; diese kann aus Grobsplitt, Kies 4/8 bis 8/16 oder Einkornbeton bestehen. Dränschichten sind besonders bei Belägen von über 50 m^2 Größe erforderlich (Abb. 5.13 b).

Profilierte Dränmatten aus Hartkunststoff eignen sich nicht über plastischen (bituminösen) oder weichen Abdichtungen. Beim Aufnehmen nur wenige Jahre alter Beläge hat man herausgefunden, daß sich die als Abstandhalter gedachten Profilierungen in die Dichtschicht hineingedrückt hatten, und daß damit nicht nur die Dränwirkung verlorengegangen, sondern auch die Abdichtung beschädigt war.
Ähnliche Nachteile müssen auch bei plastischen Kunststoff-Abdichtungen angenommen werden (PIB, ECB).

Dämmschichten und Abdichtungen
werden in Band 1 ausführlich behandelt.

Trennschicht
Beläge außerhalb von Gebäuden müssen grundsätzlich über Trennschichten verlegt sein, um Bewegungen aus Wärmespannungen zu ermöglichen; Abdichtungen gelten nicht als Trennschicht! Entsprechend dick, nämlich mindestens 30 bis 50 mm, ist das Mörtelbett auszubilden.
Als Trennschicht können doppellagiges Rohglasvlies, Natronkraftpapier, PE- und PETP-Folien (mindestens 0,2 mm dick), LV-Bahnen verwendet werden.

Schutzschichten
Über Abdichtungen wird die zusätzliche Verlegung einer Schutzschicht aus Traßzementmörtel empfohlen. Die Schutzschicht hat die Aufgabe, Beschädigungen der leicht zerstörbaren Abdichtung zu verhindern. Sie soll deshalb unmittelbar nach Fertigstellung der Abdichtung in einer Mindestdicke von 50 mm aufgebracht werden. Bewehrung wird bei größeren Flächen empfohlen. Zwischen Abdichtung und Schutzschicht gehört eine Trennschicht!

Verlegen der Belagsplatten
Die Verlegung entspricht der im Gebäude.
Zu beachten ist, daß die Fliesen und Platten frostbeständig sind und daß bei der Verlegung keine Temperaturen unter 5 °C und keine über 25 °C auftreten.

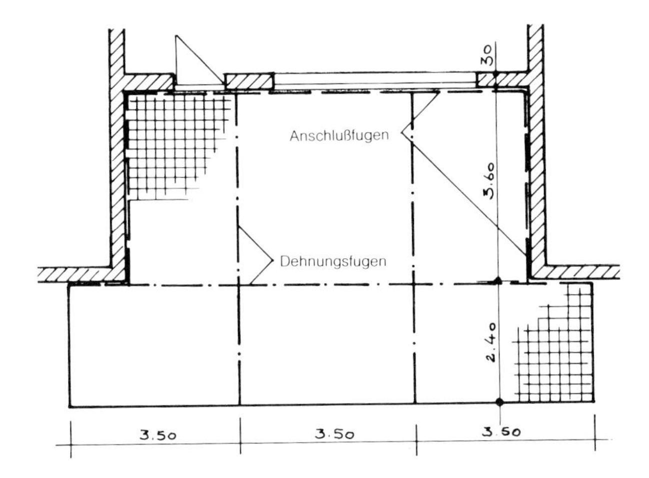

Abb. 5.14 Beispiel einer geplanten Fugenteilung in Anschluß- und Dehnungsfugen auf einer bewitterten Terrasse (aus [2])

Fugenteilung

Wegen der ungeschützten Lage und der damit verbundenen Aufheizung der Beläge muß eine besondere Fugenplanung erfolgen. Es sind Anschlußfugen zu sämtlichen aufgehenden Bauteilen und Durchbrüchen erforderlich, um die Einspannung der Beläge auszuschließen. Ferner ist eine Fugenteilung (als Dehnungsfugen) anzulegen, die den Belag in Felder nicht größer als 3,5 x 3,5 m teilt. Hierbei sind besondere Gegebenheiten, wie Vor- und Rücksprünge im Belag, Pfeiler sowie Pfeilervorlagen u.ä., zusätzlich zu berücksichtigen. Die Fugen müssen als Raumfugen bis zur Trennschicht durchgeführt, mindestens 10 mm breit und elastisch verfüllt sein (Abb. 5.14).

Wegen der erforderlichen engen Fugenteilung unter den auftretenden Zwängungsspannungen wird empfohlen, keine im Verband verlegten Beläge zu verwenden, weil sie sich ungünstig verhalten und keine saubere Fugenteilung ermöglichen.

Verlegung auf Kiesschicht oder Stelzlager

Hierbei muß der Untergrund das entsprechende Entwässerungsgefälle aufweisen.
Auf die Abdichtungen wird eine zusätzliche Trennschicht verlegt.
Über die Trennlage soll eine zusätzliche Schutzschicht aus Traß-Schutzbeton mit Fugenteilung oder aus Gummischutzmatten angeordnet werden.
Als Kiesunterlage eignet sich Rundkies der Körnung 16/32 oder 8/16 in einer Schichthöhe von 5 bzw. 4 cm; feinere Körnungen sind ungeeignet, weil sie den Wasserablauf behindern und Schmutzteilchen festhalten. Einläufe sind mit Grobkies 16/32 zu umgeben.
Die Kiesschicht wird mit leichtem Gefälle abgezogen.
Auf die Kiesschicht werden Belagsplatten, mindestens 40 x 40 cm groß, lose verlegt, die Fugen bleiben offen.
Beläge auf Stelzlagern können nur auf druckfestem, annähernd ebenem Untergrund verlegt werden, sie dürfen keinesfalls auf die Abdichtung gestellt werden. Aus diesem Grund sind Abdichtungen mit zusätzlichem Traß-Schutzbeton über Trennlage zu versehen (Abb. 5.15).
Als Stelzlager eignen sich solche aus Kunststoff, insbesondere aber solche aus Mörtelbatzen in Kunststoff-Folie, weil hiermit exakteres Ausrichten möglich ist.
Als Belag werden großformatige Platten, mindestens 40 x 40 cm, verwendet.

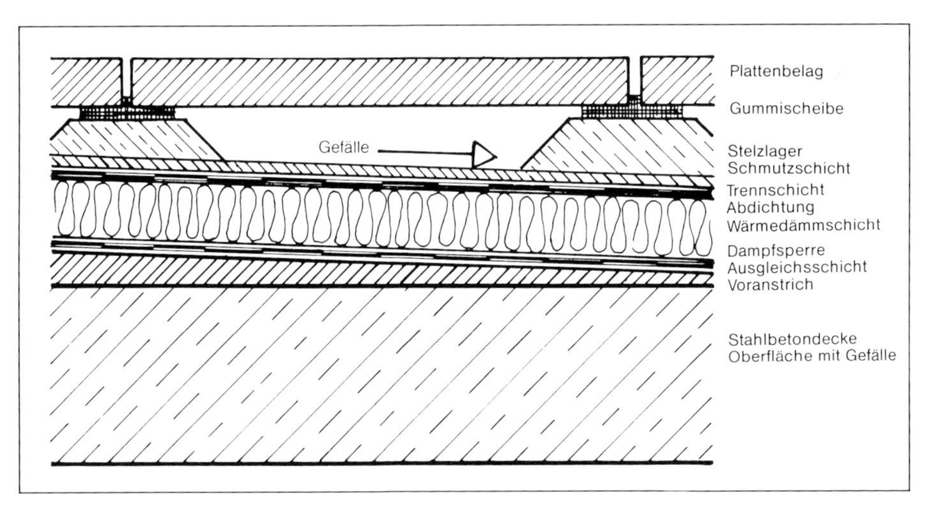

Abb. 5.15 Terrassenbelag auf Stelzlagern; auch hier muß die Abdichtung im Gefälle liegen und sind unter den Lagern Trennschicht und Schutzbeton erforderlich (aus [2])

Verlegung auf Erdreich

Das Erdreich muß in der Oberfläche Gefälle in Entwässerungsrichtung besitzen und verdichtet sein.

Auf das Erdreich wird eine Kiesschicht aus Mischkies aufgebracht, abgezogen und verdichtet.

Terrassenbeläge erhalten eine Kiesschicht von mindestens 15 cm Dicke. Darauf wird eine PE-Folie verlegt. Auflage für den Plattenbelag bildet eine bewehrte Stahlbetonplatte von mindestens 10 cm Dicke in der Güte ab B 25. Die Beläge werden auf der Betonplatte im Mörtelbett mit Traßzusatz verlegt (Abb. 5.16).

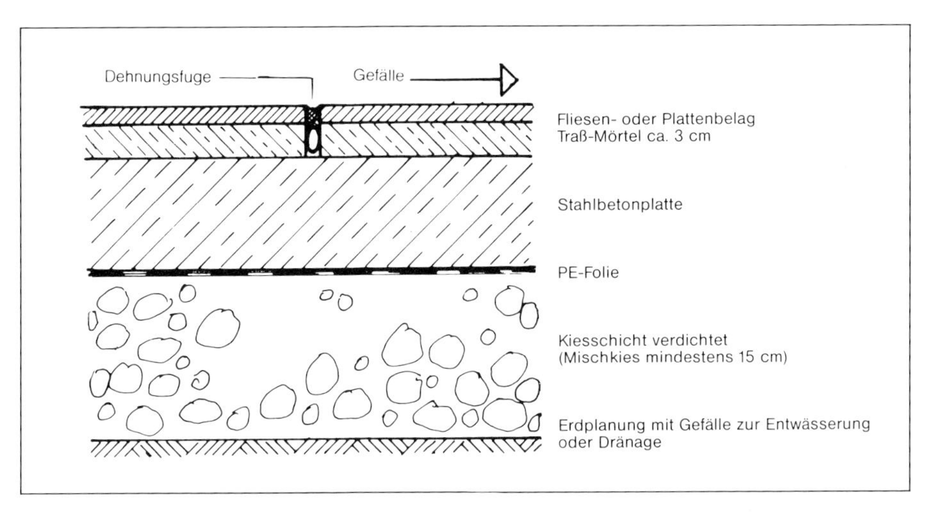

Abb. 5.16 Fliesen- oder Plattenbelag über Erdreich, Trennschicht und Stahlbetonplatte (aus [2])

Die Verfugungen über der Betonplatte erfolgen als Schlämm- oder Kellenverfugung mit Zement- oder Kunstharzmörtel, wobei wiederum eine Fugenteilung in Felder von maximal 3,5 x 3,5 m anzulegen und elastisch zu verfüllen ist.
Gehwegplatten und untergeordnete Terrassenbeläge können über einem 30 cm dicken Kiesbett und Trennfolie direkt in mindestens 50 mm dickes Mörtelbett verlegt werden; hierfür eignen sich jedoch nur großformatige Werkstein- oder Keramik-Platten.
Die Verfugung der großformatigen Platten erfolgt durch Sand oder mageren Traßzementmörtel; elastische Dehnfugen in Abständen bis 5 m werden empfohlen.

5.2.2 Parkett

Parkett unterscheidet sich in bezug auf die Anforderungen an den Untergrund in
- verklebtes Stab-, Mosaik-, Lamellenparkett und
- Fertigparkett.

Das ***verklebte Parkett*** benötigt einen ebenen, festen und trockenen Untergrund (Estrich), der nur geringfügige Abweichungen aus der Ebene aufweisen darf:

Abstand der Meßpunkte (in m)	bis 0,1	1	4	10	ab 15
Höhentoleranzen nach DIN 18202 in mm für					
Estriche/Blindböden	2	4	10	12	15
Bodenbeläge/Parkett	1	3	9	12	15

Holz muß vor Feuchtigkeit geschützt werden, Kleber sind ebenfalls feuchtigkeitsempfindlich, bei zu großer Bodenfeuchte binden sie nicht. Nachträgliche Durchfeuchtung führt zum Verseifen der Kleber. Der Unterboden muß aus diesen Gründen vor Verlegung des Parketts ausreichend ausgehärtet und ausgetrocknet sein. Für die verwendeten Kleber gelten nach DIN 281 unterschiedliche Höchstfeuchtigkeiten für die jeweilige Estrichart. Der Feuchtigkeitsgehalt ist vor Verlegung durch Bodenproben oder Feuchtemesser zu ermitteln (CM-Gerät). Gips-, Anhydrit- und Gußasphalt-Estriche benötigen in der Regel einen Voranstrich.

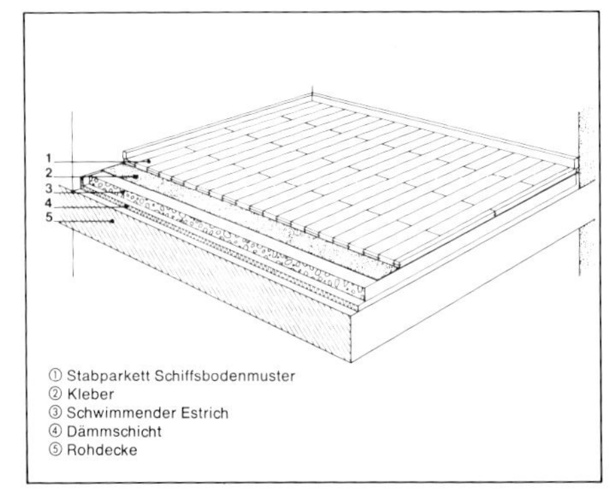

Abb. 5.17 Parkett auf schwimmendem Estrich (aus [5])

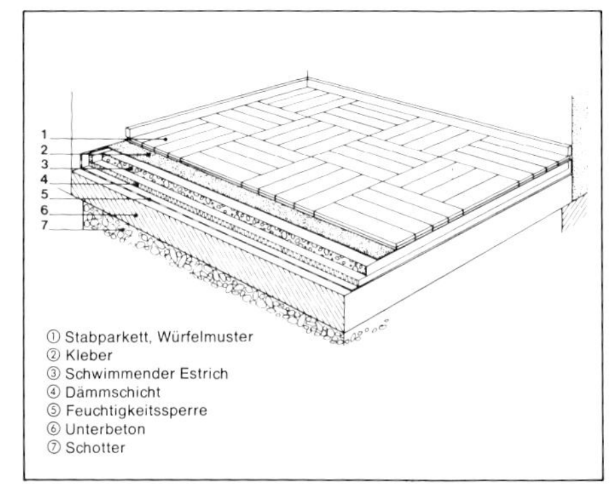

Abb. 5.18 Bodenaufbau bei nicht unterkellerter Bodenplatte mit Feuchtigkeitssperre und Parkett (aus [5])

Abb. 5.19 Durch eingedrungene Feuchtigkeit zerstörter Parkettboden

Böden über nicht unterkellerten Räumen, auch über durchlüfteten oder nicht durchlüfteten Kriechkellern, müssen gegen nicht aufsteigendes Wasser abgedichtet sein (s. Band 1).
Die Verlegung darf nicht bei Temperaturen unter 18 °C erfolgen.
Nach der Verlegung wird das Parkett versiegelt. Es darf, vom letzten Anstrich ab gerechnet, frühestens nach 24 Stunden vorsichtig betreten werden; die Versiegelung muß mindestens drei Tage lang aushärten. Während dieser Zeit dürfen Raumheizungen nicht in Betrieb sein, da Erwärmung zu rascher und ungenügender Aushärtung von Kleber und Versiegelung führt.
Parkett muß zu angrenzenden Wänden, Pfeilern und Rohrdurchführungen eine Randfuge von mindestens 15 mm Breite erhalten. Diese Randfuge dient der Vermeidung von Zwängungsspannungen. Solche entstehen, wenn Parketthölzer durch Luftfeuchtigkeitsanstieg quellen und eine Ausdehnung des Belages nicht möglich ist. Eingespanntes Parkett löst sich vom Untergrund und beult auf, bei hoher Feuchtigkeit bis zur Zerstörung des Bodens (Abb. 5.19).
Parkett über Fußbodenheizungen soll 10 (bis 12) mm Dicke nicht überschreiten, um einen Wärmestau unter der Parkettlage zu vermeiden.
Fertigparkett-Elemente nach DIN 280 Teil 5 sind industriell hergestellte, fertig oberflächenbehandelte (versiegelte) Parkett-Tafeln in folgenden Abmessungen:

	lang	kurz	quadratisch
Dicke (Höhe) mm	8–26	8–26	8–26
Breite mm	100–240	200–400	200–650
Länge mm	ab 1200	ab 400	200–650

Die Elemente sind als Sandwich-Platten mehrschichtig abgesperrt und werden beim Verlegen in Nut und Feder verklebt. Der fertige Parkett-Belag bildet somit eine zusammenhängende Bodenplatte und kann daher auch lose (schwimmend) auf Trennschicht, auf trockener Schüttung und auf Lagerhölzern verlegt werden. So verlegte Böden können sofort begangen werden. Auch Fertigparkett benötigt trockenen bzw. abgedichteten Untergrund sowie 15 mm breite Randfugen.
Fußbodenheizungen können etwa zwei Tage nach Verlegen des Fertigparketts allmählich angefahren werden, jedoch soll die Temperatur an der Oberfläche des Parketts 26 °C nicht überschreiten, entsprechend ist die Heizung zu regeln.

Holzarten

Die verwendete Holzart richtet sich nicht nur nach der gewünschten Optik, vielmehr ist sie auf die voraussichtliche Belastung des Bodens abzustimmen. So eignet sich weiches Kiefernholz nur für Räume mit geringer Trittbelastung, während für durch-

Tabelle 5.1 **Holzarten**

Name:	Herkunft	Raumgewicht g/cm³	Brinell-Härte N/mm²	Farbe*	Gewicht in kg/m² Stabparkett	Mosaikparkett
1. Eiche	Europa	0,65	34	hell, braun	14,0	5,0
2. Buche	Europa	0,68	29	hell, rotbraun	15,0	5,5
3. Esche	Europa	0,65	33	hell, gelblich weiß, braun	14,0	5,0
4. Kiefer	Europa	0,49	19	gelblich, braun	11,0	4,0
5. Afrormosia	Westafrika	0,65	30	mittel, schokoladenbraun	14,0	5,0
6. Wenge-Panga/Panga	Ostafrika	0,75	40	dunkel, schwarzbraun	18,5	7,5
7. Mahagoni	Westafrika	0,55	32	dunkel, rotbraun	15,0	6,0
8. Mecrusse	Ostafrika	0,91	60	hell, mittel, rotbraun	19,0	7,5
9. Missanda	Ostafrika	0,85	48	dunkel, rotbraun	19,0	7,5
10. Muhuhu	Ostafrika	0,81	58	dunkel- bis mittelbraun, grünbraun	19,0	7,5
11. Kambala	Westafrika	0,63	60	hell bis mittel, braun	16,0	6,0

*Holzfarbe im versiegelten Zustand

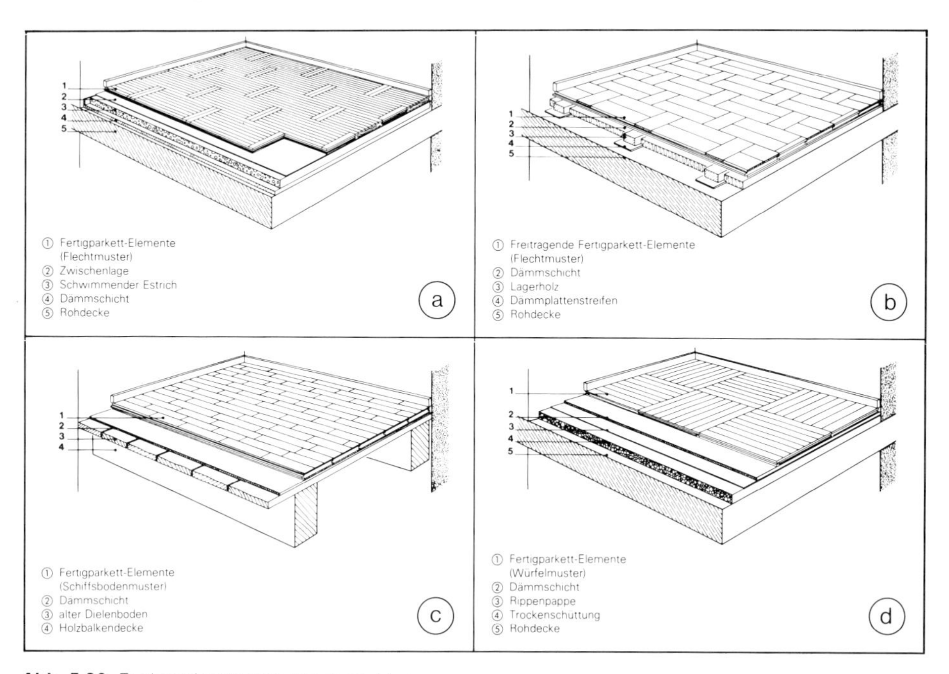

Abb. 5.20 Fertigparkett in verschiedener Verlegung
a) lose verlegt auf schwimmendem Estrich
b) verlegt auf Lagerhölzern (mit Nägeln geheftet)
c) über altem Holzfußboden auf Dämmschicht lose verlegt
d) über Trockenschüttung und Dämmschicht lose verlegt (aus [5])

gehend genutzte Räume härtere oder Hart-Hölzer vorzuziehen sind. Die nachfolgende Tabelle gibt eine Übersicht über die technischen Eigenschaften der handelsüblichen Parkettholzarten.

5.2.3 Textilbeläge

Textilbeläge benötigen festen, ebenen und trockenen Untergrund (Estrich, Spanplatten, Dielen). Sie können verklebt oder verspannt werden. Für jeden Einsatzzweck und für jede Verlegungsart sind entsprechende Beläge auf dem Markt. Abgesehen von der gestalterischen Wirkung durch Farbe, Muster und Webart ist folgende Einteilung von Bedeutung:

Eignungsbereiche	*Beanspruchung*	*Einsatzbeispiele*	
Ruhebereich	leicht mittel	Schlafzimmer, Gästezimmer, Hotelzimmer	Ruhebereich
Wohnbereich	stark	Wohnzimmer, Eßzimmer, Kinderzimmer, Dielen, Konferenzräume, Gänge, Aufenthaltsräume, Krankenhauszimmer, Sprechzimmer, Einzelbüros, Bibliotheken, Seniorenheime	Wohnbereich
Arbeitsbereich	sehr stark	Großraumbüros, Geschäftsräume, Schalterhallen, Hotelhallen, Restaurants, Wartezimmer, Zuschauerräume in Theatern, Versammlungsräume, Schulen, Kindergärten	Arbeitsbereich
Zusatzeignungen	*Beanspruchung*	*Einsatzbespiele*	
Fußbodenheizung	Wärme	allgemein	
Stuhlrollen	Eindruck/ Abrieb	Räume mit stuhlrollenbestückten Sitzmöbeln	
Treppen	Abrieb	in Wohnhäusern bzw. für Publikumsverkehr	
Feuchtraum	Feuchtigkeit, Pilzbesatz	Badezimmer, Kantinen, Hobbyräume, Partyräume	
Antistatisch		in allen angegebenen Eignungsbereichen	

Untergrund und Verlegung
Grobrisse im Estrich von 0,3 mm Breite und größer müssen vor Verlegung geschlossen, eventuell verdübelt werden, da sonst im Belastungsfall die Gefahr von Höhendifferenzen auftritt.
Die Verlegung ist von einem Höchstgehalt an Feuchtigkeit im Estrich abhängig:

Art des Untergrundes	höchstzulässiger Feuchtigkeitsgehalt (gemessen mit dem CM-Gerät)
Zement-Estrich	2,3 bis 2,6 CM-%
Anhydrit-Estrich	< 1,0 CM-%
Beton, glatt abgezogen	3,5 bis 5,0 CM-%
Magnesia-Estrich	3,0 bis 4,0 CM-%

Die Feuchtigkeit kann mit elektrischen Meßgeräten ermittelt werden. Genauere Meßergebnisse erhält man jedoch durch Entnahme einer Bodenprobe und Prüfung im CM-Gerät, in dem durch Zerschlagen einer Karbidkalk-Ampulle infolge der Feuchtigkeit ein jeweils entsprechender Acetylen-Gasdruck den Feuchtigkeitsgehalt der Probe anzeigt. Weiterhin sind Härte und Festigkeit der Oberfläche, eventuell Verschmutzung sowie die Raumtemperatur zu überprüfen; letztere darf 12 °C nicht unterschreiten. Saugfähige Estriche (Zement-, Anhydrit-, Magnesia-Estrich, Betonrohdecke) müssen vorgestrichen werden; Gußasphalt-Estrich erhält einen Voranstrich aus Neoprene-Lösung. Nach Trocknung werden alle Böden gespachtelt, der Spachtel bildet Glättlage und Haftbrücke zum Kleber.
Spanplatten sollen der Qualität V 100 (G) entsprechen, Fugen und Schraublöcher sind mit Epoxidharz auszufüllen. Die Platten werden mit Neoprene-Lösung vorgestrichen und erforderlichenfalls gespachtelt. Gleiches gilt für vorhandene Stein- und Terrazzoböden. Das Verkleben erfolgt mit Kontaktklebern, Dispersions- oder Lösungsmittelklebern oder auch mittels doppelseitigen Nahtbändern. Kontaktkleber werden beidseitig aufgestrichen, lüften ab und müssen dann unter Druck zusammengefügt werden. Wichtig ist, daß die jeweiligen Gebrauchsanweisungen der Kleber genau befolgt werden, da jeder Klebertyp einer nur ihm eigenen Behandlung bedarf.
Das Verlegen von Spannteppichen erfordert weitergehendes Fachwissen, auf das an dieser Stelle nicht näher eingegangen werden kann.

Textilbelläge über ***Fußbodenheizungen*** müssen folgenden zusätzlichen Kriterien gerecht werden:

a) Der Wärmedurchlaßwiderstand darf den Wert von 0,17 m^2 k/W nicht überschreiten.
b) Der Belag muß antistatisch ausgelegt sein.
c) Der Belag darf durch Wärmeeinwirkung keinen störenden Geruch entwickeln. Er muß daher mit dem entsprechenden Symbol als geeignet für Fußbodenheizungen ausgewiesen sein.
d) Er muß alterungsbeständig sein. Wärme beschleunigt das Altern von Kunststoffen. Textile Bodenbeläge werden nach DIN 53 896 einer dreiwöchigen Alterungsprüfung bei 70 °C unterworfen. Rücken und Oberseite dürfen sich dabei nicht nachteilig verändern.

Die genannten Prüfungen beziehen sich auch auf Voranstrich und Kleber.

5.2.4 Kunststoffbeläge

Für Kunststoffbeläge gelten die unter 5.2.3 aufgezeigten Anforderungen und Verlegehinweise.

6 Fliesen und Platten

von Dipl.-Ing. Ernst Ulrich Niemer

Fliesen, Platten, Riemchen und Mosaik aus Keramik und Naturstein gehören zu den ältesten Bauteilen, aus denen schützende und schmückende Oberflächen im Bauwesen hergestellt werden. Man verwendet sie für die Herstellung von Wandbekleidungen und Bodenbelägen, besonders deshalb, weil
- ihre Dauerhaltbarkeit (Lebensdauer) im Vergleich zu anderen Werkstoffen sehr hoch ist,
- ihre Oberflächen farbig und strukturell vielfältig gestaltbar sind,
- ihre Reinigung im Sinne der Optik und Hygiene geringstmöglichen Aufwandes bedarf.

Über die gängigen Anwendungen von Fliesen und Platten für Wandbekleidungen und Bodenbeläge innerhalb und außerhalb von Gebäuden wurde bereits an anderer Stelle berichtet (s. Kapitel 1.2 und 5.2). Hier sollen ergänzend dazu Fakten und Erfahrungen mitgeteilt werden, die die Werkstoffe selbst, schwierige Anwendungsfälle und die Vermeidung von Mängeln betreffen.

Auf weitergehende Ausführungen zu diesem Thema in der Fachliteratur wird hingewiesen [36 und 37].

6.1 Keramische Fliesen und Platten, keramisches Mosaik

Nach DIN EN 87 [1] sind die im Bereich des CEN (Europäisches Komitee für Normung) hergestellten keramischen Fliesen und Platten einerseits nach dem Formgebungsverfahren, andererseits nach dem Wasseraufnahmevermögen E in Gew.-% definiert:
- Formgebungsverfahren A (plastisch stranggepreßt), z. B. Spaltplatten;
- Formgebungsverfahren B (einzeln trockengepreßt), z. B. Fliesen;
- Wasseraufnahme E bis 3 %: Gruppe I,
  E über 3 bis 6 %: Gruppe IIa,
  E über 6 bis 10 %: Gruppe IIb,
  E über 10 %: Gruppe III.

Für jede der sich ergebenden acht Produktgruppen gilt eine eigene Produktnorm mit produktspezifischen Güteanforderungen:

Gruppe AI:	DIN EN 121 [2]	Gruppe BI:	DIN EN 176 [6]
Gruppe AIIa:	DIN EN 186 [3]	Gruppe BIIa:	DIN EN 177 [7]
Gruppe AIIb:	DIN EN 187 [4]	Gruppe BIIb:	DIN EN 178 [8]
Gruppe AIII:	DIN EN 188 [5]	Gruppe BIII:	DIN EN 159 [9]

Die Normen und die dort festgelegten Güteanforderungen gelten ausschließlich für Fliesen und Platten der besten handelsüblichen Güteklasse (1. Sorte). Für die Anwendung der 2. Sorte, einer anderen Güteklasse oder Mischsortierung ist immer die Zustimmung des Auftraggebers erforderlich. Die Kennzeichnung der Güteklasse ist vorgeschrieben auf den Fliesen oder Platten und/oder auf ihrer Verpakkung, z.B. roter Kreidestrich auf allen Plattenkanten = 1. Sorte, blau = 2. Sorte, grün = 3. Sorte.

Die Güteanforderungen der einzelnen Normen betreffen im wesentlichen
- die geometrischen Eigenschaften (Grenzabweichungen der Maße und Form),
- die physikalischen Eigenschaften (Wasseraufnahme, Festigkeit, Widerstand gegen Verschleiß und Glasurrisse, Temperaturwechsel und Frost),
- die chemischen Eigenschaften (Beständigkeit gegen aggressive Medien).

Für jede der geforderten Eigenschaften gibt es eine eigene Prüfnorm (DIN EN 98 bis 106, DIN EN 122, 154, 155, 163 und 202). Die Güteanforderungen nach den alten deutschen Normen waren z.T. höher, deshalb verlangen manche Auftraggeber weiterhin die Zusicherung dieser Eigenschaften.

Alle Fliesen und Platten können für Wandbekleidungen und für Bodenbeläge verwendet werden. Alle Fliesen und Platten können glasiert (GL) oder unglasiert (UGL) hergestellt werden, nur die Fliesen der Gruppe BIII sind glasiert, sonst bedürfen sie einer anderen Oberflächenbehandlung. Nach Norm frostbeständig und daher ohne besondere Vereinbarung für die Außenanwendung geeignet sind nur die Fliesen und Platten der Gruppen AI und BI.

Die in der alten deutschen Normung benutzten Fachbegriffe Grobkeramik, Feinkeramik, Steinzeug, Steingut, Bodenfliesen und Wandfliesen sind nicht mehr genormt, werden aber umgangssprachlich noch benutzt. Als ***Grob***keramik bezeichnet man alle keramischen Produkte, auch Ziegelsteine, bei deren Masseaufbereitung die zugefügte Schamotte in einer Mahlfeinheit $\geqq$ 0,1 mm verwendet wurde. Liegen die erkennbaren Inhomogenitäten im Korngrößenbereich unter 0,1 mm, dann spricht man von ***Fein***keramik. Stein***zeug*** nennt man Keramik mit einer Wasseraufnahme von unter ca. 3 Gew.-%, Stein***gut*** mit höherer Wasseraufnahme. Steingutfliesen der Gruppe BIII haben eine Wasseraufnahme über 10 %.

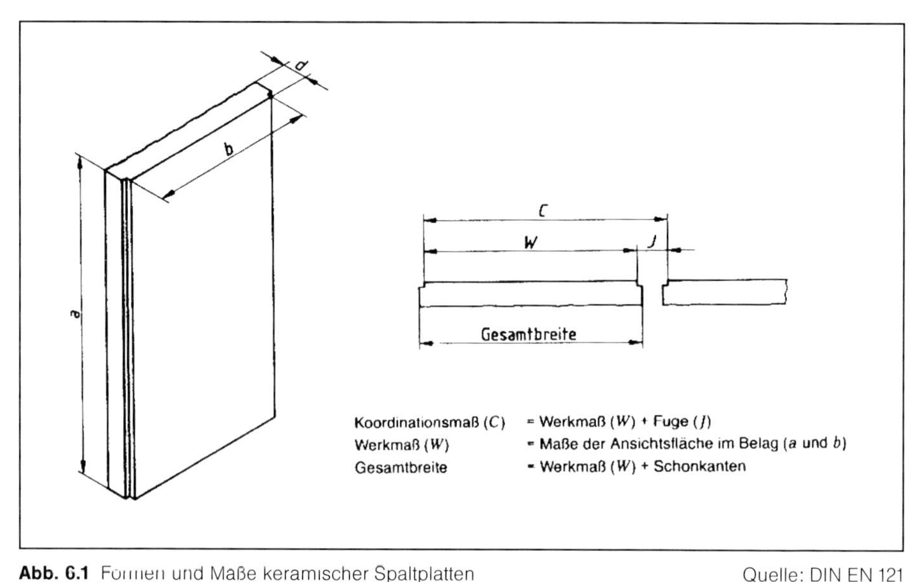

Abb. 6.1 Formen und Maße keramischer Spaltplatten Quelle: DIN EN 121

Spezielle Fliesen der Gruppe BI mit ***sehr niedriger*** Wasseraufnahme bis 0,5 Gew.-% haben besonders hohe Festigkeitswerte und sehr hohen Verschleißwiderstand. Daher ist ihr Marktanteil in den letzten Jahren gestiegen. Fachlich irreführend wird für diese Fliesen die Bezeichnung »Feinsteinzeug« oder gar »Feinststeinzeug« benutzt. Dabei ist das Adjektiv »fein« oder »feinst« keine Aussage zur Brenntemperatur, Wasseraufnahme oder Festigkeit, sondern wird lediglich in der Keramologie für die Mahlfeinheit der Schamotte benutzt. Zutreffend ist die italienische Bezeichnung »Gres porcellanato«. Eine fehlerhafte Übersetzung ist zur kommerziellen deutschen Bezeichnung geworden und wohl nicht mehr ausrottbar.

Tabelle 6.1 **Modulare Vorzugsmaße für keramische Spaltplatten**

Koordinierungsmaß C in cm	Werkmaß W in mm		Dicke d in mm
	Länge a	Breite b	
M 30 × 30	290	290	Die Dicke einschließlich vorder- und rückseitiger Profilierungen ist vom Hersteller anzugeben
M 30 × 30	292	292	
M 30 × 15	290	140	
M 25 × 25	240	240	
M 25 × 6,2	240	52	
M 25 × 12,5	240	115	
M 25 × 12,5	245	120	
M 20 × 20	192	192	
M 20 × 10	194	94	
M 15 × 15	144	144	

Quelle: DIN EN 121

Tabelle 6.2 **Verbreitete Maße von trockengepreßten Fliesen**

Koordinierungsmaß C in cm	Werkmaß W in mm		Dicke d in mm
	Länge a	Breite b	
10 × 10	Der Hersteller muß seine Werkmaße derart wählen, daß die Differenz zwischen Nennmaß und Werkmaß nicht mehr als ± 2% und 5 mm beträgt		Die Dicke einschließlich vorder- und rückseitiger Profilierungen ist vom Hersteller anzugeben
15 × 7,5			
15 × 10			
15 × 15			
20 × 10			
20 × 20			
25 × 25			
30 × 20			
30 × 30			
40 × 30			

Quelle: DIN EN 176

Zu den modularen Abmessungen von Fliesen und Platten siehe Abbildung 6.1 und Tabelle 6.1. Als Mosaik werden Fliesen und Platten bezeichnet, deren Oberfläche gleich oder kleiner als 90 cm^2 ist. Riemchen, meist schmale Spaltplatten, sind rechteckige Formate, deren Seitenverhältnis größer als 1:3 ist.

Eine gewisse Sonderstellung nehmen Bodenklinkerplatten nach DIN 18158 [10] ein, für die es noch keine europäische Norm gibt. Sie haben ein dichtes Gefüge, hohe Festigkeitswerte, sind frostbeständig und werden in Dicken von 10 bis 40 mm geliefert.

6.2 Platten, Fliesen, Riemchen und Mosaik aus Naturstein

Natursteinfliesen werden mit diamantbestückten Gattersägen in geringen Dicken und in den gewünschten Formaten aus Natursteinblöcken industriell hergestellt. Die Oberflächen werden maschinell endbehandelt, z. B. geschliffen, poliert.
Für Solnhofener Platten und andere Natursteinfliesen gibt es wegen der unzähligen Erscheinungsformen und Herkunftsorte keine Produktnorm, aber wichtige Erfahrungswerte. DIN 18352 [11] schreibt folgende Mindestdicken vor:

- Solnhofener Platten für Wandbekleidungen, innen, mit einer Seitenlänge bis 30 cm: 7 mm
- über 30 bis 40 cm: 9 mm
- Solnhofener Platten für Bodenbeläge, innen, mit einer Seitenlänge bis 35 cm: 10 mm
- über 35 cm: 15 mm
- Natursteinfliesen für Wandbekleidungen, innen, mit einer Seitenlänge bis 40 cm: 7 mm
- Natursteinriemchen, dto.: 10 mm.

Diese Mindestwerte sind zwar genormt, sie gelten aber nur für sehr geringe mechanische Beanspruchungen und für beste Qualitäten. Langjährige Erfahrungen zeigen, daß viele Baumängel auf zu geringe Dicke der verwendeten Natursteinfliesen zurückzuführen sind. Als Riemchen werden alle rechteckigen Formate bezeichnet, deren Seitenverhältnis größer als 1:3 ist.
Für die Anwendung hängt die Wahl der Natursteinart von dem jeweiligen Verwendungszweck ab. Viele Arten sind nicht wetter- und frostbeständig, daher nur im Innenraum anzuwenden. Die Kalksteinarten und Marmor sind nicht beständig gegen viele Chemikalien, besonders Säuren. Für das Ansetzen, Verlegen, die Reinigung und Pflege müssen die Anweisungen in Merkblättern der Hersteller beachtet werden.

6.3 Verfahren und Werkstoffe zum Ansetzen, Verlegen und Verfugen

Fliesen und Platten werden nach DIN 18352 [11] entweder im Dickbettverfahren oder im Dünnbettverfahren angesetzt bzw. verlegt. Die wichtigsten Unterschiede zeigt diese Aufstellung:

Dickbett	Dünnbett
Mörtelbettdicke Wand: 10 bis 25 mm Boden: 15 bis 50 mm;	Mörtelbettdicke (Wand und Boden): 2 bis 5 mm;
Baustellenmörtel (Zement und Sand);	Werktrockenmörtel oder Klebstoffe;
gewisser Ausgleich von Ungenauigkeiten des Untergrundes möglich;	fast kein Flächenausgleich möglich, ebenflächiger Untergrund erforderlich;
mechanische Verdichtung des Mörtelbettes durch Klopfen erforderlich.	die Fliesen oder Platten werden in das Mörtelbett eingeschoben und -gedrückt;
	Rationalisierungseffekt beachtlich, sofern maßliche Voraussetzungen gegeben.

Für das Ansetzen und Verlegen im Dickbett wird Zementmörtel (Mörtelgruppe III) verwendet, z. B. 1 RT Portlandzement PZ 35 L oder Traßzement TrZ und 4 bis 5 RT scharfer, gewaschener Sand, Körnung 0 bis 4 mm. Der Mörtel soll, zumindest bei Bodenbelägen, in Naßbereichen und bei Außenwandbekleidungen, so aufgetragen und verdichtet werden, daß eine Mörtelbettung ohne Hohlräume entsteht.
Für das Ansetzen und Verlegen im Dünnbett gelten neben DIN 18352 [11] auch die Ausführungsnormen DIN 18157 Teil 1 [12], DIN 18157 Teil 2 [13] und DIN 18157 Teil 3 [14]. Dabei werden je nach Anwendungsgebiet und Untergrundmaterial verschiedene genormte Mörtel oder Kleber verwendet:
- Hydraulisch erhärtender Dünnbettmörtel DIN 18156 Teil 2 [16]
- Dispersionsklebstoffe DIN 18156 Teil 3 [17]
- Epoxidharzklebstoffe DIN 18156 Teil 4 [18].

Hydraulisch erhärtende Dünnbettmörtel DIN 18156-M sind Werktrockenmörtel aus Zement, mineralischen Zuschlagstoffen und organischen Zusatzmitteln. Sie werden in Säcken geliefert, an der Baustelle mit Wasser angerührt und fälschlich als »Pulverkleber« bezeichnet. Dispersionsklebstoffe DIN 18156-D sind fabrikfertige Gemische aus wäßrigen Dispersionen und mineralischen Füllstoffen. Sie werden gebrauchsfertig in Eimern geliefert und erhärten durch Verdunstung des enthaltenen Wassers. Epoxidharzklebstoffe DIN 18156-E bestehen aus zwei oder mehr Komponenten (Bindemittel und Härter), sie erhärten durch chemische Reaktion nach dem Mischen der Komponenten.
Für das Ansetzen und Verlegen von Fliesen und Platten im Dünnbettverfahren (Abb. 6.2) gibt es verschiedene genormte Methoden, den Mörtel bzw. Klebstoff aufzutragen und die Bettung herzustellen:
- Beim Floating-Verfahren wird im ersten Arbeitsgang der Ansetz- oder Verlegeuntergrund mit einer Glättkelle dünn mit dem Mörtel bzw. Klebstoff überzogen. Auf die frische Schicht wird im zweiten Arbeitsgang mit einem Kammspachtel das gleiche Bettungsmaterial aufgetragen und abgekämmt. Direkt anschließend werden die unbemörtelten Fliesen oder Platten angesetzt bzw. verlegt.

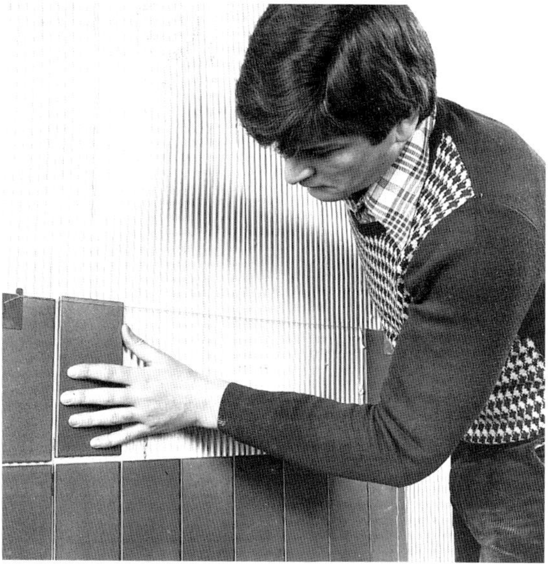

Abb. 6.2 Ansetzen von Fliesen im Dünnbettverfahren

- Beim Buttering-Verfahren, mit hydraulisch erhärtenden Dünnbettmörteln und besonders bei unterschiedlichen Dicken der Fliesen oder Platten angewendet, werden die Fliesen oder Platten rückseitig mit Dünnbettmörtel bestrichen und so an den sauberen Untergrund angesetzt bzw. dort verlegt.
- Die Kombination von Floating- und Buttering-Verfahren wird besonders dann angewendet, wenn vollflächige Mörtelbettung erforderlich ist, z. B. bei Außenwandbekleidungen, stark beanspruchten Bodenbelägen, Schwimmbecken und anderen Naßbereichen. Dabei wird der Dünnbettmörtel sowohl auf die Ansetz- oder Verlegefläche als auch auf die einzelne Fliese oder Platte aufgetragen.

Beim Ansetzen bzw. Verlegen wird nach entsprechender Einteilung der Flächen das gewünschte Fugenbild in gleichmäßiger Fugenbreite hergestellt. Die Fugenbreite richtet sich nach der Größe und Genauigkeit der Fliesen oder Platten, nach deren Werk- und Nennmaßen sowie nach gestalterischen Wünschen:

- Trockengepreßte keramische Fliesen und Platten mit einer Seitenlänge bis 10 cm: 1 bis 3 mm
- Trockengepreßte keramische Fliesen und Platten mit einer Seitenlänge über 10 cm: 2 bis 8 mm
- Stranggepreßte keramische Fliesen und Platten: 4 bis 10 mm
- Keramische Platten mit Seitenlänge über 30 cm: mind. 10 mm
- Bodenklinkerplatten nach DIN 18158: 8 bis 15 mm
- Solnhofener Platten, Natursteinfliesen: 2 bis 3 mm
- Natursteinmosaik, Natursteinriemchen: 1 bis 3 mm

Verfugt wird durch Einschlämmen, meistens mit fabrikfertigen Fugmörteln, sonst mit grauem Zementmörtel, bei innenliegenden Wandbekleidungen oft mit weißem Zementmörtel. Das Verfugen mit dem Fugeisen hat den Vorteil, daß der Fugmörtel mit niedrigerem w/z-Wert eingebracht werden kann. Das ist aber sehr lohnintensiv und wird daher in speziellen Fällen als besondere Leistung angeboten.

6.4 Bewegungsfugen in Wandbekleidungen und Bodenbelägen

Bewegungsfugen lassen im Gegensatz zu Mörtelfugen gewisse Bewegungen zwischen Gebäude-, Konstruktions-, Bekleidungs- bzw. Belagsteilen zu und können schädliche Spannungen abbauen (Abb. 6.3). Sie werden ausgebildet durch
- konstruktive Gestaltung der Bauteilränder,
- Verschließen mit elastischem Dichtstoff,
- Überbrückung mit aufgeklebten Dichtstoffbändern,

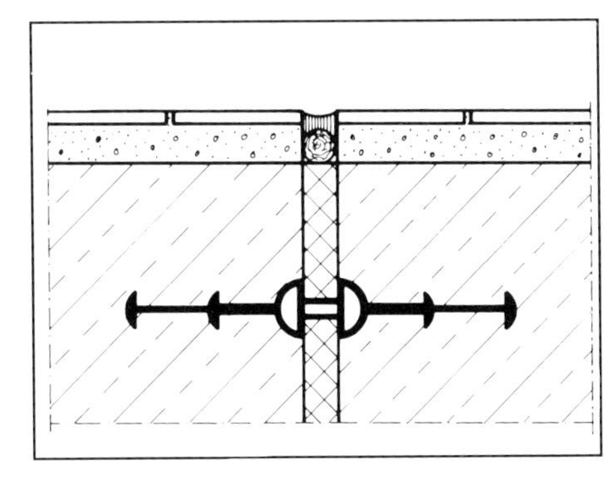

Abb. 6.3 Einbetoniertes Fugenprofil in einem Stahlbetonbauteil mit Fliesenbekleidung

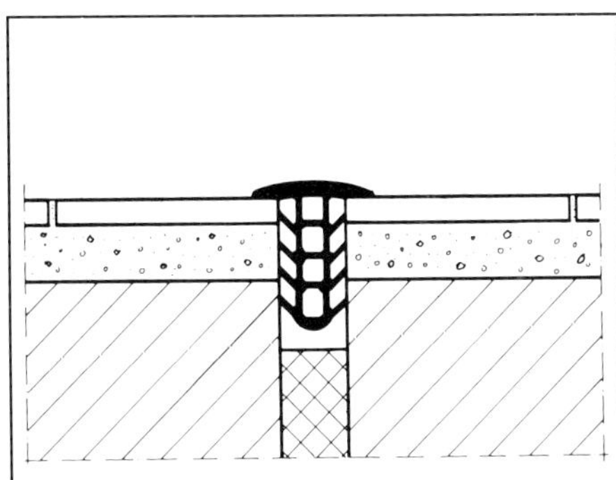

Abb. 6.4 Klemmprofil in einer Feldbegrenzungsfuge (Bodenbelag oder Wandbekleidung)

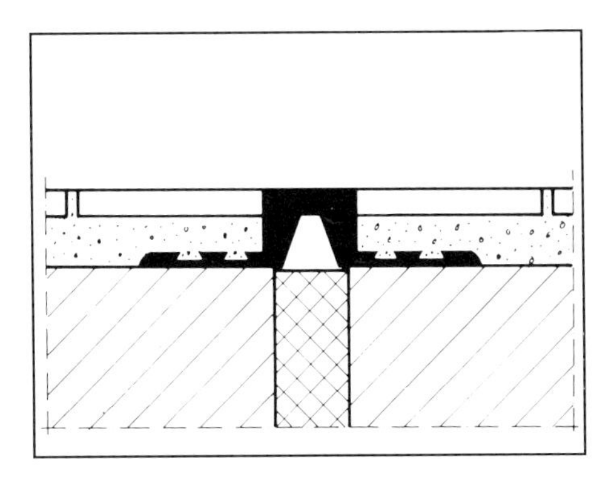

Abb. 6.5 Eingemörteltes Dehnfugenprofil (Bodenbelag im Dickbett auf Estrichfuge)

- Einbau von Profilen oder Verwahrungen,
- Offenlassen der Fugen (besonders bei hinterlüfteten Außenwandbekleidungen).

In der Fliesentechnik gibt es folgende Arten von Bewegungsfugen:

- ***Gebäudetrennfugen*** gehen durch alle Konstruktionsteile der baulichen Anlage hindurch, sie müssen in Bekleidungen und Belägen an der gleichen Stelle und in ausreichender Breite übernommen und elastisch verschlossen werden.
- ***Feldbegrenzungsfugen*** (Dehnungsfugen) sind Bewegungsfugen, durch die große Belags- oder Bekleidungsflächen in bestimmte Feldgrößen unterteilt werden.
- ***Randfugen*** sind Bewegungsfugen am Ende einer Bekleidung oder eines Belages, z.B. am Übergang eines Bodenbelages zu den Wänden, in Innen- oder an Außenecken von Wandbekleidungen (Abb. 6.6 und 6.7).
- ***Anschlußfugen*** bilden den Übergang zwischen Bekleidungen oder Belägen aus Fliesen oder Platten und angrenzenden anderen Baustoffen, Bauteilen oder festen Einbauten, z.B. Fensterrahmen.
- ***Scheinfugen*** sind keine eigentlichen Bewegungsfugen, sondern Sollbruchlinien, z.B. der übliche Kellenschnitt zur Unterteilung großer Estrichflächen.

Weitere Einzelheiten zu diesem Thema enthält ein Merkblatt des ZDB [19].

Die verbreitete Meinung, bei Belägen oder Bekleidungen im festen Verbund mit der Untergrundkonstruktion könnten Scherbrüche und/oder Aufwölbungen durch Feldbegrenzungsfugen in engeren Abständen verhindert werden, ist falsch. Vielmehr hat die bei Temperaturänderungen auftretende Scherspannung im Bereich des Mörtelbettes ihr Maximum immer am Rande eines Feldes unabhängig von der Größe des Feldes. Bewegungsfugen können nur dann in Funktion treten, wenn Belag bzw. Bekleidung nicht im Verbund mit der Unterkonstruktion stehen, d.h. auf Trenn-, Dämm- oder Dränschichten angeordnet sind.

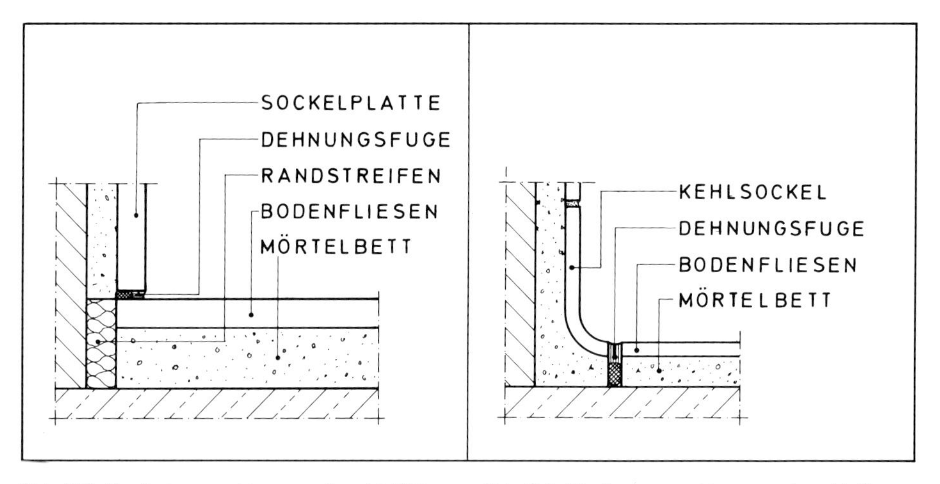

Abb. 6.6 Elastisch verschlossene Anschlußfuge zwischen Bodenbelag und Wandbekleidung

Abb. 6.7 Elastisch verschlossene Anschlußfuge zwischen Bodenbelag und Kehlsockel

6.5 Mechanisch hochbelastbare Bodenbeläge

Zu diesem Thema gibt es ein Merkblatt, herausgegeben vom ZDB in Zusammenarbeit mit dem Industrieverband Keramische Fliesen + Platten e.V. [20], auf das sich die folgenden Hinweise beziehen.

Bodenbeläge werden mechanisch hoch belastet in Industriebetrieben, in Arbeitsräumen von Versorgungs-, Entsorgungs-, Gewerbe- und Handwerksbetrieben, in Verkehrsbauten und anderen öffentlichen Bereichen. Ursachen dafür sind u. a.:

- hohe gleichmäßig verteilte lotrechte Verkehrslasten nach DIN 1055,
- schwere ortsfeste Einzellasten,
- Befahren mit Flurfördermitteln (rollende Belastung),
- häufiges Begehen, hohe Benutzerfrequenz (Abrieb, schleifender Oberflächen- und Tiefenverschleiß),
- Schlag- und Stoßbeanspruchungen,
- Scherbeanspruchung durch Bremsen und Beschleunigen von Rädern,
- Wasserdruck in Behältern, z. B. Schwimmbecken, Wasserbehälter,
- Oberflächenwasser und Fließreibung, z. B. in Ablaufrinnen,
- hydrodynamischer Druck, z. B. durch Hochdruckreinigung.

Sollen solche Bodenbeläge die in sie gesetzten Erwartungen der Auftraggeber erfüllen, dann müssen schon bei der Planung und Ausschreibung wichtige Einzelheiten zwischen den Beteiligten besprochen, aufeinander abgestimmt und in der vertraglichen Vereinbarung festgelegt werden, besonders

- alle zu erwartenden mechanischen, eventuell auch chemischen Belastungen,
- der Schichtenaufbau der Decken- und Bodenkonstruktion,
- mit dem Bodenbelag sich berührende Installationen und Einbauten,
- die geeigneten keramischen Fliesen oder Platten und
- die Verlegeart und Verlegequalität.

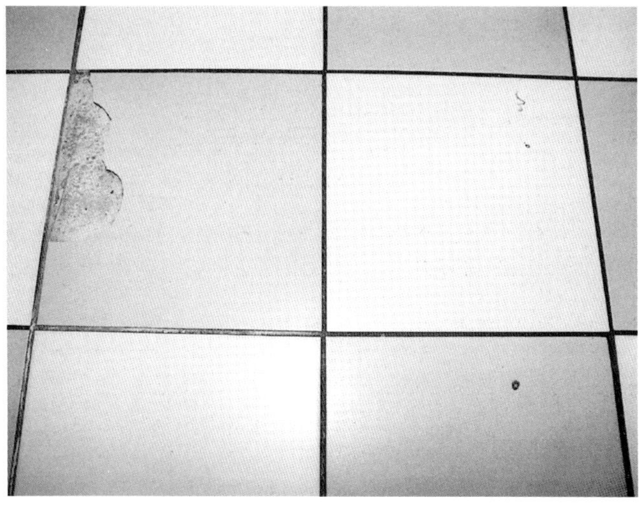

Abb. 6.8 Mechanische Zerstörung durch rollende Beanspruchung, zu dünne Fliesen als Bodenbelag im Supermarkt

Für mechanisch hochbelastbare Bodenbeläge sind nicht alle Fliesen oder Platten geeignet, sondern nur

- trockengepreßte keramische Fliesen EN 176 BI, unglasiert;
- keramische Spaltplatten EN 121 AI, unglasiert;
- keramische Spaltplatten EN 186 Teil 1 AIIa, unglasiert;
- keramische Spaltplatten DIN 18166, unglasiert (nicht mehr gültige DIN);
- Bodenklinkerplatten DIN 18158.

Von entscheidender Bedeutung für die mechanische Belastbarkeit der Fliesen oder Platten ist ihre Bruchkraft F in N. Diese wiederum ist abhängig von der Biegefestigkeit in N/mm^2 und vom Quadrat der Dicke h in mm. Erfahrungsgemäß sind Fliesen und Platten mit einer Bruchkraft über 3000 N den Anforderungen gewachsen, wenn

- die lotrechten Verkehrslasten 500 kp/m^2 nicht übersteigen,
- das Gesamtgewicht von eingesetzten Handhubwagen 1,5 t nicht übersteigt,
- Räder oder Rollen nicht mit Stahl oder Nylon, sondern mit Vulkollan oder Superelastik bereift sind.

In solchen Fällen sollen Fliesen oder Platten mit einer genormten Mindest-Biegefestigkeit von 20 N/mm^2 mindestens 15 mm dick sein. Bei nachgewiesener höherer Biegefestigkeit kann die Mindestdicke der Fliesen oder Platten reduziert werden, z.B. bei 30 N/mm^2 auf 13 mm (Abb. 6.8).

Man unterscheidet drei Arten der Bodenbelags-Konstruktion bzw. Verlegung:

- im Verbund, d. h. mit kraftschlüssiger Haftung auf der Unterkonstruktion, im Regelfall einer Stahlbetondecke nach DIN 1045, Betongüte mindestens B 25;
- auf einer Trennschicht, d. h. auf Trennfolienlage oder Abdichtungsbahn;
- auf Dämmschichten.

Wegen der hohen mechanischen Belastung ist die Verlegung im Verbund zu empfehlen. Nach entsprechenden Maßnahmen für die Sicherung des Verbundes können die Fliesen oder Platten sowohl im Dickbett als auch im Dünnbett verlegt werden. Einzelheiten des obengenannten Merkblattes [20] müssen beachtet werden.
Muß der Bodenbelag durch eine Trennfolienlage oder Abdichtungsschicht von der tragenden Betondecke getrennt werden, dann muß zuerst eine bewehrte Mörtelschicht als ZE 20 in einer Nenndicke von 60 mm hergestellt werden.
Ist eine Wärmedämmschicht erforderlich, dann ist diese an der Unterseite der Betondecke oder unter der Bodenplatte anzuordnen. Sollte im Sonderfall der Einbau einer Dämmschicht auf dem tragenden Untergrund unvermeidbar sein, dann ist auf der Dämmschicht eine stahlbewehrte Lastverteilungsplatte anzuordnen, die vom Tragwerksplaner bemessen worden ist. Ein schwimmender Estrich nach DIN 18560 (Wohnungsbau!) oder eine bewehrte Mörtelschicht, wie auf Trennschicht empfohlen, sind hier unzureichend. Grundlagen für die Planung, Bemessung und Ausführung solcher Lastverteilungsplatten enthält ein spezielles Merkblatt des Industrieverbandes Keramische Fliesen + Platten e.V. [21].

6.6 Bodenbeläge für Arbeitsräume mit erhöhter Rutschgefahr

Die Arbeitsstättenverordnung und die Unfallverhütungsvorschriften fordern, daß Fußböden in Arbeitsräumen und Arbeitsbereichen rutschhemmend ausgeführt werden müssen. Zur Erfüllung dieser sicherheitstechnischen Anforderungen müssen Auftraggeber, Planer und Ausführende ein spezielles Merkblatt des Hauptverbandes der gewerblichen Berufsgenossenschaften [22] beachten. Darin sind die Arbeitsräume und Arbeitsbereiche mit erhöhter Rutschgefahr aufgelistet, die unterschiedlichen Anforderungen definiert, die baulichen Maßnahmen für trittsichere Fußböden genannt und ein Prüfverfahren zur Ermittlung der rutschhemmenden Eigenschaften beschrieben. Der Grad der Rutschhemmung eines keramischen Bodenbelages ist eine von vier Bewertungsgruppen R10 bis R13, die durch Begehen des Testbelages auf einer schiefen Ebene durch eine Prüfperson mit genormten Arbeitsschuhen ermittelt wird (Abb. 6.9). Die Neigung der Prüfeinrichtung wird während des Begehens langsam erhöht; der Neigungswinkel, bei dem die Prüfperson unsicher wird, ist der Meßwert.
Wird in den Arbeitsräumen mit gleitfördernden Stoffen gearbeitet, die auf den Boden fallen können, so ist außer der Bewertungsgruppe eine Oberflächen-Profilierung des Bodenbelages mit einem definierten Verdrängungsraum V gefordert. In ihn hinein können z. B. Gemüsereste beim Begehen kurzfristig verdrängt werden, wodurch dem ausgleitenden Schuh mehr fester Halt gegeben wird. Das Volumen dieses Verdrängungsraumes wird in cm^3/dm^2 angegeben und nach einheitlichem Verfahren gemessen.
Das Berufsgenossenschaftliche Institut für Arbeitssicherheit (BIA) in Sankt Augustin gibt periodisch eine Positivliste der auf Antrag geprüften Fliesen und Platten für

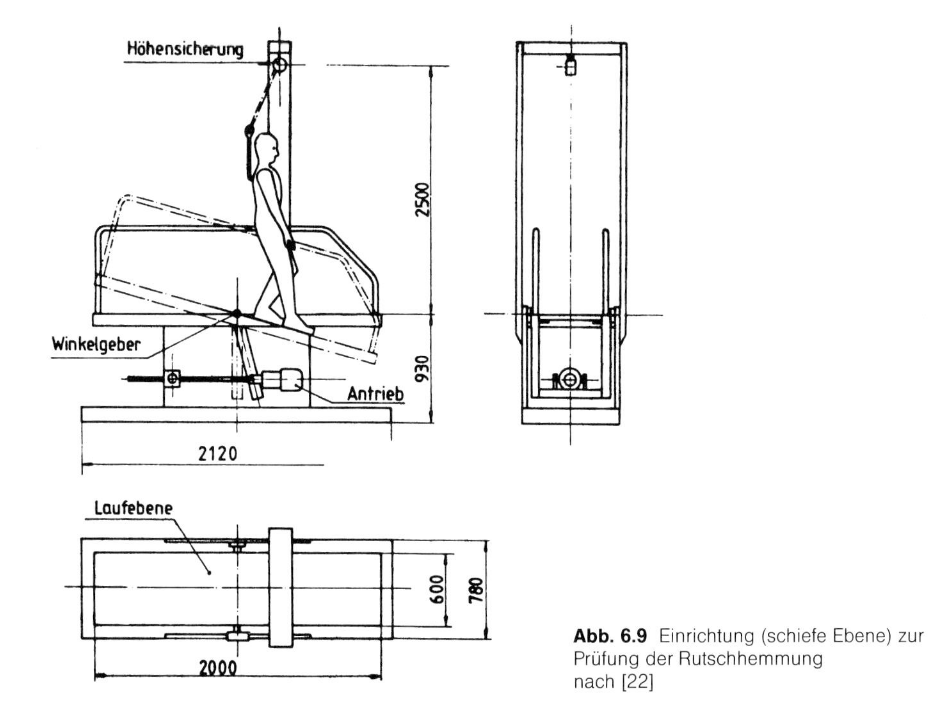

Abb. 6.9 Einrichtung (schiefe Ebene) zur Prüfung der Rutschhemmung nach [22]

Bodenbeläge heraus [23]. Die Herstellerwerke der Belagsmaterialien geben Auskunft über die von ihren Produkten erreichten R- und V-Werte. Weitere Maßnahmen, durch die Unfälle durch Ausrutschen auf dem Fußboden vermieden werden können:
- durch ausreichendes Gefälle Wasserpfützen vermeiden,
- gleitfördernde Stoffe (auch Wasser!) und Abfälle sofort entfernen,
- rutschhemmende Arbeits- oder Schutzschuhe tragen,
- Wassereinläufe und Ablaufrinnen außerhalb der Verkehrswege anordnen,
- Sinkkästen und Ablaufrinnen so bemessen, daß kein Rückstau entsteht,
- Dampfniederschlag auf Fußböden durch Absaugeinrichtungen vermeiden.

6.7 Wasserabweisende Beläge und Bekleidungen

Beläge und Bekleidungen aus Fliesen und Platten haben zwar im Vergleich zu anderen Oberflächen, z. B. Putz, Textil, Holz, immer eine gewisse wasserabweisende Wirkung, können aber nicht wasserdicht sein. Glasierte Fliesen selbst, besonders der Gruppen AI oder BI, können zwar wegen ihrer niedrigen bzw. sehr niedrigen Wasseraufnahme als wasserdicht bezeichnet werden. Dies gilt aber nicht für den Fugenanteil, weil jeder Fugenmörtel eine relativ hohe Wasseraufnahme hat und weil feinste Risse im Fugenmörtel oder an den Fugenflanken nicht gänzlich ausgeschlossen werden können.
Ist die Aufgabe gestellt, eine wasserdurchlässige Beton- oder Stahlbetonkonstruktion nachträglich gegen von innen drückendes Wasser abzudichten, kann dies daher nicht durch eine Fliesenauskleidung geschehen, sondern zuvor muß die Konstruktion selbst nachgebessert oder abgedichtet werden, z. B. mit Bitumenwerkstoffen nach DIN 18195 Teil 1 bis 7 [24] bis [30]. Bezogen auf die keramische Auskleidung von Wasserbehältern oder Schwimmbecken heißt dies, daß die Dichtigkeit der rohen Stahlbetonkonstruktion überprüft worden und gegeben sein muß, bevor mit den Fliesenarbeiten begonnen werden kann.
Ähnliches gilt auch für Abdichtungen gegen nichtdrückendes Wasser nach DIN 18195 Teil 5 [28], nur ist hier eine Probefüllung, wie bei Schwimmbecken und Wasserbehältern, nicht möglich. Dort heißt es unter Ziffer 7.1.6: »Die Abdichtung von waagerechten oder schwach geneigten Flächen ist an anschließenden, höher gehenden Bauteilen in der Regel 15 cm über die Oberfläche der Schutzschicht, des Belages oder der Überschüttung hochzuführen und dort zu sichern.« Zusätzlich wird unter Ziffer 7.1.7 gefordert: »Abdichtungen von Wandflächen müssen im Bereich von Wasserentnahmestellen mindestens 20 cm über die Wasserentnahmestelle hochgeführt werden.«

Die Realisierung dieser Forderungen verursacht hohe Kosten und zusätzliche Konstruktionshöhen, besonders bei anschließender Ausführung von Fliesenbekleidungen und -belägen. Außerdem entstehen funktionelle Nachteile, wenn man an die Einhaltung der »15-cm-Regel« an der Badezimmer- oder Balkontür denkt. Deshalb wird seit Jahren über Alternativen nicht nur diskutiert, sondern über preiswertere Lösungen, besonders im Wohnungsbau, berichtet. Ob in einem Badezimmer oder einer Küche eine Abdichtung nach DIN 18195 geplant und ausgeführt werden soll, hängt von der Intensität der Benutzung ab und sollte, besonders wegen der Kostenfrage, vom Auftraggeber entschieden werden. So müssen Wände und Böden in gewerblichen Küchen anders ausgeführt werden als in häuslichen. Ebenso sinnvoll ist planerische und ausführungstechnische Unterscheidung zwischen Badezim-

mern in Einfamilienhäusern und Sanitärräumen in Schulen, Heimen usw. Die Wahrscheinlichkeit eines Wasserschadens ist z. B. in einem 20geschossigen Wohnhochhaus zehnmal so groß wie in einem zweigeschossigen Haus.
Wenn man einmal erlebt hat, daß in einem Hotel im 1. Obergeschoß nachts eine Badewanne übergelaufen ist, der Boden ohne Abdichtung ausgeführt war und der Wasserschaden im darunterliegenden Hotelbüro die gesamte EDV-Anlage mit allen Buchungs-, Einkaufs-, Lohn- und Kundendaten zerstört hat, dann wird deutlich, daß Planer und Ausführende zunächst immer eine herkömmliche genormte Abdichtung planen und vorschlagen müssen, bevor sie dem Auftraggeber eine preiswerte Alternative anbieten und erläutern.
Es gibt leider keine Norm oder anerkannte Regel der Technik, in der der Unterschied zwischen einem Feucht- und einem Naßraum definiert würde. Es liegt aber nahe, jeden Raum als Feuchtraum zu bezeichnen, in dem sich eine Zapfstelle und ein

Abb. 6.10 Fehlerhafte Abdichtung, Abdichtungsebene nicht entwässert, Bodenbelag samt Mörtelbett aufgefroren

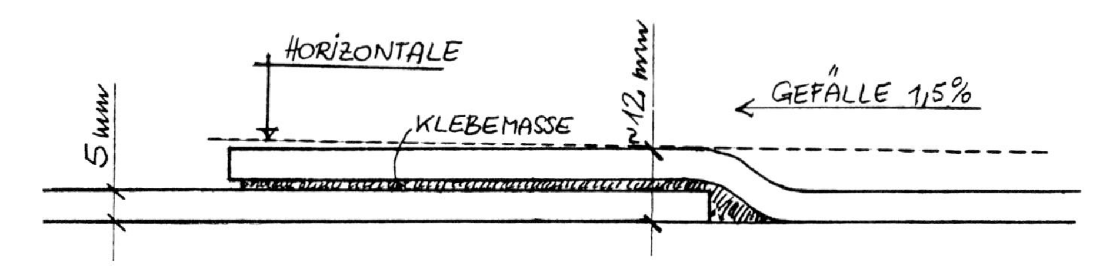

Abb. 6.11 Klebenaht der Bahnen quer zum Gefälle behindert den Abfluß des Sickerwassers: Unter einem keramischen Bodenbelag ist dies ein folgenschwerer Ausführungsfehler

dazugehöriger Abfluß befinden. Zu jedem Naßraum gehört unstreitig ein Bodenbelag mit Gefälle und zu einem Gefälleboden ein Bodeneinlauf. Umgekehrt muß ein Raum, der diese Installation besitzt, als Naßraum gelten, auch wenn er zeitweilig nicht oder nur gering mit Wasser in Berührung kommt.
Völlig inkonsequent ist eine nicht so selten anzutreffende Ausführung: eine Abdichtung nach DIN 18195 unter dem keramischen Bodenbelag, die nicht im Gefälle liegt oder nicht in den Bodenablauf entwässert oder die gar keinen Bodenablauf hat. Hierzu heißt es in DIN 18195 Teil 5 Abschnitt 5.4 ausdrücklich: »Durch bautechnische Maßnahmen, z. B. durch die Anordnung von Gefälle, ist für eine dauernd wirksame Abführung des auf die Abdichtung einwirkenden Wassers zu sorgen« (Abb. 6.10 und 6.11). Und in Abschnitt 5.7: »Entwässerungsabläufe, die die Abdichtung durchdringen, müssen sowohl die Oberfläche des Bauwerkes oder Bauteils als auch die Abdichtungsebene dauerhaft entwässern.«

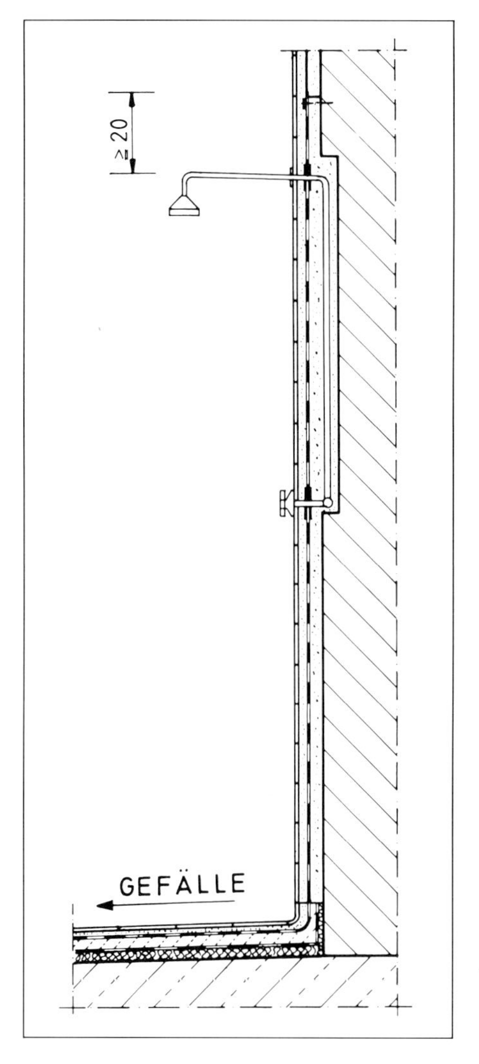

Abb. 6.12 Boden- und Wandabdichtung in einem öffentlichen Duschraum. Besonders sorgfältig sind die Leitungsdurchführungen und die Haftschicht auf den Abdichtungen auszuführen

Eine Abdichtung nach DIN 18195 ohne Gefälle und/oder ohne Entwässerungsablauf verstößt somit gegen anerkannte Regeln der Technik und ist allein dadurch mangelhaft. Diesen Mangel der Vorleistung eines anderen Unternehmers kann der Fliesenleger erkennen, und er muß seine Bedenken dagegen schriftlich anmelden. Eine bautechnische Schwierigkeit der Abdichtungen nach DIN 18195 besteht darin, daß die Oberflächen der Abdichtungsbahnen nicht als Verlege- oder Ansetzuntergrund geeignet sind. Sie bedürfen erst einer Vorbehandlung durch Anordnung einer Schutzschicht, Einstreuen eines Grobsandes oder Vormauerung einer Schale, um die Fliesen zu verlegen bzw. anzusetzen (Abb. 6.12). Ein weiteres Erschwernis liegt dann vor, wenn der abzudichtende Boden gleichzeitig eine Trittschalldämmung erhalten muß, was im Wohnungsbau Regelfall ist. Das Nachdenken über Alternativen ist daher sinnvoll und begründet.

6.8 Abdichtungen im Verbund mit keramischen Fliesen und Platten

In bestimmten Fällen geringer Beanspruchung werden keramische Fliesen oder Platten nicht auf einer vorhandenen Abdichtung angesetzt oder verlegt, sondern die Bettung der Fliesen oder Platten fungiert gleichzeitig als Abdichtung. Der Zentralverband des Deutschen Baugewerbes hat dazu zwei ausführliche Merkblätter [31] und [32] herausgegeben, die von Planern, Ausführenden und Lieferanten der Werkstoffe zu beachten sind.

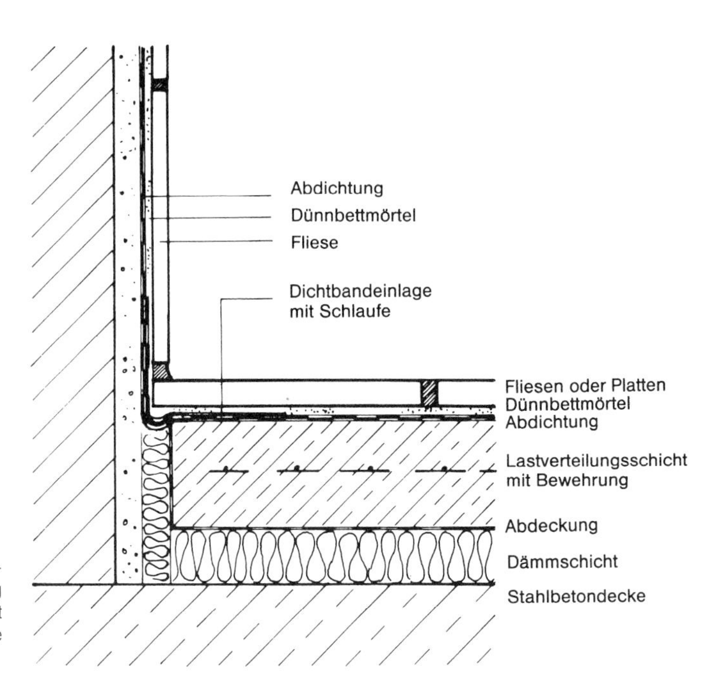

Abb. 6.13 Anschlußdetail Wandbekleidung / Bodenbelag bei Abdichtung im Verbund aus Merkblatt 2 DB [31]. Es fehlt die Gefälleschicht!

Auf der Geschoßdecke wird, wenn sie waagerecht liegt, zunächst der erforderliche Gefälleestrich angeordnet, darauf die Wärmedämmung und/oder Trittschalldämmung. Als nächstes wird ein Estrich als Lastverteilungsschicht, d.h. ein ZE 20 mit Stahlgitter-Bewehrung, ausgeführt. Dieser dient nach ausreichender Abbindezeit von 28 Tagen als Verlegeuntergrund für den Fliesen- oder Plattenbelag. An Wänden sind Beton, geputztes Mauerwerk, Gipskartonplatten o.ä. als Ansetzuntergrund geeignet (Abb. 6.13).
Zur Verlegung der Fliesen und gleichzeitig zur Abdichtung werden z.B. eine geeignete Kunststoff-Zementmörtel-Kombination oder ein Reaktionsharzklebstoff benutzt, die durch Spachteln, Streichen o.ä. aufgetragen und, speziell im Bereich von Ecken und Anschlüssen, mit Vlieseinlagen verstärkt werden. Danach werden die Fliesen mit dem gleichen Material im Dünnbettverfahren nach DIN 18157 hohlraumfrei verlegt bzw. angesetzt. Das Verfahren kann nur im Innenbereich angewendet werden, es muß im Werkvertrag ausdrücklich vereinbart worden sein, die Abdichtung darf höchstens mäßig beansprucht sein. Der ausführende Fliesenfachbetrieb haftet zusätzlich für das Funktionieren der Abdichtung.

6.9 Beispiele für Mängelerscheinungen und -ursachen

Nach VOB/B [33] § 13,1 übernimmt der Auftragnehmer die Gewähr, daß seine Leistung zur Zeit der Abnahme
- die vertraglich zugesicherten Eigenschaften hat,
- den anerkannten Regeln der Technik entspricht,
- nicht mit Fehlern behaftet ist, die den Wert oder die Tauglichkeit zu dem gewöhnlichen oder dem nach dem Vertrag vorausgesetzten Gebrauch aufheben oder mindern.

Ergänzend dazu sei darauf hingewiesen, daß als Verursacher von Fehlern oder Mängeln an einer Bauleistung nicht nur der Auftragnehmer, sondern auch
- der planende und der bauleitende Architekt,
- ein vorher tätig gewesener anderer Unternehmer mit seiner Vorleistung,
- ein später tätig gewesener anderer Unternehmer,
- die Produzenten und Lieferanten von Bau- und Hilfsstoffen und Bauteilen,
- der Besteller/Benutzer/Betreiber selbst

in Frage kommen. Damit ist jedoch noch nichts über die Verantwortung für einen eventuell festgestellten Mangel gesagt.
Gerade bei Fliesen- und Plattenarbeiten liegen Qualitätsansprüche und Erwartungshorizont der Auftraggeber wegen des Repräsentationswertes der fertigen Flächen sehr hoch, daher sind Mängelrügen besonders häufig. An die Qualifikation der ausführenden Handwerker werden deshalb hohe Ansprüche gestellt.

Bei der Klärung von Gewährleistungsansprüchen spielt häufig die Frage der Verjährung eine wichtige Rolle. Dabei ist zu beachten, daß der Auftraggeber gegenüber seinem ausführenden Fachbetrieb meistens eine fünfjährige Verjährung nach BGB-Werkvertragsrecht hat, der Fachbetrieb gegenüber seinem Lieferanten aber nur eine sechsmonatige nach Kaufvertragsrecht. Diese klaffende Lücke wird von manchen Herstellerwerken durch eine Erhöhung der Gewährleistungsfrist in ihren Allgemeinen Geschäftsbedingungen und/oder durch Kulanz im Einzelfall geschlossen.

6.9.1 Mängel durch Frosteinwirkung

Bei Belägen und Bekleidungen außerhalb von Gebäuden kann bei Nässe und Frost durch die Ausdehnung des gefrierenden Wassers in den Kapillaren eine Gefügezerstörung der Werkstoffe (Ziegel, Beton, Mörtel, Keramik, Naturstein) verursacht werden. Die daraus resultierende Forderung, nur frostbeständige Materialien zu verwenden, ist leichter erhoben als erfüllt. Die Schwierigkeit beginnt bereits mit der nicht einheitlichen Definition des Wortes »frostbeständig«. Der Auftraggeber erwartet zu Recht, daß seine Fassade oder sein Terrassenbelag keine Mängelerscheinungen zeigt, die auf Frosteinwirkung zurückzuführen sind. Das bedarf in unseren Breitengraden noch nicht einmal der ausdrücklichen Vereinbarung, weil sonst »ein Fehler« vorhanden wäre, »der den Wert zu dem gewöhnlichen Gebrauch aufhebt oder mindert«.
Mängel durch Frosteinwirkung direkt im keramischen »Scherben« erkennt man an kalottenförmigen Ausplatzungen aus der Oberfläche, die weder mit den Mörtelfugen noch mit dem Bettungsmörtel eine Verbindung haben (Abb. 6.14). Genormte Fliesen und Platten der Gruppen AI und BI sind immer frostbeständig, andere Fliesen oder Platten nur bei besonderer vertraglicher Vereinbarung. Der genormte Frostbeständigkeitstest sieht vor, die wassergesättigten Proben 50 Frost-Tau-Wechseln zwischen +15 und −15 °C auszusetzen. Manche Hersteller verschärfen diese Prüfung zur eigenen Sicherheit, z. B. durch Frostung bis −20 °C, trotzdem kann die komplexe Beanspruchung der natürlichen Bewitterung im Laboratorium nicht exakt simuliert werden.
Ist die o. g. Mängelerscheinung vorhanden, muß geprüft werden, ob der ausführende Fachbetrieb versäumt hat, frostbeständige Fliesen zu bestellen bzw. zu verwenden, oder ob der Hersteller Material geliefert hat, bei dem die Frostbeständigkeit zwar zugesichert, aber nicht vorhanden war.
Am häufigsten treten diese Mängel bei Natursteinfliesen (oft nur für die Innenanwendung empfohlen) und bei sehr preisgünstigen Import-Keramikfliesen auf. In der Praxis kommt es vor, daß die beschriebene Mängelerscheinung zwar gegeben ist, der Hersteller aber die Frostbeständigkeit seiner gelieferten Fliesen durch genormte Prüfung nachweisen kann. Wenn im gleichen Fall Verarbeitungsfehler des ausführenden Fachbetriebes vorliegen, muß der Schaden, der dem Auftraggeber durch den Mangel entstanden ist, gequotelt werden.

Abb. 6.14 Frosteinwirkung direkt im keramischen Scherben, nicht frostbeständige Fliesen eines Terrassenbelages

6.9.2 Risse in Fliesen und Platten

Nach den einschlägigen Produktnormen zählen Scherbenrisse und Glasurrisse in keramischen Fliesen und Platten bei Anlieferung zu den Oberflächenfehlern, die nicht enthalten sein dürfen, wenn sie aus 1 m Abstand bei 300 Lux Beleuchtung zu erkennen sind und die Anzahl der betroffenen Fliesen 5 % übersteigt. Außerdem wird für glasierte Fliesen und Platten ein genormter Widerstand gegen die spätere Bildung von Glasurrissen gefordert. Man prüft dies im Autoklav bei 500 kPa Dampfdruck über eine Stunde.
Bei bestimmten Dekoren und Glasurfarben ist es produktionstechnisch nicht zu vermeiden, daß feine Glasurrisse entstehen. Der Hersteller ist dann verpflichtet, den Besteller in Lieferprogrammen, Preislisten u. ä. darüber zu informieren. In der fertigen Fläche stellen solche Risse keinen Mangel dar und schränken den Gebrauchswert einer Wandbekleidung nicht ein. Nur bei starken chemischen Beanspruchungen, z. B. durch Reinigungsmittel, sind zu Glasurrissen neigende Fliesen oder Platten ungeeignet.

In der Praxis hat es Reklamationen gegeben, wenn farbig glasierte Fliesen mit feinen craqueléartigen Glasurrissen mit farbkontrastierendem Fugenmörtel eingeschlämmt worden sind. Die Farbpigmente des Fugenmörtels können so feinkörnig sein, daß sie in die feinsten Risse hineingeschlämmt und nicht wieder herausgewaschen werden. In solchen Fällen muß zunächst eine kleine Testfläche verfugt werden, damit man nach dem Auftrocknen der Verfugung das endgültige Erscheinungsbild überprüft, bevor eine ganze Wand verdorben wird.

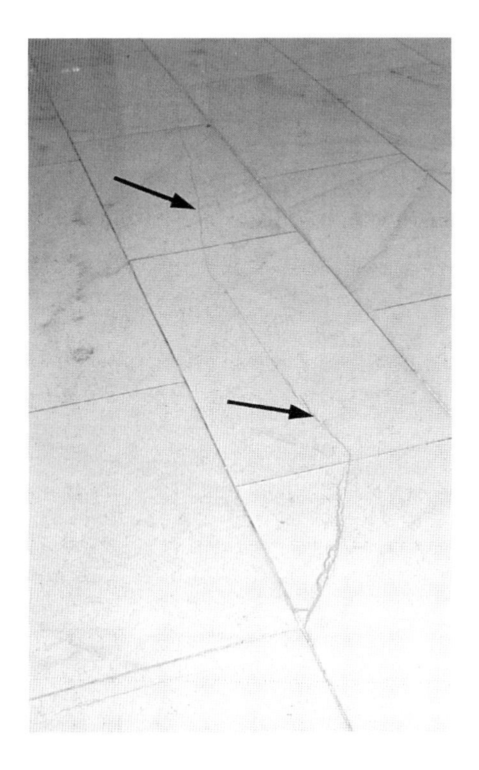

Abb. 6.15 Konstruktionsbedingter Riß in einem Bodenbelag aus Natursteinfliesen. Ursache: gerissener Estrich, fehlende Estrichbewehrung

Der gleiche Effekt wird labormäßig genutzt, um in der Materialprüfung feinste Glasurrisse sichtbar zu machen. Durch flächiges Einpinseln mit magischer Tinte oder 1%iger Methylenblaulösung werden Glasurrisse, die mit dem bloßen Auge nicht erkennbar sind, sichtbar gemacht.
Haben nicht besonders gekennzeichnete Fliesen im Anlieferungszustand Glasurrisse, so stellt dies einen Mangel dar. Der Verarbeiter muß diesen Mangel aber vor der Verarbeitung geltend machen, um seine Ansprüche durchzusetzen. Entstehen Glasurrisse erst im eingebauten Zustand, so kann dies sowohl in einem mangelnden Glasurrißwiderstand der Fliesen als auch darin begründet sein, daß die Fliesen durch den Untergrund Biegebeanspruchungen ausgesetzt wurden.
Risse, die in fertigen keramischen Wandbekleidungen oder Bodenbelägen über mehrere Fliesen hinweg mehr oder weniger geradlinig verlaufen, rechtwinklig oder schräg zu den Fugen und über diese hinweg, stammen fast immer aus dem Untergrund. Die gerissenen Fliesen stellen zwar einen Mangel dar, die Ursache liegt dann aber nicht in der Qualität der Fliesen, sondern sie sind durch Risse des Untergrundes in Mitleidenschaft gezogen worden. Entfernt man eine der so gerissenen Fliesen und säubert den Untergrund an dieser Stelle, wird man feststellen, daß der Estrich, Putz o. dgl. an der gleichen Stelle gerissen ist. Ersetzt man diese Fliese durch eine neue, ohne den Untergrund zu sanieren, wird sie wieder reißen (Abb. 6.15).

6.9.3 Trennung der Verbundschichten

Die Mängelerscheinung der Trennung oder Ablösung von Teilen eines Belages oder einer Bekleidung vom Untergrund, der Trennbruch zwischen zwei im festen Verbund zueinander stehenden Schichten, wird dadurch verursacht, daß äußere verformende Kräfte tangential angreifen und die kritische Schubspannung bzw. Schub- oder Scherfestigkeit überschritten wird. Meistens tritt der Trennbruch zwischen Fliesenrückfläche und Mörtelbett oder zwischen Mörtelbett und Untergrund ein, manchmal im Mörtelbett oder in einer oberflächennahen Ebene des Untergrundes, seltener in der keramischen Fliese oder Platte.

Abb. 6.16 Klopfprobe, akustische Methode zum Auffinden von Störungen der Verbundfestigkeit

Je nachdem, wie weit das Stadium des Trennbruchs fortgeschritten ist, kann man diesen noch nicht optisch, nur akustisch erkennen, oder es ist eine konkave oder konvexe Verwölbung sicht- und meßbar, oder Teile des Belages oder der Bekleidung haben sich selbständig gemacht. Beim Abklopfen mit einem 50-g-Hammer ist der dumpfe Klang ein akustisches Indiz dafür, daß ein Trennbruch eingetreten ist, obwohl noch keine Verwölbung erkennbar ist (Abb. 6.16).

Die verformenden bzw. eine Schubspannung im Verbundsystem auslösenden Kräfte entstehen meistens durch

- Verkürzung des Untergrundes durch Schwinden und Kriechen, z. B. bei Beton,
- Längenänderung durch Temperaturwechsel (»Bi-Metall-Effekt«) und/oder Feuchtigkeitsdehnung der Bekleidung oder des Belages,
- zulässige Durchbiegungen von Geschoßdecken, Risse im Mauerwerk,
- Zusammendrückbarkeit (zu geringe Steifigkeit) von Dämmschichten.

Im Labor wird nicht die Schubfestigkeit des Verbundsystems untersucht, sondern die Haftzugfestigkeit. Das weicht zwar vom tatsächlichen Vorgang in der Natur ab, ist aber prüftechnisch einfacher, wenn die verformende Kraft nicht tangential, sondern rechtwinklig zu der zu prüfenden Fläche eingeleitet wird. Ein solches Verfahren wurde zuerst von Albrecht zur Ermittlung der Putzhaftung auf Betondecken entwikkelt und ist in DIN 18156 Teil 2 [16] beschrieben und vorgeschrieben (Abb. 6.17). Dort ist ein Sollwert mit mindestens 0,5 N/mm^2 genannt, den normgerechter hydraulisch erhärtender Dünnbettmörtel aufweisen muß.
Zwar kann man das Prüfgerät für den Abzugsversuch auch baustellenmäßig einsetzen. Es ist aber ein Fehler mancher Sachverständiger, den gleichen Sollwert für die Beurteilung einer Ausführungsqualität zu benutzen, der für die Beurteilung eines fabrikfertigen Mörtels geschaffen wurde. Einen Sollwert für die Haftzugfestigkeit von ausgeführten Bekleidungen oder Belägen gibt es nicht.
Die Herstellung eines vollflächigen Mörtelbettes ist in vielen Fällen wichtig und geboten, besonders bei Anwendung des Dünnbettverfahrens. Es ist plausibel, daß eine Mörtelbettung mit z. B. 30 % Hohlräumen mindestens um 30 % weniger widerstandsfähig gegen Trennbruch durch Schubspannungen ist. Dennoch ist die in den

Abb. 6.17 Herion-Abzugsgerät zur Messung der Haftzugfestigkeit

Ausschreibungen vieler Architekten enthaltene Forderung einer »vollsatten« Vermörtelung eine veraltete Tautologie. Es hat sich die Auffassung durchgesetzt, daß eine volle Vermörtelung bzw. eine hohlraumfreie Mörtelbettung im Dünnbettverfahren nur dann realisiert werden kann, wenn beim Ansetzen bzw. Verlegen die Floating-Methode und die Buttering-Methode kombiniert ausgeführt werden, d. h. der Mörtel sowohl auf den Untergrund als auch auf die einzelne Fliese oder Platte aufgetragen werden (s. Kapitel 6.3).
Zur Prüfung der Geschmeidigkeit eines fabrikfertigen Dünnbettmörtels nach DIN 18156 Teil 2 [16] ist der Aufbruch das meßbare Kriterium. Der zu prüfende Mörtel wird auf eine Betonplatte aufgekämmt, dann wird eine Glasplatte aufgelegt und mit 50 N belastet. Die dabei erzielte Kontaktfläche zwischen der abgekämmten Mörtelschicht und der Glasplatte in Prozent der Glasplattenfläche ist der Aufbruch. Er muß mindestens 65 % betragen. Auch in diesem Punkte gibt es fehlerhafte Gutachten, in denen der Soll-Wert für den Aufbruch in Ermangelung einer ausführungstechnischen Regelung aus der Produktnorm übernommen wird, um eine Fliesenlegerleistung mit gut oder mangelhaft zu bewerten.

6.9.4 Oberflächen- und Tiefenverschleiß

Der Widerstand von Bodenbelägen aus ***glasierten*** Fliesen und Platten gegen Oberflächenverschleiß durch Abrieb ist von folgenden Kriterien abhängig:
- Härte der keramischen Glasur und des keramischen Scherbens,
- Dicke der keramischen Glasur (von 0,1 bis 1,0 mm möglich),
- Glanzgrad der Glasur (je glänzender, um so empfindlicher),
- Farbe und Helligkeitsgrad (je dunkler, um so empfindlicher).

Der Verschleiß der ***glasierten*** Bodenbeläge wird vor allem durch im Straßenschmutz enthaltenen Quarz verursacht. Dieser wirkt beim Begehen mit Schuhwerk, besonders bei schleifender oder drehender Bewegung, wie ein Schmirgel. Deshalb hat man je nach Zahl der Begehungen, Art des Schuhwerks und Nähe zu Außenbereichen Beanspruchungsgruppen (Abriebgruppen) geschaffen:
- Beanspruchungsgruppe 1: Leichte Beanspruchungen, Begehen mit weichbesohltem Schuhwerk, ohne kratzende Verschmutzungen, z. B. sanitärer Wohnbereich in Privathäusern;
- Beanspruchungsgruppe 2: Mittlere Beanspruchungen, Begehen mit normalem Schuhwerk, geringe kratzende Beanspruchung, z. B. allgemeiner Wohnbereich in Privathäusern;
- Beanspruchungsgruppe 3: Mittelstarke Beanspruchungen, Begehen mit normalem Schuhwerk, leichte kratzende Beanspruchungen bei geringer Frequenz, z. B. Dielen, Büros, Terrassen, Balkone, Ausstellungsräume;
- Beanspruchungsgruppe 4: Ziemlich starke Beanspruchungen, Begehen mit normalem Schuhwerk bei etwas stärkerer Verschmutzung als in den Beanspruchungsgruppen 2 und 3, z. B. Gaststätten, Eingänge, Verkaufsräume.

Die Aufzählung enthält keine Objekte mit starker oder sehr starker Beanspruchung, z. B. Supermärkte, Bahnhofshallen usw. Daraus ist zu schließen, daß diese nicht mit ***glasierten*** Bodenbelägen ausgeführt werden sollen, weil glasierte keramische Bodenbeläge, auch der Beanspruchungsgruppe 4, eine Grenze der Beanspruchbarkeit haben. Da die Glasurentwicklung in der keramischen Industrie weitere Erfolge gezeigt hat, soll demnächst eine Abriebgruppe 5 eingeführt werden.

Nach DIN EN 154 [34] wird der Widerstand ***glasierter*** Fliesen und Platten gegen Oberflächenverschleiß mit dem PEI-Gerät (= Porcelain Enamel Institute, USA) und

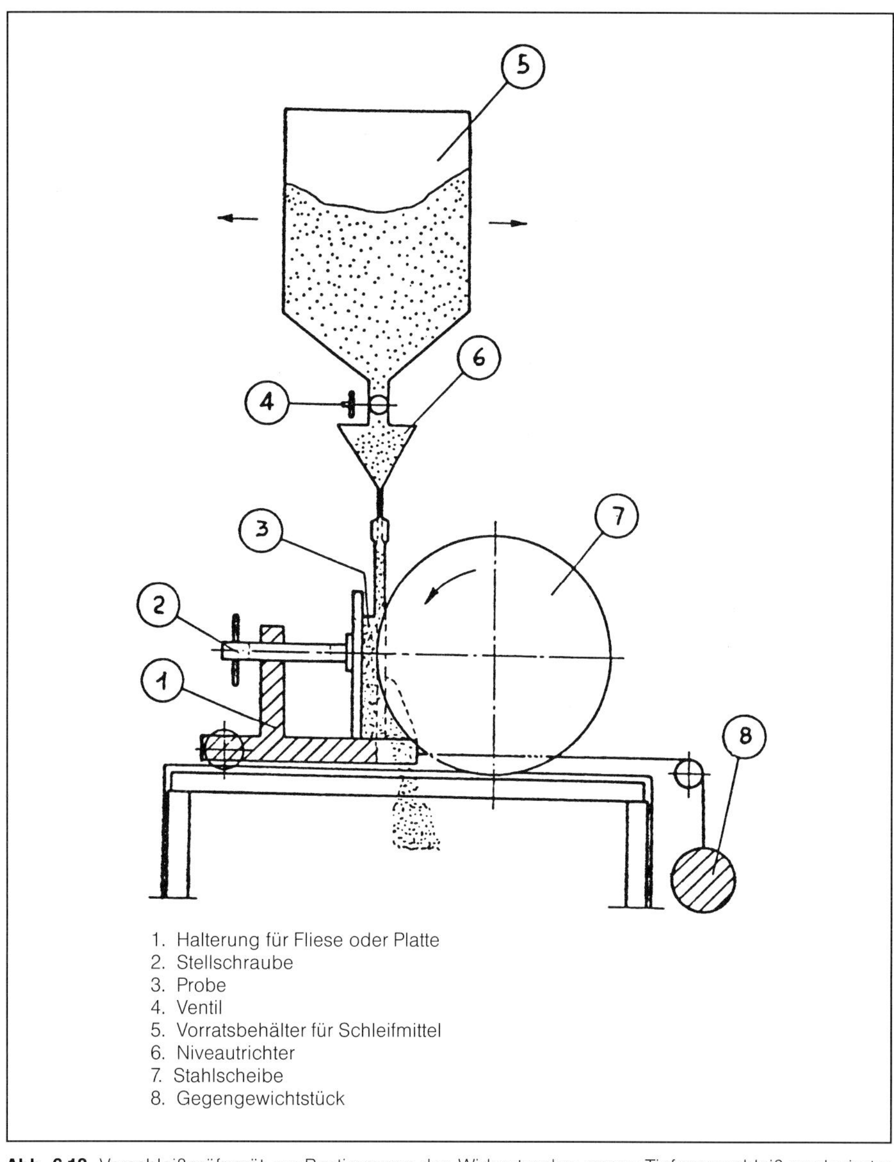

Abb. 6.18 Verschleißprüfgerät zur Bestimmung des Widerstandes gegen Tiefenverschleiß unglasierter Fliesen und Platten Quelle DIN EN 102

einem genormten feuchten Verschleißmedium geprüft. Die Proben werden zusammen mit metallischen Verschleißmedium-Behältern eingespannt und exzentrisch bewegt. Dadurch werden auf den Prüfkörpern Verschleißbilder erzeugt und diese optisch beurteilt. Das Sichtbarwerden von flächigen Verkratzungen und Stumpfwerden der Glasur nennt man Primärverschleiß, das Sichtbarwerden des Scherbens unter der Glasur Sekundärverschleiß.

Der Prüfungszyklus des jeweils noch zumutbaren Verschleißbildes (Primärverschleiß) wird angegeben:
- Verschleißklasse I bis 150 Umdrehungen,
- Verschleißklasse II bis 600 Umdrehungen,
- Verschleißklasse III bis 1500 Umdrehungen,
- Verschleißklasse IV über 1500 Umdrehungen.

Die Hersteller von keramischen Fliesen oder Platten haben die Verschleißklasse, der ihr Produkt zuzuordnen ist, anzugeben, und dies als zugesicherte Eigenschaft zu vertreten.

Die allgemein bekannte Ritzhärte nach Mohs, z. B. 5 für glasierte Fliesen oder Platten, ist keine Aussage zum Widerstand gegen Oberflächenverschleiß und daher bei der Analyse von Verschleißmängeln nicht relevant.

Unglasierte Fliesen und Platten mit niedriger oder sehr niedriger Wasseraufnahme und einheitlicher Färbung des Scherbens haben höheren Widerstand gegen Abrieb als glasierte. Nach DIN EN 102 [35] wird der Verschleißwiderstand unglasierter Fliesen und Platten dadurch gemessen, daß eine Schleifscheibe unter Zusatz eines Schleifmittels in der Ansichtsfläche eine Schleifspur erzeugt, deren Länge und Volumen gemessen wird (Abb. 6.18). Bei unglasierten Fliesen der Gruppe BI z. B. darf der Volumenverlust bei dieser Prüfung maximal 205 mm^3 betragen, bei keramischen Spaltplatten der Gruppe AI 300 mm^3.

7 Beschichtungen

von Studiendirektor Gerhard P. Wahl

Bei den Beschichtungs- bzw. Malerarbeiten werden nachstehend lediglich die Außenbeschichtungen behandelt, weil bei diesen naturgemäß die häufigsten Schadensfälle auftreten. Das sehr umfangreiche Gebiet der farblichen Behandlung von Innenräumen, einschließlich der Bekleidung mit Tapeten und sonstigem Wanddekor, ist weitgehend von persönlichen Gestaltungsvorstellungen des Planers oder des Bauherrn abhängig, so daß eine Kurzfassung von Grundregeln auf diesem Gebiet kaum möglich ist.
Aus diesem Grunde wird für derartige Arbeiten, ebenso wie für Spezialbeschichtungen auf Metall, Faserzement und Kunststoff-Untergründen, auf die Fachliteratur verwiesen [1, 4].
Thema der nachfolgenden Abschnitte ist demnach die Beschichtung von Außenwandflächen, die verputzt oder ohne Verputz anstrichfähig sind; auch äußere Holzbekleidungen oder Holzbauteile werden behandelt. Die Ausführungen beschränken sich auf Normal-Anstrichausführungen, weil der sogenannte »Bautenschutz« mit seinen besonderen Voraussetzungen und Bedingungen in Band 4 dargestellt wird.

7.1 Grundbegriffe

Außenflächen von Bauobjekten können durch Anstriche beschichtet werden. Die Ausführung erfolgt in der Regel durch ein deckendes Beschichtungssystem mit Farbwerkstoffen, die selbst wetterbeständig sein müssen und den Flächen Schutz gewähren gegen chemische, mechanische, organische und thermische Einwirkungen sowie gegen UV-Strahlung. Transparente und lasierende Behandlungen sind ebenfalls möglich. Grundlage für die Ausführung von Beschichtungen ist die DIN 18 363, VOB Teil C, Allgemeine Technische Vorschriften Anstricharbeiten.

Beschichtungsstoffe
Beschichtungsstoff ist der Oberbegriff für Stoffe, deren Bindemittel anorganischer oder organischer Natur sind und die eine Beschichtung ergeben, die zum Schutz und zur Farbgebung der Oberflächen dient.
Sie bestehen immer aus mehreren Bestandteilen und enthalten Bindemittel, Farbmittel, meistens auch noch Lösungsmittel und eigenschaftsverbessernde Zusatzstoffe. Nach der Applikation gehen sie durch Trocknung und/oder durch chemische Reaktion in einen festen Zustand über.

Bindemittel:
Stoffgruppe, welche die Farbmittel untereinander und auf dem Untergrund bindet und dabei einen mehr oder weniger dicken Film bildet. Verwendung finden Natur- und Kunstharze, trocknende Öle, wäßrige Leime, Wasserglas, Zement und Kalk.
Die Verarbeitung erfolgt als Lösung, Emulsion, Dispersion, Suspension.

Farbmittel:
Bezeichnung für alle farbgebenden Stoffe (Pigmente, Farbstoffe, Farblösungen). Pigmente sind für den Außenanstrich die wichtigste Gruppe der Farbmittel. Dabei handelt es sich um sehr kleine, feste Teilchen in kristalliner oder amorpher Form. Sie sind in Bindemitteln und Lösemitteln nicht löslich. Man unterscheidet organische und anorganische, bunte oder unbunte Pigmente. Sie geben der Beschichtung das gewünschte farbige Aussehen, füllen und stützen den Farbfilm. Sie schützen Bindemittel und Untergrund vor Zerstörungen durch UV-Strahlen, die sie, wie auch das sichtbare Licht, reflektieren.

Lösemittel:
Niedrigviskose, zumeist leicht flüchtige organische Flüssigkeiten oder Wasser. Sie haben die Aufgabe, die Bindemittel zu lösen oder zu verflüssigen und in streichfähige oder spritzfähige Konsistenz zu bringen. Nach dem Auftrag verdunsten sie oder werden durch chemische Reaktion an das Bindemittel gebunden. Spezielle Lösemittel werden auch zur Verdünnung von Beschichtungsstoffen benutzt, um ihre Verlauffähigkeit und Eindringtiefe zu verbessern.

7.1.1 Anforderungen an Beschichtungsstoffe

Wetterbeständigkeit bedeutet, daß die Beschichtung auf äußeren Mauerwerks-, Putz- oder Betonflächen bei normaler örtlicher Beanspruchung durch Witterungs- und Umwelteinflüsse nach zwei Jahren noch in zweckentsprechendem Zustand sein muß. Optisch wahrnehmbare Veränderung durch Anschmutzungen (Staub, Ruß, Ölkondensate) sind keine Beeinträchtigung der Wetterbeständigkeit.
Deckvermögen ist nach DIN 55 945 die Eigenschaft einer pigmentierten Beschichtung, den Untergrund im gewünschten Farbton gleichmäßig abzudecken. Der Untergrund darf durch die richtig aufgetragene, getrocknete Beschichtung nicht mehr hindurchscheinen. Das Deckvermögen wird erreicht durch die Zusammensetzung des Beschichtungsstoffes, insbesondere durch die darin enthaltenen Pigmente, Extender und ihre Packung. Außerdem spielen die Zahl der aufgebrachten Schichten und die dabei benutzten Werkzeuge eine Rolle.
Das Deckvermögen muß während der Gewährleistungszeit konstant bleiben. Filmabbau kann zu allmählicher Beeinträchtigung des Erscheinungsbildes führen, insbesondere zum Nachlassen der Deckkraft.
Glanz ist ein Oberflächeneffekt, der den Ausdruck der Fläche mitbestimmt. Bei bindemittelreichen organischen Beschichtungsstoffen tritt Glanz in Erscheinung. Nach DIN 67 350 unterscheidet man die Glanzgrade: hochglanz, glanz, seidenglanz, seidenmatt und matt. Bei Außenbeschichtungen ist der Hochglanz meistens nicht erwünscht.
Filmdicke ist die Stärke einer aufgetragenen Beschichtung. Zu unterscheiden sind Naßfilmdicke (wichtig für Materialverbrauch) und Trockenfilmdicke (relevant für Haltbarkeit). Durch die unterschiedliche Zusammensetzung der Beschichtungsstoffe ergeben sich je nach Produkt unterschiedliche und notwendige Mindestfilmdicken. Zu dünne Beschichtungen können durch zu hohen Verdünnungsmittelanteil, durch starkes Saugvermögen des Untergrundes oder durch zu weitflächiges Ausstreichen oder Ausrollen der Farbe entstehen.
Dampfdiffusionsfähigkeit sollte bei Außenwandbeschichtungen in technisch vertretbarem Maße vorhanden sein. Sie sorgt dafür, daß aus dem Gebäudeinneren, infolge des Partialdruckes durch das Kapillarsystem, nach außen drängender Wasserdampf in die Atmosphäre abziehen kann. Die Dampfdurchlässigkeit nimmt bei

Dispersionsfarben und Fassadenfarben mit gelösten Harzen etwa im gleichen Verhältnis ab wie die wasserabweisende Wirkung zunimmt, sofern sie nicht auf Hydrophobierung beruht.
Der Begriff Atmungsaktivität ist nicht anwendbar, weil Wände und ihre Beschichtung nicht wie Lebewesen atmen können.
Hydrophobie ist die Eigenschaft einer Oberflächenbehandlung, Wasser abzuweisen. Im Gegensatz dazu können Oberflächen auch hydrophil (= wasserfreundlich) sein. Hydrophil sind solche Beschichtungen, die Wasser aufnehmen und wieder abgeben können, ohne dabei jedoch hygroskopisch zu sein. Eine Hydrophobierung sorgt für trockene Flächen, ohne die Diffusionsfähigkeit zu unterbinden.

7.2 Beschichtungsstoffe

Für Beschichtungen auf mineralischen Untergründen im Außenbereich können unterschiedliche Farbwerkstoffe eingesetzt werden. Die Entscheidung für ein geeignetes Beschichtungssystem ist abhängig von den Eigenarten des Untergrundbaustoffes, von den Belastungen durch äußere Einflüsse, von den notwendigen Schutzfunktionen und vom gewünschten farbigen Erscheinungsbild.

7.2.1 Mineralische Farben

Mineralische Farben werden aus anorganischen Ausgangsstoffen hergestellt und sind mit Wasser verdünnbar. Die Anwendung ist umweltverträglich, weil keine organischen Lösemittel benötigt werden.
Kalkfarben werden durch Lösen von Kalziumhydroxid Ca $(OH)_2$ in Wasser zubereitet. Nach dem Aufstreichen nimmt Kalziumhydroxid CO_2 aus der Luft auf und verbindet sich damit zu kohlensaurem Kalk, wobei gleichzeitig das Wasser verdunstet. Kalk ist ein mineralisches Bindemittel, das selbst in weißem Farbton erscheint. Es können bis zu 5 % kalkbeständige Pigmente zugegeben werden, womit hell getönte Anstriche ausführbar sind. Die früher erreichbare Haltbarkeit von Kalkanstrichen läßt sich heute nur erzielen, wenn in Öfen mit Holz gebrannter Kalk zur Verfügung steht. Auch die eigenschaftsverbessernde lange Lagerung in Kalkgruben ist erforderlich. Fabrikmäßig hergestelltes Kalkhydrat ist ein abgelöschtes Kalkpulver. Es wird nicht mehr in Kalkgruben abgelagert. Kalkfarbenanstriche sind auf Außenflächen durch das in der Luft fast überall enthaltene SO_2 stark gefährdet. Dieses Gas verwandelt die Kalkschicht in wasserlösliches Kalziumsulfat (Gips), wodurch eine Zerstörung des Anstrichs eintritt. Gips ist wasserlöslich. Die Wetterbeständigkeit von Kalkfarben kann durch spezielle Zusätze verbessert werden.
Kalkfarben sollen möglichst auf frische Kalkputze mehrmals dünn aufgetragen werden. Kalkfarben lassen sich mit Kalkfarben überstreichen. Auf Untergründen, die bereits eine Beschichtung mit organisch gebundenen Farben tragen, ist die Anwendung nicht möglich. Kalkfarbenanstriche werden vereinzelt noch in ländlichen Gegenden ausgeführt. Denkmalpflege und Kirchenbauämter schreiben sie mitunter dort vor, wo die Zerstörungsgefahr geringer ist, jedoch die besonderen Wirkungen der Kalktechnik, ihr Lüster und die hohe Dampfdiffusionsfähigkeit erwünscht sind. Bei Kalkanstrichen müssen die handwerklichen Verarbeitungsregeln genau beachtet werden.
Weißzement: Zementfarben werden aus weißem Portlandzement, Kalkhydrat und speziellen Zusatzstoffen hergestellt. Durch Zugabe von Quarzmehl bzw. feinem

Sand lassen sich Schlämmanstrichstroffe zubereiten. Fabrikmäßig hergestellte Weißzementfarben werden als Pulver geliefert. Sie enthalten eigenschaftsverbessernde Zusätze. Die Anstriche erhärten durch Aufnahme von Wasser und Kristallisation, wobei sich eine harte, feste, wasserunlösliche Schicht bildet. Die getrocknete Schicht ist weiß. Abtönungen mit zementbeständigen Pigmenten sind möglich, sofern die Zugabe nicht höher als 5% ist. Zementfarben sind stark alkalisch. Der abgebundene Anstrich ist wetterfest, wasserbeständig und gut dampfdiffusionsfähig. Durch Hydrophobierung lassen sich wasserabweisende Effekte erreichen. Kohlendioxid kann in den Untergrund eindringen und die Karbonatisierung des Kalkanteils weiterführen. Die Anwendung ist vorwiegend auf mineralische Putzuntergründe beschränkt.
Silikatfarben enthalten als Bindemittel Kaliwasserglas (Kieselsaures Kalium in Wasser gelöst). Stabilisatoren werden zur Verhinderung vorzeitiger Auskristallisation zugefügt. Zur Pigmentierung dürfen nur alkalibeständige, wasserglasverträgliche Pigmente kurz vor der Verarbeitung zugegeben werden. Deshalb bezeichnet man sie auch als Zweikomponenten-Silikatfarben.
Silikatfarbenanstriche sind nur für mineralische Untergründe geeignet, mit denen sie verkieseln können. Die Abbindung erfolgt bei Verdunstung des Wassers durch chemische Umsetzung mit Kohlensäure aus der Luft, wobei Kaliumkarbonat K_2CO_3 auskristallisiert. Der Anstrich besteht hauptsächlich aus Kieselsäure unter Einschluß der Pigmente. Chemische Umsetzungsformel:
$K_2SiO_3 + CO_2 \rightarrow SiO_2 + K_2CO_3$
Nach ihrer Erhärtung sind Silikatfarben wasserfest, wetterbeständig und diffusionsoffen. Sie eignen sich für Anstriche auf ungestrichenem mineralischem Putz der Mörtelgruppen P I, P II, P III. Vor Anwendungen auf Beton wird abgeraten, weil Silikatfarben keine CO_2-Sperre bilden.
Dispersions-Silikatfarben enthalten zur Stabilisierung hochpolymere organische Verbindungen (Kunststoff-Dispersion) in geringen Mengen. Der Kunststoff-Dispersionszusatz bewirkt eine ausreichende Lagerstabilität, so daß damit verarbeitungsfertige Ein-Komponenten-Silikatfarben herstellbar sind.
Dispersions-Silikatfarben sind einsetzbar auf Putzuntergründen der Mörtelgruppen P II und P III, auf Kalksandstein- und Ziegelsichtmauerwerk. Sie haben sich auch gut bewährt bei Renovierungsanstrichen auf alten, ausgewitterten Fassadenputzen nach entsprechenden Vorbehandlungen. Auf Beton können Dispersions-Silikat-Lasurfarben zur Vereinheitlichung und Verbesserung des Betonfarbtones verwendet werden. Silikatfarben lassen sich durch hydrophobierende Zusätze oder durch nachträgliche Behandlung wasserabweisend verbessern.
Die zu streichenden Untergründe müssen lufttrocken, sauber und wenig saugfähig sein. Stark saugende Flächen erhalten einen Grundanstrich mit verdünnter Wasserglaslösung.

7.2.2 Organische Beschichtungsstoffe

Die Gruppe der organischen Beschichtungsstoffe umfaßt eine Vielzahl verschiedener Produkte, die teils in emulgiertem, dispergiertem oder gelöstem Zustand zur Verarbeitung kommen. Für Außenwandbeschichtungen verwendet man vorwiegend Kunststoff-Dispersionsfarben, Siliconharz-Fassadenfarben und Polymerisatharzbeschichtungen. Gebräuchlich für spezielle Anwendungen sind auch Lackfarben auf der Basis von Polyurethan- oder Epoxidharzen.
Dispersionsfarben enthalten als Bindemittel eine Kunststoff-Dispersion. Kunststoff-Dispersionen bestehen aus feinsten Verteilungen von sehr kleinen Kunststoffteil-

chen in dem Dispergenz-Wasser. Bei den Kunststoffen handelt es sich um gesättigte großmolekulare Verbindungen, die sich bei der Herstellung aus ungesättigten Monomeren durch Polymerisation bilden. Dispersionen werden hergestellt aus:

Polyvinylacetat (PVAC)
Polymethamethylacrylat (PMMA)
Polyvinyl-Propionat (PVP)
Styrol-Butadien (STB).

Außerdem sind Co-Polymerisate (Polymerisate verschiedener Monomere) und Mischpolymerisate im Gebrauch. Die hochwertigen Dispersionsfarben für die Außenanwendung werden jetzt vorwiegend aus Acrylat-Dispersionen hergestellt. Dabei unterscheidet man Reinacrylat-Dispersionen (hergestellt aus reinen Acrylat-Monomeren) und Acrylat-Styrol-Dispersionen, bei den neben Acryl auch Styrol-Monomere polymerisiert sind.
Auf der Bindemittelbasis der Kunststoff-Dispersion werden zahlreiche verschiedenartige Anstrichprodukte für wetterbeständige Außenanstriche hergestellt. Dazu gehören unter anderem:
Seidenmatte Fassadenfarben mit 100 % Reinacrylat-Bindung
Gefüllte Fassadenfarben für dickschichtige Anstriche
Matte Dispersions-Fassadenfarben mit fungiziden und algiziden Wirkstoffen
Dispersions-Streichputze
Rißüberbrückende Beschichtungssysteme
Vollton- und Abtönfarben.
Kunststoff-Dispersionsfarben sind mit Wasser verdünnbar. Die Bildung des Anstrichfilms erfolgt bei Verdunstung des Wassers durch Verklebung der Kunststoffteilchen untereinander und am Untergrund. Dieser Vorgang vollzieht sich jedoch nur bei Temperaturen über + 5 °C. Schäden treten auf, wenn Kunststoff-Dispersionsfarben bei niedrigeren Temperaturen oder auf unterkühlten Untergründen aufgetragen werden.

Abb. 7.1 Anstrichschaden an einer Fassadenverkleidung mit vorgehängten Faserzement-Platten. Anstrich blättert teilweise ab und ist fleckig. Die Fugen sind zum Teil undicht

Abb. 7.2 Zur Renovierung derartiger Fassaden eignen sich lösemittelhaltige Acryllacke. Diese Werkstoffe dringen tief ein und haften auch auf kritischen Untergründen besonders fest

Siliconharz-Fassadenfarben. Sie werden eingesetzt für regenabweisende, wasserdampfdurchlässige Fassadenanstriche auf Putzen und mineralischen Untergründen sowie für Erneuerungen auf alten, festhaftenden Silikat- und Dispersionsfarben, Kunstharzputzen und Wärmedämmverbundsystemen. Das Material besitzt eine mineralische Grundstruktur, ist nicht filmbildend und ergibt edelmatte, kalkfarbenähnliche Oberflächen. Wetterbeständig nach VOB, wasserabweisend nach DIN 4108, hydrophobierend, CO_2-durchlässig.
Polymerisatharzfarben werden für Außenbeschichtungen eingesetzt, wenn Anstriche bei niedrigen Temperaturen auszuführen sind, bei denen Dispersionsfarben nicht mehr verarbeitbar sind. Diese Materialgruppe besteht aus Polymerisatharzen, die in flüchtigen organischen Lösemitteln (z. B. Testbenzin) gelöst sind. Als Bindemittel werden Mischpolymerisate aus Vinylchlorid, Vinylacetat und Acryl-Polymerisate verwendet. Hochwertige Produkte haben eine 100 % Reinacrylat-Bindung. Die Trocknung erfolgt durch Verdunstung der Lösemittel. Zur Abtönung müssen spezielle Abtönfarben auf Polymerisatharzbasis benutzt werden. Die Anstriche sind wetterbeständig nach VOB, diffusionsfähig, spannungsfrei und nicht vergilbend. Sie bieten Schutz gegen Schlagregen und aggressive Bestandteile der Luft, insbesondere setzen sie eindringenden SO_2- und CO_2-Gasen auf Betonflächen einen hohen Widerstand entgegen. Der Auftrag kann durch Streichen, Rollen oder Spritzen erfolgen. Die Verarbeitung ist auch bei Temperaturen unter + 5 °C und bei Frost möglich. Die Untergründe müssen jedoch eisfrei und trocken sein.
Anstrichschäden sind möglich, wenn Polymerisatharzfarben im Frühjahr bei noch kühler Witterung verarbeitet werden. Die im Grund- und Deckanstrich zurückbleibenden Lösemittelreste können bei Erwärmung in der Sonne ihr Volumen ausdehnen und Blasen bilden.
Ölfarben und Alkydharzlackfarben sind für Anstriche auf mineralischen Außenflächen kaum noch gebräuchlich. Sollen jedoch Fassadenflächen renoviert werden, die alte Ölfarben oder Alkydharzlackfarben tragen, ist eine Erneuerung in derselben Technik zu empfehlen. Schadhafte, nicht tragfähige Schichten müssen abgebeizt werden.

7.2.3 Beschichtungstechniken

Die Haltbarkeit, die chemischen und mechanischen Eigenschaften sowie das optische Erscheinungsbild der Beschichtungen hängen weitgehend ab von der fachgerechten Untergrundvorbehandlung, dem richtigen Materialaufbau und der Auftragtechnik. Zu beachten ist die Regel: »Keine Beschichtung kann besser sein als ihr Untergrund«. Der Untergrund muß sorgfältig geprüft und für die Beschichtung vorbereitet werden. Die Abbindung mineralischer Untergründe soll abgeschlossen sein, die Flächen müssen trocken, frei von Schalungstrennmitteln, Sinterschichten, Salzausblühungen und Verschmutzungen sein. Werden Risse festgestellt, sind entsprechende Sanierungsmaßnahmen durchzuführen, z. B. rißüberbrückende Beschichtungen. Zu beachten ist die VOB Teil C, Abschnitt 3.1.4.

Grundierung

Die Grundierung mit Grundanstrichstoffen festigt den Untergrund, reguliert seine Saugfähigkeit und bewirkt Haftvermittlung zum folgenden Anstrich. Als Grundiermittel sind möglichst die vom Hersteller des Beschichtungsmaterials vorgeschriebenen Produkte zu verwenden. Grundsätzliche Unterschiede bestehen zwischen Grundiermitteln für Silikatfarben und Dispersionsfarben.
Grundiermittel werden in der Regel durch Streichen mit Pinsel oder Bürste aufgebracht und damit intensiv in den Untergrund eingearbeitet. Lösemittelhaltige Grundiermittel lassen sich auch mit Airlessgeräten (exgeschützt) einbringen.

Grundiermittel sind in Lösungsmitteln gelöste oder dispergierte Bindemittel. Sie können aufgrund ihrer niedrigen Viskosität tief in den Untergrund eindringen.
Lösemittelhaltige Grundiermittel eignen sich gut zur Festigung oberflächlich sandender, mehlender Putz- oder Betonflächen. Sie haben ein hohes Eindringvermögen und tiefenfestigende Wirkungen. Die Trocknung erfolgt durch Verdunstung der Lösemittel.
Lösemittelfreie Grundiermittel enthalten in Wasser feinst dispergierte Kunststoffe, vorwiegend auf Acrylbasis, deren Teilchen noch in die Poren und Kapillaröffnungen eindringen können. Zur Kennzeichnung der Streichspuren sind die Produkte leicht eingefärbt. Die Trocknung erfolgt bei Verdunstung des Wassers. Grundiermittel für Silikatfarbenanstriche enthalten Kaliwasserglaslösungen. Zu unterscheiden sind dabei Produkte für die Zwei-Komponenten-Technik und für Ein-Komponenten-Farben mit Dispersionsanteil.

Grundierfarben sind pigmentierte Grundanstrichstoffe für haftvermittelnde, dekkende Grundanstriche auf tragfähigen mineralischen Untergründen. Sie werden vor nachfolgenden Beschichtungen eingesetzt. Insbesondere erreicht man damit griffige, feste Untergründe für Kunstharzputze. Die Saugfähigkeit wird egalisiert, Farbunterschiede des Untergrundes ausgeglichen. Grundierfarben gibt es in lösemittelhaltiger und lösemittelfreier Bindung.

Zwischenanstriche

Zwischenanstriche haben die Aufgabe, die Beschichtung zu füllen und das Deckvermögen des Systems zu verbessern. Sie sind dann aufzutragen, wenn der Materialhersteller die entsprechenden Empfehlungen gibt. Bei sogenannten Einschichtfarben ist ein Zwischenanstrich nicht erforderlich.
Bei den meisten Farben für Außenbeschichtungen auf Dispersions- oder Polymerisatharzbasis werden die Grund- und Zwischenanstriche mit dem gleichen Material ausgeführt, das auch für den Schlußanstrich verwendet wird. Dabei ist die vom Hersteller empfohlene Verdünnung, meistens 5 % oder 10 %, vom Verarbeiter vorzunehmen. Zwischenanstriche sollen bereits entsprechend dem Farbton des Schlußanstrichs abgetönt werden. Eine generelle Vorschrift für die Ausführung von Zwischenanstrichen ist bei der heutigen Materialvielfalt nicht mehr möglich.

Abb. 7.3 Deckanstrich mit Fassadenfarbe auf Dispersionsbasis. Die Beschichtung hat die Aufgabe der Fläche den gewünschten Ausdruck zu verleihen und sie zu schützen. Farbgestaltung, Glanzwirkung und Struktur werden damit erreicht

Schlußanstrich
Der Schlußanstrich (Deckanstrich) gibt dem Beschichtungssystem den äußeren Schutz gegen Witterungseinflüsse und sonstige Beanspruchungen. Er hat die Aufgabe, der Fläche den gewünschten optischen Ausdruck zu verleihen. Farbgestaltung, Glanzwirkung und Feinstruktur werden damit erreicht. Das Material wird in der vom Hersteller vorgeschriebenen, vom Verarbeiter einzustellenden Konsistenz in der erforderlichen Schichtdicke aufgetragen und gleichmäßig verteilt. Dabei sind Ansätze und Überlappungsstreifen an Gerüstetagen zu vermeiden. Voraussetzung für den Ausführungserfolg sind günstige Witterungsbedingungen, fachlich versierte Arbeitskräfte, sichere Arbeitsbedingungen auf Gerüsten oder Arbeitsbühnen.

7.3 Beschichtungen auf Beton

Beton unterliegt infolge der starken Luftbelastung durch Schadstoffe zunehmend der Korrosionsgefährdung, selbst wenn er nach den einschlägigen DIN-Vorschriften einwandfrei ausgeführt wurde. Betonschäden können durch geeignete Beschichtungssysteme wirkungsvoll verhindert werden. Außerdem läßt sich das Erscheinungsbild positiv verändern und, wenn erwünscht, auch farbig gestalten.
Werden Mängel am Beton festgestellt, die durch SO_2, SO_3 oder CO_2 verursacht sind, ist unbedingt eine gasdichte Beschichtung erforderlich. Bei neuen Betonbauwerken sollte sie vorsorglich aufgetragen werden. Gasdichte Beschichtungen können mit Beton-Lasuren oder deckenden Betonschutzfarben ausgeführt werden, deren Zusammensetzung vom Hersteller entsprechend formuliert ist. Bewährt haben sich wasserverdünnbare Acryllacke, Betonbeschichtungsstoffe auf Acryl-Polymerisatharzbasis lösemittelfrei oder lösemittelhaltig.
Mindestanforderungen:
- Diffusionswiderstand gegen Kohlendioxid
  vergleichbare Luftschicht S_d (CO_2) $\geqq$ 50 m
- Widerstand gegen Wasserdampfdiffusion
  S_d (H_2O) $\leqq$ 2 m
- Eignung für vorhandene Risse bis 0,3 mm Rißbreite

Abb. 7.4 Wo grauer Sichtbeton dominiert, entsteht häufig auch der Eindruck von Tristesse. Dies gilt noch mehr, wenn sich Fassadenflächen bei Regen dunkler verfärben. Um das zu vermeiden, haben sich Anstrichstoffe gut bewährt, die das Betongrau nicht nur farbharmonisch gestalten, sondern auch funktionsgerecht schützen. Solche Systeme haben eine hohe gasbremsende Wirkung gegen das Eindringen von CO_2 und SO_2, so daß kein Alkalitätsverlust eintritt und der im Beton eingebettete Stahl nicht vorzeitig korrodiert

Vorbehandlung
Die Vorbehandlungsmaßnahmen richten sich nach dem Zustand des Betons. Staub ist abzubürsten. Schalöl, Wachs, Ruß, Öl, Fett, Algen und Moos sind mit einer Fluatschaumwäsche oder/und Dampfstrahler zu entfernen. Ausblühungen und Staubanhaftungen werden trocken abgebürstet. Gegen Moos- und Algenbefall algizide Wirkstoffe einsetzen. Bei zu geringer Betonüberdeckung der Bewehrungsstähle besteht die Gefahr der Stahlkorrosion, wenn die Überdeckung durch schweflige Säure und CO_2 aus der Luft neutralisiert wurde. Bei bereits eingetretener Korrosion müssen lose Teile abgeschlagen und die Bewehrung entrostet werden. Darauf ist ein Baustahl-Korrosionsschutz aufzutragen. Nach einem haftvermittelnden Anstrich werden die Ausbruchstellen mit speziellem Beton-Mörtel nach Herstellervorschrift aufgefüllt. Die Betonflächen erhalten danach eine vollflächige Grundierung mit lösemittelhaltigem Betontiefgrund.

Beschichtung
Deckende Beschichtungen sind bei Sichtbetonflächen aufzutragen, sofern eine farbige Wirkung erreicht werden soll oder wenn ein dauerhafter Korrosionsschutz erforderlich ist. Neuer Beton muß abgebunden sein. Er kann alsbald nach der Fertigstellung mit geeigneten Beschichtungen geschützt werden. Ältere Betonuntergründe lassen sich nach entsprechender Vorbehandlung bei günstigen Witterungsbedingungen mit Beton-Finish oder Acryllack streichen. Für stark wasserbelastete Betonflächen, z. B. in Schwimmbädern oder Wasseraufbereitungsanlagen, kommen Dickbeschichtungen auf Zwei-Komponenten-Epoxidharzbasis zur Anwendung.
Lasuranstriche ergeben eine leicht färbende Schutzbeschichtung, die das ungünstige Erscheinungsbild von fleckigem oder nachgebessertem Beton überdeckt. Neben den Spezial-Beton-Lasurfarben kann eine entsprechende Wirkung auch mit verdünnter Beton-Deckfarbe auf Basis Acryldispersion erreicht werden. Der Auftrag erfolgt am besten mit Streichbürsten.
Farblose Behandlungen zur Hydrophobierung der Betonoberflächen lassen sich mit Silicon-Imprägniermitteln erreichen. Geeignet sind dafür bis pH 13–14 alkalibeständige Imprägniermittel, wie höher alkylierte Polysiloxane, Siloxane und Silane.

Abb. 7.5 Wenn Schlagregen weitgehend ungehindert in die Fassade eindringen kann, führt er zu Durchfeuchtungen, die sich deutlich erkennbar abzeichnen. Damit wird aber auch der Wärmedämmwert der Außenwandaufbauten erheblich geschmälert. Hinzu kommt die Gefahr von Verrottungsschäden und Frostabsprengungen. Diese Schäden lassen sich durch wasserabweisende Hydrophobierungsmittel auf Siloxanbasis ausschalten. Damit wird das Eindringen von Regenwasser verhindert, der Wasserdampfdurchgang von innen nach außen jedoch nicht gebremst

Imprägniermittel sind unpigmentierte, farblose Lösungen, die in das Kapillarsystem eindringen, auf der Oberfläche aber keinen Film bilden. Der Auftrag erfolgt nach Herstellervorschrift auf kleineren gegliederten Flächen mit Streichwerkzeugen, auf großen Flächen im Sprühflutverfahren bis zur Sättigung. Die Wirksamkeit kann ca. zehn bis zwölf Jahre anhalten. Als farblose und unsichtbare Schutzmittel gegen die Karbonatisierung sind wäßrige Emulsionsprodukte auf der Basis von Acrylharz und Teflon einsetzbar.

7.4 Beschichtungen auf Mauerwerk

Voraussetzungen
Mauerziegel und Kalksandsteine, die gestrichen bzw. geschlämmt werden sollen, müssen frostbeständig sein, d. h. eine Druckfestigkeit von 2500 oder 3500 N/cm^2 haben. Das Mauerwerk muß vollfugig hergestellt und rissefrei sein. Mauer- und Fugenmörtel müssen so zusammengesetzt sein, daß ihre Kapillarität der der Mauersteine entspricht, da sonst durch unterschiedliches Schwinden und Quellen Haarrisse entstehen. Das Mauerwerk muß einwandfrei trocken sein.

Vorbehandlung
Vor der Beschichtung sind Schmutzablagerungen, Salzausblühungen, Moos- und Algenbewuchs zu entfernen. Eine möglichst tief eindringende Grundierung, abgestimmt auf das Beschichtungsmaterial, dient als Haftbrücke und sorgt für gleichmäßiges Saugverhalten des Untergrundes.
Ziegel-Sichtmauerwerk sollte über einen längeren Zeitraum auswittern. Etwa vorhandene Salzkristalle sind trocken abzubürsten. Ein Grundanstrich mit geeignetem lösemittelhaltigem Tiefgrund wird mit der Streichbürste oder explosionsgeschütztem Airless-Spritzgerät aufgetragen.
Kalksandstein-Sichtmauerwerk, für das sich Silikat-Fassadenfarben besonders gut eignen, wird mit dem systemzugehörigen Grundiermittel (wasserverdünnbarer, lösemittelfreier Haftgrund auf Silikatbasis oder Mischung aus Silikatfarbe und Kaliwasserglas 2:1) vorgestrichen. Der Auftrag ist im Streich-, Walz- oder Spritzverfahren möglich.

Abb. 7.6 Anstrichschaden auf gestrichenem Ziegelstein-Mauerwerk. Der Anstrich ist je nach Steinqualität unterschiedlich verfärbt. Von einigen Steinen wurde der Anstrich durch Salze abgedrückt

Anstrich
Ziegel- und Kalksandsteine können mit wetterbeständigen Dispersionsfarben und mit Silikatfarben gestrichen werden. Anstriche mit weißer Zementschlämme sind möglich.
Ziegel-Sichtmauerwerk: Kunstharz-Dispersionsfarben-Beschichtungen sollten möglichst nur auf hinterlüfteten Außenschalen verwendet werden, weil sie bis zu einem gewissen Grade die Diffusion einschränken. Zeigt der Zwischenanstrich Braunverfärbungen, ist der Schlußanstrich mit wasserfreier Polymerisatharzfarbe auszuführen.
Glänzende Beschichtungen erhält man mit wasserverdünnbarem, glänzendem Acryllack. Gut bewährt haben sich zudem wasserfreie Fassadenfarben auf Polymerisatharzbasis, die mit der Rolle oder mit dem Spritzgerät aufzutragen sind.
Kalksandstein-Mauerwerk: Auf Kalksandstein-Mauerwerk haben sich Silikatfarben-Anstriche gut bewährt, weil das Bindemittel Kaliwasserglas mit dem Quarzsand der Steine verkieseln kann. Das Mauerwerk soll vor dem Anstrich sechs Monate austrocknen. Der Auftrag der nach Herstellervorschrift angesetzten Ein-Komponenten-Silikatfarbe oder Zwei-Komponenten-Silikatfarbe erfolgt in zwei Arbeitsgängen. Nach dem Grundanstrich folgt der Schlußanstrich mit Silikatfarbe, deren Verdünnungsgrad durch eine Anstrichprobe am Objekt festzulegen ist. An stark wetterbelasteten Flächen empfiehlt sich gegebenenfalls ein zusätzlicher Zwischenanstrich. Bei Beschichtungen mit Dispersionsfarben darf die Fläche keine Risse aufweisen. Die Wand muß tief eindringend, wasserabweisend grundiert werden.

7.5 Beschichtungen auf Holz

Voraussetzungen
Beschichtungen auf Holz sollen die daraus gefertigten Bauteile gegen Witterungseinwirkungen und Schädlingsbefall schützen. Jeder Anstrich muß die Eigenschaften des Holzes und die Lage der Holzteile in bezug auf die zu erwartenden Einwirkungen berücksichtigen. Grundsätzlich ist dabei zwischen maßhaltigen Holzkonstruktionen (Fenster, Türen) und nicht maßhaltigen Bauteilen (Balkonbrüstungen, Fassadenverbretterungen, Pergolen, Zäune usw.) zu unterscheiden. Zu beachtende Holzeigenschaften sind:
- Holzfeuchtigkeit (bewirkt Quellen und Schwinden je nach Feuchtegehalt; Befallgefährdung durch holzzerstörende und holzverfärbende Pilze)
- Befallgefährdung durch Insekten
- Verfärbung und Abbau durch UV-Strahlung
- anstrichgefährdende Holzinhaltsstoffe, Harze.

Wichtig für die Haltbarkeit von Beschichtungen auf Holz ist die Konstruktion und ihre Details. Holzbauteile, die durch Lackierungen oder Lasuren geschützt werden sollen, müssen abgerundete Kanten mit einem Radius von 2 mm aufweisen. Von scharfen Kanten zieht sich der aufgetragene Lack infolge seiner Kohäsion zurück. Horizontale Flächen an Wasserschenkeln, Glashalteleisten oder Fenstersprossen müssen geneigt zugerichtet werden, damit kein Wasser darauf stehen bleiben kann. Für Außenkonstruktionen ist nur gesundes, einwandfreies, für den Anwendungszweck voll geeignetes Holz zu verwenden. Geringwertige Holzteile, besonders das weiche, poröse Splintholz von Nadelbäumen, sind gefährdet.

Abb. 7.7 Typisches Schadensbild an einem nicht fachgerecht gestrichenen Holzfenster mit Einfachverglasung. Zu gering dimensionierte Fensterprofile, härtende Kitte (Leinölkitt) sind abgerissen und ausgebrochen. Durch eindringende Feuchtigkeit blättert der Lack ab. Mit fachgerechten Sanierungsmaßnahmen läßt sich das Fenster wieder in funktionsfähigen Zustand versetzen

Holzfeuchtigkeit

Zu große Feuchtigkeit im Holz begünstigt das Wachstum von Bläuepilzen und Schwamm. Das Anstrichmittel kann sich auf feuchtem Holz nicht genügend verankern, weil die Holzporen und Zellen mit Wasser gefüllt sind. Bei Erwärmung bilden sich unter dem Lack Blasen durch den auftretenden Dampfdruck. Kiefernholz und Fichtenholz dürfen beim Anstrich nicht mehr als 15 % Holzfeuchtigkeit aufweisen, Tropenholz sogar nur 12 %.

Beschichtungssysteme

Für Holzanstriche eignen sich verschiedene Oberflächenmaterialien. Ihr Einsatz richtet sich nach dem gewünschten Aussehen. Die damit erreichbare Schutzwirkung ist unterschiedlich. Sie hängt vom Materialtyp, dem Systemaufbau und der Verarbeitungstechnik ab. Bei Ausschreibungen sollte die Anstrichgruppen-Tabelle für Lasuranstriche und deckende Anstriche zugrunde gelegt werden.

Deckende Lackierungen

Pigmentierte Lackfarben auf Alkydharzbasis (Fensterlacke)
Acryldispersions-Lackfarbe
Mehrere Systeme sind anwendbar. Je nach Anstrichbedingungen:

- Außenholzlacke auf Basis langöliger Alkydharze
- Hochglanzlacke, Seidenglanzlacke
- Ventilationslacke, feuchtigkeitsregulierend
- Acryllacke (wasserverdünnbar), umweltschonend.

Außenlacke decken gut, sind sehr ergiebig, erreichen eine hohe Wetterbeständigkeit und Haltbarkeit. Die Kanten werden besonders geschützt. Durch Materialeinstellung lassen sich hohe Schichtdicken erreichen. Der Systemaufbau erfolgt nach Vorschrift des Herstellers. In der Regel besteht er aus Holzschutzgrundierung, erster Vorstrich, zweiter Vorstrich, Schlußlackierung. Bei einigen Lackarten ist es möglich, die Vorstriche und die Schlußlackierung mit dem gleichen Material in jeweils abgestufter Verdünnung auszuführen (Lack-auf-Lack-Technik). Sie ist besonders vorteilhaft bei farbig getönten Lackierungen.

Abb. 7.8 Lasierende Holzbehandlungen. Die Holzschutzlasur betont den natürlichen Holzcharakter. Verbretterung der Giebelfläche (nicht maßhaltig) mit Imprägnierlasur, gelblich pigmentiert, geschützt.
Holzfenster und Türen (maßhaltig) mit Dickschichtlasursystem dauerhaft gegen Feuchtigkeit, UV-Strahlen und Schädlingsbefall geschützt

Ventilationslacke werden eingesetzt, wenn das zu streichende Holz noch zu feucht ist für eine abschließende Lackierung. Die Holzfeuchte ist zu messen. Dieser Materialtyp ermöglicht es der im Holz vorhandenen überschüssigen Feuchtigkeit allmählich nach außen zu entweichen, ohne daß die Ventilationslackschicht dabei Schaden erleidet. Nach Erreichen einer Feuchtigkeit unter 15 % kann mit Außenlack weitergearbeitet werden. Ventilationslack kann jedoch auch als Vorstrich und als seidenglänzender Decklack zur Anwendung kommen.
Für nicht maßhaltiges Holzwerk haben sich spezielle weiß oder bunt pigmentierte Dispersionslacke auf Acrylbasis bewährt.

Lasierende Holzbehandlung
Lasierende Holzanstrichstoffe decken das Holz nicht durch einen pigmentierten Film ab, sondern lassen die Holzstruktur sichtbar erscheinen. Der natürliche Holzcharakter wird dadurch betont und durch den Lasurfarbton dekorativ verändert. Außenholzlasuren enthalten holzschützende Wirkstoffe. Man unterscheidet:

Offenporige Holzschutzlasuren
Diese sind dünnflüssig, dringen in das Holz ein, aber bilden keinen Film. Zusammensetzung: Niedrigviskose Alkydharze, transparente Eisenoxidpigmente, holzschützende Wirkstoffe, Lösemittel. Alternative: Acryllasur, wasserverdünnbar.

Filmbildende Holzlasuren und Dickschichtlasuren
Durch höheren Anteil an Bindemittel etwas dickflüssiger oder thixotrop (Eigenschaft gewisser Gele, sich bei mechanischer Einwirkung zu verflüssigen). Sie bilden eine wasserabweisend schützende Schicht auf der Holzoberfläche. Anwendung zumeist in Kombination mit Imprägnierlasuren. Sie bilden den oberen Abschluß des lasierenden Holzschutzsystems.
Zusammensetzung: Spezielle Alkydharz-Bindemittel, transparente Eisenoxidpigmente, UV-Absorber, Lösemittel.
Neben den lösemittelhaltigen Lasuren gibt es auch lösemittelarme, wasserverdünnbare Lasuren auf Acrylbasis sowie Acryl-Alkydharzkombinationen. Sie sind umweltfreundlich.
Lasuranstriche erreichen nur eine dünne Schicht auf der Holzoberfläche. Ihre Schutzwirkung ist dadurch zeitlich begrenzt. Nach zwei Jahren sollen Nachbehandlungen vorgenommen werden, um den erforderlichen Holzschutz wieder herzustellen und schwerwiegende Abbauerscheinungen durch UV-Strahlung zu verhindern.

Farblose Lacke (Klarlacke) haben sich auf Außenholzflächen als wenig haltbar erwiesen. Nach relativ kurzer Zeit kommt es zur Holzvergrauung durch Ligninabbau. Der Lack reißt und blättert ab.

Anwendung und Verarbeitung
Deckende Lacksysteme auf Holz bewirken einen Langzeitschutz. Sie eignen sich für maßhaltige Holzbauteile, auch bei Holzarten geringerer Qualität, vorwiegend Nadelholz. Durch die deckende, lichtreflektierende Schicht wird ein sicherer UV-Schutz erreicht.
In Verbindung mit einer guten Abdichtung und Versiegelung läßt sich eine lange Haltbarkeit erreichen. Helle (weiße) Anstriche sind günstiger als dunkel getönte, weil sich die Holzbauteile bei Sonneneinstrahlung weit weniger aufheizen. Dunkle Lackierungen bewirken große Temperaturschwankungen, durch die sich das Holzvolumen ändert, so daß Risse entstehen, Fugen aufklaffen und Harzausflüsse auftreten können.
Außenholzwerk muß grundsätzlich eine holzschützende Imprägnierung erhalten, die gegen Bläuepilzbefall und Fäulnis schützt. Bei neuen Fenstern sollte sie vor der Verglasung allseitig durch Tauchen beim Fensterhersteller eingebracht werden. Der Anstrichaufbau erfolgt danach in mehreren Schichten in Abstimmung mit dem anstrichverträglichen Dichtungssystem. Die Dichtung darf nicht mit überstrichen werden. Eine abschließende Versiegelung der kritischen Stellen erhöht die Lebensdauer der Holzkonstruktion.
Lasuranstriche stellen ein System dar, das durch Holzschutzstoffe innerhalb des Holzes bzw. seiner oberen Zonen wirkt und durch eine relativ dünne Schicht mit spezieller Bindemittelzusammensetzung und Pigmentierung gegen äußere Einwirkungen von UV-Strahlen und Wasser Schutz gewährt. Für die Schutzwirkung im Holz ist die Eindringtiefe und die eingebrachte Menge wichtig. Offenporige Lasuren haben nur eine geringe Langzeitschutzwirkung. Sie verhindern kaum den Eintritt von Feuchtigkeit. Deshalb sind sie nur für nicht maßhaltige Holzteile geeignet. Maßhaltige Holzkonstruktionen müssen einen Lasur-Systemaufbau erhalten. Bewährt hat sich der Aufbau aus einmal Imprägnierlasur gemäß DIN 68805 und zweimal Lacklasur. Die Trockenfilmdicke eines solchen Systems darf 30 µm nicht unterschreiten. Der Lasurauftrag erfolgt mit Ringpinseln oder Flachpinseln.

7.6 Beschichtungsschäden, Schadensvorsorge, Schadensbeseitigung

Aus der Fülle der möglichen Schäden an Außenbeschichtungen können nur gravierende Material- oder Ausführungsmängel herausgegriffen und dargestellt werden, die immer wieder auftreten. Das Schadensbild ist oftmals auch auf konstruktive Fehler, Versäumnisse bei der Bauausführung oder unvorhersehbare Einwirkungen zurückzuführen.

7.6.1 Risse

In gestrichenen Flächen haben Risse nur ganz selten ihre Ursache im Farbmaterial und seiner Auftragtechnik. Sie werden meistens durch Bauausführungsmängel hervorgerufen, sind dann aber im Anstrich sichtbar. Risse gefährden die Bausubstanz und sind vielfach der Anfang weitergehender Schäden (Abblätterungen, Durchfeuchtungen).

Abb. 7.9 Durch Risse im Untergrund zerstörter Fassadenanstrich. Die durch die Risse eingedrungene Feuchtigkeit drückt die Farbschicht von hinten ab

Abb. 7.10 Rechtzeitige Renovierungsmaßnahmen helfen, wertvolle Bausubstanz zu erhalten und schöne Fassadenarchitektur dekorativ hervorzuheben. Mit einem hoch dehnfähigen Rißüberbrückungs-Anstrichsystem wurde es möglich, Putzrisse dauerhaft zu beseitigen und eine schlagregenfeste Beschichtung in harmonisch aufeinander abgestimmten Farbtönen zu erzielen.
Vergleich: links unbehandelt, rechts renoviert

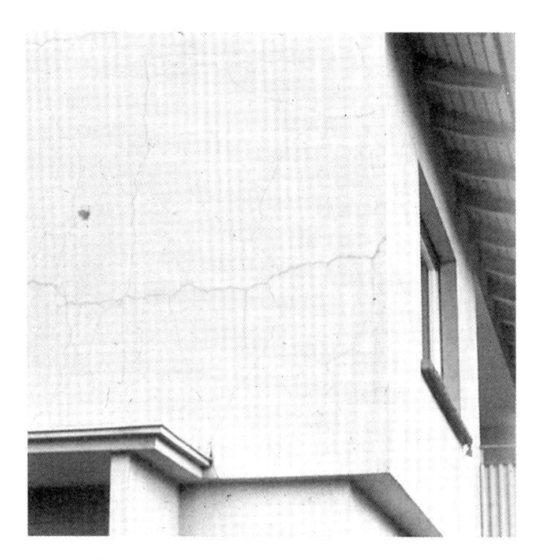

Abb. 7.11 Vorwiegend baudynamische Risse durchziehen den Putz und gefährden die Haltbarkeit des Anstrichs. Die Fassade wird durch Risse der Durchfeuchtung ausgesetzt. Sie saugen Regenwasser gierig auf und transportieren es in das Wandinnere

Abb. 7.12 Schwundrisse überziehen die Putzfassade netzartig. Hier kann viel Feuchtigkeit eindringen, die zu erheblichen Bauschäden führt. Der Wärmedämmwert der durchfeuchteten Flächen wird herabgesetzt

Abb. 7.13 Vollflächige Fassadenarmierung durch Gewebeeinbettung beseitigt Rißschäden. Das Armierungsgewebe (Trevira 10/10 mit rotem Kontrollfaden) wird von oben nach unten in den Armierungskleber eingebettet und anschließend mit elastischem Material beschichtet. Gegen leichtere Rißschäden können elastische rißüberbrückende Beschichtungen eingesetzt werden

Sie können nicht beseitigt werden, lassen sich jedoch durch spezielle Beschichtungstechniken unsichtbar überbrücken und unwirksam machen.
Bei Rissen ist zunächst Rißart und Ursache festzustellen. Jeder Putz oder Beton sollte vor Anstrichen auf schon im Anfangsstadium befindliche Risse geprüft werden. Einfache Probe: Benetzung der Fläche mit Wasser. Auch feinste Risse werden danach sichtbar. Folgende Rißgruppen sind vorwiegend anzutreffen:

1. Baudynamische Risse = ziemlich lang, geradliniger oder gezackter Verlauf. Sie entstehen durch nicht aufgefangene Spannungen in der Baukonstruktion, fehlende Dehnungsfugen oder Setzungen des Baugrundes.
2. Schwundrisse (Haarrisse, Windrisse) = kürzere, feinere Risse, die sich eventuell netzartig und unregelmäßig über Putzflächen und Beton erstrecken. Ursache: Falsche Putzzusammensetzung oder Verarbeitung. Zu schnelle Putztrocknung, Verarbeitung zu frischer Steine, Mischmauerwerk mit unterschiedlicher Ausdehnung, zu frühzeitige Betonausschalung.

Für die ***Rißbeseitigung*** gibt es verschiedene Verfahren, die je nach Rißart und Objektsituation als Einfacharmierung, Leichtarmierung, Schwerarmierung oder Gewebearmierung anzuwenden sind:

- Dickbeschichtung mit einer plasto-elastischen, rißüberdeckenden Masse. Darauf Kunststoffputz.
- Vollflächige Armierung mit elastischem, unverrottbarem Spezialgewebe durch Einbettungsklebung. Darauf Dickschichtanstrichsystem mit elastischer Dispersionsfarbe. Risse gegebenenfalls aufschneiden und mit elastischer Spachtelmasse füllen.
- Mehrschichtiger, plasto-elastischer Rißüberbrückungsaufbau aus stabilisierender Grundschicht, zugfester Zwischenschicht und eingelagerten Verstärkungen, je nach Rißart mit fasergefülltem Rißspachtel oder Armierungsgewebe. Schlußbeschichtung mit dauerelastischer Dispersionsfarbe.

Abb. 7.14 Salzausblühungen an einem Fassadensockel durch aufsteigende Feuchtigkeit infolge mangelhafter Querisolierung. Eine Beseitigung ist erst nach grundlegender Behebung der Ursachen möglich

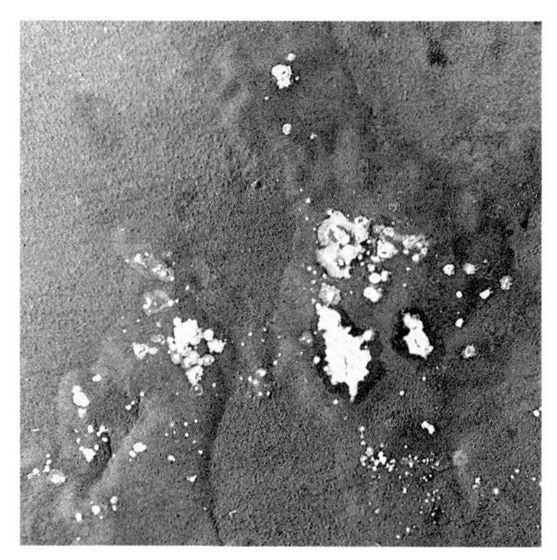

Abb. 7.15 Ausblühende Salze haben den Anstrich zuerst blasenförmig abgedrückt und ihn schließlich durchbrochen (Detail aus Abb. 7.14)

7.6.2 Salzauskristallisation

Salzauskristallisationen an Wandoberflächen beeinträchtigen das Aussehen von Fassaden. Sie können Flecken auf Anstrichen und Anstrichzerstörungen verursachen. Sehr verschiedenartige, in Baustoffen enthaltene, dort eingedrungene oder entstandene Salze werden durch Wasser gelöst, gelangen an die Oberfläche und kristallisieren bei Verdunstung des Wassers aus. Eine eindeutige Identifizierung der Mauersalze ist nur durch eine chemische Analyse möglich. Die meisten Salze zeigen sich als weiße Ausblühungen, eisenoxidhaltige Salze erscheinen gelblichbraun. Die Ursache der Ausblühungen ist meistens die Durchfeuchtung von Mauerwerk und Putz. Mauersalzausblühungen dürfen grundsätzlich nur trocken abgebürstet werden. Als vorbeugende Maßnahme gegen das erneute Auftreten ist der Schutz vor weiterem Eindringen von Feuchtigkeit: Wasserabweisende Imprägnierung (Hydrophobierung), Isolierung gegen aufsteigende Grundfeuchtigkeit, Beseitigung von Rissen, Abdichten von Fugen, Beheben von Undichtigkeiten an Dachrinnen, Einbau einer Dampfsperre, wenn Feuchtigkeit aus dem Gebäudeinneren (Kondensate) nach außen dringt, oder Verputz mit porenhydrophobem Sanierputz.

7.6.3 Algen, Flechten, Moos und Schimmelpilzbefall

Ansiedlung von Grünalgen, Moos und Schimmelpilzen findet statt, wenn günstige Entwicklungsbedingungen für den Befall vorliegen:
Feuchtigkeit, Schatten, Nähe von Bäumen, Nährstoffangebot an der Wandoberfläche. Es können Silikatfarben, Dispersionsfarben und auch lösemittelhaltige Beschichtungen befallen werden. Vorbeugung: Mauerflächen trocken halten, für mehr Licht sorgen, Gehölze zurückschneiden.

Abb. 7.16 Moos, Algen- und Schimmelpilzbefall schädigt Anstrich und Putzfläche. Vermeiden läßt sich ein derartiger Schaden durch Spezialfarben, die Wirkstoffe gegen organischen Schädlingsbefall enthalten. Sie trocknen matt auf, besitzen hohes Deckvermögen und bieten auch Schutz gegen aggressive Gase

Abb. 7.17 Algenbefall auf einer Fassade mit Wärmedämm-Verbundsystem. Vor dem Anstrich muß der grüne Befall entfernt werden, zuerst mechanisch durch Abbürsten mit einer Drahtbürste, danach mit einem Algenentferner oder mit Zinkfluat

Entfernung:
Befall mit Spachtel und Drahtbürste abkratzen, Fläche mit Hochdruckgerät oder Dampfstrahlgerät reinigen. Eventuell Flächen mit Biozidlösung zur Moos- und Algenbeseitigung behandeln. Zinkfluate können ebenfalls zur Anwendung gelangen. Für den Anstrich Spezialfarben einsetzen, die fungizide und algizide Wirkstoffe enthalten. Wasserabweisende Imprägnierungen können ebenfalls helfen, weil durch Trockenlegung der Oberfläche dem Befall die lebensnotwendige Feuchtigkeit nicht mehr zur Verfügung steht.

7.6.4 Lackschäden an Außenholzflächen

Lackschäden treten meistens im unteren Bereich von Fenstern und Türen auf, weil dort die Beanspruchungen durch Wasser und Lichteinstrahlung besonders intensiv sind. Ungenügend imprägnierte, durch Anstriche nicht ausreichend geschützte und abgedichtete Holzbauteile können folgende Schäden erleiden:
Bläuepilzbefall (Nadelholz). Die Pilze befallen feuchte Holzteile und verfärben sie schwarz-dunkelblau-violett. Das Holz selbst wird in seiner Substanz nicht zerstört. Bläuepilze durchdringen und schädigen Anstriche. Dadurch kann dann weiter verstärkt Feuchtigkeit eindringen und weitergehende Schäden verursachen. Bekämpfung ist nur durch vorbeugende Bläueschutzgrundierung gemäß DIN 68 800 möglich. Von bereits befallenem Holz werden die Lackschichten entfernt. Danach ist eine

Bläueschutzgrundierung zur Abtötung des Pilzmyzels einzubringen. Die Flächen sollten dann einen hochwertigen neuen, deckenden Lackaufbau erhalten.
Ablösen von Lackschichten. Durch Fehlstellen im Dichtungssystem, durch feine Risse, beschädigte Kanten oder im stark saugenden Hirnholzbereich kann Feuchtigkeit in das Holz gelangen und hinter die Lackschicht wandern. Dadurch können Blasen auftreten. Der Lack wird von hinten abgedrückt.
Vorbeugung: Schon bei der Konstruktion darauf achten, daß anstrichgerechte Formenausbildung erreicht wird. Hirnholzflächen möglichst gut abdichten oder so konstruieren, daß sie mit Lack noch erreichbar sind. Bei der Primärbehandlung kritische Stellen besonders intensiv mit Holzschutzmittel tränken (tauchen) und öfter als die übrigen Flächen mit Außenlack beschichten.
Behebung: Gerissene, sich ablösende Lackschichten restlos entfernen (Schleifmaschine, Abbeizmittel, Abbrennen). Vergrautes Holz ebenfalls mit beseitigen. Neues Beschichtungssystem mit hochwertigem Material fachgerecht aufbringen. Gefährdete Stellen mit Dichtstoff versiegeln.

Literaturverzeichnis

Zu Kapitel 1 Wandoberflächen und Wandbekleidungen

[1] Richtlinien für Fassadenbekleidungen mit und ohne Unterkonstruktion. Fachnormenausschuß Bauwesen im DIN, Deutsches Institut für Normung e.V. Berlin: Beuth 3/1985.
[2] Vorläufige Richtlinien für die Ausführung von Außenwandbekleidungen mit kleinformatigen Platten aus Schiefer und Asbestzement. Köln: 5/1980 Zentralverband des Dachdeckerhandwerks.
[3] Wasserdampfdurchlässigkeit und Feuchtigkeitsverteilung bei Baustoffen und Bauteilen, 1968, W. Cammerer, J. S. Cammerer u. a.; i. A. d. Bundesministers f. Wohnungswesen und Städtebau.
[4] Grunau, E. B.: Die Verblendfassade. Köln: R. Müller 1972.
[5] Grunau, E. B.: Verhinderung von Bauschäden, Köln: R. Müller 1973.
[6] Pohl, R., Schneider, K. J., Wormuth, R.: Mauerwerksbau: Konstruktion – Berechnung – Ausführung. Düsseldorf: Werner 1984.
[7] Aluminium im Industriebau, Fachschriften der Aluminiumzentrale, Düsseldorf.
[8] Fischer-Werke, Zulassungsbescheide über Dübel des Instituts für Bautechnik, Berlin.
[9] Holzapfel, W.: Werkstoffkunde für Dach-, Wand- und Abdichtungstechnik. 8. Aufl. Köln: R. Müller 1991.
[10] Kopatsch, H.: Naturstein-Plattenverkleidungen. In: Baumarkt 6 (1980).
[11] Trassl, H.: Fassadenbekleidung. In: Bauen mit Naturwerkstein. Bautechnische Information 1.6, hrsg. v. d. Informationsstelle Naturwerkstein. Würzburg 1972.
[12] Schild, E., Oswald, R., Rogier, D., Schweikert, H., Schnapauff, V.: Schwachstellen. Bauschadensverhütung im Wohnungsbau, Bd. 2: Außenwände und Öffnungsanschlüsse. 3. Aufl. Wiesbaden und Berlin: Bauverlag 1983.
[13] Scholz, W. u. a.: Baustoffkenntnis. 10. Aufl., hrsg. v. H. Knoblauch Düsseldorf: Werner 1984.
[14] Piepenburg, W.: Mörtel, Mauerwerk, Putz, 6. Aufl. Wiesbaden und Berlin: Bauverlag 1970.
[15] Reusche, E.: KS-Mauerwerk mit Thermohaut. In: Styropor-Zeitung 39 (1978) Informationszentrum Styropor, Ludwigshafen.
[16] Braunstein, F.: Styropor-Dämmputz-System – ein bewährtes Verfahren. Stand der Technik. In: Styropor-Zeitung 39 (1978).
[17] Grunau, E. B.: Kunstharzgebundene Fassadenputze. In: Das Stuckgewerbe 12 (1975).
[18] Grunau, E. B.: Die Außenwand-Fassade. Köln: R. Müller 1975.

Zu Kapitel 2 Leichte Trennwände

[1] KS-Mauerwerk, Konstruktion und Statik. KS-Information, Hannover 1979.
[2] Hanusch, H.: Gipskartonplatten. Köln: R. Müller 1978.
[3] Klindt. L. B., Drechsler, H.: Feucht- und Naßräume. In: Baugewerbe 21 (1982).
[4] Böker, H.: Trockenbaupraxis mit Gipskartonplatten-Systemen. Köln: R. Müller 1984.
[5] Bauteilkatalog: Schrankwände. Hrsg. v. d. Studiengemeinschaft für Fertigbau, Wiesbaden.

Zu Kapitel 3 Fenster und Türen

[1] Klindt, L. B., Frehse, H.: Fensterwände und ihre Konstruktion. In: Glaswelt 10 (1983).
[2] Klindt, L. B.: Wintergärten und Solarhäuser. In: Kunststoffe im Bau 4 (1985).
[3] Klindt, L. B., Frehse, H.: Abdichtung am Austritt zu Balkon oder Terrasse. In: Baugewerbe 11 (1983).
[4] Seifert, E., Schmidt: Holzfenster, 2. erg. Aufl. Arbeitskreis Holzfenster 1972.

[5] Beschichtung auf Fenstern und Außentüren sowie Fensterwartung; Technische Richtlinien für Fensteranstriche. Merkblatt Nr. 18. Frankfurt: Bundesausschuß Farbe und Sachwertschutz.
[6] Klein, W.: Das Fenster und seine Anschlüsse, Köln: R. Müller 1974.
[7] Auszug der wichtigsten Technischen Richtlinien des Glaserhandwerks; Nr. 17 Verglasen mit Mehrscheiben-Isolierglas einschließlich Erläuterung zu DIN 18545 T1–3 2., überarbeitete Ausg. 1984.
[8] Consafis-Information. Böblingen.
[9] Klindt, L. B., Klein, W.: Glas als Baustoff. Köln: R. Müller 1977.
[10] Das Glashandbuch. Gelsenkirchen: Flachglas AG 1987.
[11] Auszug der wichtigsten Technischen Richtlinien des Glaserhandwerks, Hadamar:
Nr. 2 Windlast und Glasdicke 2. Ausgabe 1987.
Nr. 3 Klotzungsrichtlinie für ebene Glasscheiben 3., überarbeitete Ausgabe 1989.
Nr. 9 Richtlinien für den Bau und die Verglasung von Metallrahmen-Schaufenstern und gleichartigen Konstruktionen 6. Ausgabe 1972 (unveränderter Neudruck 1980).
Nr. 10 Technische Begriffe im Berufsbereich des Glaserhandwerks 2. Ausgabe 1988.
Nr. 12 Fensterwände (Bemessung und Ausführung) Erläuterungen zu DIN 18056 1. Auflage 1966 (unveränderter Neudruck 1977).
Nr. 14 Glas im Bauwesen; Einteilung der Glaserzeugnisse 2., erweiterte Ausgabe 1981.
Nr. 16 Fenster und Fensterwände für Hallenbäder; Richtlinien für die Ausführung und die Verglasung mit Mehrscheiben-Isolierglas 3. Ausgabe 1987.
Nr. 17 Verglasen mit Mehrscheiben-Isolierglas einschließlich Erläuterungen zu DIN 18545 Teil 1–3 3., überarbeitete Ausgabe 1987.
[12] Klindt, L. B., König, R.: Die Konstruktion von Kunststoff-Fenstern. Köln: R. Müller 1980.
[13] Klindt, L. B., Frehse, H.: Fenster-Konstruktionen, Köln: R. Müller 1984.
[14] Klindt, L. B., Frehse, H.: Streifzug durch Statik und Konstruktion von Kunststoff-Fenstern; Bestimmung des unteren horizontalen Flügelholms. In: Glaswelt 8 (1984).
[15] Klindt, L. B., Frehse, H.: Streifzug durch Statik und Konstruktion von Kunststoff-Fenstern; Bemessung von Schwingflügeln. In: Glaswelt 10 (1984).
[16] Richtlinien für die Planung und Ausführung von Dächern mit Abdichtungen (Flachdachrichtlinien). Hrsg. v. Zentralverband des Deutschen Dachdeckerhandwerks. Köln: R. Müller 1991.
[17] Schlick, F.: Kalkulation Fensterbau-Holz. Schorndorf: C. Hofmann 1985.
[18] Seminar Haustüren für Kunststoff und Aluminium. Rosenheim: Institut für Fenstertechnik 1984.
[19] Spiekermann: Gußglas im Hochbau. Schorndorf: C. Hofmann 1986.
[20] Glas im Bau, ein technischer Leitfaden. Gemeinschaftsarbeit der einzelnen Gruppen der Flachglas-Industrie.
[21] Saechtling, H.: Bauen mit Kunststoffen. München: Hanser.
[22] Meinert, S.: Normgerechter und wirtschaftlicher Wärmeschutz. Köln: R. Müller 1978.
[23] Mutsch, W.: Handbuch der Konstruktion: Innenausbau 4. Aufl. Stuttgart: Deutsche Verlagsanstalt 1979.
[24] Nutsch, W.: Konstruktionshilfen: Innentüren. Leinfelden-Echterdingen: Konradin-Verlag.

Zu Kapitel 4 Treppen

[1] Schmitt, H.: Hochbaukonstruktion, 10. Aufl. Braunschweig: Vieweg 1984.
[2] Neufert; E.: Bauentwurfslehre, 32. Aufl. Braunschweig: Vieweg 1984.
[3] Schuster, E.: Treppen aus Stein, Holz und Metall. Stuttgart: J. Hoffmann 1960.
[4] Seifert, P., Menzenbach, B.: Holztreppen (Informationsdienst Holz), Bericht der Entwicklungsgemeinschaft Holzbau i. d. Deutschen Gesellschaft für Holzforschung; anzufordern bei der Arbeitsgemeinschaft Holz e.V., Düsseldorf.
[5] Braun, G., Haderer, H.: Maßgerechtes Bauen – Toleranzen im Hochbau, 2. überarb. Aufl. Köln: R. Müller 1987.
[6] Mittag, M.: Baukonstruktionslehre, 15. Aufl. Detmold: Mittag 1971.
[7] Fuchs, N.: Konstruktion von zweiläufigen Stahlpodesttreppen mit gemeinsamen Bruchkanten. In: Deutsches Architektenblatt 10 (1977).

[8] Mannes, W.: Gestaltete Treppen. Stuttgart: Deutsche Verlagsanstalt 1975.
[9] Kräntzer, K.R.: Betonfertigteile für den Mauerwerksbau, 2. Aufl. Köln: R. Müller 1980.
[10] Flach, S.: Fertigtreppen aus Holz, Düsseldorf: Arbeitsgemeinschaft Holz e.V.
[11] Hausmann, Chr.-R.: Treppen in der Architektur. Stuttgart: Deutsche Verlagsanstalt 1993.

Zu Kapitel 5 Estriche und Bodenbeläge

[1] Schild, E., Oswald, R., Rogier, D., Schweikert, H., Schnapauff, V.: Bauschäden im Wohnungsbau, Teil VIII – Bauschäden an Innenbauteilen. Ergebnisse einer Umfrage unter Bausachverständigen, ILS Dortmund Band 3.023. Essen: Wingen 1979.
[2] Bodenbeläge aus Fliesen und Platten außerhalb von Gebäuden. Merkblatt, hrsg. vom Zentralverband des Deutschen Baugewerbes 1988.
[3] Abdichtung gegen Feuchtigkeit bei der Herstellung von Wand- und Bodenbelägen. Merkblatt Nr. 5, hrsg. v. d. Fliesenberatungsstelle, Untersuchungsinstitut Großburgwedel.
[4] Bautechnische Information 2.7.1 In: Bauen mit Naturwerkstein 1 (1980).
[5] Parkett – Technische Informationen (Informationsdienst Holz) hrsg. v. d. Arbeitsgemeinschaft Holz e.V., Düsseldorf.
[6] Fertigparkett-Elemente (Informationsdienst Holz), hrsg. v. d. Arbeitsgemeinschaft Holz e.V., Düsseldorf.
[7] Einstufungsverfahren für Teppichböden, Deutsches Teppich-Forschungsinstitut e.V. Aachen, VIII/79.
[8] Estriche im Hochbau. Veröffentlichung der Forschungsgemeinschaft Bauen und Wohnen, Heft 80. Köln: R. Müller 1967.
[9] Estriche im Industriebau. Veröffentlichung der Forschungsgemeinschaft Bauen und Wohnen, Heft 101. Köln: R. Müller 1976.
[10] Tauterat, A., Rodewaldt, R., Rosenbaum, E.: Kommentar zur VOB, DIN 18365, Bodenbelagarbeiten, Wiesbaden u. Berlin: Bauverlag und Köln: R. Müller 1975.
[11] Schütze, W.: Estrichmängel, Wiesbaden und Berlin: Bauverlag 1971.
[12] Keramische Fliesen und Platten, Naturwerkstein und Betonstein auf beheizten Fußbodenkonstruktionen. Merkblatt hrsg. v. Zentralverband des Deutschen Baugewerbes 1980.
[13] Schild, E., Oswald, R. u. a.: Schwachstellen Band IV: Innenwände, Decken, Fußböden, 2. Aufl. Wiesbaden und Berlin: Bauverlag 1980.
[14] DIN 18195, Bauwerksabdichtungen.

Zu Kapitel 6 Fliesen und Platten

[1] DIN EN 87
Keramische Fliesen und Platten für Bodenbeläge und Wandbekleidungen; Begriffe, Klassifizierung, Anforderungen und Kennzeichnung (»Mantelnorm«).
[2] DIN EN 121
Stranggepreßte keramische Fliesen und Platten mit niedriger Wasseraufnahme ($E \leqq 3\%$); Gruppe AI.
[3] DIN EN 186 Teil 1
Stranggepreßte keramische Fliesen und Platten mit einer Wasseraufnahme von $3\% < E \leqq 6\%$; Gruppe AIIa T1.
[4] DIN EN 187 Teil 1
Stranggepreßte keramische Fliesen und Platten mit einer Wasseraufnahme von $6\% < E \leqq 10\%$; Gruppe AIIb T1.
[5] DIN EN 188
Stranggepreßte keramische Fliesen und Platten mit einer Wasseraufnahme von $E > 10\%$; Gruppe AIII.
[6] DIN EN 176
Trockengepreßte keramische Fliesen und Platten mit niedriger Wasseraufnahme $E \leqq 3\%$; Gruppe BI.
[7] DIN EN 177
Trockengepreßte keramische Fliesen und Platten mit einer Wasseraufnahme von $3\% < E \leqq 6\%$; Gruppe BIIa.
[8] DIN EN 178
Trockengepreßte keramische Fliesen und Platten mit einer Wasseraufnahme von $6\% < E \leqq 10\%$; Gruppe BIIb.
[9] DIN EN 159
Trockengepreßte keramische Fliesen und Platten mit hoher Wasseraufnahme $E > 10\%$; Gruppe BIII.
[10] DIN 18158
Bodenklinkerplatten.
[11] DIN 18352
VOB Verdingungsordnung für Bauleistungen, Teil C: Allgemeine Technische Vertragsbedingungen für Bauleistungen (ATV); Fliesen- und Plattenarbeiten.
[12] DIN 18157 Teil 1
Ausführung keramischer Bekleidungen im Dünnbettverfahren; Hydraulisch erhärtende Dünnbettmörtel.

[13] DIN 18157 Teil 2
Ausführung keramischer Bekleidungen im Dünnbettverfahren; Dispersionsklebstoffe.

[14] DIN 18157 Teil 3
Ausführung keramischer Bekleidungen im Dünnbettverfahren; Epoxidharzklebstoffe.

[15] DIN 18156 Teil 1
Stoffe für keramische Bekleidungen im Dünnbettverfahren; Begriffe und Grundlagen.

[16] DIN 18156 Teil 2
Stoffe für keramische Bekleidungen im Dünnbettverfahren; Hydraulisch erhärtende Dünnbettmörtel.

[17] DIN 18156 Teil 3
Stoffe für keramische Bekleidungen im Dünnbettverfahren; Dispersionsklebstoffe.

[18] DIN 18156 Teil 4
Stoffe für keramische Bekleidungen im Dünnbettverfahren; Epoxidharzklebstoffe.

[19] Zentralverband des Deutschen Baugewerbes e.V. (ZDB), Bonn, in Zusammenarbeit mit anderen Verbänden: Merkblatt: Bewegungsfugen in Bekleidungen und Belägen aus Fliesen und Platten. Köln: Verlagsgesellschaft Rudolf Müller.

[20] Zentralverband des Deutschen Baugewerbes e.V. (ZDB), Bonn, in Zusammenarbeit mit Industrieverband Keramische Fliesen + Platten e.V., Frankfurt/M.: Merkblatt: Mechanisch hochbelastbare Bodenbeläge aus keramischen Fliesen und Platten. Köln: Verlagsgesellschaft Rudolf Müller.

[21] Industrieverband Keramische Fliesen + Platten e.V., Frankfurt/M.: Merkblatt: Grundlagen für die Bemessung von Lastverteilungsplatten auf Dämmschichten und Hinweise für Planung und Ausführung mechanisch hochbelastbarer Bodenbeläge aus keramischen Fliesen und Platten. Köln: Verlagsgesellschaft Rudolf Müller.

[22] Fachausschuß Bauliche Einrichtungen der Zentralstelle für Unfallverhütung und Arbeitsmedizin des Hauptverbandes der gewerblichen Berufsgenossenschaften e.V., St. Augustin: Merkblatt ZH1/571: Fußböden in Arbeitsräumen und Arbeitsbereichen mit erhöhter Rutschgefahr, Ausgabe Oktober 1993. Köln: Carl Heymanns.

[23] Berufsgenossenschaftliches Institut für Arbeitssicherheit (BIA): Bauartgeprüfte keramische Bodenbeläge für Arbeitsräume und Arbeitsbereiche mit erhöhter Rutschgefahr; Positivliste. St. Augustin: BIA-Handbuch 16. Lfg.

[24] DIN 18195 Teil 1
Bauwerksabdichtungen; Allgemeines; Begriffe.

[25] DIN 18195 Teil 2
Bauwerksabdichtungen; Stoffe.

[26] DIN 18195 Teil 3
Bauwerksabdichtungen; Verarbeitung der Stoffe.

[27] DIN 18195 Teil 4
Bauwerksabdichtungen; Abdichtungen gegen Bodenfeuchtigkeit; Bemessung und Ausführung.

[28] DIN 18195 Teil 5
Bauwerksabdichtungen; Abdichtungen gegen nichtdrückendes Wasser; Bemessung und Ausführung.

[29] DIN 18195 Teil 6
Bauwerksabdichtungen; Abdichtungen gegen von außen drückendes Wasser; Bemessung und Ausführung.

[30] DIN 18195 Teil 7
Bauwerksabdichtungen; Abdichtungen gegen von innen drückendes Wasser; Bemessung und Ausführung.

[31] Zentralverband des Deutschen Baugewerbes e.V. (ZDB), Bonn, in Zusammenarbeit mit anderen Verbänden: Merkblatt: Hinweise für die Ausführung von Abdichtungen im Verbund mit Bekleidungen und Belägen aus Fliesen und Platten für Innenbereiche. Köln: Verlagsgesellschaft Rudolf Müller.

[32] Zentralverband des Deutschen Baugewerbes e.V. (ZDB), Bonn, in Zusammenarbeit mit anderen Verbänden: Merkblatt: Prüfung von Abdichtungsstoffen und Abdichtungssystemen für die Abdichtung nach dem Merkblatt »Hinweise für die Ausführung von Abdichtungen im Verbund mit Bekleidungen und Belägen aus Fliesen und Platten für Innenbereiche«. Köln: Verlagsgesellschaft Rudolf Müller.

[33] DIN 1961
VOB Teil B: Allgemeine Vertragsbedingungen für die Ausführung von Bauleistungen.

[34] DIN EN 154
Keramische Fliesen und Platten; Bestimmung des Widerstandes gegen Oberflächenverschleiß glasierter Fliesen und Platten.

[35] DIN EN 102
Keramische Fliesen und Platten; Bestimmung des Widerstandes gegen Tiefenverschleiß unglasierter Fliesen und Platten.
[36] Niemer, Ernst Ulrich: Praxishandbuch Fliesen, 3. Auflage. Köln: Verlagsgesellschaft Rudolf Müller, 1994.
[37] Zimmermann, Günter: Schäden an keramischen Belägen und Bekleidungen. Ehningen bei Böblingen: expert-Verlag, 1990.

Zu Kapitel 7 Beschichtungen

[1] Klopfer, H.: Anstrichschäden. Wiesbaden und Berlin: Bauverlag 1976.
[2] Grunau, E. B.: Die Außenwand. Köln: R. Müller 1975.
[3] Knoblauch, H.: Bauchemie. WIT 55. 2. Aufl. Düsseldorf: Werner 1986.
[4] Wahl, G. P., Brasholz, A.: Handbuch der Maler- und Lackiererpraxis Bd. 1. München: Callwey 1986.
[5] Brasholz, A.: Der Fassadenanstrich. München: Callwey 1984.
[6] Brasholz, A.: Beschichtungs- und Anstrichschäden bei Alt- und Neubauten. Wiesbaden: Bauverlag 1981.
[7] Wahl, G. P.: Handbuch der Bautenschutztechniken. Stuttgart: Deutsche Verlagsanstalt 1970.
[8] Anstriche für wetterbeanspruchte Holzoberflächen (Informationsdienst Holz). Merkblatt, hrsg. v. d. Arbeitsgemeinschaft Holz e.V., Düsseldorf.
[9] Wahl, G. P.: Fenster und Türen instandsetzen. In: FTB-Handel 5 (1986).
[10] Wahl, G. P.: Renovieren und Sanieren von alten Holzfenstern mit neuartigen Techniken. In: Deutsche Bauzeitung 7 (1986).
[11] Brasholz, A.: Handbuch der Anstrich- und Beschichtungstechnik. Wiesbaden und Berlin: Bauverlag 1978.
[12] Brasholz, A.: Probleme um Holzschutzmittel. In: i-Punkt Farbe 8 (1977).
[13] Brasholz, A.: Dispersionsfarben-Dispersionssilikatfarben-Silikatfarben. In: i-Punkt Farbe 1 (1980).
[14] Wahl, G. P. u. a.: Malertaschenbuch. München: Callwey 1987.

Verzeichnis der Fachverbände, Beratungsstellen, Gütegemeinschaften und Ausschüsse

Fassadenbekleidungen

Zentralverband des Deutschen Dachdeckerhandwerks – Fachverband Dach-, Wand- und Abdichtungstechnik – e.V.
Fritz-Reuter-Straße 1, 50968 Köln

Industrieverband Keramische Fliesen + Platten e.V.
Friedrich-Ebert-Anlage 38, 60325 Frankfurt a. M.

Deutscher Naturwerkstein-Verband e.V.
Sanderstraße 4, 97070 Würzburg

Deutsches Kupfer-Institut (DKI)
Knesebeckstraße 96, 10623 Berlin

Putz und Anstrich

Bundesverband der Gips- und Gipsbauplattenindustrie e.V. (Güteschutzgemeinschaft für Gips und Gipsbaustoffe)
Birkenweg 13, 64295 Darmstadt

Bundesverband der Deutschen Kalkindustrie e.V.
Hauptgemeinschaft der Deutschen Werkmörtelindustrie
Annastraße 67-71, 50969 Köln

Bundesverband der Deutschen Zementindustrie e.V.
Pferdmengesstraße 7, 50968 Köln

Bundesverband Großhandel Heim und Farbe
Geibelstraße 46, 40235 Düsseldorf

Fenster und Türen

Institut für Fenstertechnik e.V.
Theodor-Gietl-Straße 9, 83026 Rosenheim

Studiengemeinschaft Holzleimbau e.V.
Füllenbachstraße 6, 40474 Düsseldorf

Fachverband Metall-Fenster und -Türen im Deutschen Stahlbau-Verband (DSTV)
Ebertplatz 1, 50668 Köln

Fachausschuß Holzschutz der Deutschen Gesellschaft für Holzforschung
Bayerstraße 57–59, 80335 München

Gütegemeinschaft Spanplatten
Wilhelmstraße 25, 35392 Gießen

Fachvereinigung Flachglasindustrie e.V.
Stresemannstraße 26, 40210 Düsseldorf

Bodenbeläge und Fliesen

Bundesverband Estriche und Beläge e.V.
Industriestraße 19, 53842 Troisdorf

Industrieverband Keramische Fliesen + Platten e.V.
Friedrich-Ebert-Anlage 38, 60325 Frankfurt a. M.

Fachverband des Deutschen Fliesengewerbes im Zentralverband des Deutschen Baugewerbes e.V. (ZDB)
Godesberger Allee 99, 53175 Bonn

Parkett-Beratung im Verband der Deutschen Parkettindustrie e.V.
Füllenbachstraße 6, 40474 Düsseldorf

Deutsches Teppichforschungsinstitut
Germanusstraße 5, 52080 Aachen

Fachausschuß Bauliche Einrichtungen der Zentralstelle für Unfallverhütung und Arbeitsmedizin
c/o Hauptverband der gewerblichen Berufsgenossenschaften e.V.
Alte Heerstraße 111, 53757 Sankt Augustin

Kunststoffe und Dämmstoffe

Bundesverband der Leichtbauplatten-Industrie e.V.
Beethovenstraße 8, 80336 München

Deutsches Kupfer-Institut (DKI)
Knesebeckstraße 96, 10623 Berlin

Fachverband Schaumkunststoffe e.V.
Am Hauptbahnhof 12, 60329 Frankfurt a. M.

Güteschutzgemeinschaft Hartschaum e.V.
Mannheimer Straße 97, 60327 Frankfurt a.M.

Fachvereinigung Mineralfaserindustrie e.V.
Stresemannstraße 26, 40210 Düsseldorf

Normung und Materialprüfung

Normenausschuß Bauwesen (NABau)
im DIN
Deutsches Institut für Normung e.V.
Burggrafenstraße 6, 10787 Berlin

Normenausschuß Materialprüfung (NMP)
Burggrafenstraße 6, 10787 Berlin

Bundesanstalt für Materialforschung (BAM)
Unter den Eichen 87, 12203 Berlin

Institut für Bauingenieurwesen an der Fachhochschule Aachen
Bayernallee 9, 52066 Aachen

Studiengesellschaft für Anwendungstechnik von Eisen und Stahl e.V.
Breite Straße 69, 40213 Düsseldorf

Studiengemeinschaft für Fertigbau
Panoramaweg 11, 65191 Wiesbaden

Stichwortverzeichnis

A
Abdichtungen 195, 222–226
- Boden- und Wand- 224
Abdichtungsbahnen 220, 225
Abdichtungsschicht 220
Abfluß 224
Abnahme 226
Abrieb 219, 231, 233
Abstandmontage 31
Abzugsversuch 230
Acrylat-Dispersionen 238
Acryllack 244
Algenbefall 251
Alkydharzfarben 239
Aluminiumfenster 117
Anker 20, 21
Anmörtelung 16
Anschlag 154
Anschluß
-fugen 18, 126, 218
-höhe 127
Ansetz
-mörtel 24
-untergrund 225, 226
Anstrichgruppen 114
Antrittsstufe 175
Arbeitsräume 221
Armierungsgewebe 249
Aufbruch 231
Aufdoppelung 152
Aufsatzband 147
Aufstandsfläche 15, 16
Aufwölbungen 218
Ausblühungen 14, 54
Ausdehnungen 227
Ausführungsfehler 223
Ausgleichsschicht 190
Ausplatzungen 227
Außenanwendung
- von Fliesen und Platten 212
Außenlack 245, 252
Außenputz 55, 59, 60, 64, 68
Außensockelputz 60
Außentreppen 184, 185
Außentüren 151
- abgesperrte 153
Außenwandbekleidungen 215, 216, 218
- hinterlüftet 15
- keramisch 22
Auswaschfestigkeit 202
Auswaschung 14
Autoklav 228

B
Badezimmer 222
Balkentreppe 155
Bandraster 89
Beanspruchungen 228
Beanspruchungsgruppen 110, 231
Befestigungen 41
Beistoß 143
Bekleidungen 33, 142, 143, 144, 147, 218, 222, 227, 230
Bekleidungsflächen 218
Beläge 218, 227, 230
Belagsflächen 218
Belastbarkeit
- mechanische von Fliesen 220
Belastungen und Beanspruchungen
- von Bodenbelägen 219
Beplankung 82, 91
Beschichtungen 234
- auf Beton 241
- auf Holz 244
- auf Mauerwerk 243
- bei Sichtbetonflächen 242
Beschichtungsschäden 247
Beschichtungsstoffe 56, 77, 234, 235, 236
- organische 237
Beschichtungssysteme 234, 245
Beschichtungstechniken 239
Beschläge 121
Betonschäden 241
Betonschutz
-farben 241
- Vorbehandlung 242
Betonwerksteinbekleidungen 21
Bettungsmörtel 227
Bewegungsfugen 17, 217, 218
Bewehrung 196
Bewertungsgruppen 221
Bi-Metall-Effekt 230
Biegefestigkeit 220
Bindemittel 215, 234
Bitumenwerkstoffe 222
Bläue
-pilzbefall 247, 251

-schutzgrundierung 252
Blendrahmentür 142, 143
Blockrahmentür 142
Böden 222
Bodenbeläge 187, 192, 200, 211, 212, 214–220, 222-225, 231
– für Arbeitsräume 221
Boden
-einlauf 224
-fliesen 212, 218
-heizungen 193
-klinkerplatten 214, 216, 220
Brandschutz 33, 79, 92
-gläser 108
Brenntemperatur 213
Brettertüren 144, 151
Brettladen 133
Bruchkraft von Fliesen und Platten 220
Buntbartzylinder 144, 145
Buttering-Verfahren 216, 231

C

CEN 211

D

Dachschiefer 31, 35, 53
Dämmschichten 188, 190, 191, 193, 194, 218, 220, 225
Dampf
-diffusion 11, 69
-diffusionsfähigkeit 235
-sperre 24, 71, 76, 250
Deckanstrich 240
Decken
– abgehängte 76
-putz 75
Decklatte 33
Decklattung 30, 35
Deckvermögen 235
Dehnungsfugen 85, 136, 218
-profil 217
Dichtigkeit 122
Dichtprofile 105
Dichtstoffe 105, 106, 124, 252
– Bänder 217
– elastische 217
Dichtungslippen 105, 106, 122
Dichtungsmasse 139
Dickbett 16, 217, 220
-verfahren 201, 215
Dickschichtlasuren 246
Dispersionsfarben 237, 244
– Acrylat- 238
– Kunststoff 238
Dispersionsklebstoffe 215
Doppeldeckung 37
Draht
-anker 17
-glas 101
-putzdecken 76, 77
Dränschichten 218
Drehflügeltüren 140
Drehtüren 140
Dreikammersystem 116
Druchbiegungen 230
Druck
– hydrodynamischer 219
-verglasung 108
Dünnbett 16, 220
-verfahren 201, 215, 216, 226, 230, 231
Dünnbettmörtel 200, 215, 216, 225
– Geschmeidigkeit 231
– hydraulisch erhärtende 215, 216, 230
Durchbruchhemmung 99
Durchschußhemmung 99
Durchwurfhemmung 99, 108

E

Ebene
– schiefe 221
Einbohrband 147
Einbruchhemmung 99
Einkammersystem 116
Einschlämmen 216
Einsteckschloß 144
Einstemmband 147
Elementwände 89
Entwässerungsabläufe 224
Entwässerungsgefälle 203
Epoxidharzklebstoffe 215
Erosion 11
Estrich 187, 228, 229
– Anhydrit- 198, 210
-arten 197
-bewehrung 228
– Gips- 198
– Gefälle- 226
– Glätt- 189, 195
– Gußasphalt- 199, 210
– Magnesia- 199, 210
– schwimmender 187, 188, 189, 191, 220
– Verbund- 187, 189, 196
– Zement- 189, 197, 210

F

Falttüren 140
Falz
-abmessungen 109
-raum 106, 107
Farben
– Kalk- 236
– mineralische 236
Farb
-mittel 234, 235
-pigmente 228

Faserzement 31
-Dachplatten 33
-Fassadenplatten 53
-platten 36
Fassadenbekleidungen 13, 16, 19
- hinterlüftete 15, 18
Fassaden 227
-farben 239
Fehlbedienungssperre 121, 122
Feinkeramik 212
Feinststeinzeug 213
Feldbegrenzungsfugen 18, 217, 218
Fenster 93
-bänder 130
-bänke 51, 52, 53, 14, 125
-einbau 123
-leibung 51, 52, 61
-türen 127
-wände 128
Festigkeit 212, 213
Festigkeitsgefälle 58, 63
Festigkeitswerte 213, 214
Feuchtigkeitsdehnung 230
Feuchträume 55, 70, 71, 85, 223
Feuerschutztür 149, 150
Fichte 113
Filmdicke 235
Fliesen 200, 211 ff.
- Ansetzen 215, 216
-auskleidung 222
-bekleidungen 217, 222
- Dicken 213, 214
- frostbeständige 227
- glasierte 228
- keramische 15
- Koordinierungsmaß 213
-leger 225
- Nennmaß 213
- Profilierungen 213
- trockengepreßte 213
- trockengepreßte keramische 220
- Verfugen 215
- Verlegen 215, 226
- Werkmaße 213
Fliesen und Platten 211 ff.
- trockengepreßte keramische 216
- stranggepreßte keramische 216
Fliesenfachbetrieb
- Haftung 226
Floating-Verfahren 215, 216, 231
Flügelrahmen 119
Flurfördermittel 219
Formate 214
Formgebungsverfahren 211
Fourcault 95
Freitreppen 185
Frost 11, 18, 67, 69, 212, 227
-beständigkeits-Test 227
Fugeisen 216
Fugen 42, 43
-anteil 222
-ausbildung 17, 123
-dichtigkeit 93, 126
-durchlässigkeit 126
-flanken 222
-mörtel 216, 222, 228
-profil 217
-teilung 191, 192, 196, 201, 204, 206
Füllungstüren 144
Fußböden 221
Fußbodenheizungen 201
Futter 142, 147

G

Gasbeton 27
-Mauerwerk 27
Gebäudetrennfugen 17, 218
Gebäudetreppen 159, 161
Gefälle 222, 224
-boden 224
-Estrich 226
-schicht 225
Gefügezerstörung 227
Geländer 166, 175
Gewährleistung
- Ansprüche 226
- Frist 226
Gewebearmierung 249
Gips
-kartonplatten 75, 77, 86, 87, 88, 91, 92
-putz 71, 74, 75
Glanz 235
Glas
-arten 95
-bausteine 135
-bausteinwände 136, 137
-fehler 96
-Gewichtsharfe 104
-halteleisten 108
-oberfläche 101
Glasur, keramische
- Dicke 231
- Farbe 231
- Glanzgrad 231
- Härte 231
- Helligkeitsgrad 231
- Verschleiß 231
Glasurrisse 212, 228, 229
- craqueléartige 228
- Widerstand 229
Glättkelle 215
Grenzabweichungen der Maße 212
Gres porcellanato 213
Grobkeramik 212
Grundierung 239
- Farben 240
- Mittel 240
Gußglas 97

Güte
-anforderungen 211, 212
-klasse 211, 212

H
Haftung auf Unterkonstruktion 220
Haftzugfestigkeit 230
Handhubwagen 220
Handläufe 166, 167, 170
Hängedecke 87, 88
Härter 215
Haustüren 151, 154
Heizelemente 194
– elektrische 194
Heizrohre 194
Herion-Abzugsgerät 230
Hinterlüftung 15, 18, 19, 31, 32
Hochlochziegel 27
Höckerschwellen 149, 154
Hohl-Glasbausteine 136
Hohlkammerprofile 116
Holz
-faserplatten 84
-fenster 113, 114
-feuchtigkeit 245
-schalung 33, 35
-schutzmittel 113, 252
-treppen 157, 175, 177, 178
Holzbehandlung
– lasierende 246
Holzlasuren
– Dickschichtlasuren 246
– filmbildende 246
– offenporige Schutzlasuren 246
Holzspan-Platten 26
– zementgebundene 85
Holzständer-Zwischenwände 84
Hydrophobie 236
Hydrophobierung 242, 250

I
Imprägniermittel 242
Imprägnierungen 13, 113, 246, 251
Inhomogenitäten 212
Innendichtung 116
Innenputz 55, 70
Innentüren 140
Innenwände 81
Isolier
-glas 98
-Sicherheitsglas 108
-verglasung 98, 112

J
Jalousieläden 133, 134, 135

K
Kalk
-auswaschung 54
-farben 236
-sandstein 81, 84
-sandstein-Schichtmauerwerk 243, 244
-schlieren 54
Kammspachtel 215
Kastenfenster 112
-Doppelfenster 122
Kaufvertrag 226
Kehlsockel 218
Kellenputz 66, 68
Kellenschnitt 218
Keramik 211, 227
-fliesen 227
Kiefer 113
Klammerhaken 36, 40
Klammerung 36
Klappläden 132, 133, 134
Klebenaht 233
Klebstoffe 215
Klemmprofil 217
Klopfprobe 229
Klotzungsrichtlinien 102, 103
Konsollasten 81
Konterlattung 31, 32, 33, 34, 35
Korrosion 11
– Schutz 25
Kragtreppe 155
Kratz
-festigkeit 200
-putz 65, 66, 67
Kriechen 230
Krümmling 163, 164, 165
Küchen
– gewerbliche 222
Kunstharzputze 55, 77, 79
Kunststoff
-Dispersionsfarben 238
-Fenster 115
-Zementmörtel-Kombination 226

L
Lackschäden 251
Lärche 113
Lastverteilungsplatte 220
Lastverteilungsschicht 226
– mit Bewehrung 225
Lasuranstriche 242, 245–247
Lattentüren 144
Lauflinie 160, 161
Leibung 53
Leichtbauplatten 58
Leichtbeton-Trennwandtafeln 92
Libbey-Owens 95
Linienraster 89
Lochsteine 12, 13

Lösemittel 235
Luftdichtigkeit 31
Luftschallschutz 87
Luftschicht 13, 14, 18

M
Mahlfeinheit 213
Malerarbeiten 234
Mängel 227–229
-erscheinungen 226
-rügen 226
-ursachen 226
Marmor 214
Maschinenputz 71, 76
Massivtreppen 155
Mauersalz 250
Mehscheiben
-gläser 96
-Isolierglas 97
Metall
-Bekleidungen 37
-Fassaden 45
-Unterkonstruktion 26, 41, 86
Methylenblaulösung 229
Mischsortierung 211
Mitteldichtung 116
Monoblockwände 86, 87, 88
Mörtel 201, 215, 227
-bett 12, 215, 216, 218, 223, 229–231
-bettdicke 215
-fugen 217
-gruppe III 215
-schicht 220
Mosaik 211, 213, 214

N
Naßbereiche 215, 216
Naßräume 85, 144, 224
Naturstein 211, 214, 227
-fliesen 214, 216, 227, 228
-mosaik 216
-riemchen 214, 216
Naturwerkstein 15
-bekleidungen, hinterlüftet 19
Nenndicke 220
Netzrißbildung 64, 65
Netzstruktur 80
Normenprofil 120

O
Oberflächen
-schutz 113
-veredlung bei Aluminium 117
-verschleiß 219, 231, 233
Oberputz 55, 58, 63, 74
Ölfarben 239

P
Parkett 206
– Fertig- 206, 207, 208
– Lamellen- 206
– Stab- 206
– über Fußbodenheizung 207
-Versiegelung 207
Pendeltüren 140
Pigmente 235
Platten 200, 211 ff.
-balkentreppe 155
-fugen 21
– keramische 15
Polymerisatharzfarben 239
Portlandzement PZ 35 L 215
Primärverschleiß 232
Produktnormen 228
Profile 218
Profilzylinder 144, 145
-schloß
Prüfnorm 212
Prüfungszyklus 233
Putz
-arten 55
-bewehrungen 58
-grund 55, 56, 57, 63
-lagen 58
-mörtel 56
-proifle 70
-risse 80
-schäden 60, 71
-strukturen 66
-system 55
-träger 58, 63
Putz 229
-haftung 230
-risse 248

Q
Quarz 231

R
Rahmen
-außenmaße 93
-material 113
-tür 151, 153
Randfugen 218
Randstreifen 188, 194, 218
Randverbund 100
Rasterprinzip 90
Rauchabzugsvorrichtung 171
Reaktionsharzklebstoff 226
Red Meranti 113
Regel der Technik
– anerkannte 223, 225, 226
Reibeputz 67, 66
Riemchen 211, 213, 214
Rippenstreckmetall 58

Risse 62, 83, 228, 229, 247, 248
-Beseitigung 249
Ritzhärte nach Mohs 233
Rohbau-Richtmaße 94
Rolläden 132, 138
-Kästen 132, 133
Rundschnur
– geschlossenzellige 127
Rutsch
-gefahr 221
-hemmung 221

S

Salzauskristallisation 250
Sanitärräume 223
Schalenwände 90
Schall
-brücken 149, 189, 192
-dämmung 188
-schutz 83, 92, 149
-schutzglas 98
-schutzklassen 112
Schamotte 212, 213
Scheiben
-abdichtung 105
-dicke 100
-einbau 102
– kleinformatige 101
Schiebeläden 135
Scheinfugen 218
Scherben 232, 233
– keramische 227
-risse 228
Scherbrüche 218
Scherspannung 218
Schiebetüren 118, 140
Schieferbekleidung 35, 36
Schimmelpilz
-befall 250, 251
Schlagregen 242
-dichtigkeit 93, 126
Schleifmittel 233
Schlußanstrich 241
Schrägverglasung 131
Schub- und Scherfestigkeit 229
Schubspannung 229, 230
Schutz
-beton 204, 205
-schichten 203, 225
Schwellen 127, 128, 139, 154
Schwimmbecken 216, 222
Schwinden 230
Schwindrisse 58, 63, 64, 65, 248
Schwitzwasserbildung 123
Sekundärverschleiß 232
Sicherheitsbeschlag 100
Sichtmauerwerk 12
Sickerwasser 223
Silicon
-harz-Fassadenfarben 239
-Imprägniermittel 242
Silikatfarben 237, 244
– Dispersions- 237
Sipo 113
Sockel
-ausbildung 59
-platte 218
Solarveranda 131
Solnhofener Platten 214, 216
Spachteln 226
Spaltplatten 211–213
-Dicke 213
– keramische 220, 233
– Koordinierungsmaß 213
– modulare Vorzugsmaße 213
– Profilierungen 213
– Werkmaße 213
Spanplatten 91, 210
Spardoppeldeckung 37
Sperrholztüren 143, 144, 146
Sperrschichten 61
Sperrtüren 144
Spindeltreppen 156, 161, 180
Spritzbewurf 16, 23, 57, 58, 63, 73, 74, 75
Spritzputz 66, 67
Stahl
-betontreppen 172, 173
-gitter-Bewehrung 226
-treppen 156
-türen 149
-zargen 148
Ständerbauweise 83
Steigung 160
Steigungsverhältnisse 160, 163
Stein
-fliesen 212
-gut 212
-putz 64, 67
-zeug 212
Stelzlager 204, 205
Streckmetall 70, 74, 75, 76
Streichen 226
Sturmhaken 36

T

Tanne 113
Temperaturwechsel 212, 230
Terrassen
-beläge 205, 227
Textilbeläge 209
– über Fußbodenheizung 210
Tiefenverschleiß 219, 231
Tinte
– magische 229
Tragbolzentreppen 155, 180, 181
Traßzement TrZ 215
Trennbruch 229, 230

Trennfolienlage 220
Trennfuge 196
Trennlagen 191, 195, 197
Trennschichten 187, 197, 201-203, 205, 218, 220
Trennwände 81
– Standfestigkeit 81
Treppen 155 ff.
-arten 155, 158
-auge 163
-belag 172
-geländer 166, 169, 170
-lauf 155, 179
-laufbreite 159
-räume 170, 171
-schrauben 175
Trittschall
-dämmung 225, 226
-schutz 87
Trockenverglasung 105
Tropfkante 125
Tür 93, 140
– augedoppelte 151, 152
-blattkonstruktionen 143
-umrahmungen 147
-zarge 148
– schalldämmende 149

U

Umfassungszarge 148
Untergrund 24, 62, 78, 229
Unterkonstruktion 25, 32, 34, 41, 42, 43
Unterputz 16, 58, 64, 78

V

Verankerung 16, 19, 27
Verarbeitungsfehler 227
Verblendwand 13
Verbundfenster 112, 122
Verbundfestigkeit 229
Verbundschichten
– Trennung 229
Verbundsicherheits-Innenscheibe 108
Verbundsicherheitsglas 97
Verbundsystem 230
Verbundtafeln 49, 50
Verbundwandsysteme 46
Verdrängungsraum 221
Verfugung 228
Verglasungen 105
– Schräg-
Verjährung 226
Verkehrslasten 81, 220
– (nach DIN 1055) 219
Verlegeuntergrund 225
Verschleiß
-bilder 232
-klassen 233
– Oberflächen 231, 233
– Primär- 232
– prüfgerät 232
– Sekundär- 232
– Tiefen- 231
-widerstand 212, 213, 233
Versiegelung 138, 247
Verwahrungen 218
Verwölbung 230
Verziehen 162
Vlieseinlagen 226
Voll-Glasbausteine 135
Vorbehandlung (Betonschutz) 242
Vorlegeband 108

W

w/z-Wert 216
Wand
-bekleidungen 11, 15, 211, 212, 214, 216, 217, 218
-oberflächen 11
-öffnungen 51
-risse 12
Wände 222
– Flächen 222
– Öffnungen 141
Wärme
-brücken 71
-dämmputze 79
-dämmschicht 18, 24, 31, 32, 34, 43, 220
-dämmung 18, 31, 32, 34, 43, 193, 226
-schutzverordnung 97, 99
-stau 23, 24
Waschputz 67
Wasser
-aufnahme 211–213, 222
-aufnahmevermögen 211
-behälter 222
-druck in Behältern 219
-schaden 223
Weißzement 236
Wendekante 172, 173
Wendelstufen 162
Wendeltreppen 156, 158, 168, 178
Werkmaß (W) 212
Werktrockenmörtel 57, 58, 59, 71, 215
Werkvertrag 226
Wetter
-beständigkeit 235
-schenkel 152, 153, 154
Widerstand gegen
– Frost 212
– Glasurrisse 212
– Verschleiß 212
– Temperaturwechsel 212
Winddurchlässigkeit 12
Winkelstufen 177